Agile Spiele und Simulationen

 Zu diesem Buch – sowie zu vielen weiteren O'Reilly-Büchern – können Sie auch das entsprechende E-Book im PDF-Format herunterladen. Werden Sie dazu einfach Mitglied bei oreilly.plus[+]:

www.oreilly.plus

Agile Spiele und Simulationen

Praxiserprobte Games für Agile Coaches und Scrum Master

Marc Bleß & Dennis Wagner

Marc Bleß, Dennis Wagner

Lektorat: Alexandra Follenius
Copy-Editing: Sibylle Feldmann, *www.richtiger-text.de*
Satz: III-satz, *www.drei-satz.de*
Herstellung: Stefanie Weidner
Umschlaggestaltung: Karen Montgomery, Michael Oréal, *www.oreal.de*
Druck und Bindung: mediaprint solutions GmbH, 33100 Paderborn

Bibliografische Information der Deutschen Nationalbibliothek
Die Deutsche Nationalbibliothek verzeichnet diese Publikation in der Deutschen Nationalbibliografie; detaillierte bibliografische Daten sind im Internet über *http://dnb.d-nb.de* abrufbar.

ISBN:
Print   978-3-96009-179-0
PDF   978-3-96010-700-2
ePub   978-3-96010-701-9
mobi   978-3-96010-702-6

1. Auflage 2023
Copyright © 2023 dpunkt.verlag GmbH
Wieblinger Weg 17
69123 Heidelberg

Dieses Buch erscheint in Kooperation mit O'Reilly Media, Inc. unter dem Imprint »O'REILLY«. O'REILLY ist ein Markenzeichen und eine eingetragene Marke von O'Reilly Media, Inc. und wird mit Einwilligung des Eigentümers verwendet.

Hinweis:
Dieses Buch wurde auf PEFC-zertifiziertem Papier aus nachhaltiger Waldwirtschaft gedruckt. Der Umwelt zuliebe verzichten wir zusätzlich auf die Einschweißfolie.

Schreiben Sie uns:
Falls Sie Anregungen, Wünsche und Kommentare haben, lassen Sie es uns wissen: *kommentar@oreilly.de*.

Die vorliegende Publikation ist urheberrechtlich geschützt. Alle Rechte vorbehalten. Die Verwendung der Texte und Abbildungen, auch auszugsweise, ist ohne die schriftliche Zustimmung des Verlags urheberrechtswidrig und daher strafbar. Dies gilt insbesondere für die Vervielfältigung, Übersetzung oder die Verwendung in elektronischen Systemen.
Es wird darauf hingewiesen, dass die im Buch verwendeten Soft- und Hardware-Bezeichnungen sowie Markennamen und Produktbezeichnungen der jeweiligen Firmen im Allgemeinen warenzeichen-, marken- oder patentrechtlichem Schutz unterliegen.
Alle Angaben und Programme in diesem Buch wurden mit größter Sorgfalt kontrolliert. Weder Autoren noch Verlag können jedoch für Schäden haftbar gemacht werden, die in Zusammenhang mit der Verwendung dieses Buches stehen.

5 4 3 2 1 0

Inhalt

Geleitwort von Jutta Eckstein 9

Vorwort von Björn Jensen 13

Vorwort von Chris Philipps 15

Danksagung 17

Teil I: Über Spiele, Zwecke und Moderation

1 Wofür agile Spiele 21
    Die Entstehung dieses Buchs 21
    Was ist neu? 22
    Zielgruppe 23
    Material und Anleitungen 24
    Spiele im Businesskontext 24
    Spiele als Moderationselement 25
    Gamification 27

2 Kategorien und Zwecke 29
    Verschiedene Arten von Spielen 29
    Inhalte und Zweck der Spiele 30
    Die Agile-Spiele-Matrix 39
    Online- und Offlinespiele 40
    Format der Darstellung eines Spiels 40

3 Erläuterungen zur Moderation 43
    Workshop-Design from the Back of the Room 44
    Spielauswahl je nach äußerem Rahmen 47
    Wann passen Energizer in den Workshop-Ablauf? 50
    Der Game-Facilitation-Koffer 52
    Das Toolkit für die Onlinemoderation 55
    Vorbereitung vs. Spontanität 59
    Peinlich oder plump – »Ich passe!« 60
    Und, wie war ich? – Feedback für dich 61
    Aufgemerkt! – Jetzt geht's online! 62
    Störungen und Sabotage 68

Teil II: Spiele für Rahmen und Struktur

4	**Gruppenbildung**	**79**
	Sortieren und Durchzählen	79
	Gleiche Objekte	80
	Erfahrungsecken	84
	Virtueller Kreis	85
5	**Opener**	**87**
	Kennenlern-Bingo	87
	Wahres und Positives	92
	Brillante Momente	96
	Soziales Netzwerk	100
	Black Stories	104
	Zwei Wahrheiten und eine Lüge	106
	Steckbrief fürs Team	108
	Wie sehr bin ich gerade hier?	114
	Dobble	116
	Hometowns	118
	Anagramm	120
6	**Energizer**	**123**
	Happy Salmon	123
	Inverse Reise nach Jerusalem	125
	Schnick-Schnack-Schnuck	127
	Die Planke	129
	Regenmacher	131
	Schneeballschlacht	133
	Pomodoro Break	134
	Schnitzeljagd	137
	Walk & Talk	138
	Jonglieren lernen	139
7	**Closing**	**143**
	Brief an mich selbst	143
	Study Buddy	145
	Hausaufgaben	146
	Journaling	148

Teil III: Spiele und Simulationen

8   Vermittlung von Prinzipien **153**
    Coin Flip Game 153
    Boss-Worker-Game 158
    Push versus Pull in einer Minute 164
    Counting Numbers and Letters 165
    Multitasking Name Game – wie lange dauert es, einen Namen zu schreiben? 169
    Marshmallow Challenge 175
    Business Value Poker 180
    Magisches Dreieck 186
    Resource Utilization Trap 189

9   Simulationen **195**
    Scrum LEGO® City Game 195
    Kanban Pizza Game 209
    Ball Point Game 223
    Das Haus vom Nikolaus 226
    Summer Meadows 230
    Papierfliegerfabrik 235
    Frühstückstoast 241
    Snowflakes 244
    City Builders – Epic-Priorisierung 249
    Online Point Game 256
    ScrumTale 260

10   Social Dynamics und Kommunikation **263**
    Ja, genau! 263
    Australisches Schwebholz 265
    Blind Zählen 267
    Menschlicher Knoten 269
    Exercise Without A Name – E.W.A.N. McGregor 272
    Fearless Journey 276
    Story Telling in Circles 280
    Rhetoric – The Public Speaking Game 282
    Chinese Whispers – Stille Post 284
    Spaceteam (App) 286
    Shower of Appreciation 289
    SIN Obelisk 292
    Team 3 und ToiletTrolls 297
    Side-Switcher 302
    Coop-Maze 304

Magic Maze	309
Fang-Schuh	315

11 Technical Skills – t3ch skillz 4 n3rds 319
Coding Dojo	319
Ensemble Programming (Mob Programming)	324
Testing Jenga	328
Dice of Debt	330
Technical Debt Game (für Nicht-Techniker)	337
Continuous Integration mit LEGO®	342

Teil IV: Spaß, Quatsch und Soße

12 Teambuilding – oder wie ich lernte, auch bei der Arbeit einfach mal Spaß zu haben 351
Among Us	351
Werwölfe	354
PowerPoint Karaoke	362
Keep Talking and Nobody Explodes	367
Cards against Agility	371
Spyfall	373

Anhang: Quellen und Literatur 379

Index der Spiele 387

Geleitwort von Jutta Eckstein

Wenn man mein privates Umfeld fragt, dann sind Spiele und Jutta nicht so wirklich übereinzubringen. So bin ich auch beispielsweise diejenige, die sich beim Retrospective Facilitators' Gathering köstlich beim Beobachten (!) von Dorfbewohnern und Werwölfen amüsiert (siehe »Werwölfe«, Seite 354). Und dennoch sind Spiele und/oder Simulationen oft mein Mittel der Wahl, vor allem um komplexe und komplizierte Zusammenhänge deutlich zu machen. Und gerade im beruflichen Kontext profitiere ich auch als Spielende immer wieder von einem unkonventionellen (ist es das wirklich?) spielerischen Ansatz.

Aus diesem Grund habe ich bereits früh angefangen, insbesondere im Trainingskontext vor allem Rollenspiele einzusetzen, um Konzepte näherzubringen. Denn wie Konfuzius schon wusste: »*Sage es mir, und ich werde es vergessen. Zeige es mir, und ich werde es vielleicht behalten. Lass es mich tun, und ich werde es können.*« Genau dieses Zitat war auch der Auftakt für das erste (pädagogische) Pattern, das ich 2001 verfasst hatte – Incremental Role Play –, das es dann letztendlich als Role Play Pattern in das Pedagogical-Patterns-Buch geschafft hat [PEDPAT]. Wie in diesem Buch beschrieben, zielt Role Play auf Folgendes ab: »*Die meisten Unterrichtsstile respektieren das Hörbare, einige wenige das Visuelle und noch weniger die Kinästhetik. Lade daher die Lernenden ein, sich als Teil des Konzepts in einem Rollenspiel zu verhalten.*«

Dieses Pattern hatte ich wiederholt eingesetzt, um z. B. Model-View-Controller (ein Programmierparadigma) zu erläutern. Gut erinnere ich mich auch noch daran, als *Enterprise Java Beans* (EJBs) der große Hit waren und alle sich fragten, wie der Lifecycle von solchen Bohnen nun tatsächlich funktioniert, vor allem wenn sie pooled, ready, passivated oder auch stateless, statefull, entities, persistent oder shared sein können? Basierend auf dem Role Play Pattern, hatten Nico Josuttis und ich 2001 ein EJB-Rollenspiel entwickelt (siehe Abbildung 0-1), das wir in Schulungen und auf verschiedenen Konferenzen zum Einsatz brachten, so auch z. B. 2003 auf der OOP. Dieses Rollenspiel trug für viele dazu bei, Licht in die Bohnensuppe zu bringen.

Abbildung 0-1:   Ein Bean demonstriert seine Passivität (ACCU 2002).
Foto: Nicolai M. Josuttis (*https://josuttis.com/talks/ejb12.jpg*)

Gerade in der agilen Community waren Spiele von Beginn an ein Mittel der Wahl, um Konzepte zu erschließen und auch weiterzuentwickeln. Sehr gern erinnere ich mich an die weltweit allererste agile Konferenz, die XP 2000 in Cagliari, Sardinien, als auf »großer Bühne« (so groß war die erste agile Konferenz dann tatsächlich auch wieder nicht) die erste »Extreme Hour« als eine Art Keynote vorgeführt wurde. Peter Merel als Erfinder hatte es sich nicht nehmen lassen, ein Team, besetzt mit Granden wie Kent Beck, Ron Jeffries und Alistair Cockburn, gegen ein Team angeführt von Frank Westphal antreten zu lassen. Die Freude war groß (okay, ich war als Tracker von Franks Team etwas voreingenommen), als letztendlich Franks Team den Wettstreit gewann (siehe Abbildung 0-2).

Abbildung 0-2:   Kent Beck in Erklärungsnöten, warum sein Team die Extreme Hour Challenge verloren hatte (XP 2000).
Foto: Erik Lundh (*https://www.compelcon.se/gallery/XP2000/XP2000_A_013*)

Die Extreme Hour in diversen Abwandlungen sowohl in der Durchführung (ob beispielsweise gemalt, konstruiert oder auch gebaut wird) als auch im Fokus (z. B. auf Scrum und/oder auf Agilität im Allgemeinen) verwende ich bis heute gern, um auf einfache, schnelle und spielerische Art und Weise die Grundprinzipien der Agilität näherzubringen. Die Aktualität spiegelt sich natürlich auch dadurch wider, dass diese Simulation als »Scrum LEGO® City Game« hier mit aufgenommen wurde (siehe Seite 195). Nichts funktioniert besser, als Schwierigkeiten durch Spiele »wegzulachen«, sodass man sich bei der Übertragung in den Alltag auch noch gern an die Erfahrungen im Schulungskontext erinnert.

Dennis und Marc haben es geschafft, genau diese Spielfreude auf den Punkt zu bringen und in dieses Buch zu packen. Was meines Erachtens gar nicht so einfach ist, da Spiele immer etwas Erlebbares sind und ein Buch ja doch auf rein textuelle und visuelle Vermittlung angewiesen ist. Den beiden ist diese Herausforderung jedoch hervorragend gelungen!

Das Buch ist super konkret, sowohl in Bezug auf Stolperfallen als auch durch Beispiele aus der Praxis und Tipps für die Umsetzung. Durch den etwas umgangssprachlichen Ton fühlt sich das Buch an, als würden die beiden mir gerade von Angesicht zu Angesicht etwas erklären und als stünde nicht das Buch zwischen uns. Fast schon amüsant sind die Beispiele aus der Praxis, in denen die beiden aus ihrem Nähkästchen plaudern. Ich bin mir sicher, jede Moderatorin und jeder Moderator zuckt beim Lesen innerlich zusammen und denkt: »Oh ja, ich erinnere mich, das ist mir auch schon mal passiert.« Das heißt, was Marc und Dennis schon alles gehört oder erlebt haben, entspringt ganz klar der Praxis. Dazu gehören auch die Diskussionen darüber, inwiefern die Spiele sich in den virtuellen Raum übertragen lassen können. Für jedes vorgestellte Spiel wird erläutert, wie die entsprechende Aktion online ohne Einbußen funktioniert.

Besonders wertvoll sind meines Erachtens die Tipps für das Debriefing der unterschiedlichen Spiele. Gerade für Menschen wie mich, die sich eigentlich nicht zu den Spielbegeisterten zählen, ist es genau das Debriefing, das den Mehrwert eines Spiels deutlich macht und mich aufgrund dessen für Spiele dann doch begeistert.

Kurzum, dieses Buch bietet jede Menge Anregungen, egal ob im agilen Kontext oder »einfach« für die Moderation von Workshops, Meetings oder Schulungen. Lesen lohnt sich – und spielen noch mehr! Denn:

> »Lernen durch Spiel: lernen, in dem man so tut, als lerne man. Das Passwort lautet: ›Als ob.‹ Da springt die eine Tür auf, die sonst auf immer zugesperrt scheint.«
>
> – *Elmar Schenkel (*1953), Anglist, Autor, Übersetzer, Maler*

Jutta Eckstein
Autorin von u. a. »Agile Softwareentwicklung in großen Projekten«, »Agile Softwareentwicklung mit verteilten Teams« und »Unternehmensweite Agilität« (kurz BOSSA nova) [ECKSTEIN-GP], [ECKSTEIN-VT], [ECKSTEIN-UA]

Vorwort von Björn Jensen

Schon in unseren frühesten Kindheitstagen beginnen wir, die Welt mit all unseren Sinnen zu erkunden und zu erforschen. Wir begreifen sie wortwörtlich. Diese Art und Weise, mehr Verständnis für uns und unsere Umwelt zu bekommen, wird, je älter wir werden, immer »verkopfter«.

Ich kenne Marc und Dennis bereits seit einigen Jahren. Mit beiden habe ich schon gemeinsam Workshops, Trainings und vieles mehr gestaltet und durchgeführt. In all diesen Dingen haben wir stets den Fokus auf Erleben, auf Interaktion gelegt. Wir gehen wieder zurück zu dem, woher wir eigentlich kommen.

Beim Spielen und Begreifen geht es also immer um das Tun von etwas. Agile Spiele und Simulationen – der Titel ist Programm. Denn im Agilen gehen wir davon aus, dass Wissen auf Erfahrung beruht. Natürlich gehört auch eine gewisse Theorie zu dem, was erlernt werden darf. Durch das Erleben erzeugt man Nähe. Geschickte Reflexion hilft, das Erfahrene in den eigenen Kontext zu bringen und somit herauszufinden, was für einen selbst »drin« ist. Das bezeichnet man als Empirismus.

Marc und Dennis haben einen enormen Fundus an Wissen über und Erfahrung mit dem spielerischen Erlernen von Dingen, der den Teilnehmenden im eigenen Alltag helfen kann. Denn eine der großen Herausforderungen für alle, die Workshops, Trainings etc. durchführen, ist die simultane Übersetzung des aktuellen Themas in den Alltag der Teilnehmenden. Je theoretischer das Thema vermittelt wird, desto herausfordernder ist diese Übersetzungsleistung. Durch die erwähnte Nähe, die durch Erleben entsteht, kann dieser Übersetzungsprozess deutlich einfacher werden.

Was dieses Buch für mich zu einem besonderen Schatz macht, der auf keinem Schreibtisch von Agile Coaches, Moderator:innen sowie weiblichen und männlichen Scrum Masters und Product Owners oder auch ganz im Allgemeinen fehlen sollte, ist die Tatsache, dass die beiden Autoren es gut verstehen, Spiele nicht zum Selbstzweck werden zu lassen. Stattdessen vermitteln sie das Wissen, das nötig ist, um eine geeignete Auswahl von Interaktionen zu treffen. Hinzu kommt dann noch all jenes, das nötig ist, um die ausgewählten Interaktionen durchzuführen und zu einem wertvollen Erlebnis werden zu lassen. Sicher kann man noch viel mehr darüber schreiben, wenn man sich der Komposition von mehreren Interaktionen stellt, aber auch hier setzen Marc und Dennis auf Fokus und Einfachheit. Und wie unser guter Freund Falk Kühnel gern zu sagen pflegt: »Agile doesn't come with a brain! Please use your's ;)« Es findet sich in diesem Buch genug Stoff, und das, was nötig ist, um Interaktionen zu verbinden, bekommt man ohne große Probleme hin, wenn man über ein wenig Erfahrung verfügt. Ansonsten könnte man auch das nutzen, was man schon in eXtreme Programming sehr stark propagiert hat – Pairing. Also das gemeinsame, zielorientierte Erstellen, Komponieren und Durchführen von Formaten. Macht gemeinsam eh mehr Spaß. Wenn ich etwas finden müsste, womit man dieses Buch vergleichen könnte, dann wäre das wohl der Retromat zum Erstellen von Retrospektiven. Dieses Werkzeug bewährt sich seit Jahren, und an dieser Stelle möchte ich Corinna Baldauf und Timmon Fiddike dafür danken. Wer ein ergänzendes Werk sucht, dem sei das Buch »Scrum-Training« von Kai Simons und Jasmine Simons-Zahno [SIMONS] ans Herz gelegt. Marc und Dennis haben sich schon mit dem Vorgänger »Agile Spiele – kurz & gut« in diese Riege eingereiht, und mit dem neuen Buch manifestieren sie ihre Expertise auf diesem Gebiet. Danke dafür, dass ihr auch weiterhin so viele gute Dinge mit uns in der Community teilt, und danke dafür, dass ich viele dieser Dinge auch gemeinsam mit euch erleben darf.

Björn Jensen
Hamburg, den 14.08.2022

Vorwort von Chris Philipps

Liebe Leser:innen,

dies sollte ein eloquentes Vorwort voller Esprit werden. Spielerisch und trotzdem auf den Punkt – wie dieses Buch halt! Leider hat das nicht hingehauen, weil ich vor lauter ernsthafter Arbeit das Spielen vergessen habe und es immer Wichtigeres und Dringenderes zu erledigen gab. Nun ist die Zeit vorbei, und ich bereue es ein wenig. Zur Hölle mit der Ernsthaftigkeit! Mit etwas Sehnsucht denke ich an die vielen Spiele zurück, mit denen ich Workshops moderiert, Visionen ins Leben geholt und Teams zusammengebracht habe. Viele dieser Spiele stammen aus derselben Community, der auch Dennis und Marc angehören. Liebevoll gesammelt, mit viel Spaß auf Konferenzen ausprobiert und mit Passion im Alltag angewandt. Mit dem Ergebnis, unser aller Leben nicht nur ein wenig positiver, sondern tatsächlich auch produktiver, kollaborativer oder konfliktfreier zu machen.

Deshalb, ihr Lieben, lest dieses Buch. Damit ihr das Spielen nicht verlernt!

Chris Philipps

Danksagung

In den letzten zweieinhalb Jahren seit dem Erscheinen unseres kleinen Buchs »Agile Spiele – kurz & gut« ist so viel passiert. Wir konnten gar nicht alles in diese große Variante reinpacken, was wir seitdem gelernt haben.

Unser ganz besonderer Dank gilt immer noch Rolf Dräther, der uns beim Mittagessen auf der OOP 2018 zugehört und mit einem kurzen Kommentar dafür gesorgt hat, dass wir uns dem Thema »Agile Spiele« überhaupt in Buchform gewidmet haben.

Auch dieses größere Werk hätten wir ohne unsere Lektorin Alexandra Follenius nie in der vorliegenden Qualität und Klarheit schreiben können. Vielen Dank auch an Michael Barabas, der sich als Verlagsleiter ein großes Buch zu diesem Thema unbedingt gewünscht hat. Jetzt hat er den Salat.

Für viele Jahre Unterstützung, Enabling, Weisheit und Erfahrung in der internationalen agilen Szene möchten wir uns ganz speziell bei Jutta Eckstein bedanken. Ohne sie wären viele Quellen und Referenzen nicht an die Oberfläche gekommen.

Für alle Spiele, Simulationen, Materialien, Varianten und Onlineversionen, den vertiefenden Content, persönliche Begegnungen, konstruktive Gespräche, kritisches Feedback und weitere Freude bedanken wir uns wie immer in umgekehrt alphabetischer Reihenfolge bei:

Yulit Onkin, Woody Zuill, Will Wheaton, Werner Mitsch, Veronika Jungwirth, Uwe Techt, Tommy Norman, Tommy Maranges, Tom Wujec, Tom Grant, Thorsten Kalnin, Thomas von Aquin, Sunni Brown, Steven List, Stephy Gasche, Steffi Krause, Silvana Wasitowa, Sharon Bowman, Shai Danziger, Sam Kass, Sabina Lammert, Ron Jeffries, Rolf Katzenberger, Rolf Dräther, Robert »Uncle Bob« Martin, Robert K. Greenleaf, Richard Kasperowski, Ralph Miarka, Ralf Kruse, Przemyslaw Witka, Platon, Philipp Schiling, Peter Merel, Peter Janssens, Peter Alduino, Pete Sacchet, Paul Schibler, Patty McCord, Ovid, Oscar Wilde, Oliver Klee, Olaf Lewitz, Olaf Bublitz, Obi-Wan Kenobi, Nils Bernert, Nicole Rauch, Nicolai M. Josuttis, Nico Thomaier, Nanda Lankalapalli, Nancy Kline, Mike Boxleiter, Michele Sliger,

Michael Tarnowski, Michael Litschauer, Michael Cramer, Michael Barabas, Max Temkin, Mary-Lynn Manns, Martin Heider, Martin Fowler, Marshall B. Rosenberg, Markus Wissekal, Mark Richards, Mark McKergow, Marco Verch, Mac Schubert, Luke Skywalker, Luke Hohmann, Louis Pasteur, Linda Rising, Lech Wypychowski, Laurent Bossavit, Kent Beck, Katrin Bretscher, Kaspar Lapp, Kane Mar, Jutta Eckstein, Justin Kruger, Jürgen »mentos« Hoffmann, Judith Trommer, Joseph Pelrine, Jordann Gross, Jonathan Levav, John Zimmer, John Cleese, Joe Little, Joe Bergin, Jochen Malmsheimer, Jeff Weiner, Jean Tabaka, Jasmine Zahno, James Macanufo, Ilker Cetinkaya, Ilja Preuß, Ikujiro Nonaka, Holger Bösch, Hirotaka Takeuchi, Henry Smith, Henrik Kniberg, Gitte Klitgaard, George Platts, George Box, Frank Westphal, Francois Zietlow, Francesco Cirillo, Florian Mueck, Florian Lanz, Falk Kühnel, Esther Derby, Erik Lundh, Erich Ziegler, Emmanuel Gaillot, Emily Bache, Elmar Schenkel, Eliyahu M. Goldratt, Edward Dahllöf, Don Reinertsen, Diana Larsen, Deborah Hartmann-Preuß, David Dunning, David Barnhold, Dave Gray, Dave »Pragmatic Dave« Thomas, Daniel Hommel, Craig Larman, Corey Haines, Bruce Scharlau, Boris Gloger, Björn Jensen, Bernhard Skopnik, Beate Klein, Arthur Feldmann, Andreas Schliep, Andreas Lengauer, Andrea Tomasini, André Dhondt, Anacharsis, Alistair Cockburn, Alexey Krivitsky, Alexandra Follenius, Alexandr Ushan, Albert Einstein, Aaron Shelton.

Marc hat sich mal wieder viele Nächte und Wochenenden dem Schreiben dieses Buchs gewidmet. Immer dann, wenn Evelyn, Henry und Theo schon schlafen gegangen waren und unser Max die letzte Abendrunde gelaufen war, habe ich mir einen fiesen Tee gekocht (Lapsang Souchong, für die Hartgesottenen) und mich in die Worte vertieft. Ich bin sehr dankbar für das Verständnis meiner Familie bezüglich meiner Arbeit und des Irrsinns, Bücher zu schreiben.

Dennis möchte sich in erster Linie bei seiner Familie bedanken. Steffi, Angelina und Christina geben mir immer den Halt, um zu sein, wer ich bin. Und wie schon beim ersten Buch ist eines mal völlig klar: Ohne meinen Mitstreiter Marc wäre das nix geworden. Wer meine Weltsicht tatsächlich nachhaltig verschoben hat, ist die Community. Dies gilt für viele Konferenzen, Barcamps und Meetups. Aber nirgendwo so sehr wie bei meinen beiden Lieblingsevents im schönen Rückersbach nahe Aschaffenburg. Die Leute beim Agile Coach Camp Germany und der Play 4 Agile sind absolut mein Tribe. Ganz ohne Spotify-Gedöns.

Ach ja, bevor ich's vergesse: Ein dickes Dankeschön an die Menschen in Wacken. Wir sind hier oben im Norden so dermaßen herzlich empfangen und integriert worden, dass ich es kaum glauben konnte. Es stimmt. Niemand ist verrückten Fremden gegenüber so offen wie die Metal-Gemeinde an der Westküste. Und als Anwohner umsonst aufs Open Air war ja mal genial ;-)

TEIL I
Über Spiele, Zwecke und Moderation

KAPITEL 1
Wofür agile Spiele

In diesem Kapitel:
- Die Entstehung dieses Buchs
- Was ist neu?
- Zielgruppe
- Material und Anleitungen
- Spiele im Businesskontext
- Spiele als Moderationselement
- Gamification

»Spiele, damit du ernst sein kannst! Das Spiel ist ein Ausruhen, und die Menschen bedürfen, da sie nicht immer tätig sein können, des Ausruhens.«

– *Anacharsis, der Skythe (lebte um 550 v. Chr.), zum engsten Kreis um die Sieben Weisen zählend*

»Sie wollen kreative Mitarbeiter? Geben Sie ihnen genug Zeit zum Spielen.«

– *John Cleese, Mitglied der Monty Pythons*

Ende 2019 haben wir unser Buch »Agile Spiele – kurz & gut« veröffentlicht. Es wurde ein ungeahnter Erfolg, und von unseren Leserinnen und Lesern erhielten wir sehr viel Zuspruch und Bestätigung. Dann kam Corona um die Ecke, und die Welt wurde irgendwie ganz anders. Die Spiele und Simulationen unseres Buchs waren immer noch relevant, doch die Leserschaft fragte sich, ob und wie das alles in der Onlinewelt funktioniert. Unsere hellseherischen Fähigkeiten waren damals beim Schreiben des kleinen Buchs noch nicht so ausgeprägt, dass wir dem Thema »Remote Facilitation« auch nur einen Gedanken gewidmet hätten. (»Remote Facilitation« bedeutet in verständlichem Deutsch so viel wie »Moderation aus der Ferne«.)

So kam die Frage auf, was wir mit den pandemischen Erkenntnissen anstellen könnten. In der agilen Community ist in den letzten zwei Jahren viel experimentiert worden, und die gesammelten Erfahrungen werden immer mehr. Neue Onlinevarianten von Spielen und Simulationen sind entstanden, alte Möglichkeiten sind wieder aufgetaucht, und das ganze »Remote«-Thema hat sich für uns so gut wie normalisiert. Also lautete die Schlussfolgerung, das kleine Buch zu nehmen, umzuschreiben, zu erweitern und mit jeder Menge »Remote« anzureichern.

Wir wünschen dir viel Spaß beim Lesen und Spielen.

Die Entstehung dieses Buchs

Nach unserem kleinen Buch »Agile Spiele – kurz & gut« haben wir einen Kurs zu agilen Spielen und Simulationen entwickelt, der online angeboten wird. Zu vielen Spielen aus unserem alten Buch existieren Onlinevarianten oder Onlinealternativen, die wir selbst mithilfe der agilen Community (stetig weiter-)entwickelt haben. Vertiefende Inhalte zu *Agile Spiele Online* haben wir mittlerweile auf der Website zum Buch auf einer eigenen Unterseite unter bereitgestellt. So liefern wir schrittweise (iterativ-inkrementell) weiteren Nutzen für unsere Leserschaft. Über diesen Weg erhalten wir regelmäßig Feedback und sind sehr nah an unseren echten Kundinnen und Kunden dran.

Und so entstand auch – zusammen mit dem Verlag – die Idee zu diesem neuen Buch. Es gab so vieles zu überarbeiten und einzubauen. All das, was wir seit dem ersten »kurz & gut« gelernt haben. Was wir schon damals schmerzlich vermisst haben. Und so vieles, was wir aus dem Feedback unserer Leserschaft gelernt haben.

Das Resultat hältst du gerade in den Händen. Sag uns gern, wie du's findest, z.B. per E-Mail: *marc.bless@agilecoach.de* oder *dennis.wagner@dwcg-consulting.de*. Wir lieben Feedback.

Was ist neu?

Wenn du bereits »Agile Spiele – kurz & gut« im Regal stehen hast, wirst du einige Inhalte, die du schon kennst, in diesem Buch wiederfinden, es gibt ganz klar Überschneidungen. Dieses neue Buch wurde aber deutlich erweitert und aktualisiert, wir haben eine ganze Reihe von neuen Inhalten hinzugefügt:

Neue Spiele und Simulationen

Natürlich haben wir in jeder Kategorie neue Spiele und Simulationen aufgenommen. Seit Erscheinen der ersten kleinen Ausgabe sind uns viele weitere Ideen gekommen und bislang unbekannte Spiele begegnet. Unsere Best-ofs haben wir ausgewählt und hier verschriftlicht.

Spiele zu Technical Skills

Eine ganz neue Kategorie eröffnen wir mit den Spielen und Simulationen zu agilen »Technical Skills«. Die echte Entwicklungsarbeit eines Teams ist nach wie vor der wichtigste Aspekt in der Produktentwicklung. Mit dieser neuen Kategorie wollen wir dazu beitragen, dass du deine Teams mit modernen agilen Entwicklungspraktiken vertraut machst. Beispielsweise kann das Spiel »CI with LEGO®« dabei helfen, die Arbeitsweise der kontinuierlichen Integration zu vermitteln.

Onlineversionen und -alternativen der Spiele

»Habt ihr das LEGO® City Game schon mal online gespielt? Und wie funktioniert das Ball Point Game remote?« Diese und ähnliche Fragen bekommen wir immer wieder gestellt. Das Thema »Remote Facilitation« ist nun ein integraler Aspekt des gesamten Buchs. Wo es möglich und sinnvoll ist, beschreiben wir die Varianten der Onlinemoderation direkt bei den einzelnen Spielen. Spezielle Onlinealternativen sind immer dort zu finden, wo ein Offlinespiel nicht oder nicht gut in die virtuelle Welt übertragbar ist.

Agile-Spiele-Matrix

Viele Kolleginnen und Kollegen, Scrum Master und Agile Coaches fragen uns immer wieder, welche Spiele wir für Workshops empfehlen können. An diese Stelle gehört die mittlerweile echt platte Coach-Antwort: »Es kommt drauf an.« Und ja, das meinen wir leider wieder mal ernst. Ohne das beabsichtigte Lernziel zu kennen, können wir die Frage nicht allgemeingültig beantworten. Die »Agile-Spiele-Matrix« (siehe Seite 23) hat sich für uns zu einem geeigneten Werkzeug entwickelt, um Spiele zu finden, die zu der jeweiligen Situation in einem Workshop passen oder einen bestimmten agilen Aspekt gut vermitteln.

Lernziele und Zwecke

In der Beschreibung der einzelnen Spiele und Simulationen gehen wir im Detail darauf ein, wie du den Teilnehmenden bestimmte Lernziele und Zwecke vermitteln kannst. Wenn wir beispielsweise behaupten, eine Runde Business Value Poker sei vertrauensbildend, dann mag dieser Effekt auf den ersten Blick nicht immer ersichtlich sein. Zu all unseren Zweckbehauptungen findest du nun entsprechende Erklärungen in der jeweiligen Spielbeschreibung.

Um es gleich vorwegzunehmen. Du könntest bei der Lektüre dieses Buchs enttäuscht sein, dich empören und außer dir geraten. In ganz übler Art und Weise haben wir uns erdreistet, Inhalte unseres ersten Buchs direkt zu kopieren und hier wiederzuverwenden! Frechheit. Und quasi Selbstpiraterie! (Dazu möchte Marc direkt den Film »Pirates of Silicon Valley« [PIRATES] empfehlen.)

Möge dir dieses Buch von Nutzen sein bei deinem Einsatz agiler Spiele in deinen Workshops oder Trainings!

Jedoch noch ein paar Worte zu den Risiken und Nebenwirkungen, wenn du das Spielen wirklich beabsichtigst: Der Einsatz von agilen Spielen und Simulationen kann zu gesteigertem Vertrauen und Offenheit im Team führen. Teams sollten die in diesem Buch genannten Präparate nicht in Kombination mit adaptiven Agilitätshemmern einnehmen. Dysfunktionale organisatorische Impediments bedürfen der mehrfachen Anwendung spezifischer Lernziele. Für eine geeignete spiel- und simulationstherapeutische Behandlung längerfristiger Störungen wende dich an den Agile Coach deines Vertrauens.

Zielgruppe

Du trainierst im agilen Kontext, meisterst Scrum-Teams oder coachst agile Organisationen? Du bist in einer Führungsrolle und neugierig auf eine neue Art, die Arbeitswelt zu erleben, zu erschaffen und zu gestalten? Du hast eine andere Rolle und darfst – regelmäßig oder nicht – Workshops, Trainings oder andere Veranstaltungen moderieren? Dann liefert dir dieses Buch jede Menge Inspirationen, Ideen und Impulse.

Wir haben verschiedenste Aktivitäten zusammengetragen, um Prinzipien oder Praktiken zu vermitteln, die in agilen Umgebungen und in moderner Führungsarbeit eine wichtige Rolle spielen.

Das Buch enthält jede Menge Übungen, Spiele und Simulationen für verschiedenste Lernzwecke im agilen Kontext. Da viele von euch auch mit strukturgebenden Elementen für Workshops und Trainings arbeiten, haben wir entsprechende Aktivitäten für Eröffnung, Auflockerung, Gruppierung und Abschluss zusammengetragen. Also bitte nicht wundern, wenn nicht alle Aktivitäten einen offensichtlichen Bezug zur agilen Welt haben.

Material und Anleitungen

In diesem Buch findest du viele Hinweise auf herunterladbares Material, Anleitungen, Literatur und sonstige Links. Da wir dir ersparen möchten, umständliche und lange URLs abzutippen, bekommst du alles übersichtlich und anklickbar auf unserer Webseite zum Buch:

https://agilecoach.de/agile-spiele-buch/

Dort findest du auch die Miro-Templates und weitere Vorlagen speziell zu den Onlinevarianten der Spiele und Simulationen.

Spiele im Businesskontext

Eine Frage, die wir häufig hören, lautet: »Spiele und Business, wie geht das zusammen?« Oder Varianten davon à la »Schalten da nicht viele Leute direkt ab, wenn man bei der Arbeit vom Spielen spricht?«

Was wir in diesem Buch im Angebot haben, sind tatsächlich nicht nur Spiele, sondern auch Simulationen. Das klingt doch gleich viel ernsthafter. Einen gemeinsamen Namen für alles zu finden und dann auch noch politisch korrekt zu bleiben und nicht auf diverse Zehen (oder Krawatten oder – noch dämlicher – Langbinder) zu treten … das sind einfach nicht wir. Wer uns näher kennt, weiß recht genau, wie das zu verstehen ist. Wir vertreten beide Authentizität als wichtiges Element. Das heißt nicht, dass wir bei besonders konservativen Managern unter unseren Kunden nicht trotzdem zuerst einmal von Wissensvermittlung, von Simulationen, von Lernübungen oder Ähnlichem reden. Hier ist wie so oft das sprichwörtliche Fingerspitzengefühl gefragt. Wir haben die Erfahrung gemacht, dass Spiele häufig überhaupt kein Problem sind – erstaunlicherweise gerade mit vielen Menschen aus dem Top-Level-Management nicht. Weiter unten in der Hierarchie können implizite Erwartungshaltungen ein Hindernis darstellen. Man glaubt, dass es oben nicht gut ankommt, wenn wertvolle Arbeitszeit mit Spielen verbracht wird. Gleichzeitig sind viele Übungen seit Jahrzehnten aus Workshops nicht mehr wegzudenken. So ganz neu ist das Thema also eigentlich nie.

Unser Tipp: Im ersten Gespräch schon einmal langsam vorfühlen. Wenn das Umfeld nicht für das Wort bereit ist, umschreiben wir es eben. Wenn es kein Problem zu sein scheint, dann macht bitte auch keines daraus.

Letztendlich ist es immer eine Frage der aktuellen Unternehmens-, Führungs- und Teamkultur. Wenn in einer Organisation die Begriffe »Scrum« und »agil« bereits verbrannt wurden, führen wir trotzdem agile Prinzipien und Praktiken ein, ohne sie jemals so zu benennen. Genauso kannst du es mit Spielen handhaben (mit »agilen Spielen« wollen wir in so einem Umfeld lieber gar nicht anfangen). Führe dann einfach Übungen, Aktivitäten und Simulationen durch. Und idealerweise sprichst du überhaupt nicht über diese Dinge und wie sie heißen. Fokussiere dich darauf, sie einfach durchzuführen und den Teilnehmenden eine nachhaltige Lernerfahrung zu liefern.

Wenn wir also im weiteren Verlauf des Buchs über Spiele, Simulationen, Übungen, Aktivitäten oder etwas Ähnliches schreiben, dann meinen wir damit meistens auch so was wie Übungen, Spiele, Aktivitäten, Simulationen oder Ähnliches.

Spiele als Moderationselement

Wir haben den Anspruch, dass die in diesem Buch aufgeführten Spiele und Simulationen zweckgebunden einsetzbar sind und im Kern wesentliche agile Prinzipien oder Praktiken vermitteln. Dann haben sie auch ihre Berechtigung in Workshops und Trainings. Manches mag euch bekannt vorkommen. Wir haben die Welt nicht erfunden und haben hier die Dinge, die für uns gut funktioniert haben, an einem Ort zusammengetragen, eingeordnet, genau beschrieben und ausführlich kommentiert. Aber wie schon Oscar Wilde schrieb: »Nachahmung ist die höchste Form der Anerkennung.« [WILDE]

Wenn du in deinem Coaching oder Training den Bedarf siehst, rein zum spaßigen Zeitvertreib und zur Auflockerung ausgelegte Spiele zu spielen, empfehlen wir erst einmal den Gang in den lokalen Spielwarenhandel. Damit dir da bei der riesigen Auswahl nicht die Spucke wegbleibt, gibt es auch genau dafür ein paar Schätze in diesem Buch. Du findest sie im Bereich *Teambuilding* (siehe Seite 37).

Wichtig ist uns generell, dass jedes Spiel in diesem Buch aus unserer eigenen Praxis stammt. Wir haben das also alles schon im Bereich des Agile Coaching in Workshops, Trainings oder einfach in der täglichen (oder beim Thema Teambuilding auch nächtlichen) Arbeit eingesetzt.

Aber nun endlich mal Butter bei die Fische ...

Ralf Kruse nennt einige wesentliche Kriterien, die für ein gutes agiles Spiel notwendig sind [KRUSE]:

Klare Lernziele (Learning Objectives)
Dies ist für uns der wesentliche Faktor bei der Auswahl eines agilen Spiels oder einer Simulation. Spielerische Elemente setzen wir dafür ein, ganz bestimmte und für die Teilnehmenden wichtige Erkenntnisse zu erzielen. Wir spielen nicht um des Spiels Willen, sondern um ein Lernziel zu erreichen.

Einfachheit (Simplicity)
Wir möchten nicht erst eine umfangreiche Spielanleitung studieren, bevor wir loslegen können. Ein agiles Spiel muss leicht verständlich sein, sowohl für dich in der Moderation als auch für die Teilnehmenden. Du findest allerdings in diesem Buch auch einige Simulationen, die diesem Kriterium nicht entsprechen. Eine mehrtägige Scrum-Simulation mit LEGO® vermittelt so viele einzelne Aspekte, dass die Beschreibung nicht mehr auf eine Seite passt. Wir sehen gern darüber hinweg. Es darf schließlich auch agile Spiele geben, die eine erfahrene Moderation voraussetzen.

Verspieltheit (Playfulness)
Die Teilnehmenden eines agilen Spiels dürfen dieses gern mit Spaß durchführen und merken, dass es sich um ein Spiel handelt. Genauso sehen wir das bei Simulationen. Ohne Freude geht viel verloren.

Sicheres Umfeld (Safe to Fail)
Wir erzeugen mit agilen Spielen und Simulationen einen Raum, in dem die Teilnehmenden frei experimentieren und scheitern dürfen, ohne dass sich dies auf die echte Welt auswirkt. Wenn wir in diesem Raum die Arbeit am echten System zuließen, würden Ängste entstehen, irgendetwas kaputtzumachen. Damit wären sowohl das freie Ausprobieren als auch das Scheitern nicht mehr möglich. Aber Achtung! Gerade im Bereich Teambuilding kommt dir als Moderatorin oder Moderator hier auch eine Verantwortung zu. Bitte achte darauf, dass solche Aktivitäten immer in einem Bereich bleiben, in dem jeglicher Schaden vermieden wird. Genaueres zu einigen Spielen erfährst du später, wenn wir Stolperfallen besprechen.

Metaphern statt Realität (Metaphors versus Reality)
»Können wir das nicht gleich mit unserem Ticketsystem machen? Wieso arbeiten wir nicht direkt an unserem echten Code?« Das sind Fragen, die uns gern gestellt werden. Gerade wenn die Teilnehmenden unter einem hohen Arbeitsdruck leiden und denken, eigentlich keine Zeit für Spielereien zu haben, kommt die Idee auf, direkt am offenen Herzen zu operieren. Man möchte dann, dass die Lernerfahrung effizient durchgeführt wird, damit gleich »echte« Ergebnisse entstehen. Das ist in der Situation der Menschen nachvollziehbar. Es erinnert jedoch an den Spruch: »Wir haben keine Zeit, die Axt zu schärfen, da wir erst Bäume fällen müssen.« Das Arbeiten mit Metaphern in agilen Spielen und Simulationen ermöglicht uns, die Lernerfahrungen vielfältiger zu reflektieren und auf die reale Arbeitsumgebung zu transferieren.

Jede Durchführung ist einzigartig (Each Session is Unique)
> Die meisten agilen Spiele und Simulationen sind so dynamisch, dass sie jedes Mal eine einzigartige Erfahrung erzeugen. Es gibt ein paar Ausnahmen, bei denen Personen nicht noch einmal mitmachen sollten, die die gesuchte Lösung bereits kennen. Steckt diese Personen dann einfach in die Beobachtungsrolle, um wertvolle Erkenntnisse im Debriefing beizutragen.

Nachbesprechung ist unerlässlich (Debriefing is Essential)
> Neben den klaren Lernzielen ist das Debriefing für uns der zweite wesentliche Faktor eines guten agilen Spiels. Im Debriefing entstehen Erkenntnisse, Aha-Momente, das tiefergehende Verständnis sowie der Transfer der spielerischen Erfahrung in die echte Arbeitswelt der Teilnehmenden.

Die meisten der in diesem Buch abgedruckten Spiele entsprechen diesen Kriterien, und Ausnahmen bestätigen bekanntermaßen die Regel. Es ist deine moderierende Aufgabe, während der Durchführung eines Spiels diese Kriterien im Blick zu behalten. Wird das Spiel gerade durch eine Sondersituation oder eigene Regeln der Teilnehmenden irgendwie verkompliziert? Dann kehre zurück zu den Basisregeln und stell die Einfachheit wieder her. Fühlt sich jemand sichtlich unwohl? Dann finde zusammen mit allen anderen heraus, woran es liegt und wie du für alle Beteiligten einen *Safe to Fail*-Zustand herstellen kannst. Diskutieren die Leute permanent während eines Spiels über ihre tatsächliche Situation in ihrem Team oder ihrer Organisation? Dann verdeutliche ihnen die Metaphern des Spiels und versuche, sie aus ihrer Realität herauszuholen.

Nutze alle »Abweichungen« von diesen Kriterien sowie alle Besonderheiten während der Durchführung für die Nachbesprechung des Spiels. Ein für uns wichtiges Instrument im Umgang mit solchen Situationen sind geeignete Fragen. Hier einige Beispiele:

- Aus welchem Grund gab es diese Situation?
- Was hat es für euch bewirkt?
- Was habt ihr in dieser Rolle erlebt?
- Wie geht eps euch damit?[1]
- Was würde das in eurem echten Arbeitsumfeld bedeuten?

Fragen dieser Art helfen dir dabei, für alle Teilnehmenden einen Transfer in die echte Welt herzustellen und das Maximum an Lernerfahrung aus einem Spiel mitzunehmen.

Gamification

Was hat das alles eigentlich mit *Gamification* zu tun? Befinden wir uns hier nicht eher im Bereich *Serious Games*? Schauen wir uns die Begriffsdefinition zu Gamification an, die in der Wikipedia zu finden ist (*https://de.wikipedia.org/wiki/Gamification*):

---

[1] Quasi der Klassiker unter den Coaching-Fragen …

»Als Gamification ... wird die Anwendung spieltypischer Elemente in einem spielfremden Kontext bezeichnet. Zu diesen spieltypischen Elementen gehören unter anderem Erfahrungspunkte, Highscores, Fortschrittsbalken, Ranglisten, virtuelle Güter oder Auszeichnungen. Durch die Integration dieser spielerischen Elemente soll im Wesentlichen eine Motivationssteigerung der Personen erreicht werden, die ansonsten wenig herausfordernde, als zu monoton empfundene oder zu komplexe Aufgaben erfüllen müssen.«

Aufgrund dieser Definition wird deutlich, dass die Spiele und Simulationen in diesem Buch wenig bis nichts mit Gamification zu tun haben. Gamification findet in der realen Umgebung statt und soll im Wesentlichen auf die Motivation der beteiligten Menschen einzahlen. Natürlich sollen die Lernerfahrungen unserer Spiele in die echte Umgebung der Menschen transferiert werden. Die Spiele finden aber nicht in dieser echten Umgebung statt. Auch möchten wir den Teilnehmenden mit unseren Spielen gern zu einer höheren Motivation verhelfen. Dies ist jedoch ein Lerneffekt aus dem Spiel und keine Mechanik, die in der echten Arbeit durch Punktesammeln, Ranglisten und explizite Belohnung entsteht.

In einzelnen Aspekten mag es Überlappungen mit den Ansätzen von Gamification geben. Im Großen und Ganzen hat es damit jedoch nichts zu tun.

Der Begriff *Serious Game* befindet sich irgendwo zwischen *Spiel* und *Simulation*. Wir könnten hier pädagogisch und wissenschaftlich noch viel detaillierter differenzieren, wollen wir aber nicht. Für unsere Zwecke reicht die folgende grobe Abgrenzung.

	Ergebnis in der realen Welt	Systemintegration
Spiel	Nein	Nein
Simulation	Ja/Nein	Ja/Nein
Gamification	Ja	Ja

Der wichtige Aspekt für uns ist hier, dass manche der Simulationen in diesem Buch durchaus dafür genutzt werden können, »echte« Ergebnisse zu erzeugen. Manche können sogar als Werkzeug in das bestehende »System« der Organisation aufgenommen werden. Beispiele hierfür sind »Business Value Poker«, »City Builders« und »Fearless Journey«.

KAPITEL 2
Kategorien und Zwecke

In diesem Kapitel:
- Verschiedene Arten von Spielen
- Kategorien und Zwecke
- Inhalte und Zweck der Spiele
- Die Agile-Spiele-Matrix
- Online- und Offlinespiele
- Format der Darstellung eines Spiels

»Spielen ist eine Tätigkeit, die man gar nicht ernst genug nehmen kann.«
– *Jacques-Yves Cousteau (1910–1997), Meeresforscher*

Um dir die Navigation in diesem Buch zu erleichtern, haben wir uns eine Kategorisierung aller Spiele und Simulationen überlegt. Diese Kategorien findest du in der Kapitelstruktur des Buchs wieder, sodass du dir einen schnellen Überblick verschaffen kannst. Ein weiteres und wichtiges Hilfsmittel bekommst du mit der Beschreibung der Zwecke der Spiele und Simulationen an die Hand. Mit der Matrix der Lernziele und Zwecke findest du schnell alle möglichen Aktivitäten, mit denen diese zu erreichen sind.

Verschiedene Arten von Spielen

Die Spiele und Simulationen in diesem Buch unterteilen wir in verschiedene Kategorien. Der erste Block (zu finden in Teil II ab Seite 77) enthält Kategorien, die wir ganz allgemein für Workshops jeder Art einsetzen:

Gruppenbildung
    Kleine Aktivitäten bzw. Minispiele, die zur Gruppenbildung für andere Spiele und auch ganz allgemein in Workshops und Meetings (z. B. in Retrospektiven) genutzt werden können.

Opener
    Spiele, die sich zur Eröffnung eines Workshops oder Trainings anbieten.

Energizer
    Spiele, die das Energieniveau der Teilnehmenden wieder nach oben bringen. Gut geeignet nach längeren, ermüdenden Phasen oder nach der Mittagspause.

Closing
    Abschlussaktivitäten für das Ende eines Workshops.

Du kannst nun zu Recht anmerken, dass die Spiele in diesen vier Kategorien das Label »agil« überhaupt nicht verdienen. Das macht aber überhaupt nichts, denn sie funktionieren im agilen Kontext genauso gut wie im klassischen. Wir sehen das ganz pragmatisch unter dem etwas abgewandelten Motto: »Wer spielt, hat recht.«

Der Kern dieses Buchs, zu finden in Teil III ab Seite 151, beschreibt Spiele und Simulationen, die in folgende Kategorien unterteilt sind:

- Vermittlung von Prinzipien
- Spiele, die bestimmte agile Grundlagen veranschaulichen und erlebbar machen
- Simulationen
- Spiele, die agile Praktiken erlebbar machen
- Social Dynamics und Kommunikation
- Spiele, die im sozialen Teamkontext Aspekte wie Vertrauen und Kommunikation abbilden
- Technical Skills
- Spiele, die agile Entwicklungspraktiken erlebbar machen
- Teambuilding
- Spiele, die zum Abschluss eines Trainingstags genutzt werden können oder einfach dem Spaß im Team dienen

Wie jede Kategorisierung ist auch diese eine fragwürdige Schubladisierung. Die Übergänge sind fließend, und es gibt Überlappungen. Viele Simulationen vermitteln auch Prinzipien, bieten kommunikative Erlebnisse und dienen dem Teambuilding. Lass dich dadurch nicht aus dem Konzept bringen, viel wichtiger als diese groben Kategorien ist immer die Frage, welche Zwecke und Lernziele du für die Teilnehmenden mit einem Spiel erreichen möchtest.

Inhalte und Zweck der Spiele

Der eigentliche Kern eines Spiels ergibt sich oft nicht direkt aus seinem Namen. Tabelle 2-1 soll der Orientierung dienen, falls du ein Spiel für einen spezifischen Zweck benötigst.

Tabelle 2-1: Spiele für bestimmte Zwecke

Zweck, Inhalt, Kern	Beschreibung	Passende Spiele
Auslastung	Die Auslastung eines Systems hat immer ein natürliches Maximum, das nicht überschritten werden darf. Diese Tatsache muss von Teams und vor allem von Führungspersönlichkeiten verstanden und respektiert werden.	Resource Utilization Trap (Seite 189) Kanban Pizza Game (Seite 209)

Tabelle 2-1: Spiele für bestimmte Zwecke *(Fortsetzung)*

Zweck, Inhalt, Kern	Beschreibung	Passende Spiele
Batch Size (Reduction)	Batch Size und Batch Size Reduction sind fundamentale Konzepte in Flow-Management-Systemen wie z. B. Kanban. Diese Konzepte müssen alle Teammitglieder verstehen, um ihren Workflow reflektieren und verbessern zu können. Im Deutschen spricht man von Losgröße bzw. Reduzierung der Losgröße.	Coin Flip Game (Seite 153) Kanban Pizza Game (Seite 209) Papierfliegerfabrik (Seite 235)
Business Value	Teams müssen durch ihre Arbeit den maximalen Business Value erzielen. Erst wenn sie dieses Konzept verstehen, können sie ihre Ziele und Backlogs konstruktiv hinterfragen.	Coin Flip Game (Seite 153) Business Value Poker (Seite 180) Snowflakes (Seite 244) City Builders – Epic-Priorisierung (Seite 249)
Closing	Zu einem längeren Training gehört auch ein Abschluss, der die Erkenntnisse nachhaltig verankert.	Brief an mich selbst (Seite 143) Study Buddy (Seite 145) Hausaufgaben (Seite 146) Journaling (Seite 148)
Continuous Integration	Die kontinuierliche Integration von kleinen Bestandteilen in ein größeres Softwareprodukt ist integraler Bestandteil der modernen, agilen Softwareentwicklungspraktiken. Alle Teams müssen dieses Konzept kennen und anwenden.	Continuous Integration mit LEGO® (Seite 342)
Cost-of-Delay (CoD)	Für die Priorisierung von Features oder Projekten in einem Portfolio ist das Konzept der Cost-of-Delay ein wichtiges Hilfsmittel für Product Owner und Produktmanager.	City Builders – Epic-Priorisierung (Seite 249)
Crossfunktionale Teams	In vielen Bereichen haben crossfunktionale Teams Vorteile gegenüber Teams mit singulärer Expertise. In größeren Organisationen benötigt die Einführung dieses Konzepts einiges an Überzeugungskraft. Auf allen Ebenen, von den operativen Teammitgliedern bis zum entscheidenden Management, müssen die Menschen das Konzept verstehen und unterstützen.	Marshmallow Challenge (Seite 175) Scrum LEGO® City Game (Seite 195) Kanban Pizza Game (Seite 209) Das Haus vom Nikolaus (Seite 226) Papierfliegerfabrik (Seite 235) ScrumTale (Seite 260) Coop-Maze (Seite 304) Ensemble Programming (Mob Programming) (Seite 324) Testing Jenga (Seite 328)

Tabelle 2-1: Spiele für bestimmte Zwecke *(Fortsetzung)*

Zweck, Inhalt, Kern	Beschreibung	Passende Spiele
Empirische Prozesssteuerung	Empirismus ist eine der agilen Säulen und muss daher von allen Beteiligten verstanden werden.	Marshmallow Challenge (Seite 175) Scrum LEGO® City Game (Seite 195) Kanban Pizza Game (Seite 209) Ball Point Game (Seite 223) Das Haus vom Nikolaus (Seite 226) Online Point Game (Seite 256) ScrumTale (Seite 260)
Energizer	Luft raus während eines Trainingstags? Dann zack, zack einen Energizer auspacken.	Black Stories (Seite 104) Zwei Wahrheiten und eine Lüge (Seite 106) Dobble (Seite 116) Anagramm (Seite 120) Happy Salmon (Seite 123) Inverse Reise nach Jerusalem (Seite 125) Schnick-Schnack-Schnuck (Seite 127) Die Planke (Seite 129) Regenmacher (Seite 131) Schneeballschlacht (Seite 133) Pomodoro Break (Seite 134) Schnitzeljagd (Seite 137) Walk & Talk (Seite 138) Jonglieren lernen (Seite 139) Push versus Pull in einer Minute (Seite 164) Ja, genau! (Seite 263) Australisches Schwebholz (Seite 265)
Gruppenbildung	Hiermit teilst du deine Teilnehmenden schnell in kleinere Gruppen auf.	Sortieren und Durchzählen (Seite 79) Gleiche Objekte (Seite 80) Erfahrungsecken (Seite 84)
Handlung initiieren	Theoretische Erkenntnisse reichen nicht aus. Die Teilnehmenden müssen am Ende eines Trainings direkt ins Handeln übergehen.	Brief an mich selbst (Seite 143) Study Buddy (Seite 145) Hausaufgaben (Seite 146) Journaling (Seite 148)
Ideenfindung	Kreative Erkenntnisse im Team kannst du hiermit fördern.	Ja, genau! (Seite 263) Fearless Journey (Seite 276) Story Telling in Circles (Seite 280)
Impediments identifizieren und überwinden	Dein Team macht hier vorhandene Hindernisse sichtbar und findet Lösungen für sie.	Magisches Dreieck (Seite 186) Exercise Without A Name – E.W.A.N. McGregor (Seite 272) Fearless Journey (Seite 276) Coop-Maze (Seite 304)

Tabelle 2-1: Spiele für bestimmte Zwecke *(Fortsetzung)*

Zweck, Inhalt, Kern	Beschreibung	Passende Spiele
Iterative und inkrementelle Entwicklung	Dieses fundamentale Konzept aller agilen Methoden muss von allen Beteiligten verstanden werden.	Marshmallow Challenge (Seite 175) Scrum LEGO® City Game (Seite 195) Ball Point Game (Seite 223) Das Haus vom Nikolaus (Seite 226) Online Point Game (Seite 256) ScrumTale (Seite 260)
Kanban	Für das Kennenlernen von Kanban.	Kanban Pizza Game (Seite 209)
Kennenlernen der Gruppe	In längeren Trainings und in Teams immer nützlich, wenn nicht sogar notwendig.	Sortieren und Durchzählen (Seite 79) Erfahrungsecken (Seite 84) Kennenlern-Bingo (Seite 87) Wahres und Positives (Seite 92) Soziales Netzwerk (Seite 100) Zwei Wahrheiten und eine Lüge (Seite 106) Steckbrief fürs Team (Seite 108) Hometowns (Seite 118)
Kommunikation	Wenn Menschen nicht (mehr) konstruktiv miteinander sprechen, hilft es den Beteiligten, Kommunikation besser zu verstehen.	Frühstückstoast (Seite 241) Rhetoric – The Public Speaking Game (Seite 282) Chinese Whispers – Stille Post (Seite 284) Spaceteam (App) (Seite 286) Shower of Appreciation (Seite 289) SIN Obelisk (Seite 292) Team 3 und ToiletTrolls (Seite 297) Side-Switcher (Seite 302) Coop-Maze (Seite 304) Coding Dojo (Seite 319) Ensemble Programming (Mob Programming) (Seite 324) Among Us (Seite 351) Keep Talking and Nobody Explodes (Seite 367) Spyfall (Seite 373)
Komplexe Systeme	Die wundersamen Zusammenhänge von Ursache und Wirkung verständlich machen.	Magisches Dreieck (Seite 186) Australisches Schwebholz (Seite 265) Blind Zählen (Seite 267)
Kreativität anregen	Für die meisten Workshops ist es notwendig, dass das Team in einen kreativen Modus versetzt wird.	Wahres und Positives (Seite 92) Brillante Momente (Seite 96) Black Stories (Seite 104) Zwei Wahrheiten und eine Lüge (Seite 106) Ja, genau! (Seite 263) Story Telling in Circles (Seite 280)

Tabelle 2-1: Spiele für bestimmte Zwecke *(Fortsetzung)*

Zweck, Inhalt, Kern	Beschreibung	Passende Spiele
Lean-Prinzipien	Die Lean-Prinzipien gehören für alle Beteiligten zum fundamentalen Basiswissen: »Wert identifizieren«, »Wertstrom abbilden«, »Flow erzeugen«, »Pull einführen« und »Kontinuierliche Verbesserung«.	Coin Flip Game (Seite 153) Boss-Worker-Game (Seite 158) Business Value Poker (Seite 180) Resource Utilization Trap (Seite 189) Kanban Pizza Game (Seite 209) Papierfliegerfabrik (Seite 235)
Multitasking	Das allzu menschliche Auftreten von schädlichem Multitasking muss von allen Beteiligten verstanden werden, um ihm effektiv zu begegnen.	Push versus Pull in einer Minute (Seite 164) Counting Numbers and Letters (Seite 165) Multitasking Name Game – wie lange dauert es, einen Namen zu schreiben? (Seite 169) Resource Utilization Trap (Seite 189) Spaceteam (App) (Seite 286)
Opener	Optional-obligatorische Pflichtmöglichkeit für längere Trainings und Workshops.	Erfahrungsecken (Seite 84) Kennenlern-Bingo (Seite 87) Wahres und Positives (Seite 92) Brillante Momente (Seite 96) Soziales Netzwerk (Seite 100) Black Stories (Seite 104) Zwei Wahrheiten und eine Lüge (Seite 106) Steckbrief fürs Team (Seite 108) Wie sehr bin ich gerade hier? (Seite 114) Dobble (Seite 116) Hometowns (Seite 118) Anagramm (Seite 120) Ja, genau! (Seite 263) Australisches Schwebholz (Seite 265)
Positive Stimmung	Um die Teilnehmenden in einen kreativen, offenen Zustand zu versetzen, hilft eine positive Grundstimmung.	Wahres und Positives (Seite 92) Brillante Momente (Seite 96) Happy Salmon (Seite 123) Inverse Reise nach Jerusalem (Seite 125) Schnick-Schnack-Schnuck (Seite 127) Regenmacher (Seite 131) Schneeballschlacht (Seite 133) Ja, genau! (Seite 263)
Präsentieren	Stärkung der rhetorischen und spontanen Fähigkeiten im Team.	Frühstückstoast (Seite 241) Rhetoric – The Public Speaking Game (Seite 282) PowerPoint Karaoke (Seite 362)

Tabelle 2-1: Spiele für bestimmte Zwecke *(Fortsetzung)*

Zweck, Inhalt, Kern	Beschreibung	Passende Spiele
Priorisierung	Backlogs gut sortieren, um den Nutzen zu maximieren. Siehe auch »Business Value«.	Business Value Poker (Seite 180) City Builders – Epic-Priorisierung (Seite 249)
Product Discovery	Ideen im Team entwickeln, um neue Features für das Produkt zu finden.	Snowflakes (Seite 244) SIN Obelisk (Seite 292)
Product Vision	Erkenntnisse über die Bedeutung einer guten Produktvision gewinnen.	Scrum LEGO® City Game (Seite 195) Summer Meadows (Seite 230) Snowflakes (Seite 244) ScrumTale (Seite 260)
Push-versus-Pull-Prinzip	Pull-Systeme gehören zu den fundamentalen Konzepten der Agilität und müssen von allen Beteiligten verstanden werden.	Boss-Worker-Game (Seite 158) Push versus Pull in einer Minute (Seite 164) Resource Utilization Trap (Seite 189) Scrum LEGO® City Game (Seite 195) Kanban Pizza Game (Seite 209) Papierfliegerfabrik (Seite 235) ScrumTale (Seite 260)
Refactoring (kontinuierlich)	Das kontinuierliche Refactoring ist ein zentraler Bestandteil moderner, agiler Entwicklungspraktiken und muss von allen Teams verstanden und angewendet werden.	Coding Dojo (Seite 319) Ensemble Programming (Mob Programming) (Seite 324) Technical Debt Game (für Nicht-Techniker) (Seite 337)
Reflexion	Identifizieren und Offenlegen tief sitzender Hindernisse.	Schneeballschlacht (Seite 133) Brief an mich selbst (Seite 143) Hausaufgaben (Seite 146) Journaling (Seite 148) Scrum LEGO® City Game (Seite 195) Kanban Pizza Game (Seite 209) Ball Point Game (Seite 223) Das Haus vom Nikolaus (Seite 226) ScrumTale (Seite 260) Exercise Without A Name – E.W.A.N. McGregor (Seite 272) Fearless Journey (Seite 276)
Requirements	Den Unterschied zwischen guten und weniger guten Formulierungen von Anforderungen kennenlernen.	Summer Meadows (Seite 230) Frühstückstoast (Seite 241) Snowflakes (Seite 244) Chinese Whispers – Stille Post (Seite 284) SIN Obelisk (Seite 292)

Tabelle 2-1: Spiele für bestimmte Zwecke *(Fortsetzung)*

Zweck, Inhalt, Kern	Beschreibung	Passende Spiele
Scrum	Hands-on das Scrum-Framework kennenlernen.	Scrum LEGO® City Game (Seite 195) Ball Point Game (Seite 223) Das Haus vom Nikolaus (Seite 226) Online Point Game (Seite 256) ScrumTale (Seite 260)
Selbstorganisation	Selbstorganisation wird von allen agilen Teams erwartet und muss von allen Beteiligten verstanden werden.	Boss-Worker-Game (Seite 158) Marshmallow Challenge (Seite 175) Magisches Dreieck (Seite 186) Scrum LEGO® City Game (Seite 195) Kanban Pizza Game (Seite 209) Ball Point Game (Seite 223) Das Haus vom Nikolaus (Seite 226) Online Point Game (Seite 256) ScrumTale (Seite 260) Australisches Schwebholz (Seite 265) Blind Zählen (Seite 267) Menschlicher Knoten (Seite 269) Spaceteam (App) (Seite 286) SIN Obelisk (Seite 292) Coop-Maze (Seite 304)
Servant Leadership	Alle Beteiligten mit Führungsverantwortung bekommen hier ein Gespür dafür vermittelt, wie sich klassische und agile Führung unterscheidet.	Boss-Worker-Game (Seite 158) Scrum LEGO® City Game (Seite 195) ScrumTale (Seite 260)
Spaß	Ohne Spaß kein Ernst! Also im Ernst jetzt, ohne Spaß!	Black Stories (Seite 104) Zwei Wahrheiten und eine Lüge (Seite 106) Happy Salmon (Seite 123) Inverse Reise nach Jerusalem (Seite 125) Schnick-Schnack-Schnuck (Seite 127) Schneeballschlacht (Seite 133) Ja, genau! (Seite 263) Spaceteam (App) (Seite 286) Among Us (Seite 351) Werwölfe (Seite 354) PowerPoint Karaoke (Seite 362) Keep Talking and Nobody Explodes (Seite 367) Cards against Agility (Seite 371) Spyfall (Seite 373)

Tabelle 2-1: Spiele für bestimmte Zwecke *(Fortsetzung)*

Zweck, Inhalt, Kern	Beschreibung	Passende Spiele
Teambuilding	Das Team durch gemeinsame Erlebnisse zusammenwachsen lassen und das Vertrauen im Team vergrößern.	Kennenlern-Bingo (Seite 87) Wahres und Positives (Seite 92) Soziales Netzwerk (Seite 100) Steckbrief fürs Team (Seite 108) Marshmallow Challenge (Seite 175) Business Value Poker (Seite 180) Scrum LEGO® City Game (Seite 195) Kanban Pizza Game (Seite 209) ScrumTale (Seite 260) Australisches Schwebholz (Seite 265) Blind Zählen (Seite 267) Rhetoric – The Public Speaking Game (Seite 282) Coding Dojo (Seite 319) Ensemble Programming (Mob Programming) (Seite 324) Among Us (Seite 351) Werwölfe (Seite 354) Spyfall (Seite 373)
Teamwork	Gemeinsam im Team Erfolge erreichen.	Pomodoro Break (Seite 134) Scrum LEGO® City Game (Seite 195) Kanban Pizza Game (Seite 209) ScrumTale (Seite 260) Australisches Schwebholz (Seite 265) Spaceteam (App) (Seite 286) SIN Obelisk (Seite 292) Team 3 und ToiletTrolls (Seite 297) Coop-Maze (Seite 304) Coding Dojo (Seite 319) Ensemble Programming (Mob Programming) (Seite 324) Keep Talking and Nobody Explodes (Seite 367)
Technische Exzellenz	Ein agiles Team hat die Verpflichtung, auf höchstem Niveau Produkte zu entwickeln mit modernen, agilen Entwicklungspraktiken.	Coding Dojo (Seite 319) Ensemble Programming (Mob Programming) (Seite 324) Testing Jenga (Seite 328)

Tabelle 2-1: Spiele für bestimmte Zwecke *(Fortsetzung)*

Zweck, Inhalt, Kern	Beschreibung	Passende Spiele
Technical Debt (Technische Schulden)	Um ein System langfristig weiterentwickeln zu können, muss jedes Team das Konzept von technischen Schulden verstehen und diese vermeiden können.	Coding Dojo (Seite 319) Ensemble Programming (Mob Programming) (Seite 324) Testing Jenga (Seite 328) Dice of Debt (Seite 330) Technical Debt Game (für Nicht-Techniker) (Seite 337)
Vertrauensbildend	Ein Team funktioniert nur mit Vertrauen richtig gut.	Wahres und Positives (Seite 92) Brillante Momente (Seite 96) Zwei Wahrheiten und eine Lüge (Seite 106) Steckbrief fürs Team (Seite 108) Walk & Talk (Seite 138) Study Buddy (Seite 145) Business Value Poker (Seite 180) Ja, genau! (Seite 263) Australisches Schwebholz (Seite 265) Blind Zählen (Seite 267) Rhetoric – The Public Speaking Game (Seite 282) Shower of Appreciation (Seite 289) Team 3 und ToiletTrolls (Seite 297) Side-Switcher (Seite 302) Coding Dojo (Seite 319) Ensemble Programming (Mob Programming) (Seite 324) Among Us (Seite 351) Werwölfe (Seite 354) Spyfall (Seite 373)
Work-in-Progress-Limit	Verständnis für Bad-Multitasking herstellen. Ein wesentliches Prinzip, das von allen Beteiligten verstanden werden muss.	Coin Flip Game (Seite 153) Counting Numbers and Letters (Seite 165) Multitasking Name Game – wie lange dauert es, einen Namen zu schreiben? (Seite 169) Resource Utilization Trap (Seite 189) Kanban Pizza Game (Seite 209) Papierfliegerfabrik (Seite 235)
Workflow Visualization	Den eigenen Workflow im Team zu verstehen, lässt Engpässe und Verbesserungen erkennen.	Kanban Pizza Game (Seite 209) Frühstückstoast (Seite 241)

Die Agile-Spiele-Matrix

Wir sind ja Freunde der Visualisierung. Es liegt also nahe, diese unsäglich lange Zweck-der-Spiele-Liste grafisch aufzubereiten. Nun ist ein gedrucktes Buch ein denkbar schlechtes Format für solch eine umfangreiche Visualisierung.

Aus diesem Grund verweisen wir auf die Webseite zum Buch. Auf

https://agilecoach.de/agile-spiele-buch/

findest du eine große Tabelle mit allen Spielen in den Zeilen und allen Zwecken in den Spalten. Abbildung 2-1 zeigt exemplarisch einen Ausschnitt dieser Tabelle.

	Coin Flip Game	Boss-Worker-Game	Push versus Pull in einer Minute	Counting Numbers and Letters	Multitasking Name Game	Marshmallow Challenge	Business Value Poker	Magisches Dreieck	Resource Utilization Trap	Scrum LEGO® City Game	Kanban Pizza Game	Ball Point Game	Das Haus vom Nikolaus	Summer Meadows	Papierfliegerfabrik	Frühstückstoast	Snowflakes	City Builders – Epic-Priorisierung	Online Point Game
ONLINE	x	x		x	x		x	x		x		x	x		x		x	x	x
OFFLINE	x	x	x	x	x	x	x	x	x	x	x	x	x	x	x	x	x	x	x
Auslastung									x		x								
Batch Size (Reduction)	x										x					x			
Business Value	x						x											x	x
Cost-of-Delay																		x	
Crossfunktionale Teams						x				x	x		x		x				
Empirische Prozesssteuerung						x				x	x	x	x						x
Energizer		x																	
Handlung initiieren																			
Impediments identifizieren und überwinden								x											
Iterative und inkrementelle Entwicklung						x				x		x	x						x
Komplexe Systeme								x											
Lean-Prinzipien	x	x					x		x		x				x				
Multitasking			x	x	x						x								
Priorisierung								x										x	
Product Discovery																		x	
Product Vision										x				x				x	
Push-vs-Pull-Prinzip		x	x							x	x				x				
Reflexion										x	x	x	x						
Requirements														x			x	x	
Scrum										x				x	x				x
Selbstorganisation		x				x		x		x	x	x	x						x
Servant Leadership		x									x								
Teambuilding						x	x				x								
Teamwork											x	x							
Work-in-Progress-Limit	x			x	x						x				x				
Workflow Visualization											x					x			

Abbildung 2-1:   Agile-Spiele-Matrix (Ausschnitt)

Die Idee hinter dieser Agile-Spiele-Matrix ist zum einen, dass du eine schnelle Möglichkeit hast, für bestimmte Zwecke das richtige Spiel zu finden, zum zweiten, dass du für ein dir bekanntes Spiel weitere Zwecke findest, die du vermitteln kannst, und zum dritten, dass du diese Matrix für dich selbst erweiterst mit deinen eigenen Spielen und weiteren Zwecken.

Online- und Offlinespiele

Die meisten Spiele in diesem Buch funktionieren sowohl offline in der echten Welt als auch online in der virtuellen Umgebung. Bei den Spielen, die nur vor Ort mit echtem sozialem Kontakt funktionieren, erwähnen wir mögliche Alternativen, die du online nutzen kannst.

Ansonsten hilft dir die Agile-Spiele-Matrix weiter. Wenn du ein Offlinespiel für einen bestimmten Zweck ausgewählt hast, findest du in der Matrix bestimmt auch eine Onlinealternative dafür.

Format der Darstellung eines Spiels

Wir beschreiben die einzelnen Spiele in diesem Buch nach folgendem Schema:

Titel
   Name des Spiels.

Typ
   Genereller Sinn und Zweck des Spiels. Wozu gibt es dieses Spiel, und was vermittelt es? (Dieses Attribut geben wir nur an, wenn es sich nicht direkt aus dem Namen oder der Kategorie des Spiels ergibt.)

Zwecke
   Für welche Zwecke eignet sich das Spiel? Welche Aspekte lassen sich mit dem Spiel vermitteln?

Medium
   Ist das Spiel online und/oder offline nutzbar?

Niveau
   Wie viel Erfahrung benötigst du für die Moderation? Grundsätzliche Empfehlung dazu: Niemand wurde perfekt geboren! (Philosophischer Einwurf: Oder jeder wurde perfekt geboren und hat ein paar Aspekte davon noch nicht entdeckt.) Probiere Dinge aus, auch wenn du sie noch nie gemacht hast und dich unsicher fühlst. Die Sicherheit kommt durch wiederholte Anwendung. Trau dich und lerne aus deinen Erfahrungen. Das ist sozusagen das Prinzip der empirischen Prozesssteuerung, angewandt auf deine Moderation.

   Zur Vorerfahrung oder zu Anforderungen an die Teilnehmenden benötigst du keine Angabe. Alle Spiele in diesem Buch sind ohne Vorerfahrung der Teilnehmenden durchführbar.

Gruppengröße
: Beispiele: 4 bis 14, maximal 30, nicht limitiert, gerade Anzahl usw.

Dauer
: Wie lange dauert das Spiel geplant oder erfahrungsgemäß?

Learning Objectives
: Was können die Teilnehmenden lernen? Welche Erkenntnisse sollen die Spielerinnen und Spieler gewinnen?

Benötigtes Material
: Welche Utensilien müssen bereitliegen, eventuell inklusive Link zum Kauf, Download usw.

Vorbereitung
: Welche Voraussetzungen müssen geschaffen werden, um das Spiel moderieren zu können?

Ablauf und Moderation
: Wie genau funktioniert das Spiel, welche Schritte werden durchgeführt, wie wird das Spiel moderiert?

Nachbereitung
: Was muss nach dem Spiel aufgeräumt oder durchgeführt werden?

Hinweise
: Auf was ist insbesondere zu achten bezüglich Moderation, Materialien, Teilnehmenden usw.?

Stolperfallen
: Welche Dinge können schieflaufen, wie lässt sich das vermeiden?

Debriefing-Tipps
: Welche Kernaussagen in der Nachbereitung unterstützen die Learning Objectives?

Zwecke im Detail
: Wie werden die Zwecke des Spiels konkret umgesetzt und erreicht?

Quelle
: Woher stammt das Spiel, wo und wann haben wir es kennengelernt? Welche Literatur und welche Referenzen gibt es?

Alle im Buch enthaltenen Links, Quellen- und Literaturangaben sowie weiteres Material zum Download findest du zusätzlich auf unserer Seite zum Buch unter *www.agilecoach.de/agile-spiele-buch*.

KAPITEL 3
Erläuterungen zur Moderation

In diesem Kapitel:
- Workshop-Design from the Back of the Room
- Spielauswahl je nach äußerem Rahmen
- Wann passen Energizer in den Workshop-Ablauf?
- Der Game-Facilitation-Koffer
- Das Toolkit für die Onlinemoderation
- Vorbereitung vs. Spontanität
- Peinlich oder plump – »Ich passe!«
- Und, wie war ich? – Feedback für dich
- Aufgemerkt! – Jetzt geht's online!
- Störungen und Sabotage

»Ein Spiel ist erst dann ein Spiel, wenn man merkt, dass hier nicht gespielt wird!«
– *Arthur Feldmann (1926–2012), österreichisch-jüdischer Schriftsteller*

»Ich bin ein Fan von allem, was den unmittelbaren menschlichen Kontakt ersetzt.«
– *Dr. Sheldon Cooper, Big Bang Theory*

In deiner Rolle als Scrum Master, Agile Coach, Moderatorin oder Team Facilitator gehört es zu deinen Aufgaben, Workshops und Trainings mit einer größeren Gruppe an Menschen abzuhalten. Dafür benötigst du einiges an Rüstzeug. Dieses Kapitel gibt dir eine kurze Einführung in das »Training from the Back of the Room«, eine einfache Methode, um deine eigenen Workshop- und Trainingsformate zu strukturieren. Dazu passend lernst du, wann ein Energizer gut in deinen Ablauf passt und anhand welcher Kriterien du das richtige Spiel aussuchen kannst. Wir präsentieren dir unsere Werkzeugkisten für die Moderation von Spielen in der Online- und in der Offlinewelt, damit du für alle Fälle gerüstet bist. Schließlich gehen wir auf jede Menge Stolperfallen ein, die dir bei deiner Moderation begegnen können, und wie du mit diesen umgehst. Für deine eigene Reflexion zeigt dir dieses Kapitel auch noch, wie du dir Feedback von deinen Teilnehmenden holst.

Das oben genannte Zitat von Arthur Feldmann soll in unserem Kontext bedeuten, dass das Spielen keinen Selbstzweck hat. Der Lernzweck eines agilen Spiels steht immer im Vordergrund, das Spielen selbst ist Mittel zum Zweck. Und im Idealfall merken die Spielenden gar nicht, dass sie gerade spielen.

Das andere Zitat von Sheldon zielt auf die Thematik von Onlinemeetings und virtuellen Formaten ab. »Hauptsache nichts mit Menschen«, lautet die Prämisse vieler Nerds und grenzwertiger Superhirne. Für uns stellt sich in diesem Kapitel die Frage, wie wir trotz Remote-Work dem unmittelbaren menschlichen Kontakt so nahe wie möglich kommen.

Workshop-Design from the Back of the Room

Vielleicht kennst du die Situation auch. Ein Workshop mit deinem Team oder einer Arbeitsgruppe aus deiner Kundschaft steht in ein paar Tagen im Kalender. Die Zielsetzung ist so weit für dich geklärt, und jetzt geht es darum, eine fabelhafte und funktionierende Agenda zu ersinnen. Du hast einiges an Material gesammelt, Informationen für die Teilnehmenden liegen vor dir, mögliche Aktivitäten und spielerische Elemente sind auch schon in deinem Kopf. Wie bringst du all das so in eine Reihenfolge, dass die Inhalte für die Teilnehmenden lehrreich ablaufen und die gewünschten Erkenntnisse erzeugen? Für uns hat sich die Methode »Training from the Back of the Room« bewährt, die wir dir in diesem Abschnitt vorstellen möchten.

Training from the Back of the Room (TBR)

Wir nutzen für unsere Trainings und Workshops die Konzepte aus dem Buch *Training from the Back of the Room* von Sharon Bowman [BOWMAN]. (Im weiteren Verlauf dieses Buchs kürzen wir *Training from the Back of the Room* mit TBR ab.)

TBR stellt zu klassischen Trainingskonzepten einen grundlegenden Paradigmenwechsel dar. Wo früher ein Trainer wie vor einer Schulklasse referiert und Folien gezeigt hat, dreht TBR den Spieß einfach um. Die Lernenden stehen im Mittelpunkt und werden in der Erarbeitung der Lerninhalte aktiv eingebunden. Wissen und Erfahrung werden durch verschiedene hirnfreundliche und multisensorische Aktivitäten vermittelt. In Abbildung 3-2 siehst du die Struktur einer TBR-Lerneinheit.

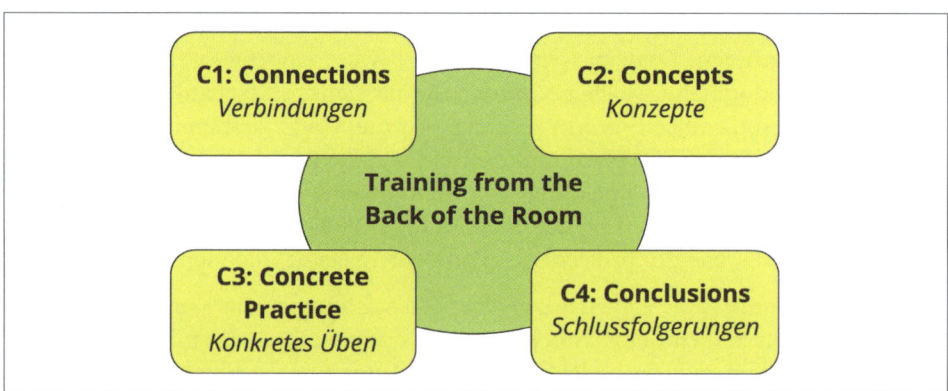

Abbildung 3-1: Die vier Phasen des Trainings from the Back of the Room

Sharon unterteilt den Ablauf des TBR in die folgenden vier Phasen.

C1: Connections (Verbindungen)
　　Die Lernenden verbinden sich mit dem, was sie bereits über das Thema wissen und was sie schon zu wissen glauben. Sie verbinden sich mit dem, was sie lernen werden und was sie lernen wollen. Und sie verbinden sich mit den anderen Teilnehmenden des Trainings.

C2: Concepts (Konzepte)
   Die Lernenden nehmen neue Informationen über multisensorische Wege auf: hören, sehen, besprechen, schreiben, reflektieren, veranschaulichen, teilnehmen und gegenseitig beibringen.

C3: Concrete Practice (Konkretes Üben)
   Die Lernenden praktizieren neue Fähigkeiten aktiv oder besprechen und hinterfragen das neu erlernte Wissen.

C4: Conclusions (Schlussfolgerungen)
   Die Lernenden fassen zusammen, was sie gelernt haben. Sie prüfen, bewerten und feiern das Gelernte und planen, wie sie das neue Wissen und die Fähigkeiten nach dem Training in die Tat umsetzen.

TBR nutzen wir für umfangreichere Trainings kaskadiert. Das bedeutet, dass die gleichen Designprinzipien für das komplette Training gelten, genauso wie für einzelne Module und Lerneinheiten. Abbildung 3-2 zeigt ein paar Inhalte von Marcs »Scrum Foundation Training«.

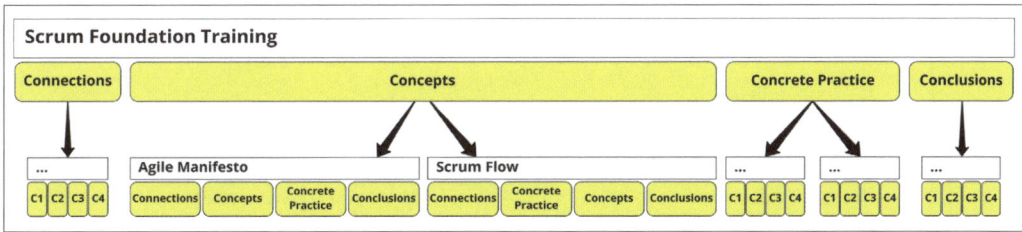

Abbildung 3-2: Kaskadiertes Training from the Back of the Room

Für die *Concepts*-Phase des Trainings werden beispielsweise die Module »Agile Manifesto« und »Scrum Flow« genutzt. Diese beinhalten selbst wieder die vier TBR-Phasen. Interessant an diesem Beispiel ist die umgekehrte Reihenfolge der beiden mittleren Phasen im Modul »Scrum Flow«. Hier versetzt Marc die Gruppe mit einer Aktivität erst ins Handeln, um im Nachgang das erzeugte Ergebnis auf der Konzeptebene zu erklären (und den einen oder anderen Punkt richtigzustellen).

Praxistipp: TBR-Templates

Für deine eigenen Trainings und die einzelnen Lernmodule empfehlen wir, ein TBR-Template zu nutzen. Bau dir eine Vorlage im Tool deiner Wahl. Diese Vorlage sollte auf einer Seite das Lernziel definieren, die vier TBR-Phasen mit ihren Aktivitäten und Hinweisen beschreiben sowie Informationen zur beabsichtigten Dauer beinhalten. Die Vorlage in Abbildung 3-3 orientiert sich an den Trainingsmodulen, wie Jasmine und Kai sie in ihrem Buch »Scrum-Training« beschreiben [SIMONS].

```
Titel des Trainings/Moduls                              ⏰ 30'
Lernziel: xxx

┌─────────────────────────────────┬─────────────────────────────────┐
│ Bezeichnung der Aktivität       │ Bezeichnung der Aktivität       │
│                                 │                                 │
│ Beschreibung und Ablauf der     │ Beschreibung und Ablauf der     │
│ Aktivität                       │ Aktivität                       │
│  • Was machen die Teilnehmenden?│  • Was machen die Teilnehmenden?│
│  • Welche Fragen werden gestellt?│ • Welche Fragen werden gestellt?│
│  • Worauf musst du achten?      │  • Worauf musst du achten?      │
│                                 │                                 │
│ C1: Connections         5' ⏰   │ ⏰ 10'          C2: Concepts    │
├─────────────────────────────────┼─────────────────────────────────┤
│ C3: Concrete Practice  10' ⏰   │ ⏰ 5'          C4: Conclusions  │
│ Bezeichnung der Aktivität       │ Bezeichnung der Aktivität       │
│                                 │                                 │
│ Beschreibung und Ablauf der     │ Beschreibung und Ablauf der     │
│ Aktivität                       │ Aktivität                       │
│  • Was machen die Teilnehmenden?│  • Was machen die Teilnehmenden?│
│  • Welche Fragen werden gestellt?│ • Welche Fragen werden gestellt?│
│  • Worauf musst du achten?      │  • Worauf musst du achten?      │
└─────────────────────────────────┴─────────────────────────────────┘
```

Abbildung 3-3: Template für das Training from the Back of the Room

Beispiele für Aktivitäten

Für die *Connections*-Phase setzen wir gern unterschiedlichste Aktivitäten ein. Hier kommen oft die klassischen Opener zum Einsatz, wenn wir die Teilnehmenden erst mal miteinander bekannt machen möchten. Auch typische Ice-Breaker-Aktivitäten sind hier sehr nützlich. Diese erste Phase darf gleich inhaltlich werden, indem wir die Menschen fragen, welche Lernziele sie in diesem Training bzw. in diesem Modul erreichen möchten. Der Austausch von Mythen und Fakten gehört genauso dazu wie das Sammeln von Objekten oder Informationen aus dem eigenen Arbeitsumfeld, die etwas mit dem Thema des Trainings zu tun haben. Eine schöne Übung dazu ist es auch, in dieser Phase all das aufschreiben zu lassen, was die Teilnehmenden über das Thema zu wissen glauben. So kannst du in der *Conclusions*-Phase später darauf zurückkommen.

Connections

Folgende Spiele aus diesem Buch sind für die *Connections*-Phase geeignet, wenn du bereits inhaltliche Verbindungen herstellen möchtest:

- Sortieren und Durchzählen (Seite 79)
- Erfahrungsecken (Seite 84)
- Kennenlern-Bingo (Seite 87)
- Schnitzeljagd (Seite 137)
- Walk & Talk (Seite 138)

Ansonsten verweisen wir auf das TBR-Buch von Sharon für weitere Ideen dazu, wie du die Teilnehmenden gleich zu Beginn mit dem kommenden Thema vertraut machen kannst.

Concepts und Concrete Practice

Die meisten Spiele und Simulationen aus diesem Buch bieten sich an, um sowohl Konzepte zu vermitteln als auch sehr konkret zu üben. Daher kannst du aus dem gesamten Vorrat der Kapitel 8 bis Kapitel 11 (»Vermittlung von Prinzipien«, »Simulationen«, »Social Dynamics und Kommunikation« sowie »Technical Skills – t3ch skillz 4 n3rds«) schöpfen. Hier vermischen sich Konzepte und aktive Praktiken, und es bleibt dir überlassen, wie du die einzelnen Aspekte dieser Spiele und Simulationen in dein TBR-Design integrierst.

Conclusions

Für die Schlussfolgerungen unter den Teilnehmenden bieten sich vor allem die Übungen aus dem Kapitel 7, »Closing«, an. Auch eine »Schnitzeljagd« (Seite 137) oder ein »Walk & Talk« (Seite 138) können genutzt werden. Und – wie schon erwähnt – gerne noch einmal die Rückkehr zu dem, was die Teilnehmenden ursprünglich zu dem Thema gesagt und welche Annahmen sie mitgebracht hatten. Das erleben wir oft als einen Lernverstärker.

Auch hier empfehlen wir einen Blick in Sharons TBR-Buch für weitere Inspirationen zu dieser abschließenden Phase.

Spielauswahl je nach äußerem Rahmen

Nicht alle Spiele und Simulationen sind für alle Gegebenheiten sinnvoll. Für die folgenden Arten von Besprechungen, Zeremonien, Workshops und Trainings solltest du unterschiedliche Kategorien von Spielen in Betracht ziehen.

Kurzes Meeting, Reporting, Daily

Hier hast du in der Regel keine Zeit und praktisch keinen Nutzen von einem Spiel. Manchmal ist ein kurzes Opening sinnvoll. Lass dich von deiner Intuition leiten. (»Und vertraue nicht deinen Augen, sie können dich täuschen.« [KENOBI])

In der täglichen Teamarbeit

Kein Team wird auf Dauer Spaß daran haben, jede Woche eine vertrauensbildende Maßnahme über sich ergehen zu lassen. In der täglichen Arbeit mit »deinem« Team kannst du aber natürlich immer mal wieder einen kurzen Opener einbauen. Anlassloses Spielen ist vielen Teams schnell unangenehm und daher einer Intention abträglich. Erspürst du gerade eine negative Grundstimmung, kann natürlich eine kurze Ablenkung oder das Hinführen zum Positiven genau der Funke sein, der die anschließende Diskussion für alle wertvoll macht. Aber bitte nerv die Leute nicht über Gebühr, nur weil du selbst Spaß an Spielen hast.

Vielleicht stellst du fest, dass dem Team bzw. den Teilnehmenden einer Runde grundlegendes Wissen oder das Verständnis dafür fehlt, eine Entscheidung treffen zu können. In diesem Fall vergewissere dich, dass ein Einschub in Form eines Spiels, das spontan die Agenda umwirft, für alle in Ordnung ist. Hier kannst du dann Prinzipien vermitteln oder eine konkrete Praktik simulieren, um der Gruppe in einer festgefahrenen Situation direkt weiterzuhelfen.

Manchmal passt eine Simulation oder ein agiles Spiel jedoch nicht in den inhaltlichen und zeitlichen Rahmen, in dem du dich mit deinem Team gerade befindest. Dann besteht die beste Maßnahme darin, mit deinem Team einen konkreten Termin für einen Workshop oder ein Training zu verabreden.

Workshops und Trainings

Mit den Spielen in diesem Buch kannst du von halbtägigen Workshops zu einer bestimmten Praktik bis hin zu mehrtägigen Trainings alles abdecken. Die grundlegenden Strukturen von *Opener*, *Gruppenbildung*, *Energizer* und *Closing* lassen sich inhaltlich nach Bedarf mit den Themenbereichen *Prinzipien*, *Praktiken*, *Kommunikation* und *Technical Skills* auffüllen. Wenn du die Teilnehmenden auch abends noch greifbar hast, biete ihnen doch einfach mal ein Spiel aus der spaßigen *Teambuilding*-Kategorie an. Das schweißt zusammen und lockert die Atmosphäre für den nächsten Tag ungemein auf.

Lieber kein Spiel

Wann sind Spiele doch eher unpassend? In welchen Situationen ist es besser, auf ein (weiteres) Spiel zu verzichten?

Wenn die Leute tatsächlich gar nicht spielen wollen

Zwinge die Gruppe oder das Team niemals dazu, etwas zu tun, bei dem sie ganz klar und deutlich signalisieren, dass sie es nicht wollen. Du würdest damit das Vertrauensverhältnis zwischen den Leuten und dir in deiner Rolle als Moderatorin oder Coach kaputtmachen. Identifiziere lieber die zugrunde liegende Ursache und finde Maßnahmen, an dieser Ursache mit dem Team zu arbeiten.

Wenn die Kacke so richtig am Dampfen ist

Das Live-System steht seit heute Nacht, und 12 Millionen Euro Umsatz sind bereits flöten gegangen. Du möchtest wirklich ein Spiel mit denjenigen spielen, die das Problem beheben können? Im besten Fall lachen dich die Leute nur aus, im schlimmsten Fall feuern sie dich wegen maximaler Ignoranz.

Wenn die Firmenkultur es nicht hergibt

Das kann natürlich immer ganz leicht als Totschlagargument genutzt werden. Die Firmenkultur ist schließlich immer schuld, weil sie jedwede Strategie ja bekanntermaßen als Frühstückssnack wegmampft. Blöd, das mit der Kultur. Da die Kultur im Regelfall durch die Führungspersönlichkeiten von oben her kaskadiert geprägt wird, musst du dort auch einen Ansatzpunkt finden. Schau dich in der Führungsriege um und finde dir gegenüber offene Entscheider. Arbeite mit ihnen mit dem Ziel, moderne und agile Führungsprinzipien spielerisch zu vermitteln. Wozu diese Vorgehensweise? Wenn wir weiter unten in der Hierarchie wahrnehmen, dass »die da oben« spielerisch an Dinge herangehen, dann ist das hier bei uns offensichtlich okay, so etwas zu tun. Ganz nach dem Motto »Tu Gutes und rede darüber« muss die frohe Botschaft einer schon leicht veränderten Kultur in die restliche Organisation getragen werden. Du merkst, wir sind bereits mitten im großen Veränderungsmanagement gelandet. Nur so als Tipp, falls du es nicht wusstest: In der Rolle als Scrum Master hast du auch die Verantwortung, als »Change Agent« der ganzen Organisation bei ihrer notwendigen Veränderung zu helfen. Aber das ist ein etwas längeres Thema für ein anderes Buch …

Wenn die vorherige moderierende Person es mit Spielen übertrieben hat

Es passiert hin und wieder, dass du in eine Organisation und in Teams kommst, die eine gewisse Agile Games Mania hinter sich haben. Das deutet bereits auf fehlende Achtsamkeit und Empathie der bislang verantwortlichen Person hin. Leider gehört zu diesem Muster auch eine erhöhte Wahrscheinlichkeit, dass die Mehrzahl aller spielerischen Versuche keinen nachhaltigen Effekt verbuchen konnte. Die Betroffenen sind dann schlichtweg überreizt. Sie sind genervt von nutzloser Zeitvergeudung und haben kein Interesse mehr an weiteren agilen Spielen. Hier hilft nur, mit einer ganz klaren Zielsetzung deinerseits die richtigen Spiele auszuwählen und diese sehr behutsam zu platzieren. Im Zweifelsfall »tarnst« du sie als Workshop-Aktivitäten und nimmst das Wort »Spiel« gar nicht in den Mund.

Wenn du ein ganz bestimmtes Thema erklären sollst

Ein Teammitglied oder das Team äußert konkret den Wunsch: »Sag mal, wie funktioniert eigentlich XY?« Dann mach den Erklärbär und gib dein Wissen über das Thema zum Besten. Leite über in einen Frage-Antwort-Dialog oder eine Gruppendiskussion. Wenn du zu dem Thema ein Spiel oder eine Simulation in deinem Werkzeugkoffer hast, frag das Team ganz konkret: »Wenn ihr das Thema mal erleben und mehr erfahren wollt, können wir dazu gern einen kleinen Workshop machen. Sollen wir das für den nächsten Sprint einplanen?«

Wenn du keine Ahnung hast

Manchmal merken wir zum Glück noch rechtzeitig, dass wir zu einem Thema noch überhaupt keinen richtigen Plan haben. Wir hatten uns maßlos überschätzt und waren mittendrin im Dunning-Kruger-Effekt der Selbstüberschätzung. (Der Dunning-Kruger-Effekt ist die kognitive Verzerrung, bei der Menschen mit geringen Fähigkeiten bei einer Aufgabe ihre Fähigkeiten überschätzen [KRUGER].) Reflektiere deine tatsächliche Kompetenz bei Themen, die fachlich in die Tiefe gehen. Stell anhand der Debriefing-Fragen eines Spiels aus diesem Buch sicher, dass du diese Fragen in vollem Umfang richtig verstehst und Rückfragen beantworten kannst. Dies soll dich nicht entmutigen, im Gegenteil. Empirisches Lernen ist essenziell. Einfach mal machen und Spiele moderieren. Achte nur für dich selbst darauf, dass du ein sicheres Umfeld hast, das dir Fehler verzeiht. Und lerne aus jeder Moderation für das nächste Mal.

Wann passen Energizer in den Workshop-Ablauf?

Die Notwendigkeit für Energizer sollte von dir immer erspürt werden. Egal ob remote oder vor Ort: Langes Sitzen, Denken und Reden ist anstrengend. Solche Workshops sind Energieräuber. Für die Moderation ist es extrem wichtig, auf ausreichende Pausen zu achten.

Lies die Körpersprache der Teilnehmenden. Siehst du eine Person, der fast die Augen zufallen? Ist die Gruppe müde? Ist die Energie nach einer längeren, zähen Phase durch Detaildiskussionen oder zu viel Theorie gesunken? Befinden wir uns alle im Suppen-Koma nach dem Mittagessen? Dann ist das der richtige Zeitpunkt für einen kurzen, aktivierenden Energizer.

Sorge für Bewegung. In Remote-Situationen kann das z. B. bedeuten, dass du die gesamte Truppe aufforderst, aufzustehen und die Arme und Beine abwechselnd auszuschütteln. Oder einfach in den Pausen die Kamera anzulassen und den Platz zu verlassen. (Die aktivierte Kamera dient sozusagen als Beweis, dass alle aufgestanden und in Bewegung sind.) Wir sagen hier gern etwas dazu wie: »Geht bitte zumindest kurz nach draußen an die frische Luft.« Man kann das auch etwas subtiler machen mit einer kurzen Übung wie z. B. der Online-*Schnitzeljagd* (siehe Seite 137).

In Präsenzworkshops ist unser Lieblingsenergizer *Happy Salmon* (siehe Seite 123). Völlig sinnfrei, aber extrem spaßig und energiereich. Das *Boss-Worker-Game* (siehe Seite 158) ist hierfür ebenfalls großartig. Wir haben auch schon einfach die Sitzordnung ändern lassen: »Könnt ihr bitte mal alle kurz die Tische und Stühle zur Seite räumen bzw. neu anordnen?« Allein das sorgt praktisch für Bewegung für alle.[1]

Aber Achtung: Hier solltest du immer auf die Zielgruppe achten. Wilde Spiele mit Anfassen bedürfen des Einverständnisses der Teilnehmenden und passen nicht in

---

[1] Wir machen das oft, und es klappt sehr gut. Tobias Meyer hat das bei einem Scrum Gathering 600 Leute im großen Ballsaal machen lassen. Funktioniert immer. Wenn die Tische nicht festgeschraubt sind …

jeden Firmenkontext. Hast du eine Gruppe vor dir, die Spielen generell skeptisch gegenübersteht, ist eine Runde *Happy Salmon* eventuell kontraproduktiv. Überlege in einer solchen Situation, ob du z. B. eine Aktivität mit Bewegung ohne konkreten Spielablauf einbauen kannst.

Und mal ehrlich: lieber fünf Minuten sinnlos bewegt als eine Stunde Workshop, ohne dass irgendjemand konzentriert bei der Sache ist.

Für einen krassen Augenöffner hierzu hat für uns beide Joseph Pelrine gesorgt, als er uns von der »Israeli Parole Study« [DANZIGER] erzählte. Bei der Studie hat man versucht, die Gründe für das Erteilen von Bewährungsstrafen versus Strafen, die nicht zur Bewährung ausgesetzt wurden, wissenschaftlich auszuwerten. Vereinfacht gesagt: Liegt es am Vergehen selbst? Hängt es mit den Vorstrafen zusammen? Also an objektiven Fakten? Wenn nein, womit sonst? Entgegen der allgemeinen Erwartung zeigten die Wissenschaftler, dass eine deutliche Korrelation zum Blutzuckerspiegel des Richters besteht. Der letzte Kandidat vor dem Essen hatte praktisch keine Chance auf Bewährung. Danziger und Lavev schreiben in ihrer Zusammenfassung: »Wir zeichnen die beiden täglichen Essenspausen der Richter auf, was dazu führt, dass die Beratungen des Tages in drei verschiedene ›Entscheidungssitzungen‹ unterteilt werden. Wir stellen fest, dass der Prozentsatz der positiven Urteile innerhalb jeder Entscheidungssitzung allmählich von 65 % auf fast null sinkt und nach einer Pause abrupt auf 65 % ansteigt.« Abbildung 3-4 zeigt deutlich, dass die Urteile direkt nach einer richterlichen Pause deutlich positiver ausfallen.

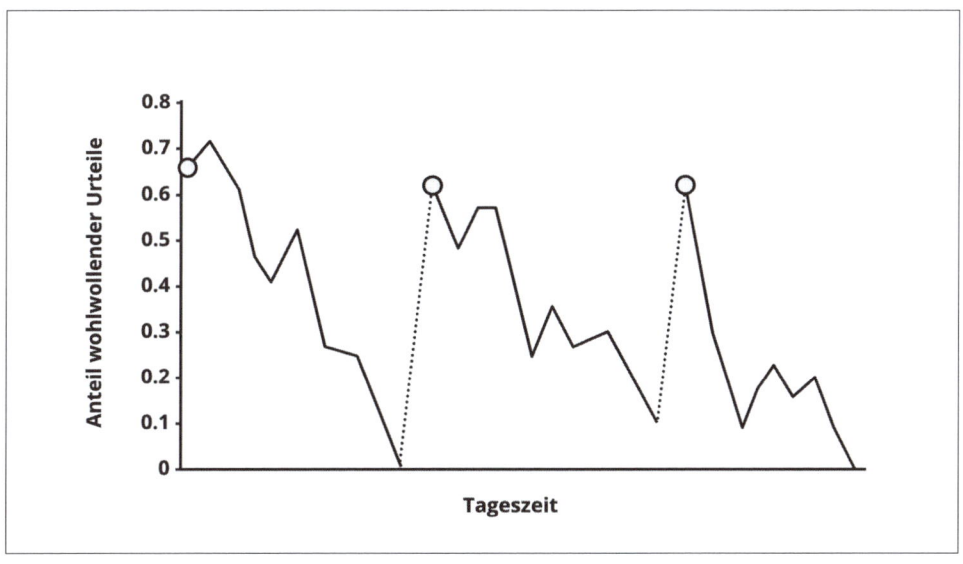

Abbildung 3-4: Verlauf der positiven Urteile im Tagesablauf. Direkt nach einer Pause der Richter fallen die Urteile am wohlwollendsten aus.

Dies wäre also für deine Workshops und Trainings – und genauso auch für die operative Arbeit eines Teams – die wissenschaftlich bewiesene Notwendigkeit, regelmäßig Pausen einzulegen. Vor allen Dingen sollte auf gute Verpflegung geachtet und das Energieniveau aller Beteiligten immer wieder angehoben werden. Und ja, wir wissen, dass Gummibärchen nicht gesund sind. Aber sie sind ein unschätzbares Werkzeug in Workshops. Du darfst auch gerne noch Früchte und Nüsse danebenstellen.

Der Game-Facilitation-Koffer

Was solltest du immer dabeihaben? Und was packt du nur ein, wenn du es wirklich konkret einsetzen willst, weil besser gut geplant gespielt werden sollte? Diese Fragen sind gar nicht so leicht zu beantworten. Es kommt sehr auf deine Rolle an und wie dein typischer Arbeitstag aussieht.

Arbeitest du z. B. als Scrum Master oder Führungspersönlichkeit sehr eng mit einem Team zusammen, steht dir normalerweise (oder auch hoffentlich) ein Teambereich zur Verfügung, in dem alle benötigten Materialien und Spiele für die entsprechende Moderation gelagert werden können. Du kannst dir also ad hoc schnell alles greifen, wenn der Bedarf entsteht.

Bist du z. B. als Agile Coach oder Trainerin viel unterwegs und triffst täglich auf neue Teams und Organisationen, ist es praktisch unmöglich, auf alle Eventualitäten vorbereitet zu sein. Überlege dir daher vorher, welche Spiele auf dich zukommen, und packe deinen Koffer entsprechend.

Das Gleiche gilt für Besuche agiler Konferenzen und Unkonferenzen. Schau in deinen Fundus und entscheide, was du mitnehmen möchtest, um vielleicht die eine oder andere Session zu einem Spiel durchzuführen, das du selbst noch nicht gut kennst. Auf Agile-Coach-Camps und Veranstaltungen wie der Play4Agile hast du dafür sowohl die passende Gelegenheit als auch das richtige Publikum. Nimm mit, was dich interessiert und was du anderen gern weitergeben möchtest.

Was wir grundsätzlich in einem kleinen agilen Spielekoffer für sinnvoll erachten:

Allgemeines Material

- ☐ Haftnotizen (kleine, mittlere, große)
- ☐ diverse Marker in verschiedenen Farben
- ☐ Malkreide in verschiedenen Farben
- ☐ ein Päckchen Taschentücher
- ☐ ein Packen DIN-A4-Papier (Druckerpapier)
- ☐ Stoppuhr, Timer (wir benutzen gern das Produkt *TimeTimer*, das du unter diesem Namen im Fachhandel findest)
- ☐ Lautsprecher für die Musikwiedergabe
- ☐ Laptop für Präsentationen über Beamer
- ☐ Klebeband
- ☐ Paketschnur

- ☐ fünf bis zehn Scheren
- ☐ Maßband oder Zollstock
- ☐ Klebeetiketten für Namensschilder

Material für bestimmte Spiele

- ☐ 30 Kennenlern-Bingobogen
- ☐ ein oder mehrere Sets von *Black Stories*
- ☐ ein Spiel *Dobble*
- ☐ zwei bis drei Spiele *Happy Salmon*
- ☐ eine Kiste mit Jonglierbällen
- ☐ einen Sack mit Jongliertüchern
- ☐ 50 gleiche Münzen
- ☐ 50 Münzen mit unterschiedlichen Werten
- ☐ eine Packung Marshmallows
- ☐ eine Packung Spaghetti
- ☐ Spielgeld für *Business Value Poker*
- ☐ ein Sack mit Tischtennisbällen
- ☐ ein großer Sack LEGO®-Steine
- ☐ zehn Kanban-Pizza-Ofen-Ausdrucke
- ☐ zehn Kanban-Pizza-Bestellkarten-Ausdrucke
- ☐ 20 bis 30 Softbälle
- ☐ fünf *Summer Meadows*-Ausdrucke, jeweils für Vision und Detailanforderungen
- ☐ Spielgeld für *Snowflakes*
- ☐ City-Builders-Epics-Ausdrucke
- ☐ eine Ausgabe von *ScrumTale*
- ☐ mehrere Zollstöcke
- ☐ fünf *Fearless Journey*-Ausdrucke
- ☐ *Rhetoric*, das Spiel oder die App
- ☐ *SIN Obelisk*-Ausdrucke
- ☐ ein oder mehrere Team-3-Spiele
- ☐ fünf *Coop-Maze*-Ausdrucke
- ☐ ein Jenga-Spiel
- ☐ mehrere Dutzend Würfel
- ☐ zwei oder mehr Kartenspiele *The Mind*
- ☐ *Die Werwölfe von Düsterwald* als Spiel, gegebenenfalls plus Erweiterungssets
- ☐ Schachtel

- ☐ fünf Bombenanleitungen-Ausdrucke für *Keep Talking and Nobody Explodes*
- ☐ *Cards Against Agility*-Ausdrucke
- ☐ ein Spiel *Spyfall* (deutsch *Agent Undercover*)
- ☐ alle erwähnten Bücher für den Büchertisch

Du siehst, der Inhalt benötigt bald einen Schiffscontainer, falls du tatsächlich alles mitnehmen wolltest. Langer Rede kurzer Sinn: Überlege dir, was du häufig im Einsatz hast, und stell dir deinen persönlichen Spielekoffer zusammen.

Eine dringende Empfehlung möchten wir dir noch mitgeben: Spare nie beim Material!

Billige Haftnotizzettel kosten dich Nerven, wenn sie nicht richtig kleben und ständig runterfallen. Das wirkt von peinlich bis unprofessionell – und es stört auf jeden Fall den Fluss deiner Moderation und die des Spiels. Dies ist keine bezahlte Schleichwerbung, sondern unsere Überzeugung: Klebezettel der bekanntesten und verbreitetsten Marke, die den Zusatz »Super Sticky« haben, funktionieren immer.

Genauso ist es mit den Stiften. Lege dir einen Vorrat an guten Markern zu. Wir bevorzugen Neuland und Sharpie, damit schreibt und malt es sich wunderbar. Und das Beste daran: Sie quietschen nicht beim Schreiben. Finde für dich gern heraus, welche Spitzenform dir am besten passt.

Der leidgeprüfte Workshop-Moderator – Geschichten von der Straße

In unserem Job ist es uns beiden schon öfter passiert, dass trotz sorgfältiger Planung Dinge nicht da waren oder nicht funktioniert haben. Selbst wenn man im Tagungshotel Flipcharts und Stifte gebucht (und extra bezahlt hat), heißt das noch lange nicht, dass damit auch etwas anzufangen ist. Die Flipcharts sind eventuell bereits vollgeschrieben, die Stifte mangels Verschlusskappe ausgetrocknet, und im Veranstaltungsbüro ist niemand mehr zu erreichen. Glaubst du nicht? Wir können da Geschichten erzählen ...

Was dir hier wirklich nur hilft, ist quasi der Facilitation-Koffer de luxe. So etwas haben wir auch. Darin finden sich:

- genügend Sticky Notes (in verschiedenen Größen und Farben) für einen Workshop mit 200 Teilnehmern
- viele Stifte (in unserem Fall ca. 50 schwarze Neulands plus ein paar farbige)
- zwei Funkmikrofone zum Anstecken (eins für die Moderation, eins für Fragen aus dem Publikum
- ein großer Bluetooth-Lautsprecher (mit Betonung auf groß – denkt an einen Ballsaal)
- ein Bluetooth-Konferenztelefon
- ein kleiner Beamer

- eine Dokumentenkamera (macht aus dem Beamer quasi einen Overhead-Projektor)
- eine Rolle Flipchartpapier
- eine Rolle Magic-Chart-Flipchartfolie (falls die Flipchartständer fehlen)
- ein (geladener!) Blutooth-Presenter
- Ersatzbatterien

Klingt komisch? Wir haben das alles schon einsetzen können/müssen. Wenn du uns fragst, gilt der alte Spruch aus dem Film Alarmstufe Rot 2 (okay, okay, es ist ein Zitat von Louis Pasteur): »Der Zufall begünstigt nur den vorbereiteten Geist.«

Abbildung 3-5: Dokumentenkamera im Einsatz (Quelle [IPEVO])

Das Toolkit für die Onlinemoderation

Es ist gar nicht so leicht, spezifische Onlinetools zu benennen, die ein Jahr nach Erscheinen dieses Buchs noch existieren werden. Anfang dieses Jahrtausends hätten wir vermutlich auf ICQ und Second Life als wundervolle und innovative Onlinetools verwiesen. Kurze Zeit später krähte kein Hahn mehr danach. Innovationen verschwinden genauso schnell wieder aus dem Bewusstsein der Menschen, wie sie erschienen sind. Letztes Jahr (2021) hätten wir vielleicht auf Hypes wie Clubhouse verwiesen. Und wer 2022 den eigenen Content immer noch nicht auf TikTok veröffentlicht, muss halt mal im nächsten Jahr schauen, was gerade so im Trend ist. Ob all diese Tools zukünftig überhaupt noch genutzt werden, kann niemand mit Gewissheit sagen. Wir empfehlen in diesem Abschnitt also keine konkreten Tools, sondern vielmehr Toolklassen, die sich für agile Spiele und Simulationen bewährt haben. Dabei beschreiben wir vor allem, auf was es in den einzelnen Toolklassen ankommt und welche Features für uns wichtig und wertvoll sind.

Notwendige Ausstattung

Virtuelles Whiteboard

- Achte darauf, dass die Teilnehmenden leicht auf das Board zugreifen können. Die Bedienung sollte so intuitiv wie möglich gestaltet sein.
- Du musst die erstellten Inhalte einfach als PDF abspeichern und oder in andere Formate exportieren können. Für die Nachbereitung von Trainings und Workshops ist dies unerlässlich.
- Auswahl an möglichen Tools: Miro, Mural, Conceptboard, Jamboard. Selbst mit Groupware-Tools wie PowerPoint in Microsoft 365 oder Google Docs lassen sich in Firmen mit restriktiver IT-Security brauchbare Ergebnisse erzielen.

Video-Conferencing

- Der Fokus beim Video-Conferencing liegt auf den Teilnehmenden. Sorge dafür, dass eine offene Kommunikationskultur herrscht. Die Kameras sollten immer eingeschaltet sein, um eine maximale Bandbreite an Kommunikation auch über die Körpersprache zu ermöglichen.
- Ein notwendiges Feature für alle Workshops und viele Spiele ist, Breakout-Räume zu erstellen. Breakout-Räume bieten dir eine einfache Möglichkeit, kleinere Gruppen im Onlinemeeting in eigenen Kanälen kommunizieren und zusammenarbeiten zu lassen. Dort, wo sich in der echten Welt die Gruppen einfach im Raum zusammenstellen, nutzen wir online Breakout-Räume. Idealerweise können die Teilnehmenden selbst zwischen den Breakout-Räumen hin und her wechseln. Wir möchten damit die Freiheit abbilden, die wir in der realen Welt mit unseren Füßen auch haben.
- Auswahl möglicher Tools: Zoom, Microsoft Teams, BigBlueButton, Cisco WebEx, Google Meet/Hangout, Circuit, Skype, Polycom, Facetime und viele weitere mehr.
- Auf ein besonders schönes Tool möchten wir an dieser Stelle hinweisen, das von unseren langjährigen Kollegen Kai-Uwe Rupp und Thomas Krause ins Leben gerufen wurde: thing.online – damit bekommst du eine so natürliche Umgebung für virtuelle Workshops, dass es sich schon wie »in echt« anfühlt [THING].
- Noch ein kleiner Tipp: Wenn das einzig verfügbare Tool leider mal so gar keine Breakout-Räume anbietet, kannst du dir eventuell damit behelfen, mehrere Onlinesitzungen parallel zu betreiben und die Links dazu z. B. auf einem Online-Whiteboard zu sammeln. Und wer das Pech hat, bei einem Großkonzern auf eingeschränkten Rechten zu arbeiten, muss das eventuell auch heute nach Jahren der Pandemie manchmal noch so machen.

Online-Polls

- Einige der oben genannten virtuellen Whiteboards bringen bereits die Möglichkeit mit, Abstimmungen laufen zu lassen.
- Wenn du für eine Session gerade kein Whiteboard nutzt und eher Informationen präsentierst, kannst du interaktive Elemente mit Online-Polls einbringen.
- Auswahl möglicher Tools: Mentimeter, AhaSlides, VOXR, Participoll, Slido, Poll Everywhere.

Professionelle Technik

- Du benötigst vor allem ein hochwertiges Audio-Set-up. Dazu gehört ein gutes Mikrofon, eventuell ein Kopfhörer oder ein Headset. All dies sollte qualitativ mindestens aus der oberen Mittelklasse stammen. Du musst für deine Teilnehmenden klar und verständlich hörbar sein. Achte darauf, dass du kabelgebundene Systeme nutzt. Es ist schon zu oft passiert, dass der Akku von kabellosen Headsets mitten im Workshop leer war und die große Suche nach dem Ersatzkopfhörer losging, »der hier eigentlich irgendwo im Schrank sein müsste«.
- In Workshops und Trainings musst du oft auf das Whiteboard für die Teilnehmenden zugreifen und gleichzeitig von deinem Master-Board Elemente kopieren. Dazu kommen noch Fenster für den Videochat, deine Workshop-Agenda und vielleicht noch ein weiterer Textchat für die Teilnehmenden. Mit anderen Worten: Du benötigst jede Menge Bildschirmfläche, um all diese Dinge schnell im Blick zu haben. Wir empfehlen ganz klar einen Zweitbildschirm mit mindestens 4K. Natürlich schaffst du das alles auch auf einem kleinen Notebook-Bildschirm. Wollen kann das aber niemand!
- Damit deine Teilnehmenden auch deine Schönheit in aller Pracht bewundern können, hilft eine gute Webcam mit mindestens HD-Auflösung. Hier stehen wir jedoch tatsächlich auf dem Standpunkt, dass Inhalt und deine Kompetenz weitaus wichtiger sind als ein perfektes Bild. Eine gewöhnliche eingebaute Laptop-Kamera reicht zwar aus, wenn du es jedoch professioneller gestalten möchtest, besorge dir eine gute Kamera. Eine vernünftige Alternative liegt möglicherweise irgendwo bei dir im Schrank: Ältere Digitalkameras werden heute aufgrund der hohen Qualität der Smartphone-Kameras kaum noch genutzt und vergammeln gern in der Schublade. Sie sind jedoch fast schon ideal, um sie, mit einem Tischstativ ausgestattet, als professionelle Onlinekamera einzusetzen.

Nice-to-have

Ein Greenscreen hinter dir ist sehr nützlich für professionelle Videohintergründe, aber es ist nicht absolut notwendig, dass du dir einen zulegst. Kleiner Tipp am Rande: Es muss ja nicht die Ausrüstung eines Profifotografen sein. Eine Teleskopstange, ein paar Klemmen aus dem Baumarkt und vier laufende Meter grüner Stoff bringen dich eventuell schon sehr weit.

Wenn du dir in der guten alten Zeit angewöhnt hast, viel mit Stiften auf Flipcharts zu visualisieren, könnte eine Dokumentenkamera genau das Richtige für dich sein (siehe Abbildung 3-5 auf Seite 55). Mit einer Dokumentenkamera kannst du einfach drauflosmalen und das Bild deinen Teilnehmenden in Echtzeit zeigen. Ob du mit Markern auf Haftnotizzettel malst oder mit einem Bleistift in ein Notizbuch, bleibt völlig dir überlassen. Das ist das Schöne mit einer Dokumentenkamera: Du arbeitest mit dem Material, das du einsetzen möchtest, und filmst dabei für die Teilnehmenden einfach, was du tust.

Bei einigen Spielen und Aktivitäten arbeiten die Teilnehmenden gemeinsam an einem Dokument. Dafür benötigst du Zugang zu einer Groupware wie Google Workspace oder Microsoft 365. Mit diesen Werkzeugen können deine Teilnehmer gleichzeitig und für alle sichtbar an einem Dokument arbeiten und Inhalte erstellen.

Die ganz Wissbegierigen und die Leseratten unter deinen Leuten freuen sich immer, wenn du sie mit PDFs bzw. Links auf wichtige Bücher, Artikel, Blogs usw. versorgen kannst. Online kannst du damit einen virtuellen Büchertisch aufbauen.

Material für bestimmte Spiele

Für einige Spiele und Simulationen in diesem Buch kannst du wiederbenutzbare Vorlagen verwenden. So bist du in der Lage, in kürzester Zeit eine Spielesession ins Leben zu rufen. Abbildung 3-6 zeigt einen Teil der Vorlagen, die wir immer wieder gern benutzen.

Abbildung 3-6:   Auszug aus unseren Miro-Vorlagen für Spiele und Simulationen

Auf der Webseite zu den Onlinespielen des Buchs (*https://agilecoach.de/agile-spiele-online*) findest du viele Templates für Miro, unserem bevorzugten Online-Whiteboard. Wenn du ein anderes virtuelles Whiteboard einsetzt und dafür Vorlagen suchst, wirst du in der agilen Community mit Sicherheit fündig werden. Oder du erstellst eigene Vorlagen, die du auch gern mit der agilen Community teilen kannst.

Offlinematerial für Onlinesessions

Nutze auch vorhandenes Material aus der realen Offlinewelt für deine Onlinesessions. Kartenspiele sind hierfür bestens geeignet. Schau dir dafür beispielsweise die Spiele ELMO[2], die von Sherlock Holmes inspirierte Sammlung »The Challenge Trilogy«[3], Dobble (siehe Seite 116) oder Black Stories (siehe Seite 104) genauer an.

Tools ohne Ende

Wie am Anfang dieses Abschnitts bereits erwähnt, kommen immer wieder neue Tools auf, manche Sachen verschwinden dagegen, und es gibt ein paar Evergreens, die immer noch genutzt werden.

Auf der Seite »Collaboration Superpowers« von Lisette Sutherland [SUTHERLAND] findest du eine schier endlose Liste von Werkzeugen für die Remote-Arbeit. Schau dich dort einmal um und finde Inspiration und Alternativen zu bestehenden Tools.

Vorbereitung vs. Spontanität

Ein agiles Spiel will immer gewissenhaft vorbereitet sein! Gerade bei länger dauernden Spielen willst du den Teilnehmenden ein angenehmes, professionelles Erlebnis bieten. Alle benötigten Materialien liegen bereit, du kennst den Ablauf und hast gegebenenfalls Moderationskärtchen, die dich durch die Moderation führen. Und dabei unterscheiden sich Offline- und Onlinespiele überhaupt nicht. In beiden Welten willst du jederzeit alles griffbereit haben, um die geplante Aktivität durchzuführen.

Es wirkt sehr unprofessionell, wenn du mitten in der Moderation fragen musst: »Weiß jemand, wo wir gerade noch schnell fünf Scheren herbekommen?« Oder: »Jetzt bräuchten wir noch einen Tisch, damit wir weitermachen können.« Auch schön: »Wartet mal, ich mach uns schnell ein Google Doc auf.« Und ein paar Minuten später: »Ich weiß jetzt auch nicht, warum ihr darauf nicht zugreifen könnt, eigentlich sollte es funktionieren.« Solche Situationen kosten nicht nur unnötig Zeit, sondern nerven deine wartende Gruppe auch ganz gewaltig.

Kurzum: Du achtest darauf, dass an alles gedacht ist, damit das Spiel ohne Unterbrechungen leicht durchlaufen kann.

Wir wissen natürlich ganz genau, dass eine wochenlang vorbereitete und in allen Details durchdachte Workshop-Agenda normalerweise keine fünf Minuten überlebt. Das haben sie schließlich mit Projektplänen gemeinsam, und deswegen beschäftigen wir uns seit dem Ende des letzten Jahrtausends mit leichtgewichtigen

---

2 ELMO steht für »Enough, let's move on«, die Karten sind z. B. im Shop von Lisette Sutherland zu finden unter *https://www.collaborationsuperpowers.com/shop/* [SUTHERLAND].

3 Zu finden unter *https://professorpuzzle.com/products/puzzles/sherlock-holmes/the-challenge-trilogy/*

Methoden. Auch bei Workshops haben wir es mit »Dynamic Systems« [STAPLETON] zu tun, bei einer Workshop-Agenda mit »Adaptive Software Development« [HIGHSMITH], und auf unsere Workshop-Teilnehmer benötigen wir einen »Crystal Clear«-Blick [COCKBURN]. (Meine Güte, was ein übertriebener Angebersatz, da hätte ja wohl noch mindestens eine Handvoll weiterer Referenzen auf Agile-Manifesto-Autoren reingepasst. Na ja. Ein anderes Mal.)

Wenn also unsere Workshop-Agenda wie jedes andere Projekt scheitert, wissen wir wenigstens, dass wir genau darauf vorbereitet sein dürfen, überrascht zu werden. Irgendetwas kann immer anders verlaufen, als ursprünglich geplant. Das beginnt schon mit den menschlichen Kleinigkeiten. Teilnehmende stehen im Stau und kommen verspätet, jemand ist plötzlich erkrankt und bleibt fern. Ein Teilnehmer muss unerwartet sein Kind abholen und fällt für den restlichen Workshop aus. Genauso gut kann es passieren, dass deine Teilnehmenden ganz andere Sorgen umtreiben. Das vorbereitete Workshop-Thema musste einem akuten Problem weichen, das jetzt erst mal bearbeitet werden muss.

In solchen Situationen zeigt sich deine Professionalität. Sei stets in der Lage, sofort auf solche Veränderungen zu reagieren und deinen Workshop so zu verändern, dass für die Teilnehmenden der maximale Nutzen entsteht. (Kleine Hausaufgabe für dich: Wie viele und welche Werte und Prinzipien des Agilen Manifests finden sich in dem letzten Satz wieder?) Halte also immer den Nutzen bzw. die Learning Objectives für die Teilnehmenden im Fokus!

Dies bedeutet für dich auch, deinen Facilitation-Koffer so zu füllen, dass du vom geplanten Verlauf abweichen und deinen Workshop mit ungeplanten Spielen und Simulationen anreichern kannst. Konkrete Tipps für Spiele oder Herangehensweisen können wir dir leider nicht bieten. Schließlich musst du jede Abweichung vom geplanten Workshop situativ beurteilen und etwas finden, das dann gut funktioniert.

Onlineworkshops haben durch die ganze vernetzte Technik noch mal ganz eigene Aspekte, die gut vorbereitet sein wollen. Mehr dazu findest du im Abschnitt »Aufgemerkt! – Jetzt geht's online!« auf Seite 62.

Generell gilt: Sei nicht enttäuscht, wenn es nicht so läuft wie geplant. Das wird eh passieren. Je besser du solche Situationen handhabst, desto mehr Respekt werden alle Beteiligten vor dir haben. Spielen wir halt ein anderes Mal.

Peinlich oder plump – »Ich passe!«

Es kann für manche Personen sehr unangenehm sein, an einem in ihren Augen peinlichen Spiel mitzuwirken. Gib deinen Teilnehmenden immer die Freiheit, sich mit einem einfachen »Ich passe!« in die Beobachtungsrolle zurückzuziehen. Dies befreit sie von einer möglichen Scham und bindet sie dennoch aktiv in den Spielablauf ein. In vielen Fällen kann die neutrale Beobachtung durch diese Personen noch einen wertvollen Beitrag im Debriefing des Spiels leisten.

Sollte jemand auch die Beobachtungsrolle ablehnen, stellt das gar kein Problem dar. Lass die Leute einfach passen und gehe davon aus, dass sie selbst am besten wissen, ob und wie sie sich einbringen wollen – oder eben nicht.

Auch solltest du bei allen Spielen mit Körperkontakt oder bei Spielen, bei denen es laut werden könnte, fragen, ob das für alle Teilnehmenden in Ordnung ist. Hier liegen manchmal die Befindlichkeiten so, dass es ebenfalls besser ist, vorher zu fragen, als hinterher zu weinen.

Auf einen weiteren Punkt, den es zu beachten gilt, hat uns unser Kollege und Freund Jordann Gross hingewiesen. Bitte prüfe wenn möglich vorher, ob einzelne Personen aufgrund körperlicher Einschränkungen dein geplantes Spiel auch mitmachen können oder wollen. Natürlich kannst du mit der Gruppe trotzdem spielen. Es ist jedoch besser, eventuelle Einschränkungen vorher zu prüfen. Schön ist es, wenn es dir gelingt, hier durch einen geschickten Kniff die betroffene Person trotzdem einzubinden. Du möchtest, dass alle Teilnehmenden einmal um den Block rennen, hast aber vergessen, dass eine Person mit MS dabei ist? Du möchtest den »Menschlichen Knoten« spielen, aber einer Person fehlt tatsächlich ein Arm? Alles schon vorgekommen. Danke noch mal für die Erinnerung, Jordann!

Und, wie war ich? – Feedback für dich

Du willst auf jeden Fall zu allem, was du tust, immer auch ein ordentliches Feedback haben. Du lebst ja schließlich die agilen Werte und frönst der Kultur steter Reflexion. Sonst bliebe alles beim Alten, und nichts würde besser.

Du benötigst also ein Feedback-System. Im einfachsten Fall baust du dir einen Feedback-Fragebogen, den du am Ende deiner Workshops und Trainings an die Teilnehmenden verteilst. Im echten Leben auf Papier, bei Onlinesessions als Link. Ob du dafür ein Google-Forms-Formular erstellst, eine Mentimeter-Umfrage baust oder irgendein anderes Tool benutzt, bleibt ganz deinen Präferenzen überlassen.

Inhaltlich kannst du alle Fragen stellen, deren Antworten dich weiterbringen und deinen Workshop verbessern. Beispiele:

- Klassischer Net-Promoter-Score: »Auf einer Skala von 0 (nie) bis 10 (immer): Wie wahrscheinlich ist es, dass du diesen Workshop einer anderen Person empfiehlst?«
- »Was konntest du aus diesem Workshop mitnehmen?«
- »Was aus diesem Workshop wirst du zukünftig konkret umsetzen?«
- »Was fehlt diesem Workshop, was würde ihn für zukünftige Teilnehmende noch wertvoller gestalten?«
- »Welche Verbesserungsvorschläge hast du für diesen Workshop?«

Dir fallen bestimmt noch weitere Fragen für konstruktives Feedback ein.

Über die Frage der Anonymität solcher Feedbacks wird eine spannende Debatte geführt. Wir stehen auf dem Standpunkt, dass dies von der jeweiligen Team- und Führungskultur der Beteiligten abhängt. In einer toxischen Kultur, die darauf aus ist, Fehler und Probleme zu ignorieren oder zu verteufeln, sollte die Anonymität für die Teilnehmenden transparent gewahrt werden.[4] Transparent gewahrt bedeutet in diesem Zusammenhang, dass du den Teilnehmenden zeigst, was mit ihren Daten geschieht und welche Daten von ihnen du überhaupt zu sehen bekommst. Führe im Zweifelsfall vor der Gruppe ein Beispiel-Feedback im System durch und zeige danach, was davon in welcher Form bei dir ankommt.

Hat deine Gruppe eine gesunde und konstruktive Fehlerkultur mit entsprechendem Vertrauensniveau innerhalb des Teams, sollte die Anonymität keine Rolle spielen und nicht notwendig sein. Im Gegenteil, wenn die Beurteilungen mit Namen versehen sind, gibt es dir die Chance, bei Rückfragen oder zum Ideenaustausch direkt auf die jeweiligen Personen zuzugehen.

Vielleicht noch ein Wort der Warnung: Feedback ergibt Sinn. Wenn es Folgen hat. Wenn du schon nach Meinungen fragst, dann sollte das auch zu Reflexion führen.

Aufgemerkt! – Jetzt geht's online!

Gerade bei Onlineworkshops musst du dich fragen, wie viel du vorbereiten willst, um auf alle Eventualitäten reagieren zu können. Durch den massiven Einsatz von Technik und Tools lauern hier sehr viele potenzielle Risiken für die reibungslose Durchführung deines Workshops.

In diesem Abschnitt betrachten wir nicht nur die Vorbereitung eines Onlineworkshops, sondern geben dir auch noch ein paar Tipps zur Durchführung und Nachbereitung.

Vorbereitung

Grundlegendes Set-up

Prüfe die Lichtverhältnisse und passe sie gegebenenfalls an, damit du gut zu sehen bist. Hier hilft ein künstliches Flächenlicht oder eine Kamera, die bereits eine Beleuchtung mitbringt. Es mag doof sein, am hellen Tag den Rollladen zu schließen und das Licht einzuschalten. Also, wirklich doof. Aber wenn dir dank wechselnder Bewölkung dauernd das eigene Kamerabild oder die Sicht auf den Bildschirm verhagelt wird, ist das auch doof.

Die Akkus aller eingesetzten Geräte müssen geladen sein. Für ganztägige Workshops solltest du überlegen, ob du auf kabelgebundene Alternativen wechselst.

---

4 Es sei jedoch darauf hingewiesen, dass z. B. Patty McCord in ihrem großartigen Buch »Powerful: Building a Culture of Freedom and Responsibility« [MCCORD] darauf hinweist, dass es bei Netflix wahre Wunder gewirkt hat, Feedback eben nicht anonym abzugeben.

Wenn du erst bei der Meldung »Noch 5 Minuten bis Abschaltung« hektisch anfängst, das Netzteil zu suchen, ist es vorbei mit der Professionalität.

Weißt du, was uns beim grundlegenden Set-up so richtig nervt? Wir kommen zum Kunden in eine Organisation und werden gebeten, einen coolen Workshop oder ein mehrtägiges Training durchzuführen. Und dann heißt es: »Nein, das Tool XY ist bei uns nicht gestattet.« Oder: »Miro geht nicht durch unsere Firewall, und ohne VPN dürfen wir nicht arbeiten.« Oder: »Wir könnten versuchen, Microsoft Whiteboard zu nehmen. Unser Team kann leider keine Breakouts.« Oder: »Mit meinem Rechner zu Hause wäre das gar kein Problem, aber ich darf das nur auf dem Firmen-Laptop machen.«

Diese und ähnliche Hindernisse gehören leider zum Set-up dazu. Es ist nicht nur dein Equipment, das funktionieren muss, sondern auch das der Teilnehmenden. Und da macht dir leider immer wieder die Corporate IT mit ihrer Security und den Richtlinien und Vorgaben einen Strich durch die Rechnung. Alles darf nur im VPN stattfinden, externe Tools sind nicht erlaubt, die Firewalls sind zu restriktiv, die Mitarbeitenden quälen sich mit uralter Hardware, es gibt keine Kameras und nur billigste oder gar keine Headsets. Die Liste kannst du bestimmt mit eigenen Erfahrungen weiterführen.

Nicht nur im Firmenkontext tauchen solche Schwierigkeiten auf. Auch unabhängige Teilnehmende bringen so manche Herausforderung mit. Da wird versucht, mit einem leistungsschwachen Tablet auf dein virtuelles Board zuzugreifen. Manche haben eine uralte, nicht mehr unterstützte Browserversion installiert. Und tatsächlich gibt es immer wieder Menschen, die einfach noch keine Möglichkeit hatten, sich mit aktueller Remote-Technologie vertraut zu machen.

Für dich ist wichtig, die vorhandene Infrastruktur im Vorfeld zu kennen. Dann überlegst du dir Wege und Alternativen, die einen gelingenden Remote-Workshop ermöglichen.

Ein Beispiel, das uns bis heute immer wieder begegnet: Das erlaubte Video-Conferencing-Tool kann keine Breakout-Räume erstellen. Was kannst du tun? Erstelle eine Reihe expliziter Videosessions, in die sich die Leute per Link reinklicken können. Diese Links stellst du auf dem virtuellen Whiteboard an einer Stelle gesammelt zur Verfügung. So können die Teilnehmenden jeweils mit einem Mausklick dahin springen, wo sie gerade sein sollten.

Ach ja, es ist außerdem eine gute Idee, VOR dem Workshop nachzusehen, ob bei deinem Rechner gerade unabdingbare Software-Updates (die selbstverständlich einen Neustart benötigen) anstehen. Frag nicht ...

Backup-System und Komponenten

Wir kennen Kollegen, die sich ein vollständiges Backup-System mit eigener Internetstandleitung aufgebaut haben, um für den Fall gerüstet zu sein, dass das nächstgelegene Rechenzentrum des TK-Providers von einem Meteoriten getroffen wird. Da ist für unseren Geschmack zu viel »Prepping« im Spiel. Ersatzmaus und Ersatztastatur im Schrank, als Alternative zum Standrechner dein Laptop mit allen Zugängen griffbereit, ein Smartphone als möglicher LTE-Hotspot auf dem Tisch – das reicht normalerweise aus.

Vorabsession für den Technik-Check

Für die Teilnehmenden bietest du am besten eine Technik-Spielwiese vorab an. Prüfe mit den Leuten einige Tage im Vorfeld, dass ihre Zugänge auf das virtuelle Whiteboard und die Videokonferenz funktionieren. Auch die grundlegende Bedienung dieser Tools kann dann mit den Teilnehmenden geübt werden. Immer wieder werden Teilnehmende feststellen, dass dieses und jenes mit ihrem Tablet einfach nicht gut funktioniert. Nach dem Technik-Check können sie dann noch eine Alternative finden.

Sollte ein Technik-Check vorab nicht machbar sein, kannst du alternativ auch einen Opener zur Tooleinführung nutzen (siehe weiter unten den Abschnitt »Durchführung« auf Seite 65).

Den Technik-Check musst du selbst vielleicht gar nicht machen, wenn du eine Person hast, die dich als Co-Moderatorin unterstützt.

Co-Moderation

Sehr hilfreich für längere Workshops und Trainings ist eine weitere Person »an deiner Seite«, die die technische Co-Moderation verantwortet. Nennen wir sie einfach mal Como. Como ist für die Teilnehmenden jederzeit über einen separaten Kanal erreichbar. Dieser kann per E-Mail, Telefon, Chat usw. bereitgestellt werden. Como hilft immer dann, wenn Teilnehmende verspätet auftauchen, Verbindungsprobleme haben oder ein Technik-Check angeboten wird.

Virtuelles Whiteboard

Erstelle ein eigenes virtuelles Whiteboard für die geplante Session. Nutze die von dir bevorzugten Templates und packe alles in Frames (auf Deutsch »Rahmen«). Frames sind z. B. in Miro vergleichbar mit einem Flipchartblatt, das zu einem Thema die Informationen beinhaltet, die du zeigen möchtest. So kannst du den »Willkommen«-Frame entwerfen, einen »Regeln für diesen Workshop«-Frame zusammenstellen, die Teilnehmenden selbst den Frame »Fragen aus dem Team« füllen lassen und alle inhaltlichen Themenblöcke in entsprechende Frames packen. Frames helfen dir bei der Moderation, und du behältst die Übersicht. Du folgst immer dem roten Faden durch die korrekt sortierte Frame-Reihenfolge. Mit einem Klick hast du Sprungpunkte, falls du mal weiter vor oder nach hinten springen möchtest.

Lege die Startansicht fest auf den Frame bzw. den Bereich, den die Teilnehmenden nach Betreten des Boards zuerst auf ihrem Bildschirm sehen sollen.

Geh noch mal alle Elemente auf dem Board durch und prüfe, welche für die Teilnehmenden gesperrt sein müssen. Es passiert immer wieder, dass alle die schnell reinkopierten Elemente verschieben oder löschen können. Das kostet Zeit und Nerven und unterbricht den Fluss deiner Moderation.

Vorabkommunikation

Schick den Teilnehmenden vor der Session eine E-Mail mit allen relevanten Links, Terminen und Informationen für einen reibungslosen Ablauf. Dazu gehört neben einer Liste der technischen Mindestanforderungen vor allem der Zugang zum Technik-Check.

Bitte die Leute, vor dem Start der Session bei sich selbst für genügend Getränke zu sorgen. Das umfasst zum einen das Vorhandensein trinkbereiter Gläser. Klingt vielleicht kleinlich, aber es wäre nicht das erste Mal, dass das laute Einschenken durch eine Person zu einer Pause oder Verzögerung führt. (Auch hier gilt: Nimm es mit Humor, und vielleicht ist es tatsächlich gerade die richtige Zeit, eine Pause zu machen.) Zum anderen sollte die Gruppe auch immer wieder mal die konsumierten Getränke »wegbringen«, ganz nach dem Motto des Banditenbosses Santa Maria aus dem Film »Der Schuh des Manitu«: »Jetzt geht jeder noch mal aufs Klo, und dann reiten wir los.« [BULLY]

Wenn du vorhast, die Onlinesession aufzuzeichnen, bitte die Teilnehmenden vorher um ihre Genehmigung.

Falls du Karten zur Interaktion einsetzen möchtest (z. B. ELMO oder andere Kartensets für Onlinesessions), dann schicke diese den Teilnehmenden zu bzw. bitte sie, sich selbst welche auszudrucken oder zu gestalten. Auch eine kurze Beschreibung der Idee solltest du gleich mitschicken.

Feedback-System

Halte dein Feedback-System aktuell und für die Teilnehmenden bearbeitbar. Den Zugangslink hast du entweder bereits in der Vorabkommunikation rausgegeben, oder du hast ihn griffbereit und direkt kopierbar. QR-Codes dafür sind cool. Aber auch heutzutage hat nicht jeder gerade sein Smartphone zur Hand. Es ist also eine gute Idee, neben dem QR-Code auch noch eine (möglichst einfache) URL anzubieten.

Durchführung

Zeit zum Ankommen

Räume zum Start des Onlineworkshops genug Zeit ein, damit alle »technisch da« sind. Wir hören immer wieder Aussagen wie:

- »Mein Outlook war weg, ich konnte nicht auf den Link zugreifen.«
- »Das Tool wollte jetzt, dass ich mich einlogge, da hab ich aber gar keinen Account.«
- »Ich war noch im VPN, da kam ich nicht auf das Board.«

Diese Startschwierigkeiten gilt es nach Möglichkeit zu vermeiden. Nutze in der Vorbereitung die Vorabsession für den Technik-Check. Deine Teilnehmenden sollen entspannt zum Workshop kommen, und idealerweise funktioniert einfach schon alles.

Sollte es doch zu technischen Schwierigkeiten kommen, setze Como für die Co-Moderation ein.

Co-Moderation für Technik und Organisatorisches

Es haben schon Onlinesessions stattgefunden, bei denen ein großer Teil der Zeit damit zugebracht wurde, die technischen Schwierigkeiten einzelner Teilnehmer zu beheben. Das ist für die restliche Gruppe sehr demotivierend und für niemanden zielführend. Und da du den Anwesenden gerne helfen möchtest, schreckst du davor zurück, den Betroffenen zu sagen: »Dein technisches Problem können wir hier jetzt nicht alle gemeinsam lösen. Klinke dich bitte aus und sei doch einfach beim nächsten wieder dabei.«

Für all diese Fälle hilft dir Como, deine helfende Hand im Hintergrund. Como kümmert sich individuell um die technischen Schwierigkeiten der Teilnehmenden und sorgt dafür, dass diese möglichst schnell wieder effektiv in der Onlinesession mitarbeiten können.

Vielleicht fragst du dich, wo du einen Como herbekommst. Als externer Dienstleister oder in einem Unternehmen mit genügend Mitarbeitenden bringst du deinen Como idealerweise selbst mit. Falls du als Freiberuflerin oder Selbstständiger allein unterwegs und für alles zuständig bist, bittest du einfach deinen Kunden, dir eine Como aus dem Unternehmen bereitzustellen. Die Rolle des Como zu übernehmen, ist natürlich auch ein idealer Einstieg für diejenigen, die sich mit dem Thema »Onlinemoderation« näher befassen möchten.

Besonderheiten bei Onlinespielen

Wenn es bei einzelnen Spielen und Simulationen etwas Besonderes in der Moderation zu beachten gibt, haben wir das in der jeweiligen Beschreibung erwähnt.

Sonstiges

- Backup für Onlineverbindungen: Solltest du tatsächlich einen Strom- oder Internetausfall erleiden, dann löse das Problem nach Möglichkeit oder wechsle auf dein Backup-System. Für deine Teilnehmenden kannst du vorab folgende Meetingregel kommunizieren: »Falls ich plötzlich offline bin, wartet bitte 5 Minuten, um festzustellen, ob ich gleich wieder auftauche. Wenn nicht, macht bitte 15 Minuten Pause. Währenddessen versuche ich, das Problem zu lösen, ich gebe euch schnellstmöglich Bescheid. Sollte ich dann immer noch nicht wieder aufgetaucht sein, macht bitte eine Stunde Pause, bis ich mein Backup-System aktiviert habe.«

- Setze es nicht als gegeben voraus, dass die Menschen auf einem virtuellen Whiteboard stets aufmerksam sind und sehen, wo du gerade bist und was du tust. Hol sie immer zurück zu dir und frage nach, ob alle da sind.
- Vergiss nicht, Pausen zu machen! Definiere am besten einen guten Pausenplan und halte ihn ein. Wir kommunizieren am Anfang eines Workshops immer das Ziel, einmal pro Stunde eine Pause einzulegen. Diese ist dann je nach Situation zwischen fünf und zehn Minuten lang. Achte insbesondere auf Körpersignale der Teilnehmenden, um den Pausenbedarf zu ermitteln. Dafür müssen natürlich alle Kameras aktiviert sein. Übrigens: Selbst in Zeiten von Dampfern sind fünf Minuten Pause für die Nikotinabhängigen meist zu kurz. Überlege dir in solchen Fällen, ob es okay ist, mit den anderen schon wieder weiterzumachen.
- Erinnere die Gruppe gern immer mal wieder daran, dass sie ihre ELMO-Karten einsetzen dürfen.
- Nutze die Pausen, um die Akkus deiner Geräte nachzuladen.
- Wenn sich eine Person über Performanceprobleme auf einem virtuellen Whiteboard beschwert, besteht eine mögliche schnelle Lösung darin, die Positionscursor der anderen Teilnehmenden auszuschalten. Das hat in einigen Miro-Sessions schon Leute mit älteren Laptops gerettet.
- Zugriffsprobleme auf Software oder sogar Verbote in internen Corporate-Netzen kannst du manchmal durch den Einsatz externer Groupware überwinden. Durch öffentlichen Zugriff auf ein Google-Dokument oder eine Office-365-Tabelle können die Teilnehmenden dann gemeinsam arbeiten.
- Übe das Stummschalten. Es passiert immer wieder, dass wir stumm sprechen oder umgekehrt. Das schnelle Stummschalten und Entstummen (ist das überhaupt ein Wort?) per Tastaturkürzel ist manchmal sehr hilfreich. Manche externen Mikros haben dafür auch eigene Schalter. Und Headsets mit Bügelmikrofon bieten öfter die Möglichkeit, durch Wegklappen des Mikros stummzuschalten. In solchen Fällen musst du allerdings sicherstellen, auf zwei Kanälen wieder entstummt zu sein.
- Bitte die Gruppe, dir direkt Bescheid zu geben, falls du wie Darth Vader klingst. Du selbst merkst deine Atemgeräusche ins Mikrofon nicht, da hilft nur externes Feedback.
- Wenn du dich entscheidest, unten ohne zu arbeiten, denk bitte daran, die Kamera vor dem Aufstehen auszuschalten. Es wäre im Übrigen sowieso nur ein halbherziges Kalsarikännit, weil du ja doch vor einer Session sitzt und arbeitest. »Kalsarikännit« ist für uns eines der schönsten Wörter der Welt. Als Hausaufgabe geben wir dir mit, selbst herauszufinden, was es bedeutet.
- Bitte die Gruppe am Ende der Session, unbedingt noch Feedback abzugeben. Du lässt sie nicht gehen, solange sie das nicht getan haben. Wenn die Teilnehmenden erst zeitversetzt Feedback geben, ist zum einen die Antwortquote viel geringer, zum anderen sind die Antworten nicht mehr so frisch, und der unmittelbare Eindruck geht verloren.

Nachbereitung

- Erzeuge nach der Session direkt einen PDF-Export des virtuellen Whiteboards und verschicke ihn an die Teilnehmenden. (Obacht: In Miro werden nur Inhalte exportiert, die sich in Frames befinden. Hier ist oft eine Nachbearbeitung notwendig, gerade wenn die Teilnehmenden eigene Inhalte auf das Board gebracht haben.)
- Beachte beim Verteilen des PDF, dass die Dokumentation von interaktiven Sessions im Regelfall sehr kontextabhängig ist und nur von denen richtig verstanden wird, die auch dabei waren. In anderen Händen kann es leicht zu fehlerhaften Interpretationen kommen.
- Falls die Teilnehmenden noch längerfristig auf das Board zugreifen können, dann sperre am besten die Bearbeitung und stell das Board auf read-only.
- Ist ein weiterer Zugriff nicht länger vorgesehen, dann schalte den offenen Zugriff auf das Board komplett aus. Es soll schließlich niemand aus Versehen, aber unberechtigt Einsicht bekommen.
- Überlege gut, ob es sinnvoll und hilfreich ist, zu deiner Onlinesession eine explizite Retrospektive durchzuführen. Das Einsammeln von Feedback hilft auf jeden Fall dir selbst, deinen Workshop zu verbessern. Eine gemeinsame Retrospektive mit den Teilnehmenden erscheint diesen jedoch sehr oft überflüssig. Wir kennen das von einigen Unkonferenzen, die am Ende des Tages 25 % ihrer Zeit in eine Retrospektive investieren, »weil man zum Abschluss eines Events immer eine Retrospektive machen muss«. Wir sagen: »Nein, muss man nicht!« Ganz nach dem Motto: »Mach keinen Scheiß! Es sei denn, es ist witzig!«.

Störungen und Sabotage

Du wirst bei deiner Moderation von Workshops und Trainings immer wieder mit Abweichungen und Unfällen zu tun haben. Diese sind oft menschlicher Natur, manchmal ohne böse Absicht, gelegentlich leider auch vorsätzlich. Im Folgenden stellen wir typische Störungen im Betriebsablauf vor, denen du manchmal begegnen wirst. Wir gehen auch auf die härteren Fälle ein, die dann auch nur mit einer härteren Gangart in den Griff zu bekommen sind.

Radikale Onlinepassivität

Ach, diese herrliche Ruhe. Du könntest jetzt für den Rest des Termins einfach schweigen, und nichts würde passieren. Vor dir siehst du die eingeloggten Teilnehmenden deines Videocalls. Alle Kameras sind deaktiviert, alle Mikrofone sind gemutet. Nix zu sehen, keiner macht einen Mucks. Wunderbar!

Hast du einen Call schon mal so extrem erlebt? Wir schon. Im schlimmsten Fall verhält sich tatsächlich die gesamte Gruppe so. In den weniger schlimmen Fällen sind es Einzelne, die sich der aktiven Teilnahme verweigern. Diese versuchen, maximal unsichtbar zu bleiben und sich jedweder Interaktion zu entziehen. Im Gegensatz zu einer Präsenzveranstaltung sind diese Menschen quasi nicht mal körperlich anwesend. Falls sie überhaupt reagieren, dann höchstens auf (gerne auch mehrfache) direkte Ansprache.

Hier eine Möglichkeit, wie du mit dieser Situation umgehen kannst:

- Sprich die Situation ganz offen an: »Ich nehme wahr, dass du dich noch nicht aktiv beteiligst. Das ist schade, da wir deine Gedanken zu unserem Thema nicht einfließen lassen können.«
- Frag nach notwendiger Unterstützung: »Was können wir hier jetzt anders machen, damit du dich aktiv beteiligen kannst? Was würde dich unterstützen, dich mehr einzubringen?«
- Biete den Leuten die Möglichkeit an, den Call zu verlassen: »Du darfst unsere Session jederzeit gerne verlassen, wenn du hier nichts lernen oder beitragen kannst oder wenn du deine Zeit anderweitig sinnvoller verbringen möchtest. Das ist völlig in Ordnung. Wenn du dich entscheidest, mit uns hier zu bleiben, dann würde ich mich freuen, wenn du dich aktiv einbringst. Wie entscheidest du dich?«
- Biete die Beobachtungsrolle an: »Wenn es für dich gerade das Beste ist, passiv zu bleiben und in die Beobachtung zu gehen, das ist auch das völlig in Ordnung. Sei dann bitte aufmerksam dabei, mach dir Notizen und sei bereit, der Gruppe bei Bedarf deine Beobachtungen mitzuteilen.«

Wenn in einem Team diese Passivität regelmäßig auftritt, kannst du deine Erwartungshaltung immer direkt zu Beginn einer Session ansprechen. Und noch ein Wort der Warnung: Manchmal ist für die Person die Teilnahme nicht freiwillig, sondern sie wurde z. B. vom jeweiligen Chef zu dem Training entsendet. Oder anders formuliert: Die Nicht-Teilnahme wäre nicht folgenlos. In solchen Fällen bedarf es wieder dem viel zitierten Fingerspitzengefühl, um gute Entscheidungen zu treffen. Wir haben schon viele teils merkwürdige, teils schockierende Einzelgespräche geführt. Da war quasi alles dabei – von der durchzechten Nacht wegen des Junggesellenabschieds des Bruders bis zur aktuellen Familientragödie. Unsere Empfehlung ist daher nicht nur das Fingerspitzengefühl, sondern auch der Einsatz von Empathie. Versuche herauszufinden, woran die Nicht-Teilnahme denn nun genau liegt. Aber sei nicht überrascht, wenn dich die Lösung eventuell wirklich herausfordert.

Niemand spielt mit dir

Es sind schon zwölf Minuten vergangen seit dem Start deines Termins. Du hast bereits die letzten Farbreste von allen Whiteboards entfernt. Noch mal aus dem Fenster schauen. Nix Neues zu sehen da draußen. Mit dem einen interessierten Scrum Master aus der Nachbarabteilung hast du bereits drei Runden Black Stories gespielt. Und nach 19 Minuten Zeitvertreib brichst du das Ganze frustriert ab. Toll, niemand spielt mit dir!

In dieser Situation darfst du einmal ganz laut »Hurra!« schreien, denn dir wurde ganz unverhofft Zeit geschenkt. Wie in einer Open-Space-Session hast du folgende Möglichkeiten:

- Beschäftige dich allein mit dem Inhalt oder der Struktur deiner »ausgefallenen« Session. Finde Verbesserungspunkte, überarbeite dein Konzept usw.
- Finde Möglichkeiten, deine Session für das nächste Mal besser zu vermarkten bzw. zu promoten.
- Finde heraus, was die Eingeladenen davon abgehalten hat, teilzunehmen. Du wirst oft ein organisatorisches Impediment erkennen, das du dann adressieren und beheben kannst.
- Nutze die gewonnene Zeit für Dinge, die sonst immer hinten runterfallen. Mach deine Buchhaltung, lies dein aktuelles Buch weiter, schaffe einen Zero-Inbox-Zustand usw.

Wir sind uns ganz sicher, dass du dich nicht langweilen wirst. Irgendwas ist ja immer.

Du bist das Radio im Hintergrund

Irgendwie war das hier in der Organisation von Anfang an so. In jeder Besprechung haben alle ihre Laptops aufgeklappt auf dem Tisch stehen, und es ist völlig normal und akzeptiert, dass die Anwesenden während eines Meetings Mails schreiben, Dokumente bearbeiten, mit anderen Leuten chatten und immer wieder wegen eines dringenden Anrufs den Raum verlassen. Hin und wieder schaut mal jemand zu dir auf und kommentiert etwas oder stellt eine Frage. Du kommst dir vor wie ein Radio, das nebenher im Hintergrund läuft. Wenn du gerade ein gutes Lied spielst, dreht man dich etwas lauter. Manchmal wird auch einfach ein anderer Sender eingestellt. Na ja, egal. Ist ja hoffentlich bald vorbei.

Hier darfst du direkt mit klaren Working Agreements für deinen Workshop oder deine Session arbeiten. Schreib deine Regeln klar und deutlich sichtbar auf ein Flipchart und geh die einzelnen Punkte mit den Leuten durch. Für den hier beschriebenen Fall lässt sich ein entsprechendes Agreement beispielsweise so formulieren:

- Sichtbar: »Keine Handys, keine Laptops, keine Elektronik auf den Tischen!«
- Auf der Tonspur: »Wenn ihr unbedingt für Notfälle erreichbar sein müsst, dann schaltet auf Vibration und geht im tatsächlichen Notfall leise aus dem Raum. Sorgt dafür, dass wir hier gut und fokussiert miteinander arbeiten können und niemand durch euch gestört wird.«

Manche Menschen wissen schon vor dem Termin, dass sie vermutlich aus dringlichen Gründen anderweitig benötigt werden. Nutze den Opener »Wie sehr bin ich gerade hier?« auf Seite 114, um das herauszufinden und für die Gruppe explizit zu machen. Gib diesen Menschen dann auch die Möglichkeit, ganz auf die Teilnahme zu verzichten, falls das für sie sinnvoller erscheint. Auch ist es in solchen Fällen nicht unbedingt hilfreich, wenn besagte Personen am weitesten von der Tür entfernt sitzen. Ein Problem, dem abgeholfen werden kann.

Manchmal sind Teilnehmende wirklich »auf Rufbereitschaft«. Das ist in Ordnung. In solchen Fällen haben wir schon gute Erfahrungen damit gemacht, diesen Personen einen Extratisch etwas am Rand zuzuweisen. So können alle anderen die Session voll mitmachen, und die notwendige Nebenarbeit stört weniger oder sogar überhaupt nicht.

Palim, Palim – wenn der Postbote zweimal klingelt

Der Workshop läuft wunderbar, alles klappt, die Teilnehmenden sind voll dabei. Du freust dich schon, dass du gleich den Hauptteil der großen, erkenntnisreichen Simulation startest. Und dann sagt eine Person kurz ins Mikro: »Bin kurz weg, es hat an der Haustür geklingelt.« Spricht, schaltet sich auf Mute und verschwindet. Na gut, dann machen wir gerade noch mal fünf Minuten Pause, denkst du dir.

Nach der Pause scheint immer noch was los zu sein an der Haustür, denn besagte Person ist bislang nicht zurückgekehrt. Also schön, bevor dein Zeitplan ins Wanken gerät, verteilst du die Rollen neu. Muss ja weitergehen.

Nach 20 Minuten taucht die Person wieder auf und erzählt irgendwas von Möbellieferung oder Handwerkern oder Paketdienst oder Nachbarin. Ist eigentlich auch egal, das Kind ist sowieso schon in den Brunnen gefallen. Und zu allem Überfluss fällt gerade dann noch einer anderen Person ein: »Ich müsste übrigens in 30 Minuten schon gehen. Hab noch einen Arzttermin.«

Hier hilft dir alles Ärgern nichts. Passiert ist passiert. Betrachte es als Unfall. Du musst spontan reagieren und das Beste daraus machen (siehe auch oben unter »Vorbereitung vs. Spontanität« auf Seite 59).

Einige dieser plötzlichen Ereignisse kannst du mit »Wie sehr bin ich gerade hier?« (siehe Seite 114) vorhersehbar machen. Spontan bleibt der Zeitpunkt dann zwar immer noch, wann die Spedition zwischen 8 und 18 Uhr auftauchen wird, aber zumindest ist klar, dass es irgendwann während deines Workshops passieren wird. Achte dann einfach darauf, der betroffenen Person weniger kritische Rollen in deinen Spielen und Simulationen zuzuweisen.

Stoffwechsel

Du hast dich schon bei der Vorstellung der Teilnehmenden gewundert. Irgendwie hat sich in deinen Workshop für die Personalabteilung jemand aus der Embedded-Entwicklung verirrt: »Ja, meine Kollegin hat gesagt, dass da heute was zu Agil stattfindet. Das startet bei uns ja auch demnächst, und da wollte ich mir das mal anhören.« Also gut, passt schon. Du legst los, und es startet vielversprechend.

Nun möchte besagter Embedded-Kollege seine Zeit ja auch möglichst sinnvoll nutzen. Er versucht also bei so gut wie jedem deiner Themenblöcke, das Ganze auf seinen Bereich zu übertragen. Er stellt Fragen, wie das denn jetzt konkret mit mehreren Teams und Zulieferern in der Firmwareentwicklung funktionieren kann. Er überlegt im Dialog laut, welche Schwierigkeiten sich mit agilen Methoden für die

Systemintegration in der Gehäusefertigung ergeben. Fragen über Fragen und alle berechtigt. Die ganzen HR-spezifischen Inhalte verlieren dadurch jedoch leider den notwendigen Raum. Die anwesenden Personalerinnen sind auch schon zunehmend genervt.

In solchen Situationen musst du schnell spüren, wie viel Offtopic du zulassen kannst und wann es zu viel wird.

Wenn du eine Offtopic-Frage leicht verallgemeinern und für alle Anwesenden beantworten kannst, kann sie sogar sehr hilfreich sein und zum Erkenntnisgewinn beitragen. Sobald du aber merkst, dass eine Frage tatsächlich vom vorgesehenen Lernstoff deutlich abweichen würde, solltest du diese Frage auf ein »Parking Lot«-Flipchart schieben. Auf dem »Parking Lot« werden alle Fragen gesammelt, die jetzt gerade nicht zum Thema passen, die du aber für später noch vormerken willst. Am Ende deines Workshops schaust du mit den Teilnehmenden noch mal auf die offen gebliebenen Fragen. In unserem Beispiel würdest du dem Embedded-Kollegen vielleicht vorschlagen, für seinen Bereich ein eigenes Training anzubieten.

Erzähl mir nix!

Da ist dieser eine Typ in deinem Training, der von Anfang an mit verschränkten Armen äußerst skeptisch guckt. Du merkst gleich, dass der das alles hier so richtig beknackt findet. Er ist im Regelfall ein senioriger Rüde (alt und männlich) und sich seiner Sache sehr sicher. Mögen die Status-Spiele beginnen.

Hier eine Liste seiner möglichen Aussagen und Angriffe:

- »Diese propagierte Basisdemokratie kann ja nicht funktionieren!«
- »Dieses ganze esoterische Zeug wie Retrospektiven ist totaler Schwachsinn!«
- »Das ist doch alles alter Wein in neuen Schläuchen. Und das soll agil sein? Das wissen wir doch alles schon seit den Achtzigerjahren!«
- »Wenn man richtig plant, braucht man dieses ganze agile Zeug gar nicht!«
- »Das ist alles nur übertriebener Overhead!«
- »Lasst uns bitte mit diesen ganzen Meetings in Ruhe und uns einfach mal unsere Arbeit machen!«
- »Ich habe vor 25 Jahren ordentliches Projektmanagement gemacht, und das hat damals alles wunderbar funktioniert!«
- »Du hast doch überhaupt keine Erfahrung, wie das in der Realität wirklich gehen soll!«
- »Ich lasse mir doch von so einer dahergelaufenen, ahnungslosen Externen nicht erzählen, wie wir hier unseren Job zu machen haben!«

Du siehst, die Bandbreite an Vorwürfen reicht von inhaltlicher Skepsis bis zur persönlichen Statusklärung zwischen euch.

Hinter der inhaltlichen Skepsis steht meist die Unsicherheit: »Ich kann mir momentan noch nicht vorstellen, wie das bei uns funktionieren kann.« Er[5] drückt seine Skepsis jedoch als kritischen Angriff aus, da er seine Unsicherheit überspielen will. Auf dieser Ebene hast du gute Chancen, die negative Energie des Skeptikers in positive, konstruktive Beiträge umzuwandeln. Nutze dazu das Pattern »Champion Skeptic« aus dem Buch »Fearless Change« [MANNS, RISING] (siehe dazu auch das Spiel »Fearless Journey« auf Seite 276). Im Kern geht es bei diesem Pattern darum, die skeptische Person einzubinden. Dies geschieht durch Wertschätzung und Einbindung: »Danke, dass du deine Skepsis direkt äußerst. Durch deine Erfahrung siehst du vermutlich Dinge, die den anderen verborgen sind. Das ist für uns super hilfreich. Ich möchte dich bitten, in der Rolle des Skeptikers zu bleiben und uns immer darauf hinzuweisen, aus welchen Gründen neue Methoden oder Ideen nicht funktionieren können. Dann können wir diese Hindernisse gemeinsam überwinden. Bist du bereit, mitzumachen und dich mit deiner Expertise einzubringen?«

Den oft gehörten Argumenten, dass die ganzen agilen Praktiken gar nicht neu und ja schon vor Jahrzehnten in jedem guten Projektmanagement verankert gewesen seien, begegnet Marc gern mit folgender Gegenfrage: »Wenn wir das seit Jahrzehnten alles wissen, woran liegt es denn dann, dass wir so gut wie nichts davon richtig anwenden? Oder läuft bei euch alles so problemlos, dass ich hier eigentlich überflüssig bin?« Allein die erste Gegenfrage lässt die Leute meist etwas ratlos zurück, weil wir ihnen damit direkt den Spiegel ihres eigenen Verhaltens vorhalten.

Mächtig böse

Schwieriger ist der Umgang mit ausgeprägter Dominanz. Der Hirnforscher Hans-Georg Häusel hat mit der Limbic Map eine Karte der menschlichen Emotionen erstellt [HÄUSEL]. Jeder Mensch hat auf dieser Karte seine individuelle Ausprägung in Form von Hügeln und Tälern. Der Bereich der Dominanz zeichnet sich durch Emotionen aus wie beispielsweise Elite, Status, Macht, Ruhm, Kampf, Sieg oder Durchsetzung. Etwa 9 % aller Menschen aus unserem Kulturkreis haben in der Dominanz einen sehr ausgeprägten, hohen Berg auf dieser Karte. Es verwundert nicht, dass die Mehrzahl aller Führungspersönlichkeiten einen starken Dominanzbereich mitbringt. Das ist auch gut so, denn schließlich geht es in der Führungsarbeit immer darum, etwas zu bewirken, die eigenen Interessen durchzusetzen und den Erfolg der Unternehmung zu maximieren.

Du gehörst möglicherweise zu den vielen Menschen, denen der Begriff »Macht« Unbehagen verursacht. Dies liegt ganz oft an einer negativ geprägten Konnotation des Begriffs. »Macht« assoziieren wir gern mit superreichen Industriellen, kriegstreibenden Diktatoren und anderen fiesen Übeltätern. Da fallen dann auch Begriffe wie Narzisst, Machiavellist oder Psychopath. Das ist die Seite der Macht, die uns als Betroffene ohnmächtig oder machtlos dastehen lässt.

---

5 Es mag ein Stereotyp sein. Aber wir bleiben hier jetzt einfach mal bei dem Beispiel des männlichen Störers.

Betrachten wir lieber die andere Seite der Macht und nehmen wir Mahatma Gandhi als Beispiel. Er gilt bis heute als Symbol für gewaltlosen Widerstand. Die Veränderungen durch ihn waren nur möglich, weil er mit selbstbewusster Macht seine Sache verfolgt hat. Er hat die Welt zum Positiven verändert, ohne seine Macht zu missbrauchen. »Macht« an sich ist also überhaupt nichts Schlechtes. Nur die Ziele, die wir aus einer Machtposition heraus verfolgen, können aus unserer eigenen Perspektive von »gut« bis »schlecht« bewertet werden.

Sobald nun Menschen mit ausgeprägter Dominanz als Teilnehmende mitspielen, dreht es sich zunächst einmal darum, herauszufinden und deutlich zu machen, wo diese relativ zu den anderen positioniert sind. Wer hat die größere Yacht? Wer hat den besseren Parkplatz? Wer war im exklusiveren Urlaub? Wer weiß sowieso am besten von allen, wie das alles mit diesem Agil richtig funktioniert?

Und damit kommst du in deiner exponierten Machtrolle als Trainerin oder Coach ins Spiel.

Der persönliche Status in eurer Beziehung muss definiert sein. Solange das Status-Spiel nicht ausgespielt ist, wird dein »Kontrahent« immer wieder versuchen, seinen Status zu erhöhen, indem er deinen erniedrigt. Dieses Spiel kann sehr offen oder ganz subtil gespielt werden. Stefan Merath beschreibt dies alles sehr anschaulich in seinem Buch »Dein Wille geschehe« [MERATH].

Unser grundsätzlicher Tipp in solchen Situationen: Konfrontiere die herausfordernde Person mit der Frage: »Möchtest du meine Rolle hier vorne übernehmen und das weitere Training durchführen? Dann darfst du gern zu einem eigenen Training einladen. Hier und heute habe ich die Verantwortung für das Training und für euch als Gruppe. Wenn das für dich nicht passt, steht es dir frei, uns jederzeit zu verlassen. Wie lautet deine Entscheidung?«

Das braucht natürlich Selbstbewusstsein und Selbstsicherheit. Und die kommt durch kontinuierliche Anwendung und Übung. Deswegen der ultimative Tipp: Lies Bücher, Artikel, Blogs, höre Podcasts, schau dir Videos und Auftritte an und besuche User Groups und Konferenzen zu all diesen »weichen« Themen – wie du mit Menschen umgehen kannst, wie Kommunikation gelingt und wie Konflikte gelöst werden können. Und begib dich täglich in die Anwendung der gelernten Methoden. Je größer deine Erfahrung ist, desto leichter wird es, dominanten Ekelpaketen gegenüber aufzutreten und sie in ihre Schranken zu weisen oder – noch besser – sie mit ihrer negativen Energie positiv einzubinden.

Achte immer darauf, dass du die Art der Kritik solcher Personen deutlich unterscheidest. Sind sie einfach inhaltlich skeptisch und benötigen Aufklärung, oder geht es um eine explizite Statusklärung? Im ersten Fall kannst du immer auch mit den Lernzielen unserer Spiele argumentieren. Im zweiten Fall musst du dich in den Tacheles-Modus versetzen und die Situation klären, was allen Beteiligten in deinem Training hilft.

Menschen und Maschinen

Du kennst das bestimmt. Die Onlinesession läuft, ein Gespräch findet statt ‚und auf einmal hören alle nur noch …

- »Klack, klack, klack. Tipp, tipptipp, klack, tipptipptipp, klack, klack.« Toll, wie schnell da jemand in die Tasten hauen kann. Sehr beeindruckend für alle Beteiligten. Und so fokussierend.
- »Wuff! Wuff, wuff! WUFF! – Sorry, mein Hund. Frau Mayer, aus! Aus jetzt! Frau Mayer, komm mal hier her jetzt. Und platz! So is brav.« Immer wieder schön zu sehen, wenn Hunde so gut erzogen sind.
- »Murmel, murmel«, ganz leise im Hintergrund, »murmel, laber, laber, schwätz.« Großraumbüro und Open Office olé. Und bemerkenswert, dass das Mikrofon den gesamten Raum so gut erfassen kann.
- »Määääääääääääh« (Nachbar beim Rasenschnitt), »Brumm, bruuuhuuuuumm« (vorbeiziehender Verkehr), »Dadüüü Dadaaa« (fränkische Polizei) – »Ich mach mal kurz das Fenster zu.« Sehr schade, dann hören wir ja das schöne Vogelgezwitscher gar nicht mehr.

Es gibt zig Varianten von Störgeräuschen, die während deiner Onlinesession die Aufmerksamkeit der Teilnehmenden ablenken. Meistens lässt sich mit einer flapsigen Bemerkung darüber hinwegsehen, und die Welt ist wieder in Ordnung. Im Regelfall sind es ganz menschliche Dinge, die da passieren oder die wir mit Maschinen veranstalten.

Falls du im Vorfeld schon weißt, dass dein Workshop oder dein Training viel Konzentration und Fokus benötigt, kannst du das in der Einladung auch schon ankündigen. Bitte darum, dass sich die Teilnehmenden nach Möglichkeit ein ruhiges Umfeld schaffen. Und die Ausnahmen gehören wie immer dazu.

Du stellst vielleicht fest, dass das Headset eines Teammitglieds einfach Schrott ist. Es hat zum Beispiel ständig Knackser, Rauschen oder sonstige Störgeräusche oder nimmt einfach viel zu viel Umgebungsgeräusche auf. Dann kümmere dich darum, dass das Headset durch professionelles Equipment ersetzt wird. (Und falls der Budgetverantwortliche der Meinung ist, das sei nicht möglich oder zu teuer? Dann coache in diesem Bereich oder suche dir ein neues Umfeld. Andere Mütter haben auch schöne Budgetverantwortliche.)

Sprich das Problem während einer Onlinesession auf jeden Fall immer gleich an. Es kann für andere Teilnehmende unangenehm bis unverständlich werden. Mit Humor kann die Situation meistens gerettet werden.

Das ist unser Raum

Am Anfang der Pandemie im Jahr 2020 haben sich Menschen den Spaß gemacht, nach offenen Zoom-Sessions zu suchen und einfach in irgendwelche laufenden Sessions reinzugehen und Chaos zu veranstalten. »Zoom Bombing« hieß dieses Spiel.

Manche Organisationen oder Teams halten sich ein paar immer verfügbare Onlineräume offen, damit sich die Leute bei Bedarf schnell und ohne große Einladung treffen können. Klar, dass es da immer wieder zu Zusammenstößen verschiedener Gruppen kommt, die gerade denselben Raum nutzen wollen.

Für diese Situationen gibt es eine ganz einfache Lösung: Bau ein Schloss ein, mach den Laden dicht. Du erstellst also eine explizite Onlinesession für deinen Termin. Und wenn diese von außen erreichbar sein muss, vergibst du auch noch ein Passwort. Damit hat sich das ganze Problem bereits erledigt.

In der echten Welt passieren ganz ähnliche Dinge. Jemand vom Raum gegenüber kommt rein und möchte nur schauen, ob wir einen Stuhl entbehren können. Eine Gruppe steht mit den Füßen scharrend vor der Tür und wartet darauf, dass sie endlich in den Raum kann, weil wir leider etwas überzogen haben und trotzdem noch 20 Minuten bräuchten. Die Chefsekretärin betritt mit strengem Blick den Raum und fordert dich auf, diesen unverzüglich zu verlassen, weil das Strategiemeeting mit den C-Levels für morgen vorbereitet werden muss.

Auch hier gilt erst mal, es mit Gelassenheit und Humor zu nehmen. Doppelbuchungen kommen vor, und dringliche Ereignisse grätschen einfach mal rein.

Regel das Hindernis immer situativ und konstruktiv. Es ist gerade unproblematisch, schnell in einen anderen Raum oder ins Freie zu wechseln? Dann packt eure Sachen und nutzt die Gelegenheit des Spaziergangs als Energizer. Die Wände hängen schon mit 25 Flipcharts voll, und ihr seid noch 1,5 Tage mit Training beschäftigt? Dann sollten sich offensichtlich die anderen auf die Suche nach Raumalternativen begeben. (Und falls die C-Levels ihre Wichtigkeit als Argument vorbringen, dann mach einfach den Vorschlag, dass ihr das Training jetzt gern abbrechen könnt und die 40.000 Euro versteckte Gesamtkosten dann einfach ein zweites Mal in die Betriebskostenrechnung einfließen werden. Vielleicht hilft's.)

Du lädst ein

Nimm bei allem, was du in deiner moderierenden, coachenden oder trainierenden Rolle tust, immer die Haltung ein, dass das alles nur ein Angebot und eine Einladung ist. Ganz im Sinne von Mark McKergow's Host Leadership [MCKERGOW-BAILEY]. Wer nicht kommt oder mitmacht, wird mit Sicherheit gute Gründe haben, sich für dieses Verhalten als die aktuell beste Option zu entscheiden. Eine mögliche Erkenntnis für dich besteht ganz oft darin, hinterher persönlich auf die Leute zuzugehen und ihnen für ihre Situation ein Coaching anzubieten.

Du bist die gastgebende Person. Und manchmal können oder wollen die Eingeladenen nicht. Nimm es, wie es ist, und mach das Beste daraus.

TEIL II
Spiele für Rahmen und Struktur

In diesem Kapitel:
- Sortieren und Durchzählen
- Gleiche Objekte
- Erfahrungsecken
- Virtueller Kreis

KAPITEL 4
Gruppenbildung

»Zusammenkommen ist ein Beginn,
zusammenbleiben ist ein Fortschritt,
zusammenarbeiten ist ein Erfolg.«

– Henry Ford (1863–1947), Automobilpionier

Die Spiele in diesem Kapitel sind keine agilen Spiele im eigentlichen Sinne. Für die Moderation eines Workshops oder Trainings möchtest du die anwesenden Personen häufig in Kleingruppen oder in eine gewisse Anzahl von Teilgruppen aufteilen. Dafür zeigen wir dir in diesem Kapitel eine Reihe von Möglichkeiten. Wir widmen diesem Thema ein eigenes Kapitel, damit du sie übersichtlich an einer Stelle findest.

Sortieren und Durchzählen

Leute, die sich kennen, stehen meist beisammen und bilden oft die gleichen Gruppen. Mit einigen einfachen Tricks kannst du als Moderatorin oder Moderator dieses Muster durchbrechen. Die Technik dazu folgt dem Muster

1. in einer Reihe aufstellen,
2. durchzählen,
3. Gruppen bilden.

Wie du die Leute aufstellst, bleibt dir überlassen. Wenn du einfach durchmischen möchtest, kannst du diesen Punkt auch weglassen. Die Gruppe wird sehr wahrscheinlich quasi nach Bekanntheitsgrad sortiert stehen (bzw. sitzen). Hier einfach durchzuzählen, führt somit automatisch zu einer gesunden Durchmischung.

Wenn dir heterogene Gruppen z. B. bezüglich Erfahrung in einem Thema wichtig sind, lass die Teilnehmenden sich einfach nach dieser Erfahrung aufstellen – wie in Abbildung 4-1 zu sehen –, bevor sie einmal durchzählen. Das führt auch automatisch zu einem Opener, da die Menschen miteinander reden müssen, um ihre Erfahrungen untereinander auszutauschen und sich daraufhin in die richtige Reihenfolge zu stellen.

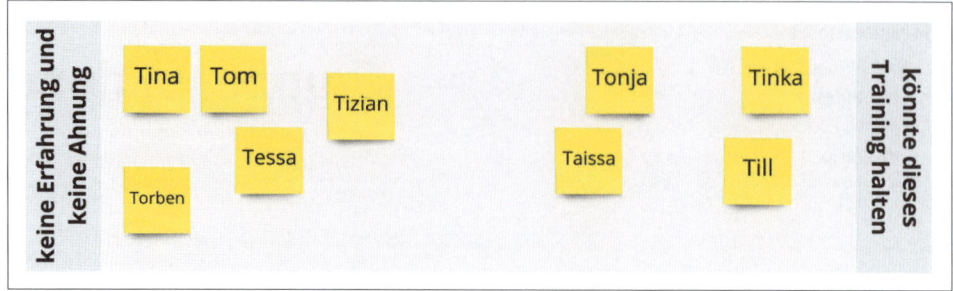

Abbildung 4-1: Aufstellen der Gruppe nach Erfahrung

Wenn dir so gar nichts einfällt, du aber eine neue Durchmischung anstrebst, nimm doch etwas ganz Einfaches, wie die Dauer der Firmenzugehörigkeit oder gar die Schuhgröße. Deiner Fantasie sind hier praktisch keine Grenzen gesetzt. Probier mal aus, die Leute nach der Anzahl der Buchstaben des Mädchennamens ihrer Mutter sortieren zu lassen.

Und der erste Lacher ist dir sicher, wenn du anschließend locker bemerkst: »Und jetzt der schwere Teil: Wer weiß noch seine Nummer vom Durchzählen?«

Gleiche Objekte

Diese Methode eignet sich besonders dann, wenn du von vornherein die Anzahl der Gruppen kennst, die du für den weiteren Verlauf benötigst. Damit sich die Teilnehmenden zu Gruppen zusammenfinden, kannst du verschiedene Objekte nutzen, die du an sie verteilst und nach denen sie sich dann gruppieren sollen.

Es gibt vielfältige Möglichkeiten, welche Art von Objekten du an die Teilnehmenden für diesen Zweck ausgeben kannst. Hier einige Ideen:

- **Mini-Schokoriegel** in verschiedenen Varianten: den mit Karamell auf Keks, den mit Kokosflocken, den mit Erdnüssen, den sogar in Milch schwimmenden und einige mehr. Kleine Stolperfalle: Personen mit Unverträglichkeiten könnten als letzten Riegel genau den erwischen, den sie nicht essen dürfen. Auch aus gesundheitlichen Gründen ist die Schokoriegelvariante nicht die beste Idee. Wenn du das teilnehmende Team gut kennst, kann es jedoch genau die richtige sein. Für die Gesundheitsbewussten ist es natürlich völlig okay, Obstsorten statt Schokoriegel zu verteilen.
- **Spielkarten:** Hier hast du sogar verschiedene Variationsmöglichkeiten. Entweder lassen sich die gleichen Kartenwerte (Sechsen, Damen, Asse usw.) gruppieren oder die Farben (Pik, Karo, Herz, Kreuz) – für (alte) Vollnerds gern auch die Farben Weiß-Blau-Schwarz-Rot-Grün aus »Magic the Gathering«.
- **Spielgeld:** Gleiche Nennwerte finden sich zu Gruppen zusammen.
- **Farbige Bälle oder Karten:** Gleiche Farben werden zu Gruppen.

- **Sprichwörter auf Zetteln**, die du auseinandergeschnitten verteilst: Die Teilnehmenden finden sich, indem ihre Gruppe ein vollständiges Sprichwort formt. Beispiel: »Es ist noch ...«, »... kein Meister ...«, »... vom Himmel gefallen«.
- **Familien:** Auf verschiedenen Zetteln stehen sowohl die Rolle in der Familie (Oma, Vater, Tante, Schwester, Enkel usw.) als auch der Familienname (Müller, Maier, Schmidt usw.). Die Familien finden sich als Gruppe zusammen.
- **Puzzle:** Zerschneide ausgedruckte Bilder oder Postkarten in entsprechend viele Teile. Die Gruppen sind komplett, wenn sie ein vollständiges Bild zusammensetzen können.
- **Thematische Aussagen:** Ähnlich wie bei den Sprichwörtern nimmst du hier Aussagen, die zum Workshop- oder Trainingsthema gehören. Achte dabei darauf, dass die Leute zumindest ein generelles Verständnis davon haben, um was es sich dabei handelt. Bei Bedarf kannst du die Aussagen auch mit den Teilnehmenden nachbesprechen und hast somit bereits eine kleine Trainingseinheit mit eingebaut.
- **Avatare:** In Onlinesessions nutzen wir gern die Auswahl eines Avatars aus einem bestimmten Themenbereich (meist sehr bekannte Popkulturfiguren aus Star Wars, Herr der Ringe oder für die Kunstinteressierten auch mal Komponisten oder Maler). Dies trainiert gleich einige technische Fertigkeiten am Bildschirm (Drag-and-drop, Gruppieren von Bild und Text) und ermöglicht im Nachgang eine schnelle Gruppeneinteilung. Offensichtlich wird Chewie dann zu Han und Leia in die Gruppe gehen und nicht zu Darth Vader und dem Imperator. Und ebenso offensichtlich sitzt Claude Monet später in einer Gruppe mit Auguste Renoir und nicht mit Albrecht Dürer oder Pablo Picasso. Und Elfen und Zwerge in einer Gruppe geht auch wirklich nur in der Gemeinschaft des Rings und nirgendwo sonst.

Bereite die Objekte oder Zettel so vor, dass sie der Gruppengröße entsprechen und leicht aus einem Korb, einer Schüssel oder einer Schachtel gezogen werden können.

Jede Person zieht bzw. nimmt sich nun eines dieser Objekte oder einen der Zettel. Im Anschluss finden sich die Gruppen auf Basis der gleichen bzw. zugehörigen Objekte zusammen.

Online funktioniert das alles ganz genauso. Der Unterschied ist nur, dass es auf einem virtuellen Whiteboard stattfindet. Bilde die Objekte virtuell ab, mit denen du arbeiten möchtest. In Abbildung 4-2 siehst du die Onlineumsetzung der Sprichwörter.

Du bereitest die Sprichwörter so auf dem Bord vor, dass ihre einzelnen Bestandteile als Objekte vorhanden sind. Die Teilnehmenden suchen sich dann einen der Bestandteile aus und markieren ihn mit ihrem Namen über virtuelle Sticky Notes. Dann finden sich die einzelnen Gruppenmitglieder und sortieren sich zusammen.

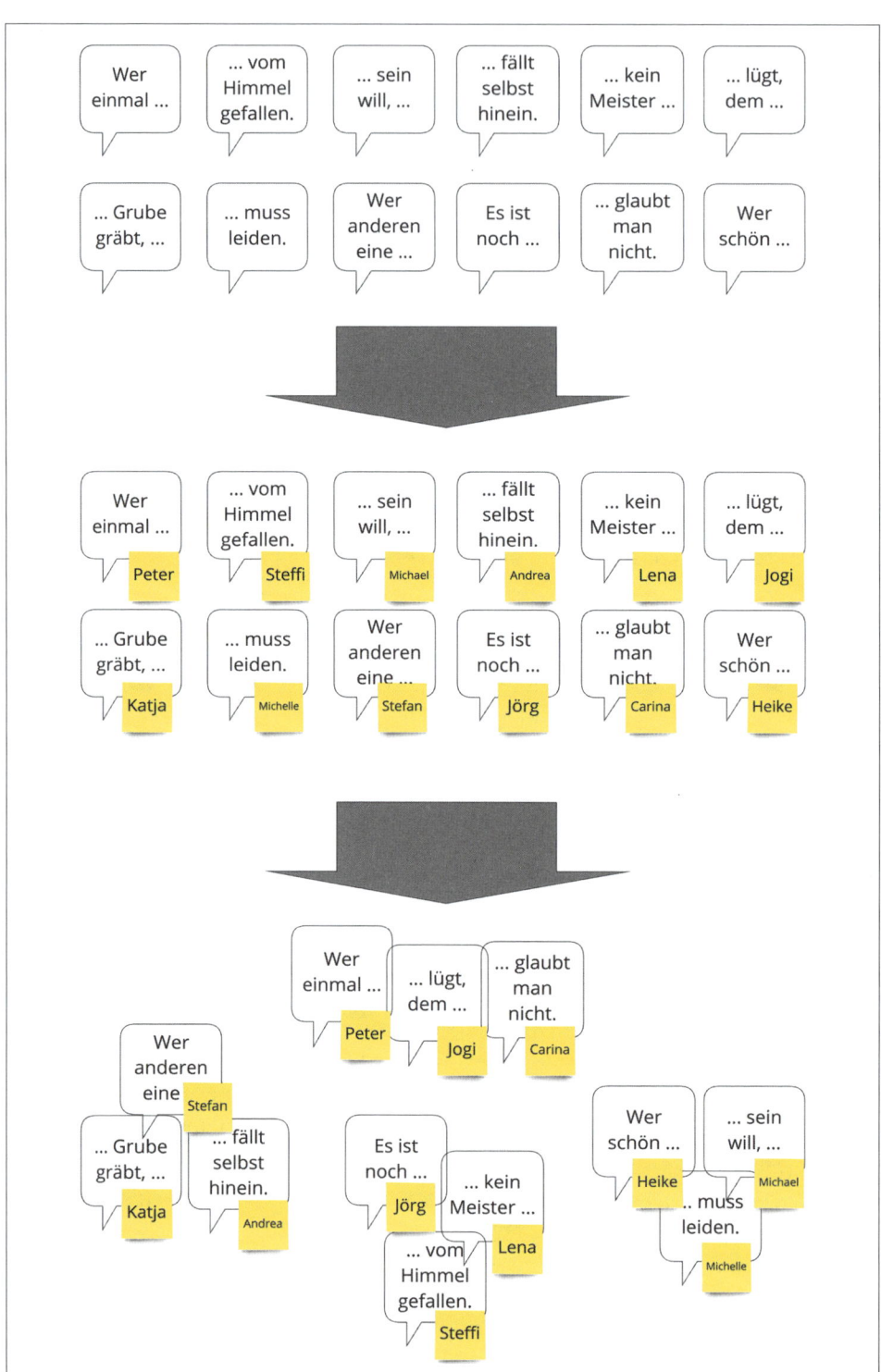

Abbildung 4-2: Bestandteile von Sprichwörtern zur Gruppenbildung

Selbst solche kleinen Übungen kannst du gut mit kommunikativen Aspekten debriefen. Wenn es in die Zielsetzung deines Workshops passt, frag die Gruppe beispielsweise:

- »Wie habt ihr diese Aufgabe miteinander gelöst?«
- »Wo und wie hat sich Führung gezeigt?«
- »Welche Hindernisse gab es, und wie habt ihr diese überwunden?«

Du kannst auf diese Übung im weiteren Verlauf des Workshops auch gut referenzieren, falls es um Selbstorganisation geht: »Ihr habt euch in diesem Workshop bereits selbst organisiert. Erinnert euch an die Übung mit den Sprichwörtern. Gab es da eine Projektleiterin oder einen Koordinator, der das für euch übernommen hat? Nein, ihr habt die Aufgabe selbst gelöst, ohne fremde Hilfe von außen.«

Abbildung 4-3 zeigt eine Tabelle mit Obstsorten. Deine Teilnehmenden suchen sich ihr Lieblingsobst aus und belegen eine der freien Zellen mit ihrem Vornamen. Über die Anzahl der Spalten und Zeilen bestimmst du ganz leicht, wie viele Gruppen und/oder wie viele Personen pro Gruppe du haben möchtest. Für ein Training mit 20 Teilnehmern möchtest du vielleicht vier Kleingruppen mit jeweils fünf Personen haben. Dann lass einfach nur noch vier Obstsorten übrig und verringere die Anzahl der Zeilen auf fünf. Nachdem sich die Personen zugeordnet haben, sind sie bereits in Gruppen aufgeteilt, und du kannst mit der nächsten Aktivität in deinem Workshop fortfahren.

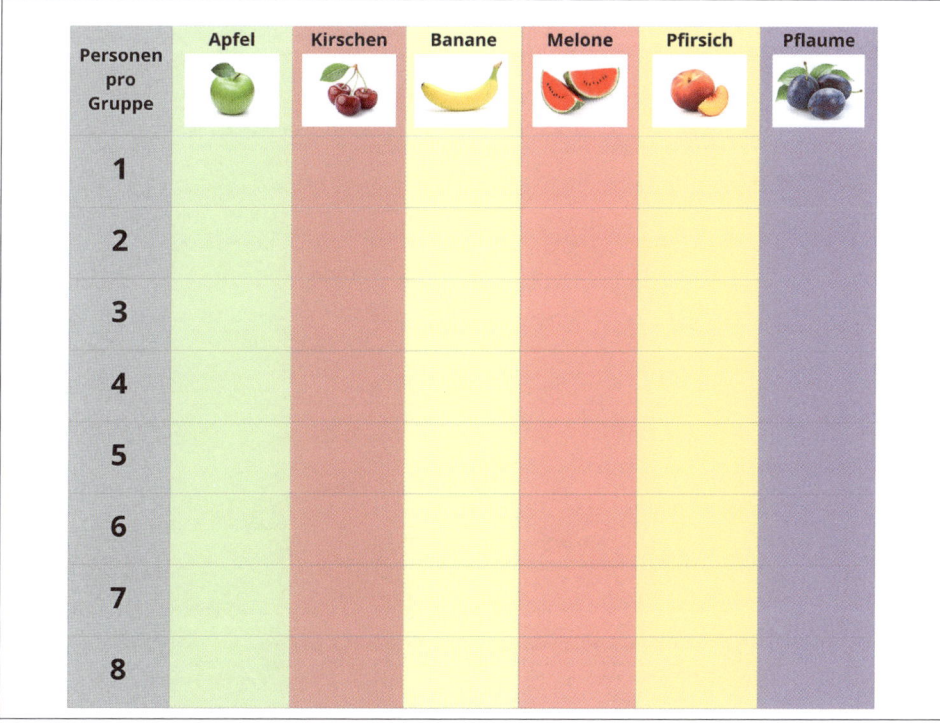

Abbildung 4-3: Obstsorten für die Gruppenbildung

Erfahrungsecken

Eine weitere schöne Methode zur Gruppenbildung ist das Aufstellen der Teilnehmenden nach ihrer thematischen Erfahrung.

Für eine agile Simulation mit mehreren Teams möchtest du eine heterogene Verteilung der Mitglieder in den einzelnen Teams erreichen, also eine gemischte Gruppe mit unterschiedlichen Erfahrungen mit dem Thema. Eine geeignete Frage dafür lautet: »Wie viel Erfahrung habt ihr bereits mit dem Thema X?«

Such dir vier passende Ecken im Raum aus und lass die Personen sich auf diese Ecken verteilen:

- »Wenn das Thema für dich ganz neu ist und du gerade mal weißt, wie man es buchstabiert, dann stell dich bitte dort drüben in die Ecke zum Flipchart.«
- »Wenn du das Thema schon mal in Aktion gesehen hast oder ein Team beobachten konntest, das so arbeitet, dann stell dich bitte in die Ecke neben der Tür.«
- »Wenn du mit dem Thema selbst schon erste Erfahrungen gemacht hast und dich ganz gut auskennst, dann stell dich bitte hinten ans Fenster.«
- »Und diejenigen unter euch, die sehr erfahren sind und dieses Training selbst halten könnten, stellen sich bitte dort zum Moderationskoffer.«

Lass die Teilnehmenden dann heterogene Gruppen bilden, sodass möglichst aus jeder Erfahrungsecke Leute dabei sind.

Online machst du das Ganze einfach auf einem virtuellen Whiteboard mit vorbereiteten Erfahrungsecken, wie in Abbildung 4-4 beispielhaft zu sehen.

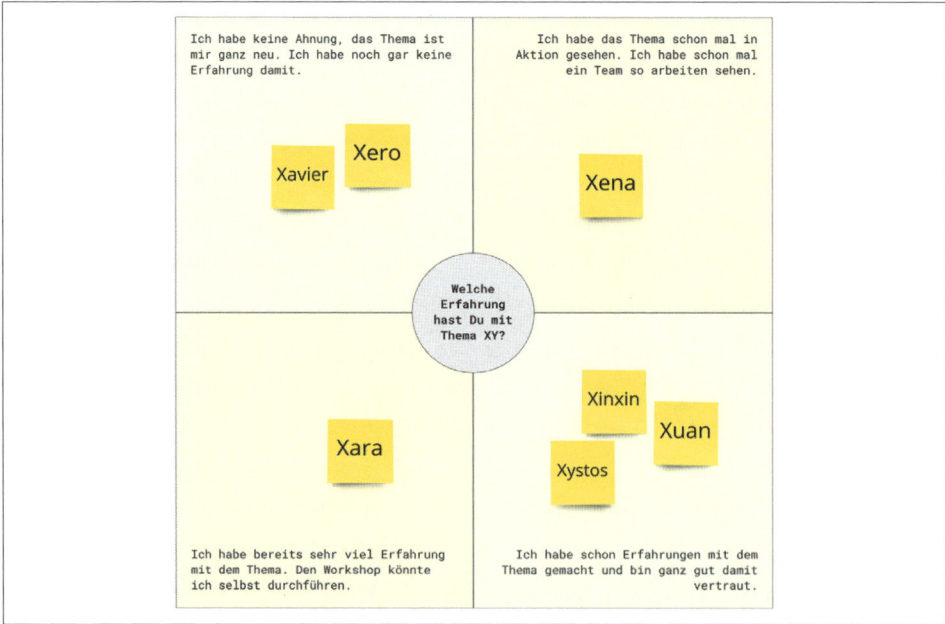

Abbildung 4-4: Erfahrungsecken zur heterogenen Gruppenbildung

Du kannst diese Übung auch zu einem Opener machen. Dazu hast du mehrere Möglichkeiten:

- Bitte die Gruppe, sich zu zweit oder zu dritt kurz darüber auszutauschen, warum sie sich in die jeweilige Ecke platziert haben und welche konkreten Erfahrungen sie mitbringen. Die Personen ohne Erfahrung dürfen sich darüber austauschen, warum sie heute hier sind und was sie lernen möchten.
- Picke aus jeder Ecke zufällig eine Person heraus, die der Gruppe kurz erzählt, welche Erfahrungen sie schon mit dem Thema gemacht hat.

Virtueller Kreis

In manchen Spielen, Simulationen und Übungen benötigst du so etwas wie einen virtuellen Stuhlkreis. Wenn beispielsweise reihum eine Frage weitergegeben wird oder Aussagen eingefangen werden sollen, bietet sich ein Kreis immer an.

Theoretisch kannst du auch die Übersicht der Teilnehmenden in der Videokonferenz dafür nutzen. In der Praxis hat sich dies jedoch nicht bewährt. Zum einen ist die Reihenfolge der Personen in den meisten Clients anders angeordnet. Das macht es unmöglich, ohne nachzudenken die nächste Person anzusprechen, die noch nicht dran war. Zum anderen werden bei großen Gruppen gar nicht mehr alle Teilnehmenden auf einmal angezeigt, sondern verteilen sich auf mehrere Seiten.

Wenn du ein virtuelles Whiteboard nutzt, bereitest du im Vorfeld einen virtuellen Kreis vor, auf dem sich die Gruppe verteilen darf. Erstelle mindestens so viele virtuelle Klebezettel (oder beliebige andere Platzhalter), wie du Teilnehmende erwartest (wie in Abbildung 4-5).

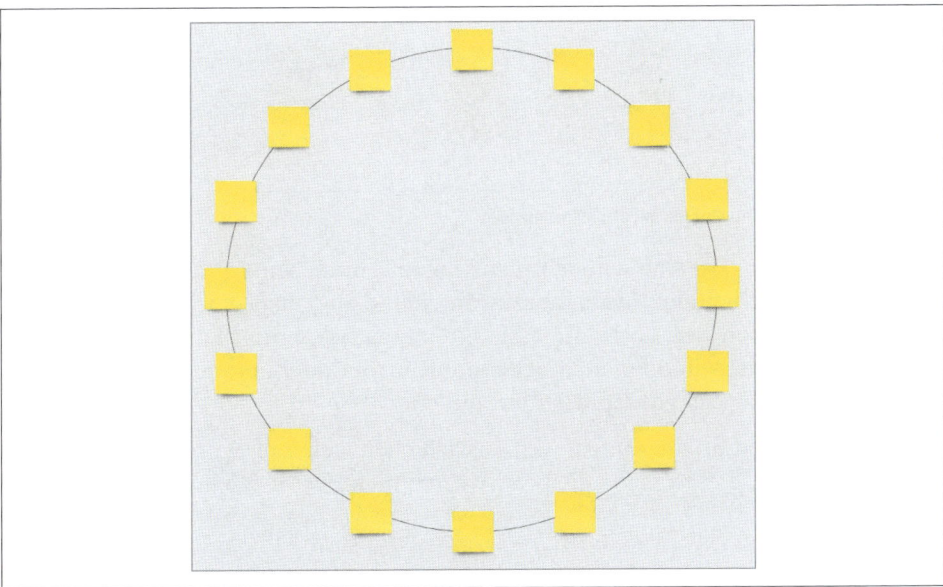

Abbildung 4-5:   Virtueller Kreis auf einem virtuellen Whiteboard

Bitte die Gruppenmitglieder nun, sich jeweils einen Platz auszusuchen und ihre Namen einzutragen. Du selbst platzierst dich auch mit deinem Namen, falls das entsprechende Spiel das erfordert (siehe Abbildung 4-6).

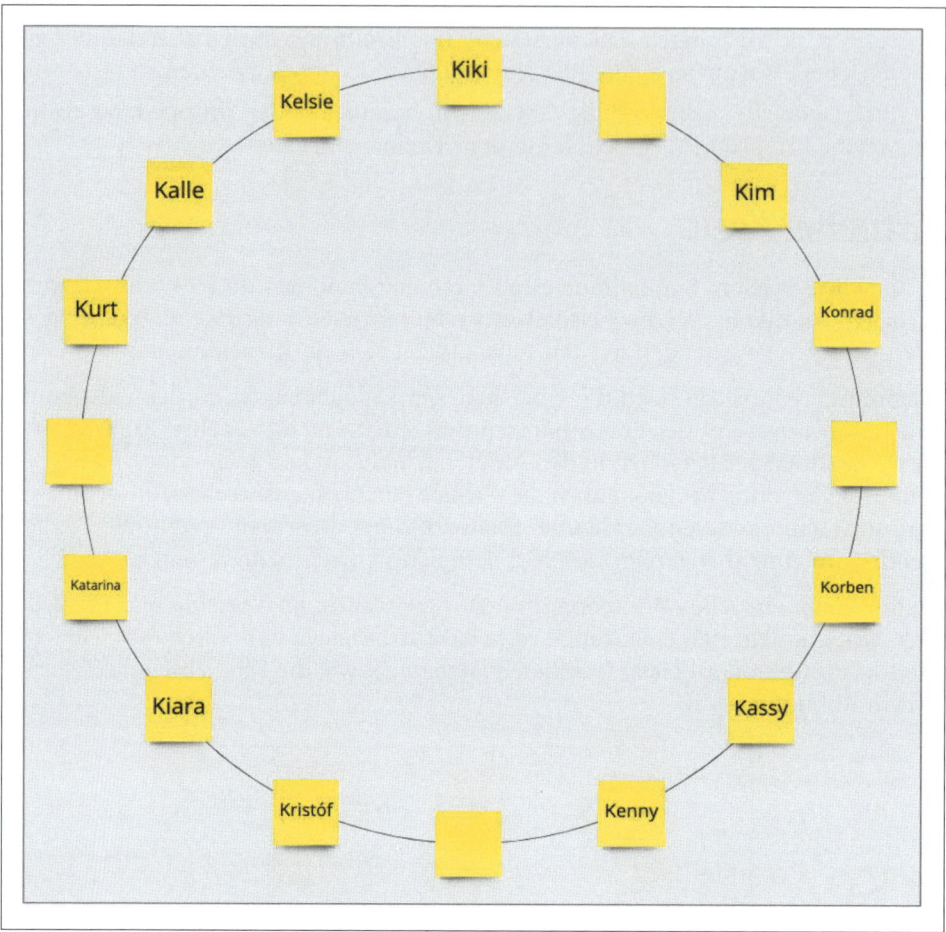

Abbildung 4-6:   Der virtuelle Kreis mit den Teilnehmenden

Dennis nutzt hier gern eine schöne Ergänzung und bittet seine Teilnehmenden, sich ein Bild für einen digitalen Avatar auszuwählen und zu dem eigenen Namen zu platzieren. Das können beispielsweise Charaktere aus bekannten Filmen, Serien, Comics oder Büchern sein oder auch bekannte Künstler oder andere Figuren, von denen sich die Beteiligten gut repräsentiert fühlen.

Gedanken machen du dir kannst, wen auszusuchen viele sich wünschen. Ob Nerds sie sind? Hmmm, diese Frage – sie beantworten nicht werde ich.

KAPITEL 5
Opener

Spiele in diesem Kapitel:
- Kennenlern-Bingo
- Wahres und Positives
- Brillante Momente
- Soziales Netzwerk
- Black Stories
- Zwei Wahrheiten und eine Lüge
- Steckbrief fürs Team
- Wie sehr bin ich gerade hier?
- Dobble
- Hometowns
- Anagramm

»Beim Spiel kann man einen Menschen in einer Stunde besser kennenlernen als im Gespräch in einem Jahr.«

– Platon (427–348 oder 347 v. Chr.)

Zum Start einer Besprechung oder zur Eröffnung eines Workshops oder Trainings ist es hilfreich, mit einer einladenden Aktivität zu beginnen. Die folgenden Spiele können eingesetzt werden, damit sich die Teilnehmenden untereinander kennenlernen, und sie bieten sich an, um eine positive Grundstimmung in die Veranstaltung zu bringen.

Kennenlern-Bingo

Typ: Teambuilding, Kennenlernen

Zwecke: Kennenlernen der Gruppe, Opener, Teambuilding

Medium: online und offline

Niveau: keine Vorerfahrung nötig

Gruppengröße: ab 10 Personen sinnvoll, nach oben gibt's praktisch keine Grenze

Dauer: 15 Minuten

Learning Objectives

Nach diesem Spiel haben alle aktiv Beteiligten mit mindestens fünf anderen Personen ein kurzes Gespräch geführt und etwas über diese Menschen erfahren. Je aktiver die Mitwirkenden, desto mehr Austausch.

Benötigtes Material

Das Spiel kann ohne große Vorbereitung gespielt werden. Schreibe dazu die zu stellenden Fragen auf ein Flipchart und stell es gut sichtbar in den Raum. Online funktioniert das genauso einfach auf einem virtuellen Whiteboard.

Wir finden jedoch, dass das Spiel mit vorbereiteten Bingobogen besser ankommt. Diese Bogen sind leicht selbst herzustellen.

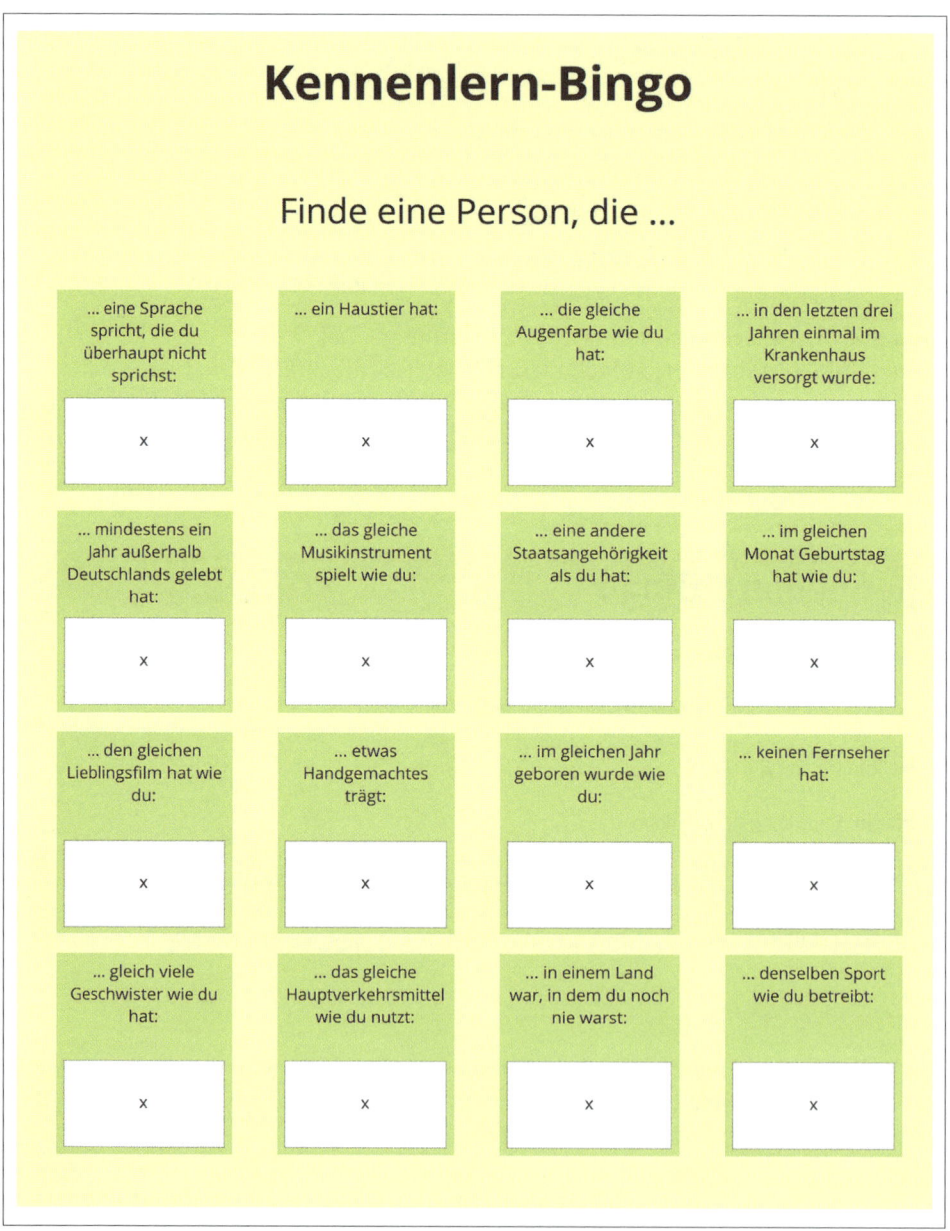

Abbildung 5-1:   Kennenlern-Bingo mit Fragen aus dem persönlichen Bereich

Wir haben ein Spreadsheet für dich vorbereitet, mit dem du dir ganz einfach selbst solche Bogen mit eigenen Themen machen kannst. Du findest den Download auf der Webseite zum Buch: *www.agilecoach.de/agile-spiele-buch*.

Abbildung 5-2 zeigt einen Bingobogen mit persönlichen Fragen, die keinen Bezug zu einem agilen Team haben. Für Kick-offs mit agilen Teams kannst du die Bingofragen einfach anpassen. In Abbildung 5-3 siehst du eine Variante, die für ein (angehendes) Scrum-Team genutzt werden kann.

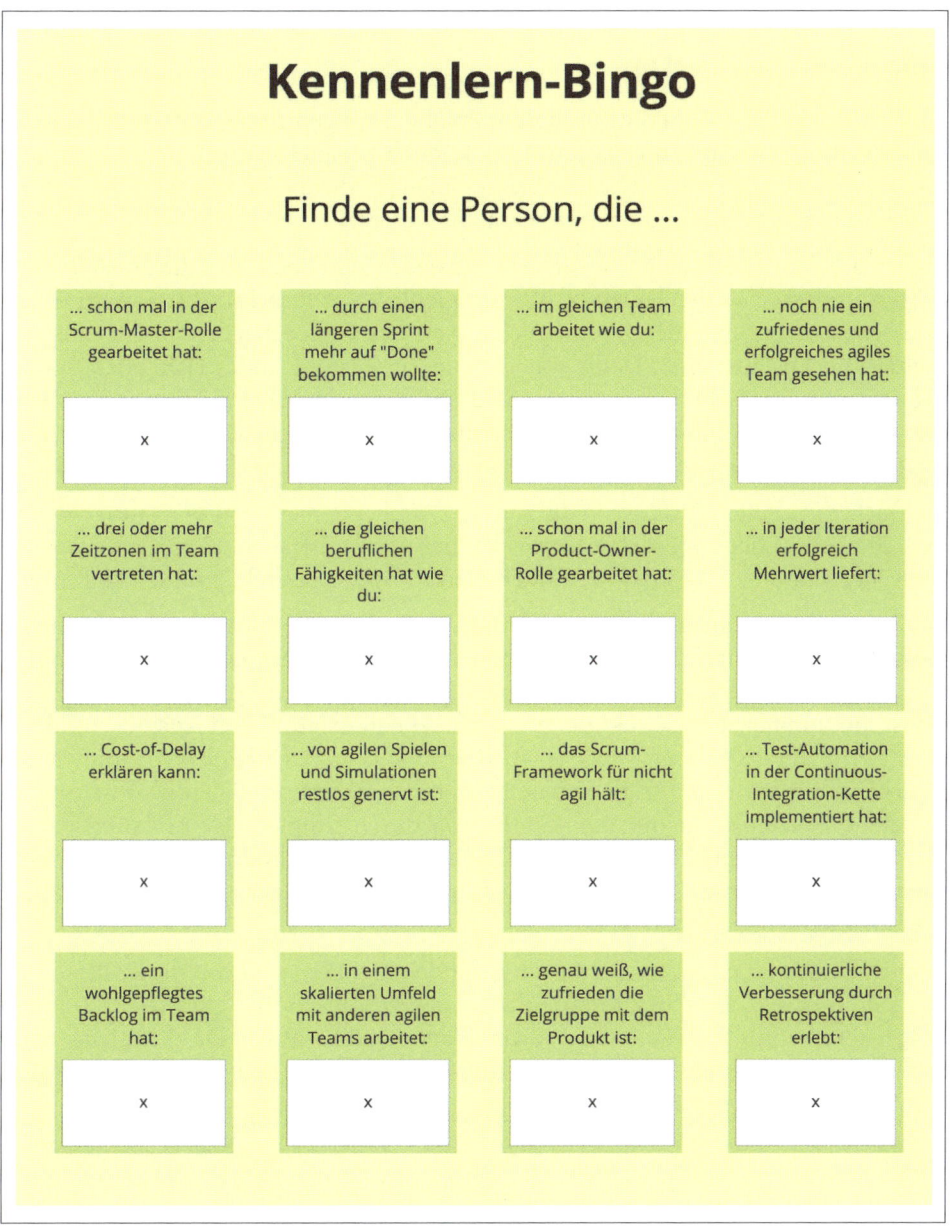

Abbildung 5-2: Kennenlern-Bingo mit Fragen aus dem agilen Bereich

Vorbereitung

Du teilst eventuell vorhandene Bogen aus. Solltest du das Spiel unvorbereitet durchführen, schreibe eine Liste mit Fragen auf ein Flipchart, während du das Spiel anmoderierst.

Online schickst du allen Teilnehmenden den Bingobogen z. B. per E-Mail, Slack oder auf anderem Wege. Auf einem virtuellen Whiteboard kannst du einfach so viele Duplikate des Bogens erstellen, wie du Teilnehmende hast.

Ablauf und Moderation

Als Erstes erklärst du, dass es in diesem Spiel darum geht, etwas über die anderen Menschen der Gruppe zu erfahren. Dies können beispielsweise Gemeinsamkeiten mit bisher fremden Personen sein, aber auch Dinge, die die Teilnehmenden von bereits bekannten Teammitgliedern noch nicht wussten.

Haben alle Beteiligten einen Bogen bzw. etwas zu schreiben und die zu stellenden Fragen, startest du eine Timebox. Wir empfehlen hierfür zehn Minuten. In dieser Zeit sollen die Teilnehmenden möglichst viele der Felder des (eventuell selbst gemalten) Bogens ausfüllen. Dafür sollen sie in der Gruppe andere Personen finden, die die Anforderungen des jeweiligen Felds erfüllen, indem sie durch den Raum gehen und einzelne Mitspielende befragen, also z. B.: »Hast du schon mal in der Product-Owner-Rolle gearbeitet?« oder »Hast du WiP-Limits auf dem Teamboard?«.

Bitte achte in deiner Moderation darauf, dass die Leute hier nicht per Zuruf agieren. Das Ziel ist, andere Menschen anzusprechen und zu fragen. Eine Aufforderung »Alle, die schon mal X, bitte die Hand heben!« führt also direkt zur Gelben Karte.

Die besondere Herausforderung in der Onlinevariante besteht darin, spontan das Gegenüber zu wechseln, um für den eigenen Bingobogen passende Leute zu finden. Eine Möglichkeit sind offene Breakout-Räume, zwischen denen die Beteiligten selbst hin und her wechseln können. So entstehen Dynamik und Austausch. In anderen virtuellen Konferenztools (z. B. *thing.online* und *gather.town*) können die Teilnehmenden immer nur die anderen Menschen hören, die sich um sie herum befinden. Das vereinfacht die Kommunikation durch simples »Herumlaufen« noch einmal deutlich (siehe [THING] und [GATHER]). Was online auch geht, ist, diesen Austausch per Chat zu gestalten. Das ist zwar etwas weniger nett, aber manchmal die einzig sinnvolle Möglichkeit.

Wer jemanden zum kurzen Austausch gefunden hat, lässt sich von dieser Person jeweils eine Unterschrift in die Bingofelder geben, die von ihr abgedeckt werden. Oder schreibt online eben den jeweiligen Namen selbst hinein. Das hat gleich noch den netten Nebeneffekt für viele Teilnehmenden, eventuell ein paar Gesichter nun Namen zuordnen zu können.

Nachbereitung

Die Ergebnisse des Bingos können zum Beispiel für eine Gruppeneinteilung verwendet werden. Lass die Teilnehmenden einfach eine lange Reihe bilden, sortiert nach der Anzahl der von ihnen gefüllten Bingofelder. Danach lässt du sie nach der Anzahl der Gruppen abzählen – und Bingo: Dann hast du gemischte Gruppen (siehe auch das Kapitel 4 zur Gruppenbildung auf Seite 79).

Online mit einem virtuellen Whiteboard lässt du die Anwesenden erst Sticky Notes schreiben, auf die sie ihre Namen und die Anzahl der gefüllten Bingofelder schreiben. Die Stickies werden dann von den Beteiligten selbst in die richtige Reihenfolge gebracht.

Hast du thematische Fragen gestellt, ergeben sich eventuell sogar noch viel mehr Möglichkeiten aus den Antworten. Aber das ist so kontextabhängig, dass wir hier nicht näher darauf eingehen.

Hinweise

Für dieses Spiel ist Vorbereitung wichtig. Du kannst es auch ad hoc spielen, allerdings ist der Effekt wesentlich besser, wenn du die Fragen auf die Gruppe oder das Thema des Anlasses abstimmst. Natürlich kannst du hier auch neutrale Fragen mit einflechten. Aber je mehr sich die Teilnehmenden inhaltlich »abgeholt fühlen«, desto größer wird ihr Engagement sein.

Stolperfallen

Sollten sehr scheue Personen in der Gruppe sein, musst du damit rechnen, dass diese am Spiel wenig bis gar nicht teilnehmen. Achte darauf und passe eventuell deine anschließende Nutzungsstrategie darauf an. Du willst diese Personen auf keinen Fall bloßstellen.

Eine weitere Stolperfalle besteht in der Tendenz mancher Eifrigen, das Spiel möglichst schnell »gewinnen« zu wollen, um als Erste »Bingo!« rufen zu können. Das führt dazu, dass sich die Leute nur sehr oberflächlich begegnen, schnell einen Haken im entsprechenden Kästchen machen und gleich weiterlaufen. Du kannst das etwas umgehen, indem du folgende Zusatzaufgabe gibst: »Bitte findet während des Spiels ein paar zusätzliche Details in den jeweiligen Kästchen über die Personen heraus. Am Ende wird jeder und jede eine andere Person kurz vorstellen.« Gib gern ein paar Beispielfragen mit, etwa: »Was hat dich daran begeistert? Was war dabei ein großes Hindernis? Was würdest du anders machen?«

Achte auch darauf, dass die Teilnehmenden nicht einfach selbst die einzelnen Felder auf dem Bingobogen ankreuzen. Das Ziel ist immer, sich die Felder vom gefundenen Gegenüber abzeichnen zu lassen.

Zwecke im Detail

Kennenlernen der Gruppe: Das Kennenlernen der Gruppe steht hier im Vordergrund, das sagt bereits der Name dieses Spiels. Umso wichtiger ist es für dich, die Gruppe so zu steuern, dass sie das Kennenlernen auch tatsächlich zulassen. Gib den Teilnehmenden genügend Zeit, damit es keine »schnelle Aktion« wird, die alle nur überstürzt hinter sich bringen wollen.

Opener: Dieses Spiel ist grundsätzlich als Opener geeignet für neue Teams oder Teilnehmende in Workshops und Trainings, die sich noch nicht kennen. Tatsächlich lässt sich dieser Opener auch in Teams einsetzen, die sich »entfremdet« haben. Das bedeutet, wenn sich ein seit langer Zeit bestehendes Team im Laufe der Jahre immer wieder verändert hat, kann das Gefühl von Vertrautheit in der gemeinsamen Arbeit da sein. Die einzelnen Teammitglieder kennen sich auf der persönlichen Ebene aber nicht wirklich. Da kann dieser Opener mit den persönlichen Bingofragen im wahrsten Sinne des Wortes neues Kennenlernen eröffnen.

Teambuilding: Der Teambuilding-Aspekt dieses Spiels trägt einen kleinen Teil dazu bei, die Teammitglieder miteinander etwas vertrauter zu machen. In Kombination mit weiteren und regelmäßig durchgeführten Teambuilding-Aktivitäten stellt das Spiel eine gute Grundlage dar. Für ein »echtes« Team kannst du immer wieder auf die ausgefüllten Bingobogen zurückgreifen und diese in späteren Teamevents nutzen. Der Rückblick auf bereits gefundene Gemeinsamkeiten stärkt das Teamgefühl und kann das damalige Vertrauen etwas auffrischen.

Quelle

Die ursprüngliche Idee hatte Dennis einer Zusammenstellung von Oliver Klee auf *http://www.spielereader.org/* entnommen [KLEE]. Die Anpassung an Agil und das Spreadsheet zur Individualisierung sind auf unserem eigenen Mist gewachsen.

Wahres und Positives

Typ: Opener, positive Stimmung, Kennenlernen der Teilnehmenden

Zwecke: Kennenlernen der Gruppe, Kreativität anregen, Opener, positive Stimmung, Teambuilding, vertrauensbildend

Medium: online und offline

Niveau: keine Vorerfahrung nötig

Gruppengröße: beliebig

Dauer: pro Teilnehmerin/Teilnehmer ca. 30 Sekunden bis 1 Minute

Benötigtes Material

Du benötigst nichts außer den Teilnehmenden.

Vorbereitung

Die Teilnehmenden stehen oder sitzen im Kreis. Falls möglich, kann die Übung gern im Freien stattfinden.

Bei Gruppen mit mehr als 16 Mitwirkenden solltest du vier Gruppen bilden, die diese Übung jeweils allein durchführen. Ansonsten benötigst du sehr viel Zeit mit diesem Opener.

Bei richtig vielen Personen, wie z. B. bei einer Konferenz oder einem großen Workshop, kannst du die Übung sehr gut durchführen lassen, wenn sich die Leute jeweils paarweise zusammentun, etwa mit der jeweiligen Nachbarin, oder in Minigruppen bis zu vier Personen.

Ablauf und Moderation

Anmoderation: »Wir wollen mit etwas Wahrem und Positivem beginnen. Dazu stell ich der Person auf meiner linken Seite gleich eine Frage. Nach der Beantwortung der Frage wird die Frage bitte an die nächste Person weitergegeben, bis sie reihum wieder bei mir selbst angekommen ist.«

Nehmen wir an, meine linke Nachbarin hieße Stefanie, dann lautet die Frage: »Stefanie, was ist dir in letzter Zeit gut gelungen?«

Die Frage geht nun im Kreis herum und wird am Ende von mir selbst beantwortet.

Stellt bitte immer genau die gleiche Frage an die nächste Person. Weicht nicht von der ursprünglichen Frage ab.

Wenn du diesen Opener oft mit derselben Gruppe durchführst, dann wechsle immer wieder die Fragen. Einige Beispiele:

- »Welchen schönen Moment hast du heute seit dem Aufstehen schon erlebt?«
- »Was hast du in letzter Zeit getan, das dich stolz gemacht hat?«
- »Welche Situation gab es in der letzten Woche, in der du jemandem helfen konntest?«

Fragen dieser Art zielen immer auf das Positive ab, das die Beteiligten tatsächlich erlebt haben. Wandle die Fragen gerne ab und erweitere sie nach Bedarf.

Nach einiger Zeit kannst du diese Übung auf die zweite Stufe heben. Jede Person in der Gruppe überlegt sich dann eine eigene, positive Frage für die nächste Person. So kommt mehr Dynamik und Spontanität in die Runde. Die Gruppe sollte dafür bereits etwas Erfahrung mit dem Wahren und Positiven haben.

Online

Diesen Opener führst du online ganz leicht durch.

Im einfachsten Set-up mit einem reinen Audio-Call lässt du die Menschen selbst entscheiden, wem sie die Frage als Nächstes stellen. Sollte diese Person bereits gefragt worden sein, wird sie dies äußern, und die Frage wird einfach einer anderen Person gestellt. Unsere Empfehlung lautet natürlich wie immer: Mach aus einem Audiocall einen Videocall.

Bereite auf dem virtuellen Whiteboard einen virtuellen Kreis vor, auf dem sich die Gruppe verteilen darf (siehe Abbildung 4-5 auf Seite 85). Du selbst nimmst auch einen Platz ein.

Du startest nun auf deiner Position und gibst die Frage in die Runde, sodass sie im Uhrzeigersinn irgendwann wieder bei dir ankommt.

Hinweise

Mach dir Notizen zu den einzelnen Personen und ihren Aussagen. Diese kannst du im weiteren Verlauf vielleicht in Gespräche einbringen. Das lockert die Atmosphäre auf und sorgt im besten Fall dafür, dass die Vertrautheit in der Gruppe wächst.

Manchmal werden richtig witzige, peinliche oder bemerkenswerte Dinge von jemandem genannt. Wie ein Comedian auf der Bühne kannst du das aufgreifen und zum »Running Gag« werden lassen, indem du es hier und da passend einstreust. Achte jedoch sehr sensibel darauf, dass dies nicht zu viel wird und dass sich die betroffene Person nicht angegriffen oder genervt fühlt. Hier ist Fingerspitzengefühl und Empathie entscheidend.

Stolperfallen

Frage nicht nach Superlativen!

Beispiele: »Was ist das Beste, das dir in den letzten Wochen passiert ist?«, »Was ist dein größter Erfolg?«, »Was war dein schönster Urlaub?«

Wenn wir nach Superlativen fragen, fällt uns auf Anhieb keine richtige Antwort ein. Unser Gehirn beschäftigt sich nun mit der Suche nach genau diesem einen Maximum. Sobald es eine mögliche Antwort gefunden hat, verfällt es in die nächste Suchschleife – es könnte ja schließlich noch eine bessere Antwort geben.

Wenn wir die Frage relativieren und einfach nach etwas Gutem, Schönem, Glücklichem, Erfolgreichem usw. suchen, finden wir sehr viel schneller eine passende Antwort.

Achte auch darauf, dass die Leute nicht ins Erzählen kommen. Es geht darum, eine positive und wahre Antwort zu äußern und sich dabei möglichst kurz zu halten. Wenn jemand weit ausholt und vom Hundertsten ins Tausendste kommt, dann stoppe diese Person höflich und bestimmt. Bitte sie, die Frage an die nächste Person weiterzugeben.

Debriefing-Tipps

Führst du diese Übung zum ersten Mal mit einem Team durch, kannst du im Anschluss fragen, was das Team gerade erlebt hat und welchen Effekt die Teilnehmenden wahrgenommen haben.

Studien haben ergeben, dass wir uns in einen viel kreativeren und offeneren Zustand versetzen, wenn wir am Anfang jedes Meetings nach etwas Wahrem und Positivem suchen. Vertiefende Informationen dazu finden sich im Buch [KLINE].

Erkläre den Teilnehmenden genau diesen Zweck der Übung, falls sie wissen möchten, wozu sie das gerade gemacht haben.

Zwecke im Detail

Kennenlernen der Gruppe: Durch die konkreten Fragen und meist auch sehr konkrete Antworten lernen sich die Teilnehmenden bereits in der ersten Runde dieser Aktivität besser kennen. Gemeinsamkeiten werden entdeckt, und dadurch entstehen Verbindungen innerhalb der Gruppe. Je öfter du diese Runde durchführst, desto mehr lernen sich die Menschen kennen, und desto enger wird die Verbundenheit der Gruppe.

Kreativität anregen: Wie bereits in den Debriefing-Tipps erwähnt, haben Studien eine klare Auswirkung auf die Kreativität und die Offenheit in Meetings gezeigt, wenn diese mit Wahrem und Positivem beginnen. Du solltest mit dieser Übung also alle Workshops starten, die kreative Lösungsfindungen von den Teilnehmenden fordern.

Opener: Es gibt für die Eröffnung von Workshops, Trainings und umfangreicheren Meetings kaum eine bessere Übung als diese. Du kannst die Runde im Anschluss wunderbar für eine Reflexion des gestrigen Tages nutzen oder gleich zur Tagesbesprechung übergehen. Daher ist diese Aktivität auch hervorragend dazu geeignet, ein Daily einzuleiten.

Positive Stimmung: Die positive Stimmung entsteht durch diese Übung ganz von selbst unter einer Voraussetzung: Achte ganz genau darauf, dass die Teilnehmenden wirklich Wahres und Positives von sich erzählen. Nutze hierzu auch das Prinzip der kleinen positiven Unterschiede aus dem lösungsfokussierten Coaching. Es ist völlig in Ordnung, wenn eine Person eine vermeintliche Belanglosigkeit äußert.

Teambuilding: Kennenlernen führt zu Vertrauen, und beide Aspekte gehören direkt in die Bereiche des Teambuildings. Wenn du aus einer Gruppe von Menschen ein Team machen möchtest, dann stell dir jeden Tag die Frage, mit welcher kleinen Interaktion du für etwas mehr Vertrauen untereinander sorgen kannst.

Vertrauensbildend: Durch die persönlichen Äußerungen aller Teilnehmenden entsteht automatisch immer mehr Vertrauen. Das vertiefende Kennenlernen führt immer auch zu Vertrauensaufbau. Dies ist ein weiterer Grund, diese Übung regelmäßig mit festen Teams durchzuführen: Mit der Zeit wird das Vertrauen untereinander so wachsen, dass die geäußerten Themen auch immer persönlicher und privater werden.

Quelle

Von Marc im Training »Führen und Coachen agiler Teams« durch Veronika Jungwirth und Ralph Miarka kennengelernt (siehe auch [JUNGWIRTH, MIARKA]). Die ursprüngliche Idee stammt aus dem Buch »Time to Think« von Nancy Kline [KLINE].

Brillante Momente

Typ: Opener zur Vertrauensbildung und zum Kennenlernen

Zwecke: Kreativität anregen, Opener, positive Stimmung, vertrauensbildend

Medium: online und offline

Niveau: relativ leicht auch mit großen Gruppen zu moderieren

Gruppengröße: beliebig viele Paare von Teilnehmenden

Dauer: 15 bis 20 Minuten

Benötigtes Material

Flipchart zur Visualisierung des Ablaufs, Stoppuhr oder Timer.

Online funktioniert ein virtuelles Whiteboard mit eingebautem Timer. Im einfachsten Fall reicht dir auch ein Screensharing, um den Ablauf zu zeigen.

Vorbereitung

Erstelle auf dem Flipchart die Zeichnung aus Abbildung 5-3 und platziere sie sichtbar für alle Teilnehmenden im Raum.

Ablauf und Moderation

Bitte die Anwesenden, für diese Übung Paare zu bilden. Jedes Paar entscheidet zu Beginn, wer der Mensch und wer die Giraffe sein soll. In dieser Übung ist der Mensch der Sprecher, und die Giraffe ist die Zuhörerin. Die Giraffe soll aufmerksam und wohlwollend zuhören. Das Bild auf dem Flipchart zeigt als Zuhörerin eine Giraffe wie die von Marshall B. Rosenberg in der gewaltfreien Kommunikation (GFK) als Symbol für das Zuhören mit dem Herzen verwendete. Die Giraffe ist unter allen Landtieren das Tier mit dem organisch größten Herzen [ROSENBERG].

Die Anmoderation formulierst du am besten wie folgt:

»Der Mensch erzählt der Giraffe drei Minuten lang von einem brillanten Moment in seinem Leben. Nutzt die drei Minuten dabei bitte voll aus und erzählt den Moment so bunt und detailliert wie möglich. Die Giraffe hört in dieser Zeit aufmerksam und ohne Zwischenbemerkungen zu.

Abbildung 5-3: Der Mensch, der von seinem brillanten Moment erzählt, und die Giraffe, die mit ihrem großen Herzen zuhört und das Gehörte widerspiegelt (Bild: Veronika Jungwirth, Ralph Miarka)

Nach Ablauf der drei Minuten gebe ich euch ein Signal. Die Giraffe bedankt sich dann für das Teilen des brillanten Moments und hat anschließend drei Minuten lang Zeit, zurückzumelden, welche Stärken, Fähigkeiten, Fertigkeiten, Werte, Potenziale und Ressourcen der Mensch offensichtlich haben muss, damit es zu diesem brillanten Moment kommen konnte.

Alle Menschen heben nun bitte einen Arm in die Höhe und überlegen sich einen brillanten Moment, von dem sie berichten können und möchten. Sobald der Moment gefunden ist, nehmt den Arm bitte wieder runter.«

Wenn alle Arme wieder unten sind, startest du die Übung: »Los geht's!« Nach Ablauf der drei Minuten stoppst du die Gesprächsrunde und bittest alle Giraffen, sich für das Teilen des brillanten Moments zu bedanken. Starte nun die Rückmeldungsrunde mit den Worten:

»Nun hat die Giraffe drei Minuten Zeit, zurückzumelden, welche Stärken, Fähigkeiten, Fertigkeiten, Werte, Potenziale und Ressourcen der Mensch offensichtlich haben muss, damit dieser brillante Moment möglich war. Nutze dazu die drei Minuten bitte vollständig aus. Wenn dir nichts mehr einfällt, stell dir vor, ich stehe hinter dir und frage ›Und was noch?‹. Dann fällt dir bestimmt noch etwas ein. Der Mensch hört in diesen drei Minuten bitte nur zu. Bereit? Los!«

Wieder stoppst du die drei Minuten mit. Nach Ablauf beendest du die erste Übungsrunde und bittest alle Menschen, per Handzeichen zu zeigen, wie gut das, was sie gerade über sich selbst gehört haben, tatsächlich zu ihnen passt. Dies kannst du mit einer Skalierungsfrage erreichen:

»Auf einer Skala vom Oberschenkel = gar nicht zutreffend«, hier legst du deine Hand auf deinen Oberschenkel, »bis über den Kopf = sehr zutreffend«, dabei hebst du deine Hand über deinen Kopf, »wie gut passt das, was du gerade über dich selbst gehört hast, tatsächlich zu dir?«

Lass bei Bedarf gern ein paar Wortmeldungen zu, jedoch nicht zu lange. Starte die Rückrunde mit vertauschten Rollen:

»Wechselt nun bitte eure Rollen. Der Mensch wird zur Giraffe, und die Giraffe wird zum Menschen. Liebe Menschen, hebt bitte einen Arm nach oben und überlegt kurz, von welchem brillanten Moment ihr gleich berichten könnt und möchtet.«

Der weitere Verlauf ist analog zu dem in der Hinrunde beschriebenen.

Hinweise

Solltest du eine ungerade Anzahl Personen vor dir haben, hast du folgende Möglichkeiten:

- Eine Person schlüpft in die beobachtende Rolle. Sie kann dann beim Debriefing ihre Erkenntnisse schildern. Idealerweise kennst du die genaue Gruppengröße direkt vor der Übung. Frag dann konkret nach der einen Person, die den Verlauf gerne beobachten möchte. Es soll kein Wunschkonzert sein nach dem Motto: »Alle, die nicht mitmachen wollen, dürfen beobachten.« Das führt im ungünstigsten Fall dazu, dass plötzlich kaum noch jemand die Übung durchführen möchte und sich sehr viele in die komfortable Rolle flüchten. Deswegen nach genau einem Menschen für die Beobachtung fragen. (Natürlich dürfen alle Beteiligten jederzeit sagen: »Ich passe.« Wir wollen hier nur versuchen, diese schöne und oft überraschende Übung möglichst allen angedeihen zu lassen.)
- Eine schöne Möglichkeit, genau eine Person in einer großen Gruppe zu finden, ist die Frage nach: »Wer hatte zuletzt Geburtstag?« Quasi ein nachträgliches Geschenk. Finden sich dabei wider Erwarten zwei Personen, kann das Alter noch mit einbezogen werden.
- Bilde eine Gruppe aus drei Personen. In diesem Fall besteht jedoch zum einen ein Timing-Problem, und zum anderen kann der direkte, persönliche Fokus zwischen zwei Personen nicht so gut hergestellt werden. Der Effekt der Übung entfaltet sich so leider nicht mehr vollständig. Auf eine Dreiergruppe solltest du also nur im Notfall zurückgreifen.
- Du selbst übernimmst die Rolle der »fehlenden« Person. Damit fehlt dir jedoch deine eigene Beobachtung der gesamten Gruppe. Und du musst den Timer parallel zur aktiven Rolle im Blick behalten. Mit genügend Erfahrung ist das möglich, aber nicht ideal.

Debriefing-Tipps

Für eine reine Kennenlernrunde als Opener benötigst du nicht unbedingt ein Debriefing. Sollte es in der Gruppe den Wunsch nach einem Debriefing geben, kannst du folgendermaßen vorgehen:

»Wie ist es euch während dieser Übung ergangen?«

Die Skalenfrage nach den einzelnen Runden zeigt im Regelfall eine sehr hohe Übereinstimmung der Äußerungen mit der eigenen Wahrnehmung.

»Wie oft geschieht es in eurem Alltag, dass ihr so schnell Vertrauen und Verständnis mit jemandem aufbauen könnt?«

»Diese Übung könnt ihr gern in euren Arbeitsalltag mitnehmen. Das nächste Mal, wenn jemand zu euch kommt und euch etwas erzählen möchte, dann nehmt euch die Zeit und hört als Giraffe einfach nur genau zu. Gebt eure Wahrnehmung wertschätzend zurück. Das Ganze funktioniert übrigens genauso gut, wenn euch jemand von einem ärgerlichen Moment berichtet.«

Zwecke im Detail

Kreativität anregen: Ein besonders schöner Effekt entsteht durch diese Übung für den weiteren Verlauf von Workshops: Durch die persönlichen, meist sehr positiven Geschichten entstehen Offenheit und eine gesteigerte Kreativität unter den Teilnehmenden. Damit sind die »brillanten Momente« ein wunderbarer und sehr hilfreicher Einstieg in längere Workshops und Trainings.

Opener: Diese Übung ist sehr gut geeignet für längere Workshops oder Trainings mit einem Team oder mit Teilnehmenden, die sich paarweise kennenlernen und vertrauen sollen. Wir würden die brillanten Momente nicht in jedem Kontext anwenden. In allen Fällen, in denen es sozusagen ans Eingemachte geht, bietet sich die Übung immer an. Damit meinen wir beispielsweise Retrospektiven, Team-Kick-offs und andere Events, die eine offene, vertrauensvolle Atmosphäre benötigen.

Positive Stimmung: Die sofortige positive Stimmung entsteht natürlich durch den Austausch der positiven Erlebnisse bzw. eben der brillanten Momente, die sich die Teilnehmenden paarweise erzählen. Achte also darauf, dass diese Stimmung nicht gleich im Anschluss kaputtgemacht wird. Ansagen wie »Und jetzt lasst uns mal auf das zurückliegende Quartal schauen und herausfinden, was alles so richtig schlecht gelaufen ist« sind ein Stimmungskiller. Besser wäre ein lösungsfokussierter Ansatz wie beispielsweise: »An welche Momente im letzten Quartal erinnert ihr euch, in denen uns wirklich etwas Gutes gelungen ist, in denen wir Stolz verspürt haben oder in denen wir uns gegenseitig weiterhelfen konnten?«

Vertrauensbildend: Durch die teilweise sehr persönlichen Geschichten entsteht ein tiefes Vertrauen zwischen den beiden Beteiligten. Genau da liegt jedoch auch die »Schwäche« dieser Übung. Das Vertrauen bildet sich nicht in der ganzen Gruppe, sondern immer nur innerhalb der jeweiligen Paare, die die Übung miteinander durchgeführt haben. Aus diesem Grund bieten sich mehrfache Wiederholungen der Übung bei den nächsten Events an, natürlich nur bei festen Teams oder Gruppen, die miteinander arbeiten.

Quelle

Von Marc bei Veronika Jungwirth und Ralph Miarka in diversen Workshops auf Konferenzen kennengelernt [JUNGWIRTH, MIARKA].

Die Übung geht auf Mark McKergow zurück [MCKERGOW].

Soziales Netzwerk

Typ: Opener zum Kennenlernen

Zwecke: Kennenlernen der Gruppe, Opener, Teambuilding

Medium: online und offline

Niveau: leicht

Gruppengröße: beliebig

Dauer: 30 Minuten

Learning Objectives

Teilnehmende bzw. Teammitglieder lernen sich kennen durch das gemeinsame Erstellen einer Karte ihrer Beziehungen und Verbindungen.

Benötigtes Material

- große, bemalbare Wand (Pinnwand o. Ä.)
- DIN-A4-Papier und Stifte für alle Teilnehmenden

Alternativ für die Onlinevariante:

- virtuelles Whiteboard

Ablauf und Moderation

Anmoderation: »Wir wollen heute unser eigenes soziales Netzwerk als Team visualisieren. Dafür bekommt jede und jeder von euch ein Blatt Papier und Farbstifte. Ich gebe euch jetzt etwas Zeit, um euren Avatar auf euer Blatt zu malen. Zeichnet und malt, wie ihr gern dargestellt sein wollt. Schreibt dann noch euren Namen auf den unteren Teil des Blatts.«

Lass die Teilnehmenden nun malen. Manche werden der Meinung sein, nicht malen zu können. Nimm ihnen diese Furcht: »Ein Strichmännchen reicht. Es geht nicht um hohe Kunst, sondern darum, dass du etwas aufmalst, das dich gut repräsentiert. Versuch es einfach. Und orientiere dich nicht an den anderen.«

Nachdem alle einen Avatar gemalt und ihren Namen aufgeschrieben haben, forderst du die Teilnehmenden auf, ihr Profil noch etwas zu verfeinern: »Schreibt nun bitte noch ein paar Stichwörter zu euch auf. Das können persönliche Eigenschaften, Hobbys, Interessen und sonstige Begriffe sein, die etwas mit euch zu tun haben.«

Im nächsten Schritt wird das eigentliche Netzwerk gebaut. Alle Teilnehmenden sollen nun ihre Profile mit einem gewissen Abstand zueinander an die Wand heften.

»Zeichnet nun bitte Verbindungen zwischen euch und den anderen ein. Diese könnt ihr gern beschriften, z. B. mit ›befreundet‹, ›Sportverein‹, ›Arbeitskollegin‹, ›Schulfreund‹ usw.«

Die Teilnehmenden werden nun eifrig Verbindungen untereinander suchen. Manchmal kommt es zu der einen oder anderen Überraschung bislang unbekannter Beziehungen.

Wenn die Dynamik nachlässt und diese erste Version des sozialen Netzwerks steht, kann die Übung abgeschlossen werden.

Online

Auf einem virtuellen Whiteboard lässt du die Gruppe mit vorgefertigten Templates ihre Steckbriefe ausfüllen und im Anschluss ihre Beziehungen und Verbindungen visualisieren. Das Ganze kann dann beispielsweise aussehen wie in Abbildung 5-4.
saito

Debriefing

Ein »echtes« Debriefing im Team oder mit der Gruppe ist gar nicht notwendig. Du kannst das entstandene Bild jedoch selbst gut nutzen, um die Dynamik im Team zu verstehen. Im abgebildeten Beispiel siehst du sofort, dass Jenny eine zentrale Rolle einnimmt. Sie hat Verbindungen und Beziehungen zu fast allen anderen Teammitgliedern. Jack hingegen besitzt nur eine einzige Verbindung.

Diese Informationen helfen dir bei der Teamentwicklung. Wer hat auf wen einen gewissen Einfluss? Wer steht abseits und ist wenig ins restliche Team integriert? Welche Teammitglieder haben gar keine Verbindungen? Ist das Team intensiv vernetzt oder untereinander eher distanziert?

Aus den Antworten auf diese und ähnliche Fragen kannst du dann Ideen und Maßnahmen für das Team ableiten.

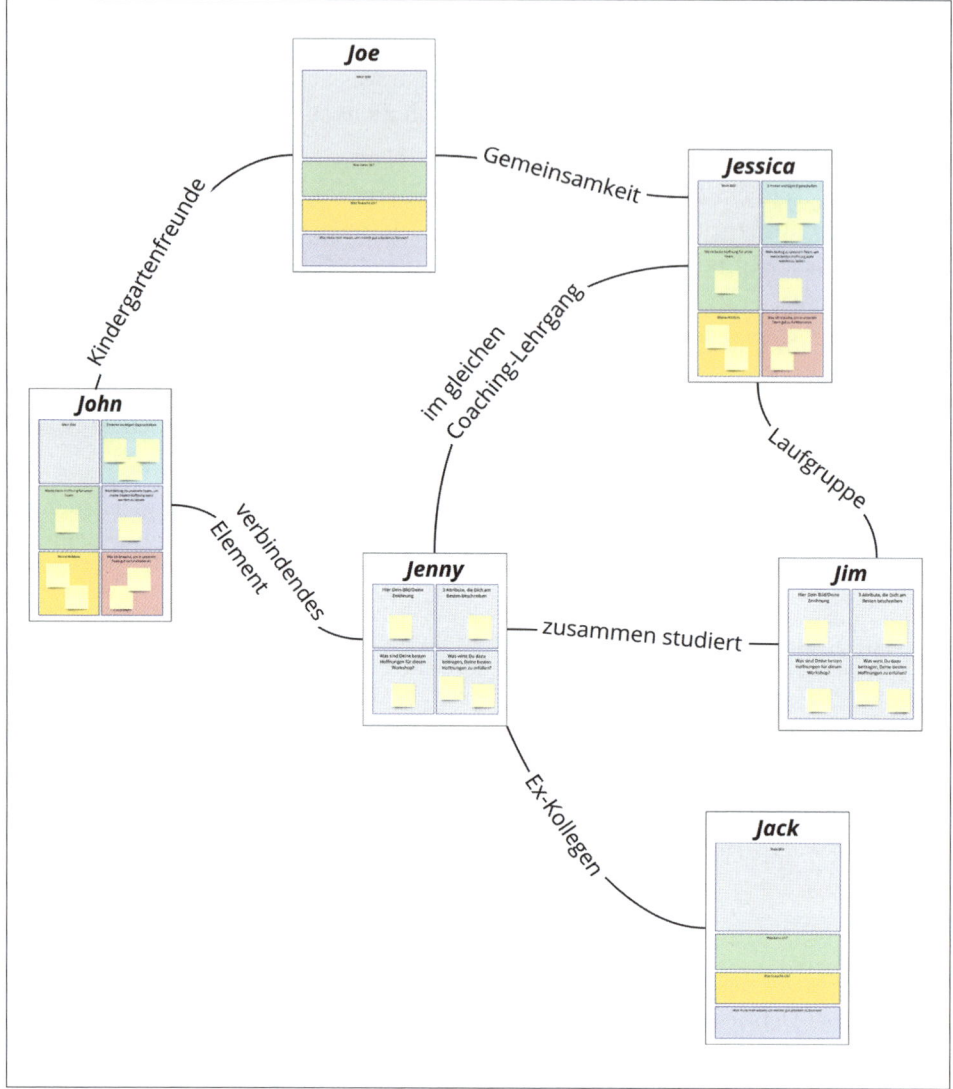

Abbildung 5-4: Beispiel eines sozialen Netzwerks auf einem virtuellen Whiteboard

Eine der Maßnahmen kann auch darin bestehen, das Team noch mal auf seine Beziehungsstrukturen schauen zu lassen. Wenn du Schwierigkeiten in der Kommunikation oder Konflikte im Team beobachtest, kann das in einer Retrospektive gute Erkenntnisse für das Team liefern.

Stolperfallen

Das Ziel dieser Aktivität ist es, die privaten Verbindungen sichtbar zu machen. Die Zielgruppe ist ein Team von Menschen, die sowieso bereits Arbeitskollegen sind. Für die Vertiefung von Vertrauen kommen hier nun die privaten Aspekte ins Spiel. Das kann für manche der Beteiligten durchaus einen Schritt raus aus ihrer Komfortzone bedeuten. Frage im Zweifel vorher bei allen nach, ob das für sie in Ordnung ist. Eine ablehnende Haltung des Teams gegenüber der Übung kann aber auch ein guter Hinweis darauf sein, dass Vertrauen im Team fehlt, um solche privaten Aspekte zu besprechen.

Zwecke im Detail

Kennenlernen der Gruppe: Das Kennenlernen steht bei diesem Spiel im Vordergrund. Durch die verschiedenen Aspekte, die unter den Teilnehmenden ausgetauscht werden, lernen sich die Menschen auf einen Schlag besser kennen. Dieser Zweck des Spiels kann sozusagen gar nicht nicht erreicht werden.

Opener: Für längere Workshops und Trainings und vor allem für Team-Kick-off-Formate bietet sich diese Übung sehr gut als Opener an. Nach einem Kick-off für bestehende, fixe Teams solltest du diesen Opener erst nach einem längeren Zeitraum wiederholen. Falls sich nach einem Jahr die Teamzusammensetzung geändert hat, kannst du darüber nachdenken, ob diese Übung für das Team noch mal hilfreich ist.

Teambuilding: Da die Teilnehmenden sehr schnell sehr viel voneinander kennenlernen, werden auch bislang nicht bekannte Verbindungen identifiziert und Gemeinsamkeiten gestärkt. Diese intensive Art des Kennenlernens ist eine Form des Teambuildings. Die Integration neuer Teammitglieder kannst du mithilfe eines bestehenden Netzwerks relativ leicht starten. Das bestehende Team erklärt die eigenen Steckbriefe, die neuen Mitglieder erstellen ihre eigenen Steckbriefe. Vom gesamten Team werden diese dann in das Netzwerk integriert und verknüpft.

Quelle

Die Übung wurde von Marc erstmals 2009 mit einem großen Team durchgeführt. Die ursprüngliche Quelle ist nicht mehr bekannt. Das Spiel findet sich im Buch »Gamestorming« [GRAY] unter dem Namen »Low-Tech Social Network«.

Black Stories

Typ: Opener mit makabrer Note

Zwecke: Energizer, Kreativität anregen, Opener, Spaß

Medium: online und offline

Niveau: leicht

Gruppengröße: beliebig

Dauer: wenige Minuten

Learning Objectives

Inhaltlich gibt es bei diesem Opener tatsächlich nichts zu lernen.

Mit ein wenig Fantasie kannst du unterstellen, dass es einen teambildenden Effekt haben kann, wenn es häufiger gespielt wird. Die Teammitglieder beschäftigen sich miteinander auf eine witzige Art und Weise und lernen sich im Laufe der Zeit besser kennen.

Benötigtes Material

Eine beliebige Ausgabe der »Black Stories« von Holger Bösch und Bernhard Skopnik [BÖSCH-SKOPNIK]. Mittlerweile gibt es mehrere Dutzend Editionen mit jeweils 50 schwarzen Rätseln, die es zu lösen gilt.

Für die Onlinevariante benötigst du zusätzlich zu den Karten des Spiels eine Videokonferenz und/oder ein virtuelles Whiteboard. Eine Dokumentenkamera hilft hier, ist aber nicht unbedingt notwendig. Scans von Karten als Vorbereitung können die Arbeit auf einem Whiteboard erleichtern.

Ablauf und Moderation

Zieh eine beliebige Karte deiner Black Stories und lies sie den Mitspielenden vor. Zeige ihnen das Bild auf der Vorderseite. Mach dich selbst mit der Lösung des Rätsels auf der Rückseite vertraut. Die Anwesenden dürfen dir nun Ja/Nein-Fragen stellen, die du entsprechend beantwortest.

Ziel des Spiels ist es, die makabre Lösung des Rätsels zu finden.

Je nach Bedarf kannst du eine bis mehrere Runden spielen.

Online

Im einfachsten Fall zeigst du in der Videokonferenz die Karte über deine Kamera. Etwas weniger wackelig wird es mit einer Dokumentenkamera.

Du kannst auch ein Foto oder Scan der Karte auf ein virtuelles Whiteboard packen. Da das Ganze ein sehr schnelles und dynamisches Spiel ist, brauchst du das jedoch gar nicht.

Hinweise

Dieses Spiel ist besonders dann geeignet, wenn du am Anfang einer Besprechung mit einigen Anwesenden auf die noch nicht Erschienenen wartest. Anstatt die Zeit sinnlos totzuschlagen, bietet es sich an, ein paar Runden Black Stories zu spielen.

Stolperfallen

Beachte bitte, dass diese Variante eines Openers in keiner Weise einen lösungsfokussierten und gar positiven Ansatz darstellt. Es kann durchaus ein negatives Framing für den weiteren Verlauf deiner Besprechung entstehen. Nutze den Einsatz dieses Openers also weise und mit Bedacht!

In einem Umfeld, das gerade sehr negativ geprägt ist, kann eine Black Story durchaus als paradoxer Kontrapunkt genutzt werden. Mit einem etwas verschmitzten Schmunzeln kannst du dem Team damit vielleicht sogar aufzeigen, dass es noch viel schlimmere Situationen geben kann als diejenige, in der es sich selbst gerade befindet. In Teams, die sowieso mit einem ausgeprägten Entwickler-Sarkasmus unterwegs sind und sich grundsätzlich gern politisch inkorrekt verhalten, kann der Einsatz von Black Stories genau das Richtige sein.

Zwecke im Detail

Energizer: Dieses Spiel kann sehr schnell begonnen und beendet werden. Damit ist es sehr gut für kurze Pausen geeignet und kann das Hirn, die Kreativität und den Spaß wieder aufladen.

Kreativität anregen: Das gemeinsame Lösen eines makabren Todesfalls benötigt kreatives Denken. So kommen die Teilnehmenden durch dieses Spiel tendenziell in einen kreativeren Modus für den weiteren Verlauf des Workshops.

Opener: In allen Momenten, in denen noch nicht alle Teilnehmenden da sind, bietet sich dieses Spiel als Opener an. Es geht letztlich um nichts, man kann jederzeit dazustoßen. Letztlich ist dieser Opener ein kreativer Zeitvertreib, mit dem das Team aus seinem Arbeitsalltag herausgerissen wird und auf andere Gedanken kommen kann.

Spaß: Der Spaß steht bei diesem Spiel im Vordergrund. Es darf und soll gelacht werden – je makabrer, desto besser.

Quelle

Von Marc bei Stephy Gasche in einem gemeinsamen Workshop kennengelernt. Dennis kann sich nicht erinnern, wann er das zum ersten Mal genutzt hat, besitzt aber schon seit vielen Jahren einige Sets.

Zwei Wahrheiten und eine Lüge

Typ: Opener zum Kennenlernen

Zwecke: Energizer, Kennenlernen der Gruppe, Kreativität anregen, Opener, Spaß, vertrauensbildend

Medium: online und offline

Niveau: leicht

Gruppengröße: ab 2 Personen, beliebig viele

Dauer: wenige Minuten bis beliebig lang

Learning Objectives

Die Anwesenden lernen sich gegenseitig kennen. Das Spiel ist ein perfekter Opener für jegliche Zusammenkunft von Menschen, die miteinander etwas erreichen wollen.

Benötigtes Material

Außer den Anwesenden wird nichts benötigt.

Vorbereitung

Die Teilnehmenden müssen sich im gleichen Raum befinden, egal ob physisch zusammen in einem Raum vor Ort oder im selben Raum einer Videokonferenz. Achte online nur darauf, dass alle ihre Kamera eingeschaltet haben. Bei diesem Spiel geht es darum, Wahrheiten und Lügen zu erkennen. Das fällt uns Menschen leichter, wenn wir unser Gegenüber auch visuell wahrnehmen.

Ablauf und Moderation

Moderiere das Spiel direkt an: »Jede und jeder von euch überlegt sich bitte drei sehr kurze Geschichten oder Aussagen über sich selbst. Zwei dieser Geschichten entsprechen der Wahrheit, eine Geschichte muss eine Lüge sein. Bitte überlegt euch eure Geschichten. Ich gebe euch zwei Minuten Zeit.« Nach den zwei Minuten wählst du zufällig jemanden aus der Gruppe aus und forderst diese Person auf: »Bitte erzähle uns drei Dinge über dich.« Du kannst in einer zurückhaltenden Gruppe auch dich selbst auswählen und als gutes Beispiel vorangehen.

Die Person erzählt dann ihre drei Geschichten. Die anderen der Gruppe hören sich das alles an und versuchen, ein Gefühl dafür zu bekommen, welche der drei Geschichten die Lüge ist. Bitte die Gruppe dann: »Zeigt nun einen, zwei oder drei Finger (online: in eure Kamera), je nachdem, welche Geschichte ihr für gelogen haltet.«

Die erzählende Person verkündet daraufhin die Wahrheit über die Lüge und löst das Rätsel auf. Manchmal klingen einzelne Geschichten so interessant, dass die Gruppe mehr davon hören möchte. Lass hier gern etwas Storytelling zu, damit sich die Leute kennenlernen. Achte aber darauf, dass kein langatmiger Sermon entsteht.

So erzählen die Teilnehmende reihum ihre Geschichten, bis alle einmal dran waren oder deine Timebox abgelaufen ist.

Online

Hier gibt es nicht wirklich etwas zu beachten. Eventuell brauchst du Breakouts für die Gruppen. Das war's schon.

Debriefing-Tipps

Auch zu debriefen gibt es tatsächlich nichts. Das Spiel ist vorbei und – gut is'.

Zwecke im Detail

Energizer: Das Spiel kann ganz kurz gehalten oder nach Belieben verlängert werden. Du kannst es bei der passenden Gelegenheit als Energizer nutzen, um den Teilnehmenden eine spaßige, kreative, verbindende und vertrauensfördernde Interaktion zu bieten.

Kennenlernen der Gruppe: Durch die beiden Wahrheiten lernen die anderen Teilnehmenden interessante Aspekte einer Person kennen. Auch die Lügen haben oft einen wahren Kern, manchmal nach dem Motto: »Nein, ich war noch nie Bungeespringen, aber das würde ich unbedingt mal gerne machen.«

Kreativität anregen: Die Teilnehmenden müssen ihre beiden Wahrheiten gut in Worte packen und sich gleichzeitig eine kleine, kreative Lüge ausdenken. Durch diese schöpferische Kreativität bleibt im weiteren Verlauf des Workshops ein gewisses Potenzial an Kreativität verfügbar.

Opener: Als Opener ist diese Übung sehr leicht und beinahe für jedes Event nutzbar.

Spaß: Die Wahrheiten und insbesondere die Lügen bringen meistens einiges an Witzigkeit mit sich. Je lustiger die Geschichten sind, desto mehr Spaß hat das gesamte Team. Es bleibt natürlich den einzelnen Teilnehmenden überlassen, auch mal Wahrheiten und Lügen zu äußern, die einen ernsten Hintergrund haben. Beispiel: »Ich bin beim technischen Tauchen fast schon mal ertrunken. Ich habe einen Sturz aus zwölf Metern Höhe überlebt. Ich habe Chuck Norris im Urlaub das Leben gerettet.« (Diese dritte Geschichte ist selbstredend niemals eine Lüge!)

Vertrauensbildend: Die Menschen lernen neue Aspekte voneinander kennen. Damit wächst wieder etwas Vertrauen. Paradoxerweise gerade auch durch die Lügen, ganz nach dem Motto: »Ich habe dich spielerisch beim Lügen erwischt, deswegen vertraue ich dir jetzt mehr.«

Quelle

Wir kennen keine originäre Quelle dieses Spiels.

Steckbrief fürs Team

Typ: Opener zum Kennenlernen

Zwecke: Kennenlernen der Gruppe, Opener, Teambuilding, vertrauensbildend

Medium: online und offline

Niveau: leicht

Gruppengröße: beliebig

Dauer: 30 Minuten

Learning Objectives

Die Anwesenden lernen sich gegenseitig kennen. Das Spiel ist ein schöner Opener für einen größeren Workshop oder ein längeres Training, in dem die Teilnehmenden miteinander arbeiten werden. Auch für das Teambuilding ist die Übung bestens geeignet, da die Teammitglieder ihre Fähigkeiten, Erwartungen, Hoffnungen und weitere Informationen ins Team kommunizieren.

Benötigtes Material

- offline: DIN-A4-Papier und Stifte, Flipchart
- online: virtuelles Whiteboard und Steckbrief-Templates
- Timer

Vorbereitung

Zeig den Teilnehmenden eine der drei Vorlagen aus den Abbildungen 5-7 bis 5-7. Je nach genutztem Medium übergibst du sie entweder ausgedruckt, zeigst sie auf einem Flipchart nachgemalt oder stellst sie als Onlinevorlage im virtuellen Whiteboard für alle kopierbar zur Verfügung.

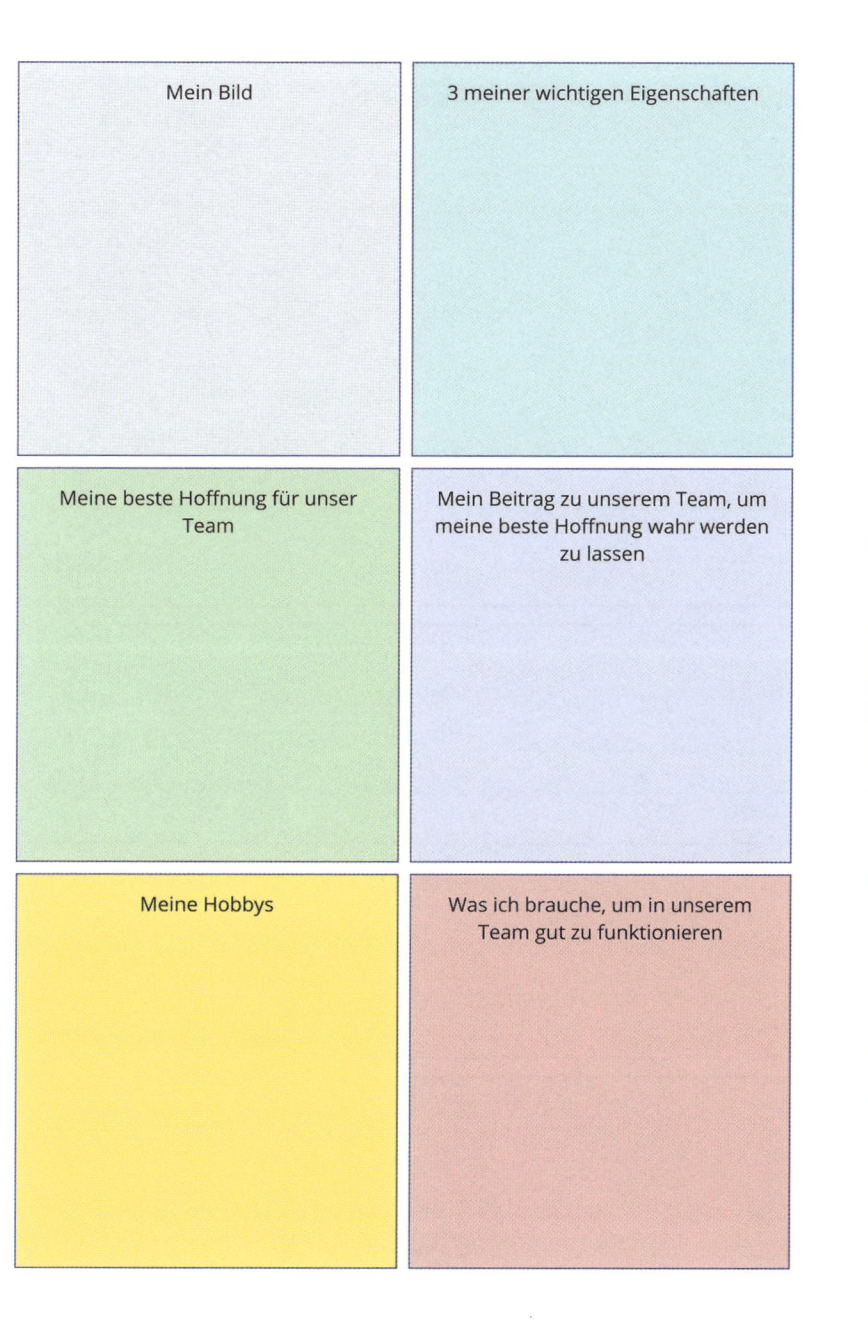

Abbildung 5-5: Erste mögliche Steckbriefvorlage

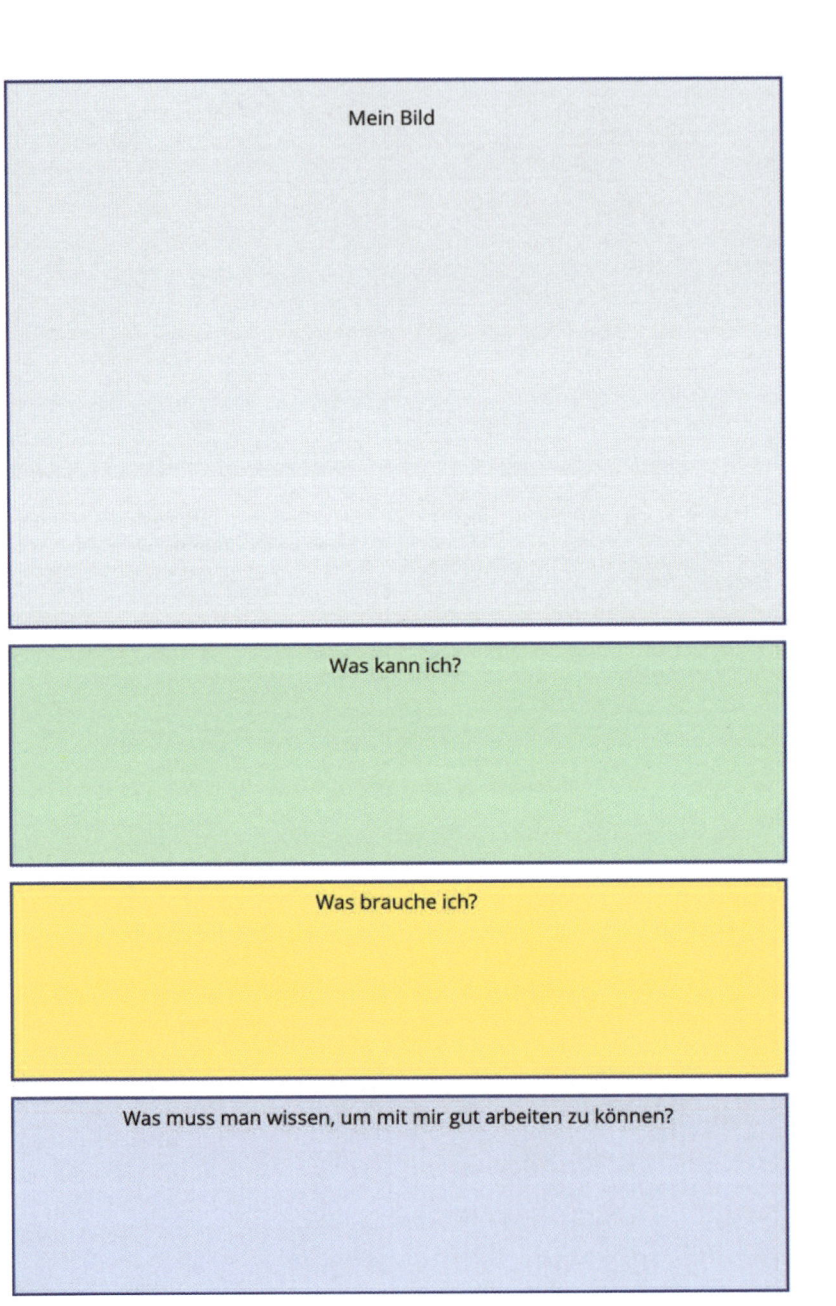

Abbildung 5-6: Zweite mögliche Steckbriefvorlage

Name

Wie sehe ich mich selbst? (Bild/Zeichnung)	3 Dinge, die andere über mich sagen
Ein Geheimnis über mich, das niemand kennt	Dinge, die ich auf den Tod nicht ausstehen kann
Was ich am allerliebsten mache	Meine Super-Power für das Team

Abbildung 5-7: Dritte mögliche Steckbriefvorlage

Ablauf und Moderation

Die folgenden Ansagen beziehen sich auf die erste Steckbriefvorlage und sollen nur verdeutlichen, wie du prinzipiell vorgehst. Um die Gruppe nicht zu verwirren, solltest du deine Erklärungen an die von dir genutzte Vorlage anpassen.

»Ich gebe euch nun ein paar Minuten Zeit, diesen Steckbrief für euch auszufüllen. Schreibt euren Namen oben drauf. Ihr könnt ein Bild von euch einkleben oder eine Zeichnung von euch malen.«

An dieser Stelle wirst du immer wieder hören, dass jemand behauptet, er oder sie könne nicht malen. Deine Antwort: »Das macht gar nichts, ein Strichmännchen ist gut genug für diese Übung.«

»Schreibt dann rechts oben in das Feld drei eurer wichtigen Eigenschaften. Das können ganz persönliche, private Dinge sein oder auch Aspekte, die euch im Team nützlich sein können.«

»In das linke mittlere Feld tragt bitte eure beste Hoffnung für das Team ein. Das bedeutet als Frage formuliert: Was ist in Zukunft ein wunderbarer Zustand in unserem Team, sodass uns fast alles gelingen wird?«

»Im rechten mittleren Feld schreibt ihr bitte auf, was ihr dazu beitragen werdet, dass diese beste Hoffnung wahr wird.«

»Links unten könnt ihr eure Hobbys und andere private Aktivitäten oder Interessen vermerken.«

»Schließlich werft ihr rechts unten noch mal einen Blick auf das Team und beantwortet dort die Frage, was ihr benötigt, damit ihr in einem Team gut arbeiten könnt. Welche Dinge sind für euch in einem Team wichtig und notwendig?«

»Wie lange braucht ihr für das Ausfüllen? Reichen euch fünf Minuten?«

Einige dich mit der Gruppe auf eine Timebox und starte den Timer.

Wenn alle Steckbriefe ausgefüllt sind, stellen sich die Teilnehmenden der Reihe nach mit ihren Antworten vor. Alternativ kannst du auch erst Paare bilden lassen, die sich zunächst gegenseitig kennenlernen. Im Anschluss stellt von jeder Paarung eine Person jeweils die andere vor und umgekehrt.

Lass auf jeden Fall Fragen zu den einzelnen Informationen zu. Falls die anderen Mitwirkenden zu ruhig sind, stellst du selbst ein paar Fragen. Wenn jemand »Cocktails mixen« als Hobby angegeben hat, frage einfach nach dem Lieblingsrezept. Hat jemand allgemeine Begriffe wie »Kommunikation« oder »Teamwork« irgendwo eingetragen, frage nach, was die Person genau darunter versteht. Je konkreter die persönlichen Informationen sind, desto besser.

Nachbereitung

Bewahre die Steckbriefe für das Team auf und mach sie in den nächsten Wochen oder Monaten sichtbar für alle.

Sollte sich die Teamstruktur verändern und kommen neue Teammitglieder dazu, sind die Steckbriefe eine sehr gute Möglichkeit, das neue Teammitglied mit dem bestehenden Team vertraut zu machen. Mit einem selbst ausgefüllten Steckbrief kann das Team dann in einem Kennenlerntermin leicht vervollständigt werden.

Stolperfallen

In sehr verschlossenen und ängstlichen Unternehmenskulturen findest du immer Menschen, denen es zu persönlich ist, solche Informationen mit Kolleginnen und Kollegen zu teilen. Dies passiert sogar dann, wenn sie bereits seit Jahren oder Jahrzehnten zusammenarbeiten. In solchen Fällen geben dir die eher oberflächlichen Antworten einen klaren Hinweis darauf, dass du mit dem Team an den Themen Vertrauen und Offenheit arbeiten musst. Nimm diese Erkenntnisse mit in den weiteren Teambuilding-Prozess und finde geeignete Aktivitäten. Das eine oder andere Spiel aus diesem Buch möge dir dafür eine Inspiration liefern.

Debriefing-Tipps

Wenn die Beteiligten offene Antworten ausgetauscht haben, hast du nicht viel zu besprechen. Nutze die Ergebnisse später wieder in Retrospektiven oder anderen Teamevents, um noch mal zu hinterfragen, was aus den besten Hoffnungen geworden ist, wie es um den eigenen Beitrag dazu steht und ob das benötigte Umfeld für gute Teamarbeit gegeben ist.

Falls du ein eher verschlossenes Team wahrnimmst, wie gerade unter »Stolperfallen« beschrieben, kannst du dies im Debriefing dem Team direkt spiegeln. Beispiele:

- »Ich nehme wahr, dass ihr sehr zurückhaltend geantwortet habt.«
- »Eure Antworten sind sehr unpersönlich, sie beziehen sich eher auf die Technik und auf die technischen Probleme im Team.«

Kündige dann an: »Ich möchte mit euch in der nächsten Zeit gern einen Schritt weitergehen und an diesen Themen arbeiten. Wundert euch also nicht, wenn ich demnächst noch mal mit so einer merkwürdigen Aktivität um die Ecke komme.«

Diese Vorgehensweise erfordert etwas Mut und Fingerspitzengefühl. Nimm das Team und seine Reaktionen genau wahr, um ein Bauchgefühl dafür zu entwickeln, wie weit du aktuell gehen kannst. Manchmal ist es hilfreicher, einen Schritt zurückzugehen, als das Team zu verlieren.

Zwecke im Detail

Kennenlernen der Gruppe: Die persönlichen Informationen auf den Steckbriefen dienen genau diesem einen Zweck. Die Gruppe lernt sich untereinander kennen.

Opener: Vor allem für Team-Kick-offs ist diese Übung ein guter Opener. Auch für größere Workshops und Trainings mit Teilnehmenden, die sich noch nicht kennen, sind die Steckbriefe gut geeignet.

Teambuilding: Ein festes Team profitiert von dieser Aktivität. Sie trägt unmittelbar zum Teambuilding bei, durch das Kennenlernen und das gestiegene Vertrauen lässt sich das kaum vermeiden.

Vertrauensbildend: Wie alle anderen Übungen, bei denen persönliche Aspekte preisgegeben und untereinander ausgetauscht werden, dient auch diese Aktivität dazu, das Vertrauen in der Gruppe zu stärken.

Quelle

Dieses Spiel ist eine Abwandlung des »sozialen Netzwerks«, siehe oben. Eine originäre Quelle für die Steckbriefidee ist uns nicht bekannt.

Wie sehr bin ich gerade hier?

Typ und Zweck: Opener

Medium: online und offline

Niveau: leicht

Gruppengröße: beliebig

Dauer: 5 Minuten, bei größerer Gruppe optional länger

Learning Objectives

Alle Beteiligten lernen für den weiteren Verlauf des Workshops, Trainings oder Meetings, wie viel Fokus die einzelnen Mitwirkenden der Gruppe gerade auf dieses Treffen legen.

Benötigtes Material

- nichts außer den Anwesenden
- online: ein virtuelles Whiteboard

Vorbereitung

Stell eine längliche Fläche für alle Teilnehmenden bereit. Es genügt meist ein Steifen zwischen der Tür und den Fenstern des Trainingsraums.

Für die Onlinevariante bereitest du eine Fläche vor wie die in Abbildung 5-8.

Abbildung 5-8: Wie sehr bin ich gerade hier?

Ablauf und Moderation

Frag die Anwesenden: »Wie sehr seid ihr heute hier in unserem Workshop? Manchmal haben wir andere Themen im Kopf, die uns beschäftigen und vielleicht den Fokus nehmen. An anderen Tagen sind wir ganz entspannt, und nichts kann uns davon abhalten, jetzt im Augenblick zu leben. Stellt euch bitte irgendwo zwischen der Tür und den Fenstern auf, je nachdem, wie sehr ihr gerade hier seid. Wenn ihr ganz andere Themen im Kopf habt oder eure Zeit vielleicht besser mit etwas anderem verbringen solltet, positioniert euch in Richtung der Tür. Wenn ihr zu 100 % im Hier und Jetzt bei uns seid, stellt euch an die Fenster. Und natürlich entsprechend irgendwo zwischendrin.«

Lass sich die Teilnehmenden kurz positionieren.

In der Onlinevariante ergibt sich ein Bild wie das in der folgenden Abbildung.

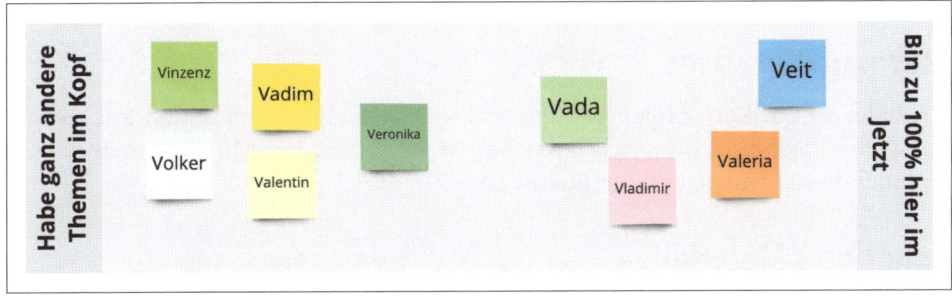

Abbildung 5-9: Wie sehr bin ich gerade hier? – Beispiel

Frag nun einzelne Personen oder Teilgruppen, aus welchem Grund sie sich genau dort positioniert haben. So wirst du mit der ganzen Gruppe herausfinden, dass Volker auf einen Anruf aus dem Kreissaal wartet, Vinzenz bekommt heute irgendwann Besuch vom Handwerker, Veronika steht unter Strom wegen einer Deadline heute Abend, und Valeria muss auf Abruf kurz den *Go Live*-Button klicken.

Der Vorteil für alle ist nun, dass keine dieser im Vorfeld bekannten Dinge überraschend auftauchen.

Zwecke im Detail

Opener: Diese Übung ist tatsächlich einfach nur ein Opener – jedoch ein sehr effektiver. Die Teilnehmenden öffnen sich der Gruppe gegenüber mit ihren Namen und einer kurzen Erklärung zu ihrer Positionierung auf der Skala. Für ein Opening ist das wunderbar und meist ausreichend.

Quelle

Unser Freund und Komplize Björn Jensen eröffnet fast jeden seiner Workshops mit dieser Aktivität.

Dobble

Typ: Opener zum Zeitvertreib, bis alle da sind

Zwecke: Energizer, Opener

Medium: online und offline

Niveau: leicht

Gruppengröße: maximal so viele, dass noch alle in der Lage sind, den Inhalt einer handflächengroßen Karte zu erfassen; online damit fast unbegrenzt

Dauer: wenige Minuten

Learning Objectives

»Dobble« ist ein Kartenspiel, bei dem sich die Teilnehmenden darauf konzentrieren, gleiche Symbole auf jeweils zwei Karten zu finden. Die Mitwirkenden trainieren über diesen Energizer ihren Fokus.

Benötigtes Material

Das Kartenspiel »Dobble« ist im einschlägigen Spielwarenfachhandel zu erwerben. Jede Karte des Spiels enthält genau acht Symbole. Das Interessante ist, dass zwei beliebige Karten jeweils genau ein Symbol gemeinsam haben. Abbildung 5-10 zeigt beispielhaft drei Karten aus dem Originalspiel.

Vorbereitung

Platziere die Teilnehmenden um einen Tisch oder kreisförmig, sodass alle die Karten sehen können, die du aus dem Kartendeck ziehst.

Abbildung 5-10: Drei Karten aus dem Spiel »Dobble«

In der Onlinevariante solltest du sicherstellen, dass die Karten gut sichtbar sind, wenn du sie in deine Kamera hältst. Greenscreen und virtuelle Hintergründe sorgen oftmals dafür, dass Objekte transparent oder unsichtbar erscheinen. Leider sind einige der Symbole selbst grün. Wenn das ein Problem ist, solltest du diese einfach vorher aussortieren. Bei allen Kartenspielen gilt generell: Eine Dokumentenkamera hilft dem Fokus und gegen das Verwackeln.

Ablauf und Moderation

Nimm zwei beliebige Karten aus dem Kartendeck und zeige sie der Gruppe.

»Auf diesen beiden Karten gibt es genau ein gemeinsames Symbol. Welches ist es?«

Warte, bis es jemand gefunden und ausgesprochen hat. Dann legst du eine der beiden Karten weg und ziehst dafür eine neue Karte aus dem Deck.

Wiederhole das Ganze, solange ihr möchtet und der Spaß noch vorhanden ist.

Zwecke im Detail

Energizer: Dieses Spiel kannst du jederzeit als Energizer für ein paar Minuten aus dem Hut ziehen. Die Teilnehmenden fokussieren sich wieder auf eine Sache. Dieser

Fokus und eine gesteigerte Konzentration bleiben für das folgende Modul in deinem Workshop bestehen.

Opener: Als Opener funktioniert Dobble wunderbar am Anfang eines Workshops oder Trainings, wenn noch nicht alle Teilnehmenden angekommen sind. Die Zeit kannst du dann einfach mit ein paar Runden Dobble überbrücken.

Quelle

Wir wurden mal wieder von Jordann Gross inspiriert, der das Spiel in einer Onlinesession vorgestellt hatte. Wie passend, dass es sich dann bereits im Spieleschrank von Dennis' Kindern befunden hat.

Die Mathematik hinter Dobble findest du bei Interesse in einigen Videos im Internet. Eine schöne Erklärung in deutscher Sprache hat DorFuchs auf seinem YouTube-Kanal bereitgestellt [DOBBLEMATH].

Hometowns

Typ: Opener zum Kennenlernen

Zwecke: Kennenlernen der Gruppe, Opener

Medium: online und offline

Niveau: leicht

Gruppengröße: beliebig

Dauer: 10 Minuten

Learning Objectives

Die Gruppe erfährt, woher die einzelnen Teilnehmenden kommen.

Benötigtes Material

- Ein großer Raum, der allen Teilnehmenden Platz bietet.
- Online benötigst du eine geografische Karte auf einem virtuellen Whiteboard, es geht jedoch auch ganz ohne auf einem leeren Board.

Ablauf und Moderation

Stell dich in die Mitte des Raums und sprich: »Wo ich gerade stehe, ist unsere Event-Location. Die Fenster sind im Süden, dort ist Osten, die Türen gehen nach Norden, und diese Wand ist im Westen. Stellt euch bitte relativ zu mir dort auf, wo sich euer Wohnort befindet. Tauscht euch dabei aus und findet heraus, wo sich wer hinstellen soll.« Online funktioniert das ganz genauso auf einem leeren Whiteboard. Platziere in der Mitte den Namen des aktuellen Standorts oder den Namen des Workshops. Die Leute können sich dann entsprechend verteilen. Die Kommunikation wird je nach Conferencing-Tool etwas schwierig. Deswegen bevorzugen wir die Variante mit einer leeren Landkarte (siehe Abbildung 5-11). Im Tool Mentimeter z. B. gibt es eine extra Funktion dafür.

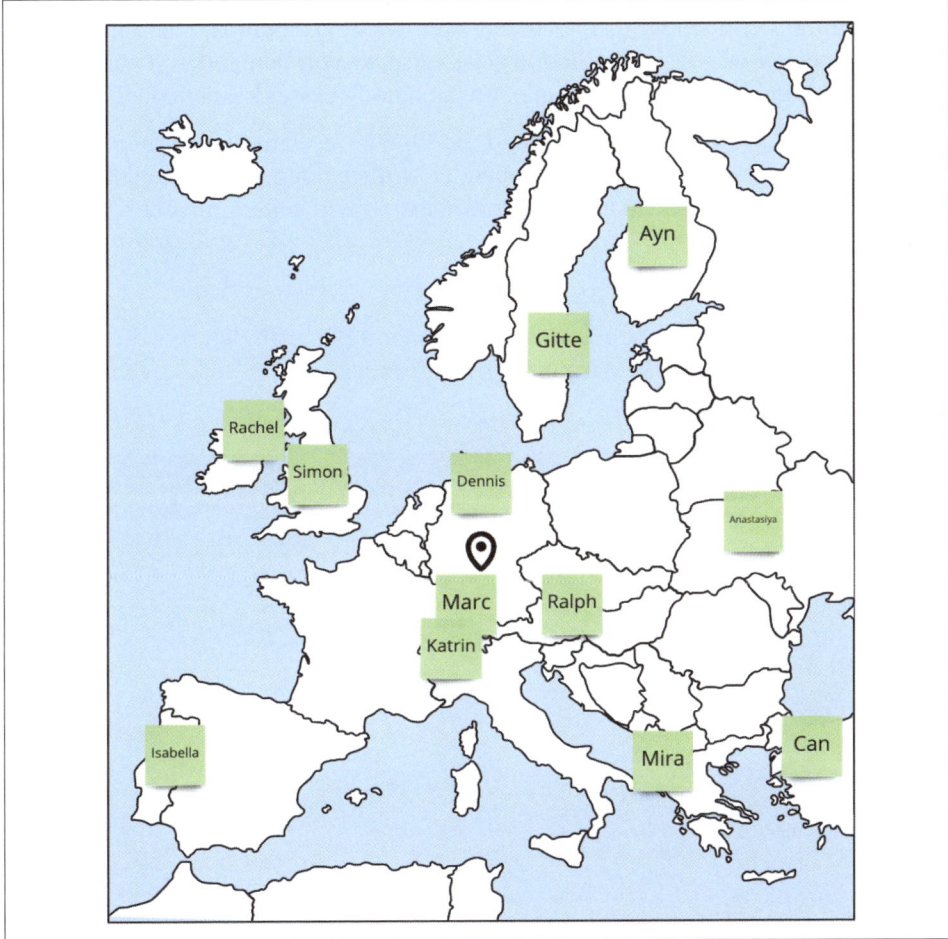

Abbildung 5-11: Hometowns mit Landkarte

Die Teilnehmenden werden nun relativ schnell ihre Positionen beziehen.

Stell der Gruppe jetzt ein paar Fragen, wie z. B.:

- »Ayn, Isabella und Can, ihr habt die weitesten Anreisen gehabt. Erzählt uns kurz, wo ihr herkommt.« Ein kleiner Applaus tut gut und drückt die Dankbarkeit der Gruppe aus, dass die drei so weit gereist sind, um hier heute teilzunehmen.

- »Wer von euch ist mit dem Flugzeug angereist? Bitte kurz die Hand heben.« Wiederhole die Frage mit »Auto«, »Zug« und »Schiff«.

Schließe den Opener ab mit den Worten: »Vielen Dank, dass ihr alle hergekommen seid. Viel Erfolg!«

Zwecke im Detail

Kennenlernen der Gruppe: Es fließen nicht sehr viele persönliche Informationen in dieser Übung. Dennoch leistet sie einen ersten wichtigen Schritt. Die Teilnehmenden lernen einen wesentlichen biografischen Aspekt von den anderen kennen und können im Anschluss darauf aufbauen, um sich noch besser kennenzulernen.

Opener: Dieser Übung ist hervorragend als Opener geeignet für Workshops und Trainings, bei denen sich die Teilnehmenden vorher noch nicht kannten. Für ein Team, das täglich zusammenarbeitet, ist es selbstredend keine sinnvolle Option.

Quelle

Haben wir vergessen. Macht aber nix. Falls jemand herausfindet, wer diese Aktivität ursprünglich erdacht hat, darf uns gerne informieren.

Anagramm

Typ: Opener

Zwecke: Energizer, Opener

Medium: online und offline

Niveau: leicht

Gruppengröße: beliebig

Dauer: 5 Minuten

Learning Objectives

Viel zu lernen gibt es hier nicht. Die Übung dient als Opener und kann ganz witzig werden.

Benötigtes Material

Vorbereitete Anagramme auf einem Flipchart oder einem virtuellen Whiteboard.

Vorbereitung

Bereite ein paar Anagramme vor, die du den Teilnehmenden zeigst. Du überlegst dir einfach ein paar Begriffe und Wörter, die von den Mitwirkenden »erraten« werden sollen, wie zum Beispiel:

- Marc und Dennis
- Agile Spiele
- Online Kurs

Im Internet findest du unter dem Suchbegriff »Anagramm Generator« jede Menge Seiten, die dir aus deinen Begriffen Anagramme erzeugen. So werden aus unseren Beispielen:

- Marc und Dennis = Cards Mund Nein
- Agile Spiele = Laege Ei Slip
- Online Kurs = Linke Nur So

Schreib die Anagramme für die Teilnehmenden sichtbar auf, wie in Abbildung 5-12 zu sehen.

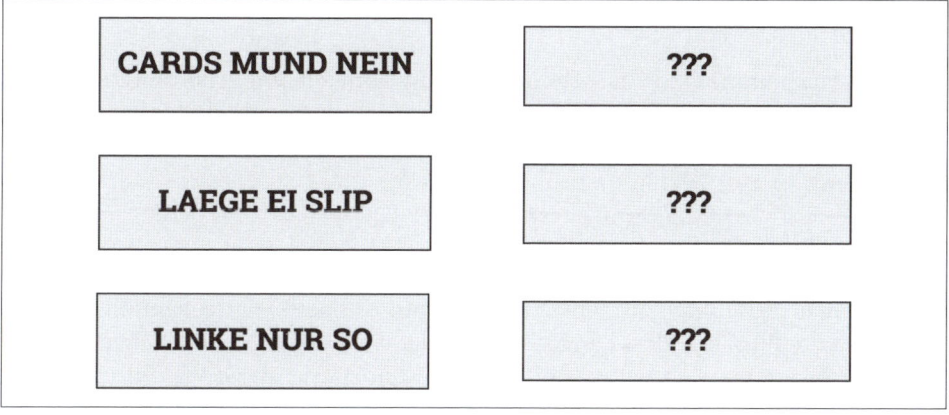

Abbildung 5-12: Anagramme

Ablauf und Moderation

Lass die Teilnehmenden nun herausfinden, welche Begriffe und Wörter hinter den Anagrammen stecken. Manchmal wird das extrem witzig, wenn die Leute auf Wörter kommen, bei denen man einfach lachen muss.

Gib den Teilnehmenden dafür ein paar Minuten. Sollten sie überhaupt nicht auf die Lösung kommen, kannst du gern Tipps geben. Zieh das Ganze jedoch nicht zu sehr in die Länge, sonst wird es irgendwann öde.

Sobald ein Anagramm richtig gelöst wurde, schreibe die gefundene Lösung auf.

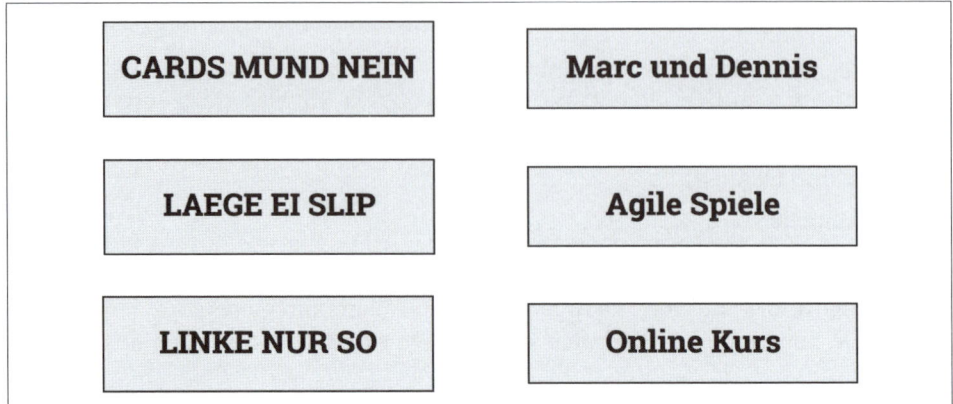

Abbildung 5-13: Anagramme mit gefundener Lösung

Zwecke im Detail

Energizer: Wenn deine Teilnehmenden gerade ganz abgelenkt sind und wieder etwas Fokus benötigen, ist das ein schöner Energizer für zwischendurch. Das Gehirn kommt in Fahrt und kann sich auf weitere kreative Arbeit im nächsten Modul deines Workshops vorbereiten.

Opener: Anagramme sind eine schöne Opening-Aktivität, entweder mit der ganzen Gruppe oder in der »Eintrudelphase«, in der noch nicht alle Teilnehmenden da sind.

Quelle

Wie so oft ist uns auch das von Jordann Gross nahegebracht worden. Dennis hat mal in einem Ferienhaus in Schweden mit ihm die nette Kartensammlung »The Sherlock Files Puzzling Plots« angesehen, in der – thematisch entsprechend – viele englische Anagramme enthalten sind. Das als kundenorientierte Variante umzusetzen, war dann unsere Leistung.

KAPITEL 6
Energizer

Spiele in diesem Kapitel:
- Happy Salmon
- Inverse Reise nach Jerusalem
- Schnick-Schnack-Schnuck
- Die Planke
- Regenmacher
- Schneeballschlacht
- Pomodoro Break
- Schnitzeljagd
- Walk & Talk
- Jonglieren lernen

»Ob ich alt bin? Mein Kind, ich werde alt sein an dem Tag, da ich nicht mehr spielen mag.«

– *Paul Schibler (1930–2015), schweizer Aphoristiker*

Manchmal ist irgendwie die Luft raus, der Energie- und Aktivitätslevel der Teilnehmenden ist sehr niedrig, die Leute sind nach einer längeren Theorieeinheit ermüdet, oder alle verdauen das Mittagessen gerade im Suppenkoma. Mit den hier vorgestellten Energizern bekommst du wieder Bewegung in die Gruppe und damit frischen Sauerstoff ins Gehirn.

Happy Salmon

Typ: Energizer mit viel Körpereinsatz

Zwecke: Energizer, positive Stimmung, Spaß

Medium: ausschließlich offline, denn sämtliche Versuche, diesen Spaß online abzubilden, sind bei uns völlig schiefgegangen

Niveau: leicht

Gruppengröße: für 3 bis 6 Personen, mit mehr Spielsets beliebig erweiterbar

Dauer: in einer Minute erklärt, in einer Minute gespielt

Benötigtes Material

Benötigt wird das Spiel »Happy Salmon« (englischsprachig) [HAPPYSALMON]. Alternativ kann auch die deutschsprachige Version *Lucky Lachs*[1] von KOSMOS ge-

---

[1] Welch grandiose »Übersetzung« …

nutzt werden. Beide sind jeweils mithilfe zusätzlicher Sets für größere Gruppen erweiterbar (grüne und blaue Versionen).

Erweiterbar ist *Happy Salmon* auch mit dem Kartenset *Funky Chicken* (deutsch- und englischsprachig). Gleiches Prinzip, weitere Inhalte – die Anzahl der Aktivitäten nimmt dadurch zu.

Vorbereitung

In der Basisversion enthält das Spiel vier verschiedene Aktivitätsmuster, die jeweils auf den Karten abgebildet sind. Jeder Person wird ein Kartenstapel mit je drei Karten für jede der vier Aktivitäten, also zwölf Karten, ausgehändigt. Jede Person mischt ihren Stapel und hält ihn verdeckt in der Hand.

Ablauf und Moderation

Ziel ist es, als erste Person alle Karten abgeworfen zu haben. Auf dein Zeichen decken alle ihre oberste Karte auf und versuchen, eine zweite Person zu finden, die eine identische Karte hat. Dies darf gern durch lautes Rufen und wildes Gestikulieren passieren. Finden sich zwei Spielende mit gleichen Karten, gilt es, das nachzustellen, was auf den Karten abgebildet ist, zum Beispiel ein High Five oder eine Checker-Faust. Ist die Aktion durchgeführt, wird die Karte fallen gelassen, eine neue Karte aufgedeckt und ein neues Gegenüber mit der gleichen Karte gesucht. Wer keine Karten mehr auf der Hand hat, ruft laut »Finn-ish!«. Ja, der Witz[2] ist etwas schräg. Gehört aber irgendwie dazu.

Nachbereitung

Die Karten aufheben und sie wieder in die entsprechenden Sets sortieren.

Hinweise

Das Spiel ist ein schneller Energizer, geeignet für alle Gruppengrößen. Zu klein sollte die Gruppe allerdings nicht sein. Du kannst nach deiner Anmoderation durchaus teilnehmen. Wer die Runde gewinnt, ist nicht von Belang, kann jedoch für anschließende Aktivitäten als kleine »Belohnung« verwendet werden.

Stolperfallen

Geräusch- und aktivitätsempfindliche Personen können sich leicht durch die meist sehr laute und wilde Aktion gestört fühlen. Außerdem ist das Berühren anderer Menschen Bestandteil des Spiels. Dies solltest du den Teilnehmenden vorher erklären und ihre Zustimmung einholen.

---

2 Gute Witze sind wie guter Sourcecode. Sie brauchen keine Erklärung. Dieser hier leider doch: »Finish« als englisches Wort für »Fertig«, kombiniert mit einem lang gezogenen Finnnn für English »fin« – Flosse. Also vom Lachs. Lachsflosse. Ha ha.

Es wird dir regelmäßig passieren, dass einzelne Personen »ich passe« sagen. Respektiere dies wohlwollend und lasse sie den folgenden großen Spaß einfach beobachten. Vielleicht wollen sie beim nächsten Mal mit dabei sein.

Zwecke im Detail

Energizer: Dieses Spiel ist der perfekte Energizer am Nachmittag, wenn alle Teilnehmenden nur noch müde und verdauend rumhängen. Wild, quatschig, viel Bewegung und noch mehr Gelächter. Einen besseren Energizer wirst du kaum finden.

Positive Stimmung: Das Spiel ist so bekloppt, dass man einfach nur lachen muss. Diese Stimmung hält eine Weile an, und du kannst sie sehr gut mitnehmen in das nächste Modul deines Workshops.

Spaß: Wenn Happy Salmon eins kann, dann ist es, die Teilnehmenden zum Lachen zu bringen.

Quelle

Das Spiel wurde von Jordann Gross auf der Play4Agile-Konferenz in Rückersbach vorgestellt und hat die agile Community seitdem im Sturm erobert.

Weitere Informationen zum Spiel und anderen Varianten findest du auf [HAPPY-SALMON].

Inverse Reise nach Jerusalem

Typ: Energizer mit viel Körpereinsatz

Zwecke: Energizer, positive Stimmung, Spaß

Medium: offline

Niveau: leicht

Gruppengröße: sinnvoll ab 6 Personen. Werden es mehr als zehn, empfehlen wir dringend, in einzelne Gruppen aufzuteilen, die parallel zueinander spielen. Der Kreis der Mitspielenden muss so klein sein, dass eine Person in der Mitte jeden Stuhl direkt mit einem Schritt erreichen kann – aber groß genug, dass es auch andere Personen in ihrem Rücken gibt.

Dauer: 5 bis 10 Minuten, je nach Spaß- und Energielevel der Spielenden

Learning Objectives

Keine. Das spielt man nur zum Spaß ;-).

Benötigtes Material

Stühle (einer weniger als Personen pro Gruppe), am besten ohne Armlehnen.

Vorbereitung

Die Gruppe bildet einen Stuhlkreis mit Blickrichtung nach innen. Zudem muss eine Person ausgewählt werden, die zu Beginn in der Mitte steht.

Ablauf und Moderation

Im Spiel gibt die Person, die sich in der Mitte befindet, den sitzenden Personen die Anweisung »links« oder »rechts«. Die Idee ist, dass nun alle Sitzenden auf den Stühlen zu dem jeweils links oder rechts liegenden Stuhl wechseln. Die Person in der Mitte versucht dabei, einen freien Stuhl zu ergattern. Wer übrig bleibt (bzw. auf einem fremden Schoß landet), geht in die Mitte.

Nachbereitung

Die Stühle wieder wegräumen.

Hinweise

Das Spiel wird schnell zum Selbstläufer. Eventuell musst du eingreifen, sollte es zu heftig werden. Ein paar mahnende Worte reichen hierfür in aller Regel.

Stolperfallen

Bei diesem Spiel ist Körperkontakt nicht zu vermeiden. Teilnehmende, für die es nicht infrage kommt, eventuell auf dem Schoß einer Kollegin oder eines Nachbarn zu landen, sollten dieses Spiel nicht mitmachen. Aussetzen und Beobachten ist völlig okay.

Ein wichtiger Hinweis an die Spielenden ist, dass sie es nicht übertreiben sollten. Haben die Stühle beispielsweise Armlehnen, kann es leicht zu kleineren Remplern und daher möglicherweise zu leichten Blessuren und blauen Flecken kommen. Das Spiel soll aber Spaß machen und natürlich keine Verletzten hervorrufen.

Zwecke im Detail

Energizer: Dieses Spiel kombiniert alle wichtigen Elemente für einen Energizer: Bewegung, Witz und etwas miteinander machen.

Positive Stimmung: Durch den entstehenden Spaß bleibt eine positive Stimmung am Ende des Spiels übrig. Nimm diese mit in deine nächste Aktivität im Workshop.

Spaß: Es entstehen viel Chaos und kleinere Missgeschicke bzw. ungefährliche »Unfälle«. Dadurch gibt es immer etwas zu lachen.

Quelle

Das Spiel hat Dennis vor vielen Jahren mal bei einem Workshop – motiviert vom vorherigen Kindergeburtstag eines seiner Kinder – mit großem Erfolg ausprobiert und seitdem immer mal wieder eingesetzt.

Schnick-Schnack-Schnuck

Typ: Energizer mit Körpereinsatz und Jubel

Zwecke: Energizer, positive Stimmung, Spaß

Medium: offline

Niveau: leicht

Gruppengröße: nicht limitiert, idealerweise mehr als 10 Personen

Dauer: wenige Minuten

Learning Objectives

Dieses Spiel vermittelt keine neuen Erkenntnisse, es geht nur um jede Menge Spaß und frische Energie unter den Teilnehmenden.

Vorbereitung

Keine besondere Vorbereitung notwendig.

Ablauf und Moderation

Anmoderation: »Findet euch bitte paarweise zusammen. Ihr kennt das Spiel ›Schere, Stein, Papier‹. Das werdet ihr gleich gegeneinander spielen, indem ihr immer vorab laut ruft: ›Schnick, Schnack, Schnuck!‹ Spielt so lange, bis eine oder einer von euch beiden gewinnt. Es kann passieren, dass ihr ein paar Runden benötigt, wenn es immer wieder unentschieden ausgeht. Früher oder später wird es eine Gewinnerin geben. Der Verlierer wird dann sofort zum allergrößten Fan der Gewinnerin und feuert diese für ihren nächsten Kampf mit dem Gewinner eines anderen Paars lautstark an. Der neue Gewinner sucht sich wiederum eine weitere Gewinnerin, und der nächste Kampf beginnt. Alle Fans dieser beiden werden nun zu Fans des neuen Gewinners. Dies machen wir so lange, bis nur noch eine oder einer übrig bleibt. Los geht's!«

Online

Dieses Spiel könnte rein von der Mechanik online gespielt werden. Wir zweifeln allerdings stark daran, dass es denselben Effekt haben würde.

Nachbereitung

Alle zu Ende lachen lassen und sich langsam wieder fassen.

Hinweise

In der moderierenden Rolle darfst du gern eine Person mit anfeuern, um die Lautstärke und die Dynamik des Spiels anzutreiben.

Wenn du eine Gruppe sehr nerdiger Teilnehmenden hast, kann es eine Alternative sein, die Regeln von »Schere, Stein, Papier, Echse, Spock« zu verwenden. Folgende Regeln kommen dann hinzu:

- Stein zerquetscht Echse
- Echse vergiftet Spock
- Spock zertrümmert Schere
- Schere köpft Echse
- Echse frisst Papier
- Papier widerlegt Spock
- Spock verdampft Stein

Du siehst, diese Variante erfordert etwas mehr Konzentration. Das Handzeichen für Spock ist der klassische vulkanische Gruß, der allen nerdigen Menschen bekannt ist. Die Echse machst du ebenso einfach. Abbildung 6-1 zeigt die fünf Handzeichen und ihre Wirkungen aufeinander.

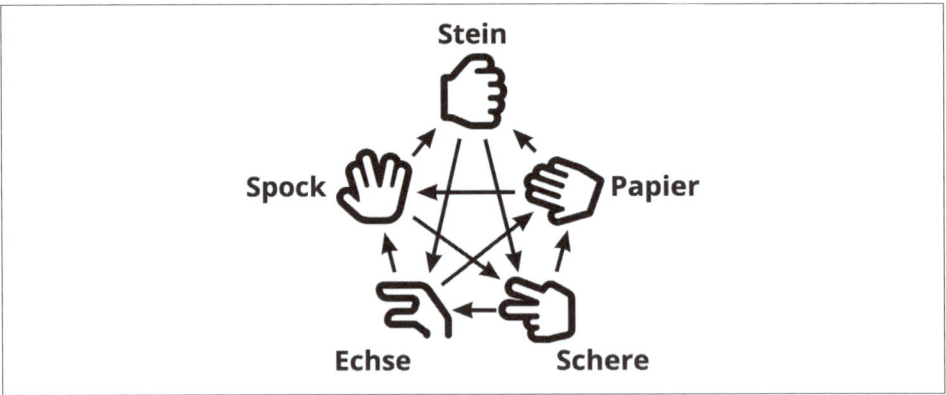

Abbildung 6-1: Handzeichen für Schere, Stein, Papier, Echse, Spock

Stolperfallen

Möglicherweise gibt es Menschen, die das klassische Kinderspiel »Schere, Stein, Papier« nicht kennen. Frage gern am Anfang des Spiels kurz ab, ob jemand die Regeln zur Auffrischung erklärt haben mag:

- Stein schleift Schere
- Schere schneidet Papier
- Papier bedeckt Stein

Die drei bzw. fünf möglichen Handzeichen kennt mit Sicherheit eine Person, um sie den anderen zu zeigen. Wenn alle Stricke reißen, hilft eine Internetsuche binnen Sekunden.

Zwecke im Detail

Energizer: Wenn du richtig viele Teilnehmende im Raum hast, dann ist dieser Energizer ein herrliches Erlebnis. Für große Workshops, Trainings oder auch Konferenzen können wir ihn nur empfehlen.

Positive Stimmung: Das Spiel ist so dermaßen überzogen und behämmert, dass man gar nicht anders kann, als im positivsten Sinne auszuflippen.

Spaß: Der Spaß entsteht bei diesem Spiel ganz automatisch, selbst wenn man nur von außen zuschaut.

Quelle

Von Marc erstmalig im Open Space auf den XP-Days 2009 in Karlsruhe erlebt.

»Schere, Stein, Papier, Echse, Spock« wurde bekannt durch die TV-Serie »Big Bang Theory« [BIGBANG] und ursprünglich von Sam Kass erfunden [KASS].

Die Planke

Typ: körperlicher und damit mentaler Energizer

Zwecke: Energizer

Medium: offline

Niveau: keine Vorkenntnisse notwendig

Gruppengröße: beliebig viele Personen

Dauer: 2 Minuten

Learning Objectives

Keine.

Benötigtes Material

- Stoppuhr
- optional: Flipchart oder Präsentation mit der grafischen Darstellung einer korrekt ausgeführten Planke
- optional: Musik mit mindestens zwei Minuten Länge

Vorbereitung

Stoppuhr auf zwei Minuten einstellen. Musik abspielbereit machen. Flipchart oder Präsentation sichtbar machen.

Ablauf und Moderation

Anmoderation: »Wer Energie benötigt und seinem Körper etwas Gutes tun möchte, den lade ich nun herzlich dazu ein, mit mir für zwei Minuten die Planke zu machen.

Dazu legt ihr euch auf den Bauch und hebt dann auf mein Zeichen hin den ganzen Körper durchgestreckt hoch auf Zehenspitzen und Unterarme. Haltet die Planke für zwei Minuten, bis ich ›Stopp!‹ sage. Los geht's.«

Stoppuhr starten, Musik laufen lassen, zwei Minuten mit der ganzen Gruppe die Planke machen.

Online

Dieses Spiel mag online durchführbar sein. Allerdings werden die wenigsten Kameras den Boden zeigen, niemand sieht von dort aus den eigenen Bildschirm. Es wird also leicht zu einem »wir sind jetzt alle mal zwei Minuten weg«. Das bringt meist leider nichts.

Hinweise und Stolperfallen

Zwingt die Teilnehmenden nicht dazu, diese Übung auszuführen.

Während einer Ganztagsveranstaltung könnt ihr diese Übung zwei oder sogar dreimal am Tag durchführen. Es werden jedes Mal mehr Personen mitmachen.

Debriefing-Tipps

Auf die Frage der Teilnehmenden, wozu das gut sein soll, könnt ihr antworten, dass körperliche Tätigkeit dazu dient, frischen Sauerstoff ins Gehirn zu bekommen. Dies hilft für jede Art von Kreativität und Wissensarbeit. Auch der verschmitzt vorgetragene Tipp, dass das ein probates Mittel ist, um zu lange Daily Scrums abzukürzen, hat uns in der Vergangenheit schon Lacher und Anerkennung eingebracht.

Zwecke im Detail

Energizer: Dieses Spiel ist ein reiner Energizer, um wieder frischen Sauerstoff ins Gehirn zu bekommen. Es kann über den Tag in allen Pausen und Phasen eingesetzt werden.

Quelle

Von Marc bei Craig Larman im LeSS-Training kennengelernt.

Regenmacher

Typ: sinnlicher Energizer

Zwecke: Energizer, positive Stimmung

Medium: offline

Niveau: leicht

Gruppengröße: beliebig viele Personen

Dauer: 5 Minuten

Learning Objectives

Keine.

Vorbereitung

Stuhlkreis, in dem die ganze Gruppe mit dir Platz nehmen kann.

Ablauf und Moderation

Erzähle der Gruppe: »Ich war kürzlich bei einem Regenmacher im afrikanischen Busch, und der hat mir gezeigt, wie man ein Sommergewitter herbeiruft und danach wieder die Sonne scheinen lassen kann. Ihr achtet nun nur auf die Person auf eurer rechten Seite. Ihr macht einfach alles, was sie tut, nach ein, zwei Sekunden nach. Los geht's.«

Du durchläufst nun folgende Bewegungen und führst diese jeweils so lange aus, bis sie fast wieder bei dir angekommen ist:

- Unregelmäßig mit den Fingern schnipsen – die ersten Regentropfen fallen.
- Unregelmäßig in die Hände klatschen – stärkerer Regen fällt.
- Die Hände auf die Oberschenkel schlagen – es gibt einen Platzregen.
- Zusätzlich mit den Füßen auf den Boden stampfen – ein Gewitter entsteht.
- Wieder nur auf die Oberschenkel schlagen.
- Wieder in die Hände klatschen.
- Wieder mit den Fingern schnipsen.
- Die Hände aneinanderreiben – Wind kommt auf, der den Regen vertreibt.
- Die Ruhe genießen, die Sonne scheint wieder.

Debriefing-Tipps

Ein Debriefing ist hier kaum notwendig. Sofern sich die Gruppe sehr darüber wundert, was das Ganze sollte, kannst du gern den Zweck der Übung erklären: »Wir hatten etwas Entspannung und frische Energie nötig. Wie fit seid ihr jetzt nach dieser Übung? Was ist für euch nun anders als vor dieser Übung?«

Zwecke im Detail

Energizer: Diese Übung ist ein sehr sinnlicher Energizer. Er sorgt für ein meditatives Erlebnis, das Gehirn kann kurz abschalten und entspannen. Gleichzeitig findet ein gemeinsames Erleben in der Gruppe statt, das neue Energie gibt.

Positive Stimmung: Die Stimmung, die das Spiel durch das akustische Erleben entstehen lässt, ist eine durchweg positive.

Quelle

Von Marc bei Rolf Dräthers Session »7 WarmUps zum Mitnehmen« auf den XP Days 2010 in Hamburg kennengelernt.

Jutta Eckstein hat hier eine weitergehende Erinnerung: Das Spiel ist ein uralter Brauch bei der EuroPloP-Konferenz und wurde schon Ende der 1990er-Jahre dort gespielt. Dahin mitgebracht hat es George Platts, dessen Aufgabe »nur« darin bestand, Spiele auf die EuroPloP zu bringen.

Schneeballschlacht

Typ: Energizer mit Körpereinsatz

Zwecke: Energizer, positive Stimmung, Reflexion, Spaß

Medium: offline

Niveau: leicht

Gruppengröße: beliebig viele Personen

Dauer: 5 bis 10 Minuten

Learning Objectives

Keine.

Benötigtes Material

Zwei Blätter Papier pro Person.

Ablauf und Moderation

Verteile an jede Person zwei Blätter Papier.

»Malt bzw. schreibt bitte zwei Lernerkenntnisse aus dem bisherigen Workshop/Training/Seminar auf die Blätter, pro Blatt bitte eine Erkenntnis.«

Wenn alle fertig sind: »Zerknüllt eure Blätter bitte jetzt zu Schneeballkugeln und startet eine Schneeballschlacht! Los geht's!«

Nach ca. zwei bis drei Minuten beendest du die Schneeballschlacht.

»Alle nehmen sich jetzt zwei Kugeln. Faltet sie wieder auseinander und überlegt, welche Weisheit dahintersteckt, genau diese Zettel bekommen zu haben.«

Hinweise

Immer zwei Schneebälle pro Person herstellen lassen. Es geht immer der eine oder andere Schneeball verloren, und niemand sollte am Ende ohne Ball dastehen.

Laute »Upbeat«-Musik mit ordentlich Bass ist meist sehr hilfreich. Lass die Musik nicht bis zum Ende spielen, sondern dreh dann leise, wenn die ersten sich nicht mehr bewegen (möchten).

Der Raum muss natürlich herumkullernde Bälle und heftige Bewegungen vertragen. Stell vorher sicher, dass sich niemand verletzen kann.

Debriefing-Tipps

Kein Debriefing notwendig, jede Person kann für sich reflektieren, was die Zettel bedeuten, die sie bekommen hat.

Zwecke im Detail

Energizer: Diese Übung bringt viel Bewegung in die Gruppe und ist damit ein wunderbarer Energizer, um die Gehirne mit frischem Sauerstoff zu versehen.

Positive Stimmung: Durch den Spaß an dieser Aktion und im besten Fall auch durch die schönen Momente der Reflexion entsteht positive Stimmung. Nutze sie für den weiteren Verlauf deines Workshops.

Reflexion: Das Nachdenken über die erhaltenen Botschaften auf den Zetteln führt zu Selbstreflexion. Gib den Teilnehmenden Zeit, um für sich aus den Botschaften etwas abzuleiten.

Spaß: Für alle Teilnehmenden, die dem Kindesalter mental noch nicht entwachsen sind, ist diese Aktivität ein schöner, blödsinniger Quatsch. Zerknüllte Papierbälle durch die Gegend werfen eben.

Quelle

Das Spiel wurde irgendwann mal von Rolf Katzenberger verbreitet. Eine originäre Quelle ist uns nicht bekannt.

Rolf selbst sagt: »Das ist ein sehr altes Spiel, das sehr oft variiert wird. Ich weiß nicht, wer es (oder ob es jemand) erfunden hat. Die älteste Quelle, die ich habe, ist [ALDUINO]«.

Pomodoro Break

Typ: Sammeln von Energizern im Team

Zwecke: Energizer, Teamwork

Medium: offline und online

Niveau: leicht

Gruppengröße: beliebig viele Personen

Dauer: 10 Minuten Vorbereitung, 3 bis 5 Minuten pro Energizer

Learning Objectives

In längeren Workshops und Trainings dienen die Pomodoro-Break-Energizer neben den beabsichtigten Pausenaktivitäten auch dazu, die Teilnehmenden zusammenarbeiten und Teamwork entstehen zu lassen.

Benötigtes Material

Es muss die Möglichkeit bestehen, die identifizierten Pomodoro Breaks für alle Teilnehmenden zu visualisieren. Dazu reicht eine sichtbare Fläche wie z. B. ein Flipchart, ein Whiteboard, eine Tafel, ein Fenster oder ein Stück Wand, auf die die Pomodoro Breaks per Haftnotiz geklebt werden.

Vorbereitung

Der Begriff »Pomodoro« stammt von der »Pomodoro® Technique« von Francesco Cirillo [CIRILLO]. »Pomodoro« heißt auf Italienisch Tomate und ist zurückzuführen auf die typischen Küchenuhren aus den 1980er-Jahren, die die Form einer roten Tomate hatten. Cirillo hat davon die Idee abgeleitet, seine Arbeit in kurzen Timeboxen von 25 Minuten zu organisieren, zwischen denen fünfminütige Pausen liegen. Im Kontext dieses Energizer-Spiels suchen wir für die Pausen kurze Energizer von drei bis fünf Minuten Dauer.

Abbildung 6-2: Die klassische Küchenuhr in Tomatenform, der sogenannte »Pomodoro Timer«. [POMODORO-IMG]

Stell die Idee der Pomodoro Breaks vor: »Wir werden in diesem Training immer wieder kurze Pausen einlegen, um Energie aufzuladen, zur Ruhe zu kommen oder uns miteinander zu verbinden. Teilt euch nun bitte in drei Gruppen auf. Die erste Gruppe widmet sich dem Thema Energie, die zweite Gruppe dem Thema Ruhe, und die dritte Gruppe kümmert sich um Verbindung.«

Nachdem sich die drei Gruppen gefunden haben, gibst du ihnen den Auftrag, für ihr Thema so viele dreiminütige Übungen wie möglich zu finden. »Schreibt eure Vorschläge auf einzelne Klebezettel und macht sie dort an der Pomodoro-Break-Wand für alle sichtbar. Ich gebe euch fünf Minuten, um Ideen zu finden«.

Bereite nun einen sichtbaren Platz für die Pomodoro-Breaks vor, wie in Abbildung 6-3 zu sehen.

Abbildung 6-3: Sichtbare Pomodoro-Break-Wand zur Visualisierung der einzelnen Ideen

Nach fünf Minuten erklärst du: »Wann immer wir eine Pause benötigen, werden wir auf die entstandenen Ideen auf der Pomodoro-Break-Wand schauen und eine auswählen.«

Ablauf und Moderation

Nimm während des Workshops bzw. Trainings die Energie und das Verhalten der Gruppe wahr. Wenn du den Eindruck hast, dass eine kurze Pause helfen könnte, dann äußere diesen Eindruck gegenüber den Teilnehmenden.

Stell die Frage, ob die Leute gerade neue Energie brauchen, zur Ruhe kommen wollen oder ihre Verbindung miteinander stärken möchten. Gib hier auch gern deine Beobachtung als Impuls in die Runde.

Die Wahl der durchzuführenden Pomodoro-Break-Übung überlässt du dann der jeweiligen Gruppe, die die Ideen zum gewünschten Thema entwickelt hatte. Diese erhält dann drei Minuten für die Übung.

Zwecke im Detail

Energizer: Der einzige Zweck dieser Übung liegt darin, Energizer zu sammeln und sie im Workshop oder Training konkret einzusetzen.

Teamwork: Durch die initiale Aufgabe der einzelnen Gruppen, Energizer zu einem bestimmten Thema zu finden und bereitzustellen, entsteht ein gemeinsames Arbeitsergebnis. Teamwork ist dafür unerlässlich.

Quelle

Marc hat dieses Spiel in einem Sociocracy-3.0-Training mit James Priest und Liliana David kennengelernt.

Schnitzeljagd

Typ und Zweck: Energizer

Medium: offline und online

Niveau: leicht

Gruppengröße: beliebig viele Personen

Dauer: 5 Minuten

Learning Objectives

Aufstehen, Gegenstände suchen, Sauerstoff tanken.

Benötigtes Material

Alles, was in der Nähe der Teilnehmenden zu finden ist.

Ablauf und Moderation

Stell der Gruppe ein paar Aufgaben folgender Art:

- »Sucht mal etwas Grünes um euch herum und haltet es in die Kamera.«
- »Jetzt findet bitte etwas Rundes.«
- »Zeigt etwas, das auf dem Boden liegt.«

Lass dich hier einfach von deinem eigenen Umfeld inspirieren.

Wenn du diesen Energizer live vor Ort mit den Leuten machst, gib ihnen drei Aufgaben mit auf den Weg. Die entsprechenden Gegenstände sollen sie dann an ihrem Arbeitsplatz, im Büro, im Konferenzhotel oder wo auch immer finden und mitbringen.

Zwecke im Detail

Energizer: Diese Übung ist nichts anderes als ein klassischer Energizer. Die Leute stehen auf, bewegen sich und bekommen eine frische Durchlüftung ihrer Gehirne.

Quelle

Die Historiker streiten sich bis heute, ob dieses Spiel im alten Ägypten, von den Römern oder vor 28.000 Jahren in Australien erfunden wurde.

Walk & Talk

Typ: einfach mal 'ne Pause machen

Zwecke: Energizer, vertrauensbildend

Medium: offline und online

Niveau: leicht

Gruppengröße: beliebig viele Personen

Dauer: 5 bis 10 Minuten

Learning Objectives

Sauerstoff ins Gehirn atmen, sich dabei bewegen und mit jemandem austauschen. Diese vermeintlich einfache Pause kann nebenbei noch dafür genutzt werden, das bislang Gelernte zu festigen.

Benötigtes Material

Online brauchen alle Teilnehmenden ein mobiles Gerät, mit dem sie rumlaufen und kommunizieren können. Wer kein Wählscheibentelefon mehr besitzt, hat so etwas meist in Form eines Smartphones sowieso immer dabei.

Ablauf und Moderation

»Wir machen eine Acht-Minuten-Energiepause. Findet euch zu zweit oder zu dritt zusammen, geht nach draußen, lauft etwas herum, unterhaltet euch und seid pünktlich wieder zurück. Viel Spaß.«

Online: »Verlasst bitte tatsächlich euren Platz und geht nach draußen. Verbindet euch per Telefon oder Konferenzsystem miteinander.«

Optional: »Tauscht euch zu dem bisher Gelernten aus. Welche Erkenntnisse habt ihr gewonnen? Welche offenen Fragen könnt ihr gemeinsam beantworten? Was werdet ihr zukünftig konkret umsetzen?« Stell diese optionalen Fragen nur, wenn das Energieniveau der Gruppe dies gerade hergibt und du spürst, dass die Teilnehmenden unbedingt am Thema dranbleiben wollen.

Zwecke im Detail

Energizer: Ja, diese Aktivität ist letztlich nichts anderes als eine klassische Pause. Neben der körperlichen Bewegung und der Durchlüftung des Gehirns fördert sie in dieser Form auch den Austausch mit anderen Teilnehmern.

Vertrauensbildend: Durch das persönliche Gespräch mit anderen Teilnehmenden entsteht ein gesteigertes Vertrauen zwischen diesen.

Quelle

Vor ungefähr 3,5 Milliarden Jahren sind wohl die ersten einzelligen Prokaryonten losgezogen und haben sich über chemische Botenstoffe Witze erzählt und Energie getankt. Na ja, das führt an dieser Stelle jetzt vielleicht zu weit.

Jonglieren lernen

Typ und Zweck: Energizer

Medium: offline und online

Niveau: leicht

Gruppengröße: beliebig viele Personen

Dauer: mindestens 4 Durchgänge à 5 Minuten

Learning Objectives

Im Laufe eines Workshops während der Energizer-Phase tatsächlich jonglieren lernen.

Benötigtes Material

- Bälle oder Tücher
- Anleitung zum Jonglierenlernen, siehe [JONGLIEREN]

Vorbereitung

Eine relativ einfache Methode zum Jonglierenlernen besteht aus folgenden vier Übungen:

1. Vorübung 1: einen Ball werfen
2. Vorübung 2: zwei Bälle werfen
3. Jonglieren: mit drei Bällen üben
4. Kaskade: fließend mit drei Bällen jonglieren

Drucke die Übungen von [JONGLIEREN] aus bzw. zeige sie den Teilnehmenden in deiner Videokonferenz.

Ablauf und Moderation

Nutze diese aufbauenden, kurzen Übungen jeweils als Energizer. Zeige den Teilnehmenden immer die nächste Übung, damit sie jeweils einen Schritt weiterkommen und am Ende des Workshops tatsächlich jonglieren können.

Wenn jemand mit Bällen nicht gut zurechtkommt, sind für den Anfang Jongliertücher eine gute Alternative (siehe Abbildung 6-4). Diese fallen sehr viel langsamer.

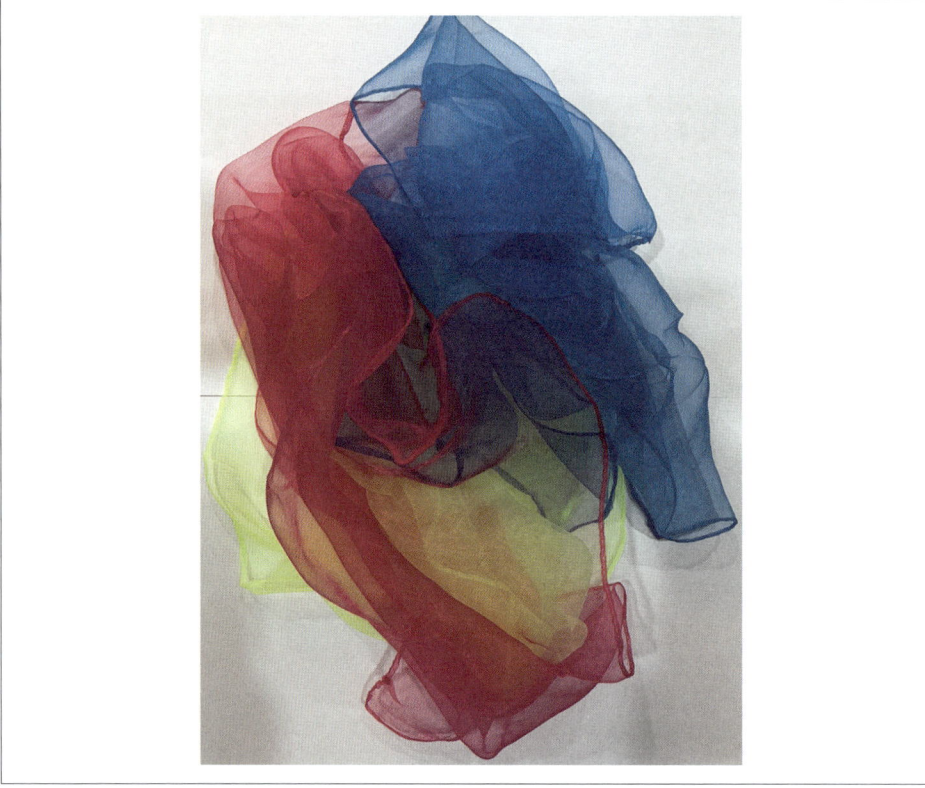

Abbildung 6-4:   Jongliertücher

Stolperfallen

Achte darauf, körperlich eingeschränkte Menschen nicht zu brüskieren. Sei hier achtsam und wähle bei Bedarf andere Energizer. Die Übung soll außerdem nicht zum Fremdschämen animieren. Auch wenn in der Gruppe viele gut mit dem Jonglieren zurechtkommen sollten, schadet es einem Vollprofi nicht, ab und zu mal absichtlich etwas fallen zu lassen.

Zwecke im Detail

Energizer: Diese Übung ist ein hervorragender Energizer für die Teilnehmenden. Wenn du ihn als wiederkehrende Aktivität in einen langen Workshop oder ein mehrtägiges Training einbaust, können die Freiwilligen am Ende tatsächlich jonglieren. Sie lernen etwas Neues, haben Spaß dabei und bekommen auch körperlich noch etwas zu tun.

Quelle

Diverse Informationsangebote des allwissenden Internets behaupten, dass das früheste Zeugnis jonglierender Frauen auf einer ägyptischen Grabmalerei am Grab Beni Hassans aus der Zeit um 1.790 v. Chr. zu sehen sei.

Marc hat das Jonglieren 2010 während eines Advanced-Scrum-Master-Trainings mit Steffi Krause gelernt.

Spiele in diesem Kapitel:
- Brief an mich selbst
- Study Buddy
- Hausaufgaben
- Journaling

KAPITEL 7
Closing

»Am Ende gilt doch nur, was wir getan und gelebt – und nicht, was wir ersehnt haben.«

– *Arthur Schnitzler (1862–1931), österreichischer Erzähler*

Die folgenden Aktivitäten sind vielleicht keine Spiele im eigentlichen Sinn. Wir möchten dir dennoch ein paar Ideen mitgeben, wie du einen Workshop oder ein Training abschließend so gestalten kannst, dass deine Teilnehmenden mit einer erhöhten Wahrscheinlichkeit ihre Erkenntnisse auch in Handeln umsetzen können.

Brief an mich selbst

Typ: persönliches Commitment zum Abschluss

Zwecke: Closing, Handlung initiieren, Reflexion

Medium: offline und online

Niveau: leicht

Gruppengröße: beliebig

Dauer: 5 bis 15 Minuten

Learning Objectives

Die Teilnehmenden halten für sich selbst konkrete Maßnahmen fest, die sie zukünftig durchführen möchten.

Benötigtes Material

Zettel und Stift für alle Teilnehmenden. Optional: Briefumschläge.

In der Onlinevariante benötigen die Teilnehmenden bei sich vor Ort Zettel und einen Stift. Sie können natürlich auch elektronisch schreiben.

Ablauf und Moderation

»Bitte nehmt euch ein paar Minuten Zeit und reflektiert darüber, was ihr hier heute erfahren, gesehen, gehört und gelernt habt. Findet heraus, welche Maßnahmen ihr euch vornehmt und welche Aktivitäten ihr durchführen möchtet. Definiert einen Zeitpunkt, bis zu dem ihr das alles gemacht haben wollt. Versetzt euch jetzt in diese Zukunft und schreibt euch von dort aus selbst einen Brief. Schreibt euch, wie gut das alles funktioniert hat, wer euch dabei geholfen hat und welche Schwierigkeiten ihr wie überwunden habt.«

Gib den Teilnehmenden fünf bis zehn Minuten Zeit, ihren Brief an sich selbst zu schreiben.

»Nehmt euren Brief mit. Nutzt ihn immer wieder, um euch an eure Ziele zu erinnern.«

Eine schöne Erweiterung dieser Aktivität ist das Zusenden des Briefs an die einzelnen Personen. Dazu verteilst du zusätzlich einen Briefumschlag an die Teilnehmenden.

»Schreibt eure Adresse auf den Briefumschlag. Auf die Rückseite schreibt ihr das Datum, an dem der Brief abgeschickt werden soll. Steckt euren Brief in den Umschlag, klebt ihn zu und gebt ihn mir gleich beim Verlassen des Raums.«

Du musst nur noch Briefmarken draufkleben und die Briefe nach Datum sortiert in deine Snail-Mail-Outbox legen. (Und diese idealerweise auch zu den gewünschten Zeitpunkten leeren.)

Zwecke im Detail

Closing: Dies ist unbestritten eine Übung zum Abschluss eines längeren Workshops oder eines Trainings.

Handlung initiieren: Die Teilnehmenden überlegen sich, welche konkreten Schritte sie als Nächstes gehen möchten, und schreiben diese nieder. Damit festigt sich das Vorhaben, und die Wahrscheinlichkeit steigt, dass die Menschen tatsächlich ins Handeln kommen.

Reflexion: Durch die Aufgabe, das Gelernte und die nächsten Schritte aufzuschreiben, entsteht automatisch eine Reflexion darüber, welche Inhalte wichtig waren, welche Erlebnisse bemerkenswert waren und welche eine weitere Beschäftigung wert sind.

Quelle

Nicht bekannt.

Study Buddy

Typ: gemeinsames Commitment zum Abschluss

Zwecke: Closing, Handlung initiieren, vertrauensbildend

Medium: offline und online

Niveau: leicht

Gruppengröße: beliebig

Dauer: 10 Minuten

Learning Objectives

Die Teilnehmenden finden einen Partner, um sich gegenseitig an ihre Ziele zu erinnern.

Benötigtes Material

Zettel und Stifte für alle Teilnehmer.

In der Onlinevariante benötigst du ein Videokonferenztool mit Breakout-Räumen.

Ablauf und Moderation

»Findet euch bitte paarweise zusammen.« (Bei ungerader Gruppengröße geht auch eine Dreiergruppe.)

»Tauscht euch über eure Ziele und geplante Maßnahmen nach diesem Workshop/Training aus. Macht euch gegebenenfalls Notizen. Vereinbart einen Termin, an dem ihr euch telefonisch, virtuell oder tatsächlich trefft und euch gegenseitig an eure Ziele und Maßnahmen erinnert.«

Online benötigt es etwas mehr Zeit, die Paarungen sich finden zu lassen. Du kannst auf einem virtuellen Whiteboard Paarungsboxen vorbereiten, in die sich die Teilnehmenden mit ihrem Namen eintragen und zusammenfinden. Du kannst sie chatten lassen, um sich gegenseitig als Buddy anzufragen. Oder du stellst so viele Breakout-Räume zur Verfügung, wie Paarungen benötigt werden, und lässt die Leute einfach sich selbst in die Räume begeben, um ihre Buddies zu finden.

Gib den Gruppen fünf bis acht Minuten Zeit, um sich zu besprechen und gegebenenfalls Kontaktdaten auszutauschen.

Zwecke im Detail

Closing: Diese Aktivität findet üblicherweise am Ende eines Workshops oder Trainings statt. Tatsächlich spricht aber überhaupt nichts dagegen, bereits am Anfang oder während des Events Paare zu bilden. Diese können sich dann bereits auf ihren nachfolgenden Austausch vorbereiten. Trotzdem haben wir es hier mit einem klassischen Closing zu tun, da die eigentliche Arbeit der Paare hinterher stattfindet.

Handlung initiieren: Durch die Festlegung der Paare entsteht eine gewisse Verbindlichkeit, sich nach dem Workshop oder Training mit den eigenen Themen weiter zu beschäftigen und sich auszutauschen. Dies erhöht die Wahrscheinlichkeit deutlich, dass die Umsetzung der nächsten Schritte auch tatsächlich erfolgt.

Vertrauensbildend: Die beiden Teilnehmenden werden im Nachgang miteinander arbeiten und sich austauschen. Dadurch entwickelt sich zumindest innerhalb der Paare weiteres Vertrauen.

Quelle

Nicht bekannt. Und eigentlich haben wir schon genug Steinzeitwitze.

Hausaufgaben

Typ: Vorbereitung oder Nachbereitung des Gelernten

Zwecke: Closing, Handlung initiieren, Reflexion

Medium: offline und online

Niveau: leicht

Gruppengröße: beliebig

Dauer: 10 Minuten

Learning Objectives

Die Teilnehmenden vertiefen nach dem Training ihr Wissen und sammeln durch konkrete Anwendung Erfahrung.

Benötigtes Material

Alle Teilnehmenden müssen die Möglichkeit haben, ihre eigenen Hausaufgaben zu notieren.

Vorbereitung

Für deine Workshop-Themen solltest du jeweils eine Idee zur Vertiefung als Hausaufgabe bereithalten. Für die agilen Spiele in diesem Buch findest du genügend Literaturverweise, aus denen sich Hausaufgaben ableiten lassen. Auch Videos, Podcast-Folgen oder andere Onlineressourcen eignen sich, damit sich die Teilnehmenden im Nachgang weiter mit dem Thema beschäftigen.

Ablauf und Moderation

Am Ende eines thematischen Moduls oder auch des gesamten Trainings gibst du den Teilnehmenden eine Hausaufgabe mit. Dabei gibt es verschiedene Ausprägungen:

- **Anwendung:** »Sucht euch eine der Praktiken aus, die ihr heute gelernt habt. Schreibt auf, wann und wie ihr diese schnellstmöglich anwenden werdet.«
- **Reflexion:** »Schaut euch in vier Wochen unsere Trainingsunterlagen noch mal an und haltet fest, welche Auswirkungen sich durch das Training bereits ergeben haben. Findet dann weitere Wege, die euch beim Festigen und Ausbauen helfen.«
- **Vertiefung:** »Wenn ihr das Thema richtig beherrschen wollt, dann lest alles von Jane Doe dazu und schaut euch unbedingt ihren TED-Talk an.«
- **Vorbereitung:** »Für unser nächstes Treffen recherchiert ihr bitte zum Thema XY und macht euch damit vertraut. Sucht vor allem nach Vor- und Nachteilen, die XY mit sich bringt.«

Nachbereitung

Wenn du die Teilnehmenden in einem geplanten nächsten Treffen wiedersiehst, gib ihnen den Hinweis, dass ihr dann gleich am Anfang kurz über die Erfahrungen und Lektionen aus den Hausaufgaben sprechen werdet.

Du kannst den Leuten auch anbieten, dich individuell in ein paar Wochen bei ihnen zu melden und ihre Hausaufgaben mit ihnen zu besprechen.

Stolperfallen

Nicht alle sind lernbesessen und lesen neben ihrem Job noch zwei bis drei Bücher pro Woche. Achte darauf, dass du die Menschen nicht mit Hausaufgaben überfrachtest. Lieber wenige Tasks fokussiert aufgeben als ein langes Backlog auf den Tisch legen.

Es spielt keine Rolle, ob die Hausaufgaben gemacht werden oder nicht. Pass auf, dass es keinesfalls zu einem Blame-Game kommt. Du hast es mit erwachsenen Menschen zu tun, die ihre individuellen Prioritäten setzen. Sollte jemand aktiv auf dich zukommen und nach Hilfestellung fragen, wie das alles nebenbei bewältigt werden kann, ist das der beste Trigger, dieser Person ein individuelles Coaching anzubieten.

Zwecke im Detail

Closing: Hausaufgaben sind eine typische Aktivität am Ende eines Workshops oder Trainings. Es spricht nichts dagegen, bereits während des Trainings auf einzelne Hausaufgaben hinzuweisen. Letztendlich verlassen die Teilnehmenden deine Veranstaltung mit einem Bündel an Hausaufgaben.

Handlung initiieren: Diese Übung dient dazu, die Teilnehmenden bei ihren konkreten nächsten Schritten zu begleiten. Durch geschickte Fragestellungen und Aufgaben kommen diese ins Handeln. Die Wahrscheinlichkeit erhöht sich deutlich, dass die Teilnehmenden nach dem Workshop oder dem Training tatsächlich aktiv werden.

Reflexion: Durch die Beschäftigung mit den Themen des Workshops oder des Trainings reflektieren die Teilnehmenden automatisch das Gelernte und Erlebte. Im besten Fall hinterfragen sie ihre derzeitigen Handlungsweisen und Situationen und können diese an ihre Lernziele anpassen.

Quelle

Nicht mehr nachvollziehbar.

Journaling

Typ: Nachhaltiges Dranbleiben im Anschluss an den Workshop

Zwecke: Closing, Handlung initiieren, Reflexion

Medium: offline und online

Niveau: leicht

Gruppengröße: beliebig

Dauer: 5 Minuten

Learning Objectives

Die Teilnehmenden halten nach dem Training ihre konkreten Erfahrungen fest, um diese besser zu reflektieren.

Benötigtes Material

Keins.

Ablauf und Moderation

Ganz ähnlich wie bei den Hausaufgaben bittest du die Teilnehmenden am Ende eines Trainings, in der nächsten Zeit ein Tagebuch zu führen und ihre konkreten Erfahrungen in der Anwendung des Gelernten aufzuschreiben:

»Nehmt euch jeden Tag fünf bis zehn Minuten Zeit. Reflektiert den Tag, eure Erlebnisse und die Erfahrungen, die ihr gesammelt habt. Schreibt in einem Tagebuch bzw. Journal auf, was euch gut gelungen ist, welche Schwierigkeiten z. B. mit den neuen Maßnahmen aufgetaucht sind und wie ihr diese morgen überwinden werdet.«

Nachbereitung

Das Journal kannst du in einem Folgetreffen mit den Teilnehmenden gut nutzen, um gemeinsam über die Erfahrungen zu reflektieren.

Zwecke im Detail

Closing: Diese Übung ist fast schon kein Closing mehr, sondern nur noch ein Arbeitsauftrag. Die Teilnehmenden beschäftigen sich nach dem Workshop oder dem Training noch intensiv mit den Lerninhalten.

Handlung initiieren: Durch die Beschäftigung der Teilnehmenden mit dem Gelernten und Erlebten im Nachgang deines Events entsteht ein Fokus auf die konkreten nächsten Schritte. Die Menschen setzen sich idealerweise täglich damit auseinander, wie weit sie bereits fortgeschritten sind und welche nächsten Schritte nun gegangen werden.

Reflexion: Die tägliche Auseinandersetzung mit dem eigenen Vorankommen ist eine ideale Basis für die Selbstreflexion der Teilnehmenden. Wenn diese sich dem Journaling ernsthaft widmen, kommen sie um den Reflexionsprozess gar nicht herum.

Quelle

Nicht bekannt.

TEIL III
Spiele und Simulationen

Spiele in diesem Kapitel:
- Coin Flip Game
- Boss-Worker-Game
- Push versus Pull in einer Minute
- Counting Numbers and Letters
- Multitasking Name Game – wie lange dauert es, einen Namen zu schreiben?
- Marshmallow Challenge
- Business Value Poker
- Magisches Dreieck
- Resource Utilization Trap

KAPITEL 8
Vermittlung von Prinzipien

»Orientierung in der Welt ist am besten mit den Mitteln des Spiels zu finden.«
– Elmar Schenkel (*1953), Anglist, Autor, Übersetzer, Maler

Um agile Arbeitsweisen zu verstehen und nachvollziehen zu können, aus welchem Grund sie gelebt werden sollten, ist es notwendig, sich mit den agilen Grundlagen und Prinzipien zu beschäftigen. Die Spiele in dieser Kategorie veranschaulichen verschiedene Prinzipien und machen sie für die Teilnehmenden erlebbar.

Coin Flip Game

Typ: Prinzip der Losgröße (Batch Size) und der Notwendigkeit ihrer Reduzierung (Batch Size Reduction)

Zwecke: Batch Size (Reduction), Business Value, Lean-Prinzipien, Work-in-Progress-Limit

Medium: online und offline

Niveau: Da hier ein Prinzip vermittelt wird, solltest du in der zugrunde liegenden Fachlichkeit sattelfest sein

Gruppengröße: beliebig viele Gruppen mit 5 bis 11 Teilnehmenden

Dauer: 30 Minuten (5 Minuten Vorbereitung und Erklärung, 15 Minuten Spielzeit, 10 Minuten Nachbesprechung)

Learning Objectives

Die zu gewinnende Erkenntnis für die Teilnehmenden ist: Wenn wir die zu leistende Arbeit in kleinere Päckchen schnüren, beschleunigen wir den Gesamtdurchlauf und ermöglichen viel früheres Feedback.

Benötigtes Material

Für jede Gruppe ist ein Set von zehn gleichen Münzen notwendig. Der Nennwert der Münzen spielt keine Rolle. In der Moderationsrolle protokollierst du die Zeiten auf einem Flipchart in einer Tabelle, die wie Tabelle 8-1 aufgebaut ist. Eine Stoppuhr wäre dafür eine gute Möglichkeit.

Online benötigst du ein virtuelles Whiteboard, auf dem alle Spielenden arbeiten können, sowie die entsprechende Vorlage.

Tabelle 8-1: Protokoll der Zeiten

	Runde 1	Runde 2	Runde 3
Gruppe 1			
Gruppe 2			
…			

Vorbereitung

Jede Gruppe erhält einen Satz Münzen. Pro Gruppe müssen dann die Rollen festgelegt werden. Es werden vier »Arbeitskräfte« und ein oder mehrere »Timekeeper« oder »Manager« benötigt. Falls mehrere Timekeeper bestimmt werden, messen diese neben der reinen Spielzeit weitere Aspekte. Sollte das der Fall sein, ist für die Nachbesprechung entsprechend mehr Zeit sinnvoll.

Optional dürfen die Timekeeper gern auch die Rolle als »Führungskraft« übernehmen mit der Aufgabe, die Arbeitskräfte anzuspornen. Hier kann es gern mal zu einer Situation kommen, in der sich dann vier Arbeiterkräfte ebenso vielen Führungspersonen gegenübersehen. Also ganz wie im richtigen Leben …

Ablauf und Moderation

»Platziert eure vier Arbeitskräfte nun so, dass eine Kette von vier Arbeitsstationen entsteht. Die erste Arbeitskraft nimmt sich bitte alle zehn Münzen auf ihre Station.«

Gib ein Startsignal. Nimm dafür deine Stimme, ein fieses Geräusch von deinem Smartphone, einen Gong, zähle von drei runter oder tu, was auch immer du willst.

Die Arbeitskräfte beginnen nun mit der Produktion. Das Ziel jeder Arbeitskraft ist es, alle Münzen umzudrehen und weiterzugeben. Die Runde endet für eine Gruppe, wenn alle Arbeitskräfte jede Münze einmal umgedreht haben. Durchgeführt werden vier Runden wie folgt:

1. In der ersten Runde dreht die Arbeitskraft erst alle zehn Münzen um, bevor sie diese an die Arbeitskraft der nächsten Station weitergibt.
2. In der zweiten Runde dreht die Arbeitskraft fünf Münzen um und gibt diese zusammen weiter. Dann dreht sie weitere fünf Münzen um und gibt auch diese zusammen weiter.

3. In der dritten Runde dreht die Arbeitskraft noch jeweils zwei Münzen um und gibt diese zusammen weiter. Diese Aufgabe wird also fünf Mal wiederholt, damit alle zehn Münzen bearbeitet sind.
4. In der abschließenden Runde wird jede Münze direkt nach dem Umdrehen weitergereicht.

Der Timekeeper misst die Gesamtdurchlaufzeit pro Runde und teilt dir diese nach jeder Runde mit. Du trägst die Zeiten in der Tabelle entsprechend ein. Wenn mehrere Gruppen gleichzeitig spielen, bittest du die einzelnen Timekeeper, die Zeiten selbst in ihre Tabelle einzutragen.

Online

Auf deinem virtuellen Whiteboard bereitest du für jede spielende Gruppe einen Bereich vor wie in Abbildung 8-1 gezeigt.

Abbildung 8-1: Onlinevariante des Coin Flip Game

Da sich virtuelle Münzen in den meisten Whiteboards nicht umdrehen lassen, spielen wir das Spiel ganz einfach mit dem Umfärben der Münzen. Jede Arbeitsstation sieht sofort, wie viele Münzen am Stück in welcher Farbe weitergegeben werden dürfen.

An dieser Stelle musst du sicherstellen, dass alle Arbeitskräfte das eingesetzte Tool beherrschen und in der Lage sind, ein rundes Objekt zu selektieren, seine Farbe zu ändern, dann mehrere Objekte zu selektieren und diese mit der Maus zu bewegen. Sorge also dafür, dass alle in der Gruppe mit dem Werkzeug deiner Wahl klarkommen.

Auch ist es hier wirklich wichtig, dass z. B. die farbigen Arbeitsfelder und die Pfeile dazwischen gegen Verschieben gesichert sind. Sonst wird die eigentliche Übung wahrscheinlich durch Verzerrungen des Spielfelds permanent gestört.

Die Timekeeper tragen ihre gemessenen Zeiten auch direkt in die vorgesehenen Boxen für jede Runde ein. Damit sparst du überflüssige Koordination und Kommunikation.

Hinweise

Eine Alternative ist der Einsatz von unterschiedlichen Münzen und Münzwerten. Damit wird dann sogar ein unterschiedlicher Value Flow abbildbar. Verteile dazu einfach eine gemischte Menge verschiedener Münzen von 1 Cent bis zu 2 Euro an das spielende Team.

Beispiel für eine Menge verschiedener Münzen: 2 €, 1 €, 50 Ct, 20 Ct, 2 × 10 Ct, 5 Ct, 2 × 2 Ct, 1 Ct. Das ergibt einen Gesamtwert von 4 Euro.

In den einzelnen Spielrunden kann das Team dann ermitteln, welcher Wert als allererster ausgeliefert wurde. Wenn in der dritten Runde jeweils zwei Münzen gemeinsam weitergegeben werden, kann es also passieren, dass entweder 3 Cent an Wert erzeugt wurden oder 3 Euro. Im ersten Fall entspricht das weniger als 1 % des Gesamtwerts, im zweiten Fall 75 %. So wird sofort ersichtlich, dass die taktische Backlog-Priorisierung nach »Business Value« einen noch größeren Vorteil zusätzlich zu den kleinen Losgrößen bewirkt.

Debriefing-Tipps

Mit dieser Simulation wird der Einfluss von Losgrößen auf die Durchlaufzeiten verdeutlicht. Das Ergebnis wird voraussichtlich (einzelne Abweichungen sind normal) so aussehen, dass die späteren Runden teilweise erheblich schneller durchlaufen. Meist ist die dritte Runde die schnellste, da die sogenannten Transaktionskosten durch das Weiterreichen der Münzen auf einem Niveau mit der eigentlichen Arbeit des Umdrehens liegen bzw. je nach Anordnung der Arbeitsstationen am Tisch sogar »teurer« (im Sinne von Zeit) sind.

Zur Erklärung wird etwas Mathematik benötigt. Man sieht hier die Auswirkungen von »Little's Law«, einem Prinzip, das in der Warteschlangentheorie ausführlich besprochen wird. Ein sehr gutes Buch zu dem Thema ist Don Reinertsens »The Principles Of Product Development Flow« [REINERTSEN].

Sollte ein Team deutlich andere Ergebnisse erzielen, lass dich davon nicht aus der Ruhe bringen. Das ist nicht ungewöhnlich und auch nicht schlimm. Gerade in einer großen Veranstaltung mit zehn Teams, die parallel spielen, kommt so etwas schon mal vor. Das ist wie im echten Leben: Manchmal läuft es ein bisschen anders. Statistisches Rauschen ist unvermeidbar.

Dann gibt es noch die Schlauberger, die bestimmte Optimierungen vornehmen – beispielsweise indem sie im Offlineformat mittels zweier Pappkartons (z. B. den Rückseiten der allgegenwärtigen Konferenzhotel-Schreibblöcke) alle zehn Münzen auf einmal umdrehen. Oder die die Münzen mit einem Blatt Papier weiterreichen statt sie »von Hand« zu schieben. Dies wird das Ergebnis auch etwas verfälschen. Aber das ist okay. Du siehst hier lokale Optimierungsstrategien am Werk. Und zwar solche, die die Gesamtverbesserung des Prozesses wahrscheinlich nicht überleben werden. Quasi nicht skalierende Lösungen. Eigentlich ein guter Einstieg in eine Nebendiskussion. Falls du Zeit und Muße dafür hast.

Zwecke im Detail

Batch Size (Reduction): Der ganze Ablauf dieses Spiels zielt darauf ab, den Effekt der Batch Size Reduction (Reduzierung der *Losgröße*) aufzuzeigen. Ein großer Haufen Arbeit (zehn Münzen) läuft deutlich langsamer durch das System als eine reduzierte Menge an Arbeit (eine oder zwei Münzen). Diese Erkenntnis sollten alle Teilnehmenden direkt durch das Spiel gewinnen können.

Business Value: Bei der beschriebenen Variante des »Value Flow« mit verschiedenen Münzwerten kannst du das Thema »Business Value« gut ins Debriefing aufnehmen. Die Bedeutung und die Effekte einer Priorisierung nach Business Value sind durch das Spiel sofort ersichtlich.

Lean-Prinzipien: Dieses Spiel vermittelt von allen fünf Lean-Prinzipien vor allem das dritte Prinzip »Flow erzeugen«. Dieser Flow entsteht durch die oben genannte Reduzierung der Losgröße. Je weniger gleichzeitig bearbeitet wird, desto schneller fließt einzelne Arbeit durch das System. Die anderen vier Prinzipien (»Wert identifizieren«, »Wertstrom abbilden«, »Pull einführen« und »Kontinuierliche Verbesserung«) sind mit dem Coin Flip Game höchstens am Rande zu erklären.

Work-in-Progress-Limit: Durch die Reduzierung der Losgröße (Batch Size Reduction) arbeiten die Teilnehmenden automatisch mit einer Limitierung der gleichzeitigen Arbeit (Work-in-Progress-Limit). Die Effekte davon zeigen sich direkt während der verschiedenen Spielrunden.

Quelle

Dieses Spiel existiert in dieser Form seit mindestens 2008 und geht auf Joe Little zurück [NORMAN].

Boss-Worker-Game

Typ: Prinzip des »Servant Leadership«

Zwecke: Lean-Prinzipien, Push-versus-Pull-Prinzip, Selbstorganisation, Servant Leadership

Medium: online und offline

Niveau: relativ einfach zu moderieren

Gruppengröße: ab 10 Personen, nach oben keine Grenze; für die Onlinevariante ab 6 Personen

Dauer: 10 Minuten

Learning Objectives

Das Spiel verdeutlicht, wie sich in der agilen Welt die klassische *Command-and-Control-Rolle* von Führungskräften wandelt zu einer *Servant-Leadership-Rolle*. Eine der grundlegenden Ideen von Scrum aus dem Paper »The New New Product Development Game« [TAKEUCHI-NONAKA] wird hier sichtbar gemacht: Ein sich selbst organisierendes Team funktioniert besser, wenn es nicht von außen dirigiert wird; ein Scrum-Team spielt sich die Bälle selbst kontinuierlich zu.

Zur Verdeutlichung des Unterschieds der beiden Rollen/Führungsstile kommen im Spiel Push-Systeme mit Führungskraft und Pull-Systeme mit Servant Leader zum Einsatz.

Benötigtes Material

Begrenzte Räumlichkeit mit Stühlen, Tischen, Papierkörben usw., die als Hindernisse in den Raum gestellt werden können.

Für die Onlinevariante brauchst du ein virtuelles Whiteboard mit einem vorbereiteten »Raum«, wie in Abbildung 8-2 zu sehen. Im Beispiel zeigen wir einen 6 × 6 Felder großen Raum, in dem sich die Spielfiguren bewegen dürfen. Auf einigen Feldern stehen Hindernisse.

Als Spielfiguren setzen wir mit Buchstaben beschriftete Pfeile ein (siehe Abbildung 8-3). Die Anzahl der Spielfiguren entspricht der Anzahl der Teilnehmenden.

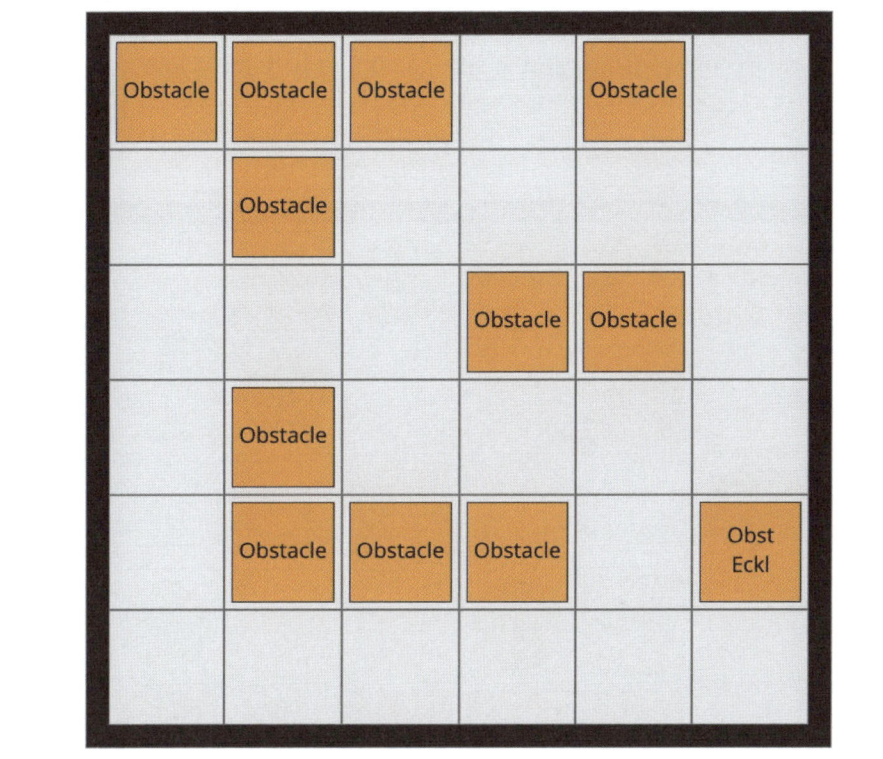

Abbildung 8-2:   Spielfeld für die Onlinevariante des Boss-Worker-Game

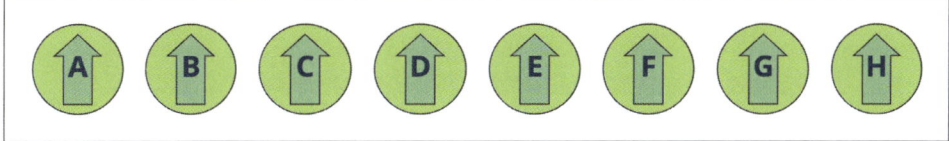

Abbildung 8-3:   Spielfiguren für die Onlinevariante des Boss-Worker-Game

Vorbereitung

Der Raum wird mit den vorhandenen Hindernissen bestückt und verkleinert, sodass die Teilnehmenden nicht mehr frei im Kreis laufen können. (Variante: Der Raum wird erst in der zweiten Runde mit Hindernissen bestückt.)

Die Teilnehmenden finden sich paarweise zusammen und legen fest, wer von beiden der Boss und wer der Worker ist – oder auch die Chefin und die Arbeiterin.

Übrig bleibende Personen und solche, die nicht mitmachen möchten oder das Spiel schon kennen, werden zu Helfern und verbleiben mit in der Menge der Menschen.

In der Onlinevariante suchen sich alle Mitspielenden eine Spielfigur aus. Wer sich den Buchstaben der eigenen Figur nicht merken kann, darf diesen natürlich auch gern selbst editieren und für sich passend umbenennen. Lass die Leute etwas mit ihrer Figur rumspielen. Sie müssen in der Lage sein, ihre Figur zu verschieben und zu drehen. Wenn sie so weit sind, dürfen sich alle im vorbereiteten Raum nach Belieben auf ein freies Feld setzen. Das Ganze sieht dann beispielsweise aus wie in Abbildung 8-4.

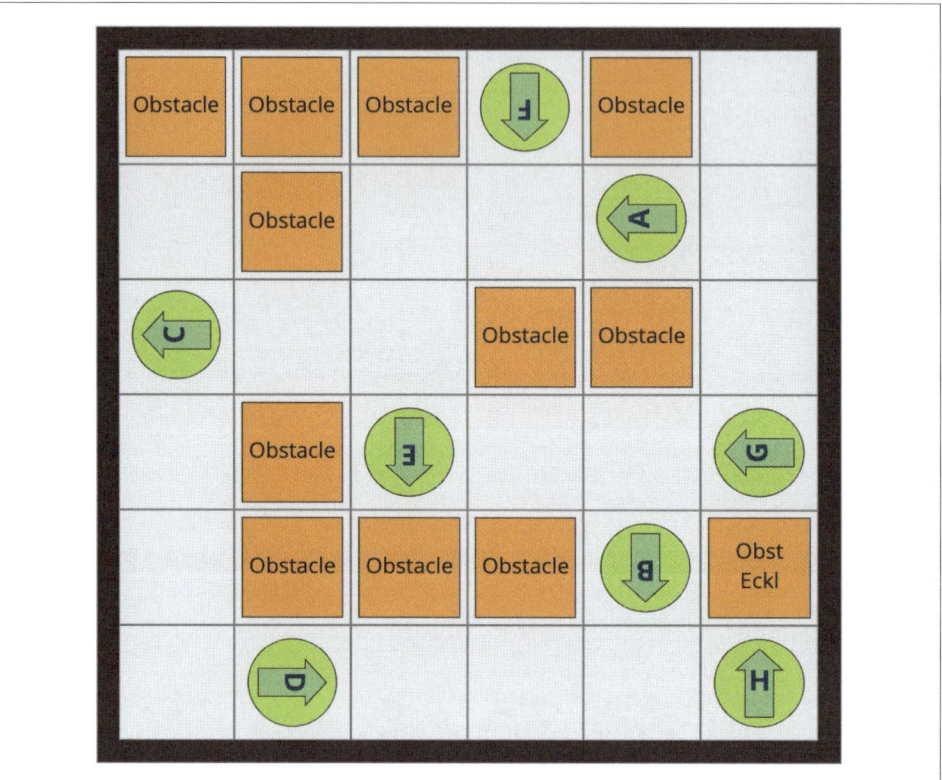

Abbildung 8-4: Spielfeld mit Spielfiguren der Onlinevariante des Boss-Worker-Game

Ablauf und Moderation

Jeder Boss stellt sich direkt hinter seinen Worker und bleibt während der ersten Runde in diesem Abstand. Die Paare haben die Aufgabe, in dem gegebenen Raum innerhalb einer Minute möglichst viele Schritte zu »produzieren«. Ein Schritt hat dabei eine normale Schrittlänge. Kleine Schritte sowie ein ständiges Vor- und Zurücktreten zählen nicht als gültige Schritte.

In der ersten Runde gibt der Boss seinem Worker mündliche Befehle: »vor«, »links drehen«, »rechts drehen« und »stopp«. Der Worker hat diese Befehle zu befolgen, ohne selbstständig eigene Entscheidungen über seine Fortbewegung zu treffen.

Nach einer Minute endet die erste Runde, und es wird kurz abgefragt, wie viele Schritte produziert wurden.

In der zweiten Runde darf nun jeder Worker frei entscheiden, wie er sich fortbewegen möchte. Die Bosse werden zu Servant Leaders und haben die Aufgabe, alle Hindernisse aus dem Weg zu räumen, die ihren Workern im Weg stehen. Beispielsweise stellen sie alle Stühle und Mülleimer zur Seite oder schieben sogar zu zweit die Tische an die Wände, um die Fläche in der Mitte möglichst frei zu machen. Das Ziel eines Servant Leader ist es, den Workern ein optimales Arbeitsumfeld bereitzustellen und alles dafür zu tun, dass diese ihre Arbeit so leicht wie möglich erledigen können.

Nach einer Minute wird wieder abgefragt, wie viele Schritte in der zweiten Runde produziert wurden.

Als Variante kannst du die zweite Runde auf 30 Sekunden verkürzen. Die Teilnehmenden werden verblüfft feststellen, dass sie in der Hälfte der Zeit mindestens so viele Schritte geschafft haben wie in der ersten Runde mit einer Minute.

Online

Jedes Paar bekommt seinen eigenen Videokonferenzraum, damit es für sich allein kommunizieren kann. Dies stellt leider bereits eine gewisse Hürde dar. In deiner Moderation musst du die Paare in ihre Räume schicken und vorher vereinbaren, welches Signal auf dem Board der Startschuss ist. Das kann ein vorab eingestellter Timer sein oder eine »Achtung-Start-Kombination«, bei der du die darunterliegende Startkarte zum richtigen Zeitpunkt freilegst (siehe Abbildung 8-5).

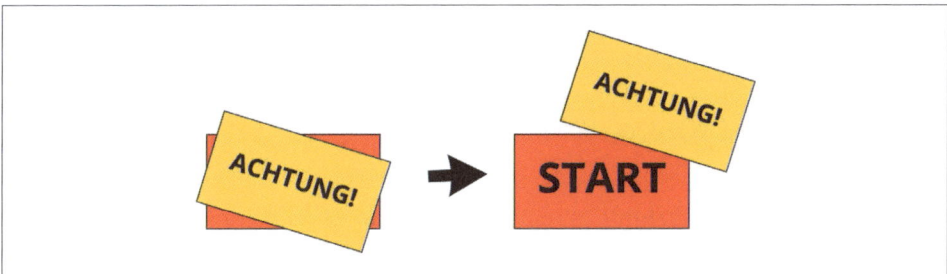

Abbildung 8-5: Visuelles Startsignal auf einem virtuellen Whiteboard für eine Onlinerunde

Die Paare haben nun wie in der Offlinevariante 60 Sekunden Zeit, um möglichst viele Felder zu erlaufen. Der Worker hört nur auf die Kommandos seines Bosses. Es darf immer nur in die Richtung gelaufen werden, in die der Pfeil der Spielfigur zeigt. Die Figur muss also immer wieder aktiv gedreht werden. Hier ergibt sich meist ein herrliches Chaos, das wir zwar beobachten, aber leider aufgrund der paarweisen Separees nicht hören können. Beim Debriefing wird es auf jeden Fall zur Sprache kommen.

Nach der ersten Runde musst du dafür sorgen, dass alle Paarungen wieder zurück in den Hauptraum kommen. Erkläre nun die Freiheiten, die in der zweiten Runde gegeben sind. Die Bosse aus der ersten Runde können selbst entscheiden, wie sie die

Worker als Servant Leader unterstützen. Das Wegräumen der Hindernisse funktioniert in dieser Runde genauso wie das Verschieben der Spielfiguren. Die »Obstacle«-Boxen können einfach jeweils ein Feld weitergeschoben werden.

Schick die Paare wieder in ihre privaten Räume und starte die zweite Runde. Für das anschließende Debriefing holst du alle zurück in den Hauptraum.

Nachbereitung

Der Raum wird wieder in seinen Ursprungszustand zurückgebaut.

Hinweise

Der verfügbare Raum darf nicht zu großzügig gestaltet sein. Je nach Anzahl der Teilnehmenden kann es notwendig sein, den Raum massiv zu begrenzen. Faustregel: Die Personen dürfen nicht bequem mit Abstand aneinander vorbeigehen können.

Bei der Onlinevariante sollte wenigstens ein Drittel der verfügbaren Felder mit Hindernissen belegt sein.

Manche Paare werden eventuell das Zählen der Schritte vergessen. Nicht schlimm. Du kannst vorher darauf hinweisen, dass die Messung der Arbeitsleistung ebenfalls Teil der Übung ist. Wir lassen es die Teilnehmenden selbst entscheiden, wer das Zählen übernimmt. Und wenn am Ende doch ein Team »keine Ahnung wie viele« sagt, ist das meist völlig okay. Sie werden trotzdem hinterher sagen können, ob es im zweiten Durchgang weniger oder mehr Schritte waren.

Debriefing-Tipps

Folgende Fragen werden den Teilnehmenden gestellt:

- »Wie hat es sich angefühlt, von einem Boss gesteuert zu werden?«
- »Wie hat es sich angefühlt, einen Worker zu steuern?«
- »Was war in der zweiten Runde anders?«
- »Was bedeutet dies für euer Arbeitsumfeld?«
- »Welche Beispiele findet ihr dort für Push- und Pull-Systeme?«
- »Was verändert sich für beide Rollen durch eine agile Transition?«

Stolperfallen

Hier ist das nun mal wirklich wörtlich gemeint. Spätestens die Hindernisse bergen natürlich das Potenzial für Verletzungen. Auch der oft gehörte Witz »Wenn mein Boss nicht Stopp sagt, muss ich dann in die Wand reinlaufen?« zeigt schon, dass du hier aufpassen musst. Der deutliche Hinweis darauf, dass bitte keine Verletzungen passieren sollten, sei hier explizit ans Herz gelegt.

Ach ja, da wären noch die üblichen Schlauberger. Diejenigen, die am Rand einfach auf und ab gehen. Oder die sich in der ersten Runde anstrengen und in der zweiten eher vor sich hin dümpeln. Lass dich davon nicht aus der Ruhe bringen. Das Ergebnis muss nicht sein, dass wirklich jedes Team um X % besser geworden ist. Der allgemeine Tenor wird so sein. Ausreißer machen das Bild nur realistischer.

Zwecke im Detail

Lean-Prinzipien: Drei der fünf Lean-Prinzipien werden durch dieses Spiel sichtbar gemacht: »Flow erzeugen«, »Pull einführen« und »Kontinuierliche Verbesserung«. Die Teilnehmenden erzeugen den Flow dadurch, dass sie in der zweiten Runde aktiv Hindernisse umgehen. Sie stoppen nicht mehr und müssen neu entscheiden, wo sie weiterlaufen, sondern halten den Fluss vorausschauend aufrecht. Die kontinuierliche Verbesserung zeigt sich durch die Arbeit der Bosse als Servant Leader. Dort wird der Raum nach und nach immer leichter zugänglich gemacht, sodass das gesamte System einfacher fließen kann. Dem Pull-Prinzip haben wir nachfolgend einen eigenen Zweck gewidmet.

Push-versus-Pull-Prinzip: Dieses Spiel zeigt den Unterschied zwischen einem Push- und einem Pull-System ganz deutlich auf. Die beiden Runden des Spiels bilden genau diese beiden Systeme ab. Für die Teilnehmenden ist es sofort spürbar und sichtbar, wie sich die beiden Systeme unterscheiden.

Selbstorganisation: Die Selbstorganisation findet ganz deutlich sichtbar in der zweiten Runde statt. Die arbeitende Person trifft ihre eigenen Entscheidungen und organisiert ihre Arbeit selbst. In der ersten Runde unterbindet die leitende Person sämtliche Bestrebungen der arbeitenden Person, eigene Wege zu gehen. Ein Einwand kann lauten, dass dieses Spiel die Selbstorganisation nur auf der individuellen Ebene zeigt. Unsere Antwort: »Wenn Selbstorganisation bei einzelnen Personen schon zu solchen Vorteilen führt, wie groß müssen dann die Vorteile in einem sich selbst organisierenden Team sein?«

Servant Leadership: Diese Übung zeigt den Unterschied zwischen Micro-Management auf der individuellen Ebene und Servant Leadership für ein ganzes Team. Sobald die führende Person von den Managementzwängen befreit ist, beseitigt sie nicht nur Hindernisse für die arbeitende Person, sie trägt mit ihrem neuen Verhalten auch dazu bei, dass das gesamte arbeitende Team profitiert und besser vorankommt.

Quelle

Der Begriff »Servant Leadership« wurde von Robert K. Greenleaf im gleichnamigen Buch erstmalig in die Welt getragen [GREENLEAF].

Die älteste für uns auffindbare Beschreibung des Spiels stammt von Michele Sliger und wurde von ihr unter dem Namen »Sixty Steps in the Right Direction« veröffentlicht [SLIGER]. Laut ihrer Aussage hat sie das Spiel bei Jean Tabaka kennengelernt. Leider gibt es keine Gelegenheit mehr, Jean dazu zu befragen.

Push versus Pull in einer Minute
Typ: schnelle Simulation eines Push-Systems
Zwecke: Energizer, Multitasking, Push-versus-Pull-Prinzip
Medium: offline, geht nur mit echter Interaktion
Niveau: leicht
Gruppengröße: ab 4 Personen spielbar, je mehr, desto besser
Dauer: 5 Minuten

Learning Objectives

Push-Systeme können leicht Druck, Überforderung und Chaos erzeugen.

Benötigtes Material

Kleine Gegenstände, die sich im Raum oder im Moderationskoffer befinden und von denen man leicht mehrere in die Hand nehmen kann. Beispiele: Stifte, Marker, Klebeband, Magneten usw.

Ablauf und Moderation

Du verteilst kleine Gegenstände an die ganze Gruppe. Alle Anwesenden erhalten eine Handvoll dieser Dinge.

»Ihr habt diese Dinge gerade produziert und müsst jetzt liefern. Gebt mir diese Gegenstände jetzt so schnell wie möglich wieder zurück!«

Alle werden panisch die Gegenstände in deine Hände werfen, sodass fast alles herunterfällt. Die Alternative wäre gewesen, dass du einfach pullst und nacheinander alle Gegenstände aktiv zu dir nimmst. Dies muss meist gar nicht mehr gespielt werden, da es offensichtlich ist.

Nachbereitung

Gegenstände wieder an ihren Platz im Raum bzw. in den Moderationskoffer zurückräumen.

Debriefing-Tipps

Sollte den Teilnehmenden die Erkenntnis fehlen, wie ein entsprechendes Pull-System gewirkt hätte, kannst du das Spiel einfach noch mal in der Pull-Variante durchlaufen lassen. Dabei halten die Leute ihre Gegenstände für dich griffbereit, und du nimmst (pullst) sie von allen nacheinander so, wie du kannst.

Im Ergebnis wird die Pull-Variante sehr viel ruhiger, entspannter ablaufen. Es wird kein Chaos entstehen, und kaum ein Gegenstand wird auf den Boden fallen.

Das Herunterfallen der Gegenstände kannst du im Debriefing als Qualitätsproblem des Prozesses adressieren. Im klassischen Phasenmodell der Softwareentwicklung entspricht dieses äußerst kurze Spiel dem problematischen Zustand, dass einzelne Ergebnisse am Ende noch irgendwie ganz schnell abgeliefert werden müssen. Du als entgegennehmende Person stehst hier symbolisch entweder als Qualitätssicherung, der unfertiges Zeug über den Zaun geworfen wird, oder in einer kaputt skalierten Organisation für das arme Integrationsteam, das am Ende eines längeren Zyklus nichts Funktionierendes mehr integriert bekommt.

Zwecke im Detail

Energizer: Durch die körperliche Bewegung, die Geschwindigkeit des Spiels und das entstehende Chaos ist diese Übung ein schöner Energizer, mit dem du sogar ein Prinzip vermitteln und Qualitätsprobleme des Teams besprechen kannst.

Multitasking: Es ist in diesem Spiel völlig offensichtlich, dass durch Multitasking eine extreme Überlastung entsteht. In der Folge treten Stress, Chaos und Qualitätsprobleme auf. Multitasking hat im Regelfall immer negative Auswirkungen.

Push-versus-Pull-Prinzip: Der Hauptzweck dieser kleinen Übung ist es, die extremen Auswirkungen eines Push-Systems sichtbar zu machen.

Quelle

Von Marc kennengelernt beim Sociocracy-3.0-Training von Beate Klein.

Counting Numbers and Letters

Typ: Prinzip Multitasking und dessen Einfluss auf die Arbeitsleistung

Zwecke: Multitasking, Work-in-Progress-Limit

Medium: offline und online

Niveau: sehr einfach

Gruppengröße: ab 5 Personen, nach oben keine Grenze

Dauer: 30-Sekunden-Spiel, inklusive Vor- und Nachbereitung weniger als 5 Minuten

Learning Objectives

Der Mensch ist nicht für Multitasking gemacht.

Benötigtes Material

Wirklich notwendig ist nichts. Zur Verdeutlichung kann eine Stoppuhr – wie sie ja in praktisch allen modernen Smartphones enthalten ist – verwendet werden. Sie sollte sekundengenau anzeigen.

Vorbereitung

Keine Vorbereitung notwendig.

Ablauf und Moderation

Du kannst – wenn du der Typ dafür bist – der Gruppe ankündigen, in weniger als einer Minute beweisen zu können, dass Multitasking schlecht ist.

Grundsätzlich benötigst du dafür nur zwei gleich große Mengen von symbolischen Elementen. Wir nehmen am liebsten die Elemente des Schachbretts, nämlich die Ziffern von 1 bis 8 und die Buchstaben von A bis H.

Die Aufgabe ist nun, diese Elemente in zwei Runden abzuzählen: in der ersten Runde abwechselnd aus den beiden Gruppen Ziffern und Buchstaben, in der zweiten Runde »sortenrein«. Die Teilnehmenden sollen also ab deinem Startkommando zuerst folgende Kombinationen bilden: A1, B2, C3, D4, E5, F6, G7, H8, in der zweiten Runde dann diese Reihe: A, B, C, D, E, F, G, H, 1, 2, 3, 4, 5, 6, 7, 8. Das kannst du schriftlich oder ganz einfach im Kopf machen lassen.

Fordere die Teilnehmenden dazu auf, die Hand zu heben, sobald sie fertig sind. Stoppe die Zeit, bei der die letzte Hand oben ist. Je größer die Gruppe, desto mehr zeitlichen Spielraum solltest du lassen. Ab 15 Teilnehmern stoppe z. B., wenn die drittletzte Hand hochgeht. Dadurch vermeidest du Diskussionen über den Einfluss von Ablenkungen Einzelner auf das Gesamtergebnis. Ach ja, und erkläre die zweite Runde erst, wenn die erste Runde um ist.

Online

Für die Onlinevariante musst du der Gruppe einen einfachen Mechanismus bereitstellen, virtuell die Hand zu heben.

Die meisten Videokonferenztools wie z. B. Zoom bieten diese Möglichkeit. Beachte je nach eingesetztem Tool, wie viele virtuelle Hände gleichzeitig zu sehen sind. Ab einer gewissen Gruppengröße wird die Gruppe nicht mehr vollständig abgebildet. Dann müsstest du zwischen den Ansichten der Teilnehmenden umschalten, um die erhobenen Hände im Blick zu behalten.

Eine andere gute Möglichkeit ist die Visualisierung auf einem virtuellen Whiteboard. Biete der Gruppe dazu zwei Bereiche an, in die sie ihre Mauszeiger positionieren können: einen für »ich bin noch nicht fertig« und einen für »fertig«, wie in Abbildung 8-6 zu sehen. Schalte dazu die Ansicht aller Mauszeiger ein. (Achtung, schwächere Computer kommen bei sehr vielen Mauszeigern an ihre Grenzen. Das ist wie immer eine Frage der professionellen Ausrüstung.)

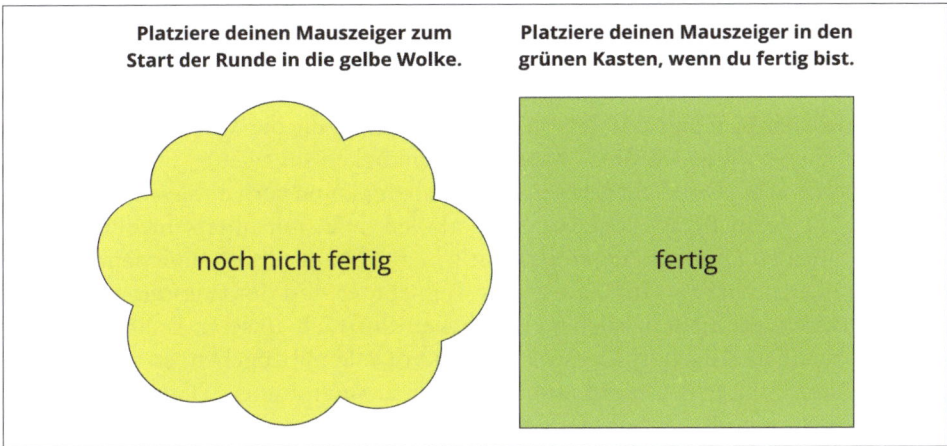

Abbildung 8-6: Visuelle Positionen auf einem virtuellen Whiteboard, auf denen die Teilnehmenden ihre Mauszeiger platzieren können

Nachbereitung

Die zweite Runde wird ungleich schneller ablaufen als die erste. Das »Umdenken« aus einem Sortierprinzip in ein anderes und zurück kostet unvermeidbar mentale Leistung. Dies wird durch die beiden Runden deutlich.

Hinweise

Hier kannst du beliebig variieren:

- Nimm anstelle der arabischen z. B. römische Ziffern.
- Starte das Alphabet mit dem Buchstaben M statt mit A.
- Lass die Teilnehmer die oben genannten Buchstaben-Ziffern-Paare aufschreiben.
- Nimm drei statt nur zwei Mengen an Elementen.
- Verändere die Anzahl der Elemente pro Elementgruppe. In Gruppe eins hast du beispielsweise 13 und in Gruppe zwei 17 Elemente. Das verkompliziert das Spiel mental und wird für die Teilnehmenden damit etwas herausfordernder. In einem Team mit vielen Hochbegabten kann das notwendig sein, da diese sonst die »einfachen« Varianten schnell aus dem Ärmel schütteln.
- Nenne zusätzlich eine Regel für das nächste Element, wie z. B. »die nächste Zahl ist immer die Summe aus den beiden vorherigen« oder »beginne bei B und überspringe immer zwei Buchstaben«.

Hier gilt: Finde deine Lieblingskombination!

Stolperfallen

Nach unserer Erfahrung ist dies wieder eine Simulation, die oftmals als »zu einfach« abgetan wird. Unser Argument hier ist: »Klar ist das viel einfacher als die Aufgaben in eurem täglichen Arbeitsumfeld. Dort ist der negative Einfluss durch Multitasking also noch größer.«

Auch findet sich gern mal eine Person in einer Gruppe, die die Messmethode infrage stellt oder Gewöhnung für die höhere Geschwindigkeit im zweiten Durchgang verantwortlich macht. Du kannst diesen kritischen Personen gern anbieten, das Ganze unter komplexeren Bedingungen zu wiederholen, z. B. mit unterschiedlichen Elementen in beiden Durchläufen, mit schriftlichem Ablauf statt mündlichem, mit der Verwendung des Medians der Zeiten aller Teilnehmer statt des längsten Werts oder gar des Durchschnitts. In solchen Fällen bewährt sich unserer Erfahrung nach Transparenz. Das Angebot, Messwerte offen vor allen abzugeben, sorgt meist für ein Einlenken. Sollte die Gegenstimme damit nicht verstummen: Der zweite Durchlauf mit verstärkten Regeln ist meist noch sehr viel deutlicher, obwohl Einzelne unbedingt das Gegenteil beweisen wollen. Das ist das Schöne an der Demonstration von Prinzipien.

Vermeide in jedem Fall, dass du das gesamte Alphabet bzw. die Menge der Zahlen vollständig in bekannter Reihenfolge auf einem Flipchart zeigst. Sonst muss überhaupt nicht nachgedacht werden, da alle die richtige Lösung einfach abschreiben. Stell lieber zusätzliche Regeln auf:

- Starte mit der Zahl 1. Die folgenden Zahlen sind jeweils um 2 erhöht.
- Starte mit dem Buchstaben Q. Die folgenden Buchstaben sind jeweils die nächsten im Alphabet.

Zwecke im Detail

Multitasking: Diese kleine Übung zeigt bereits die negativen Effekte von Multitasking. Obwohl es sich hier um zwei ähnliche Aufgaben handelt (jeweils das Abzählen einer klar definierten Menge), bringen diese die Teilnehmenden bereits dazu, langsamer und angestrengter zu arbeiten und immer mehr zu ermüden. Das ständige Wechseln der so eng beieinanderliegenden Kontexte kostet Aufmerksamkeit und Gehirnkapazität.

Work-in-Progress-Limit: Als gute Maßnahme gegen schlechtes Multitasking kannst du die Menge der gleichzeitigen Arbeit beschränken. Je weniger Aufgaben gleichzeitig bearbeitet werden, desto leichter gehen die einzelnen Aufgaben von der Hand.

Quelle

Dieses Spiel ist für uns auch eines der älteren Kaliber und wurde vor vielen Jahren bereits auf etlichen Konferenzen gespielt. Eine originäre Quelle ist uns nicht mehr bekannt.

Multitasking Name Game – wie lange dauert es, einen Namen zu schreiben?

Typ: Prinzip Multitasking und warum Work-in-Progress-Limits wirken

Zwecke: Multitasking, Work-in-Progress-Limit

Medium: online und offline

Niveau: mittel

Gruppengröße: ab 6 Personen, am besten in Gruppen von jeweils bis zu 6 Personen durchführbar (sollte die Anzahl der Personen nicht aufgehen, ist eine größere Gruppe meist besser als eine kleinere)

Dauer: 15 Minuten plus mindestens 5 Minuten Debriefing, online eher etwas länger

Learning Objectives

In vielen Bereichen versuchen Menschen, dem schieren Übermaß an anstehenden Aufgaben damit zu begegnen, an vielen Dingen gleichzeitig zu arbeiten. Tatsächlich lassen sie auf diese Weise viele Dinge gleichzeitig liegen. Die Menge der gleichzeitig aktiven Aufgaben zu limitieren, ist ein ultimatives Gegenmittel, aber für sehr viele Menschen sehr wenig intuitiv. Hier erfahren deine Teilnehmer am eigenen Leib, wie es sich auswirkt.

Benötigtes Material

Jede Person benötigt einen (natürlich funktionierenden) Stift. Zudem braucht jedes Team einen Zettel weniger, als das Team Mitglieder hat. Haftnotizen sind okay, werden hierfür aber nicht unbedingt benötigt.

Du brauchst zusätzlich eine Stoppuhr, die von allen Anwesenden gesehen werden kann. Hier ist meist der Einsatz eines Beamers am besten. Wir verwenden hierfür entweder einen Adapter, um die Stoppuhr von Smartphone oder Tablet auf dem Beamer anzuzeigen, oder nehmen einen Browser und suchen mit der Suchmaschine der Wahl nach »Onlinestoppuhr« oder »Onlinestoppwatch«. Beides führt meist sehr schnell zu geeigneten Treffern.

In der Onlinevariante benötigen die Teilnehmenden vor ihren Geräten genau die gleichen Materialien. Du musst der Gruppe eine Videokonferenz bereitstellen, mit der du schnell und einfach Breakout-Räume aufbauen kannst. Auch benötigst du eine Möglichkeit, einzelne Personen direkt anzuchatten, ohne dass der Rest diese Kommunikation mitkriegt. Viele Tools wie Zoom bieten das an.

Vorbereitung

Stell pro Gruppe einen Tisch bzw. Arbeitsplatz mit jeweils einem Stuhl bereit.

Positioniere die Stoppuhr oder den Beamer so, dass alle Teilnehmenden diese Uhr zu jedem Zeitpunkt sehen können.

Für die Anmoderation und die spätere Auswertung brauchst du ein Flipchart mit zwei oder drei leeren Blättern.

Ablauf und Moderation

Die Teilnehmenden erfahren durch das parallele Aufschreiben von Namen, welche negativen Effekte Multitasking auf gedankliche Prozesse und Gehirnarbeit hat. Das Ziel dieses Spiels ist es, den Unterschied zwischen Multitasking und »eins nach dem anderen« aufzuzeigen.

Ein Hinweis: Nimm das Wort »Multitasking« vorab nicht in den Mund und verschweige deinen Teilnehmenden, um was es in diesem Spiel geht. Das intensiviert das Lernziel und lenkt die Teilnehmenden nicht von der Durchführung des Spiels ab.

Teile die Anwesenden in Gruppen zu fünf oder sechs Personen auf. Bleiben wenige Teilnehmende übrig, verteile diese auf die vorhandenen Gruppen. Anschließend bestimmt jede Gruppe eine Person. Diese wird fortan als »Entwicklerin« oder »Arbeiter« bezeichnet. Benutze hier am besten einen Begriff, der der täglichen Arbeitswelt der Teilnehmenden am nächsten kommt.

Die anderen Mitglieder der Gruppen sind für dieses Spiel »Kunden« oder »Kundinnen«.

Nachdem die Gruppen vorbereitet, die Entwicklerinnen und Entwickler bestimmt und die Stifte und Zettel verteilt sind und auch die Stoppuhr eingerichtet ist, kommt der spaßige Teil. Du erklärst den Gruppen zunächst sehr genau, was nun passiert. Achtung: Einige Menschen tendieren hier dazu, bereits in ihrer Gruppe anzufangen. Stoppe derartige Aktivitäten, da sonst die Auswertung hinterher schwierig wird.

Du erklärst zunächst, dass die Aufgabe im Spiel sein wird, »Namen zu schreiben«. Du stellst nun an alle ein paar Fragen dazu und notierst auf dem ersten Blatt des Flipcharts die Antworten der Teilnehmenden:

- »Wie lange dauert es, einen Namen zu schreiben?« Schreibe hierzu am besten die Bandbreite der genannten Werte auf, also z. B. »3 bis 10 Sekunden«.
- »Welche Faktoren beeinflussen diese Zeit?« Hier kommen meist Dinge wie Länge des Namens, Schriftbild, verfügbare Werkzeuge/Stifte, Sprache/Alphabet der Namen (z. B. lateinisch, kyrillisch, Kanji ...) usw.

Ist alles aufgeschrieben, erklärst du den genauen Ablauf – wieder mit dem Hinweis, dass bitte niemand schon vorher anfangen soll!

Auf dein Zeichen hin startet die Stoppuhr, und die Entwicklerinnen in jeder Gruppe beginnen, die Projekte der Kundschaft abzuarbeiten. Das Projekt besteht jeweils darin, den (Vor-)Namen der jeweiligen Kundin (oder des Kunden) aufzuschreiben und ihr diesen zu übergeben. Die Kundin wiederum akzeptiert kein Ergebnis mit Fehlern. Korrekturen sind also erlaubt. Jede Kundin beobachtet die jeweiligen Entwicklerinnen und hat dabei die Zeit im Auge. Die Kundin merkt sich den Zeitpunkt, an dem die Entwicklerin begonnen hat, an ihrem Projekt zu arbeiten, also z. B. »nach 3 Sekunden«. Sie gibt der Entwicklerin dann den Arbeitsauftrag und nennt ihren Namen, der schriftlich geliefert werden soll. Sobald die Kundin das korrekte Ergebnis in Händen hält, merkt sie sich wieder die Zeit, also z. B. »nach 31 Sekunden«. Sie notiert diese beiden Zeiten untereinander auf ihrem Ergebniszettel und bildet darunter die Differenz, hier beispielhaft gezeigt in Abbildung 8-7.

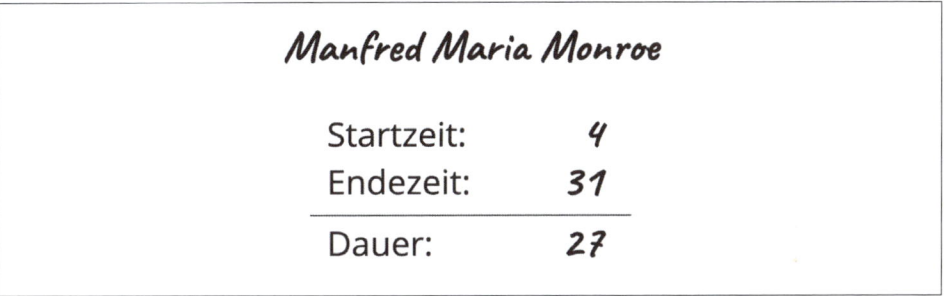

Abbildung 8-7: Zeitpunkte von Anfang und Ende des Schreibens des Namens in Sekunden sowie die resultierende Dauer

Nun zum Knackpunkt der Sache: »In der simulierten Firma gilt der Grundsatz, dass keine Kundin und kein Kund warten muss.« Das heißt also, die Entwicklerin wird an allen Kundenprojekten gleichzeitig arbeiten. Wenn du mutig bist (und die Umgebung kennst), kannst du die Teilnehmenden ja fragen, ob das bei ihnen in der Firma genauso gilt.

Das gleichzeitige Arbeiten wird dadurch erreicht, dass die Entwicklerin immer nur einen Buchstaben pro Kundin schreibt und dann zum nächsten Projekt übergeht. Lauten die fünf Namen beispielsweise Harald, Klaus, Tatjana, Sergeii und Sabine, schreibt die Entwicklerin zuerst ein H auf den Zettel von Harald, dann ein K auf den Zettel von Klaus, dann ein T auf den Zettel von Tatjana, dann ein S auf den Zettel von Sergeii und ein S auf den Zettel von Sabine. Danach wird sie ein a auf den Zettel von Harald schreiben, ein l auf den Zettel von Klaus usw.

Nach der ersten Runde notierst du die Zeiten aus den Teams auf deinem Flipchart. Hier kannst du entweder alle Zeiten aufschreiben oder nur den Durchschnitt (zur Vermeidung von Diskussionen mit dem unvermeidlichen Mathe-Ass gern auch den Median) oder nur die längste und die kürzeste Dauer – ganz wie du magst bzw. wie detailliert du das Debriefing gestalten willst.

Nun zur zweiten Runde. Nachdem diese Arbeitsweise für die armen Entwicklerinnen sehr unbefriedigend war, muss eine Veränderung her. Gibt es mehr als eine Gruppe, bietet es sich an, die Entwicklerinnen rotieren zu lassen, zum Beispiel, indem du bekanntgibst: »Nachdem die Entwicklerinnen alle gekündigt haben, werden neue Entwicklungsteams zusammengestellt.« Würfele also alles noch einmal durcheinander und verhindere damit das Argument, dass der zweite Durchgang mit denselben Namen sowieso schneller sein musste.

Die wirkliche Änderung ist allerdings, dass in der neuen Firma eine andere Regel gilt: Anstatt Kundinnen und Kunden nicht warten zu lassen, wird jetzt niemals an mehr als einem Projekt gleichzeitig gearbeitet. Das ist die einzige Änderung am Ablauf, ansonsten läuft alles genauso wie in der Runde zuvor ab.

Du setzt die Stoppuhr zurück, gibst wieder das Startkommando und erfreust dich an der neu entstandenen Dynamik. Schreib am Ende dieser zweiten Runde die Zeiten genau so auf wie nach der ersten Runde (siehe Abbildung 8-8).

Team	Runde 1	Runde 2
Blau	27 s	4 s
Rot	48 s	6 s
Grün	34 s	7 s

Abbildung 8-8:   Tabelle der Teamzeiten in den einzelnen Runden des Spiels

Online

Der Ablauf funktioniert online grundsätzlich genauso wie offline. Allerdings haben wir gelernt, dass online die Namen der Teilnehmenden verwendet werden müssen, um die jeweilige Kundin zur Angabe des nächsten Buchstabens aufzufordern. Offline reicht ein Blick oder ein Fingerzeig, online geht das einfach nicht. Je nach verwendetem Tool kann man zwar die Reihenfolge der Videokacheln verwenden, aber in vielen Tools ist dies auch zu individuell, um hilfreich zu sein. Ja, wir schauen hier insbesondere auf dich, MS Teams! Die Verwendung des Namens in der Anrede ist quasi eine ungewollte Hilfestellung. Daher sind wir dazu übergegangen, online statt eines Namens ein zufällig gewähltes Wort zu verwenden. Dies teilen wir der jeweiligen Kundin in einem privaten Chat jeweils vor der Runde mit. Das ist etwas mehr Stress für dich in der Vorbereitung. Es bietet allerdings die Möglichkeit, auch den Gewöhnungsfaktor aus der Gleichung herauszunehmen, wenn man in der zweiten Runde schlicht andere Wörter verwendet.

Woher soll man nun diese Wörter nehmen? Zum einen gibt es diverse Webseiten mit Wortlisten z. B. für Kreuzworträtsel. Allerdings sind wir hier dazu übergegangen, einfach einen Text aus einem beliebigen Browser-Tab zu nehmen. Man kann z. B. auch ein passendes Thema aus dem unmittelbaren Kontext der Teilnehmenden wählen. Such einfach irgendwelche Wörter aus – es kommt darauf nicht an.

Übrigens zeigt sich hier auch wieder der Vorteil, wenn dir jemand zum Helfen zur Verfügung steht – etwas, das wir bei der Durchführung online generell empfehlen.

Diese Person kann aus der vorbereiteten Liste der Wörter die einzelnen Kunden schon anschreiben, während du noch die Regeln erklärst.

Im Fall einer einzelnen Gruppe behältst du diese im Hauptraum, das vereinfacht auch das Timekeeping. Du kannst dann relativ leicht eine zentrale Stoppuhr bereitstellen.

Wenn du mehrere Gruppen hast, schickst du sie für die einzelnen Runden in eigene Breakout-Räume. Jede Gruppe ist dann für ihre ehrliche Zeitmessung selbst verantwortlich.

Debriefing-Tipps

Nun ist es an dir, zu entscheiden, wie sehr du ins Detail gehen willst. Die eigentliche Botschaft steht schon für alle sichtbar in der Tabelle auf dem zweiten Flipchart: Die zweite Runde war um Größenordnungen schneller als die erste.

Wir beginnen das Debriefing hier gern mit »Schaut euch noch mal die Liste der Einflussfaktoren an, die wir am Anfang aufgestellt haben. Multitasking steht gar nicht auf dieser Liste!«.

Eine Möglichkeit, die Ergebnisse detailliert zu visualisieren, ist, beispielhaft für ein Team zwei Gantt-Chart-artige Diagramme zu zeichnen, wie Abbildung 8-9 zeigt. (Ein Gantt-Chart zeigt die zeitliche Abfolge von Aktivitäten grafisch als Balkendiagramm.)

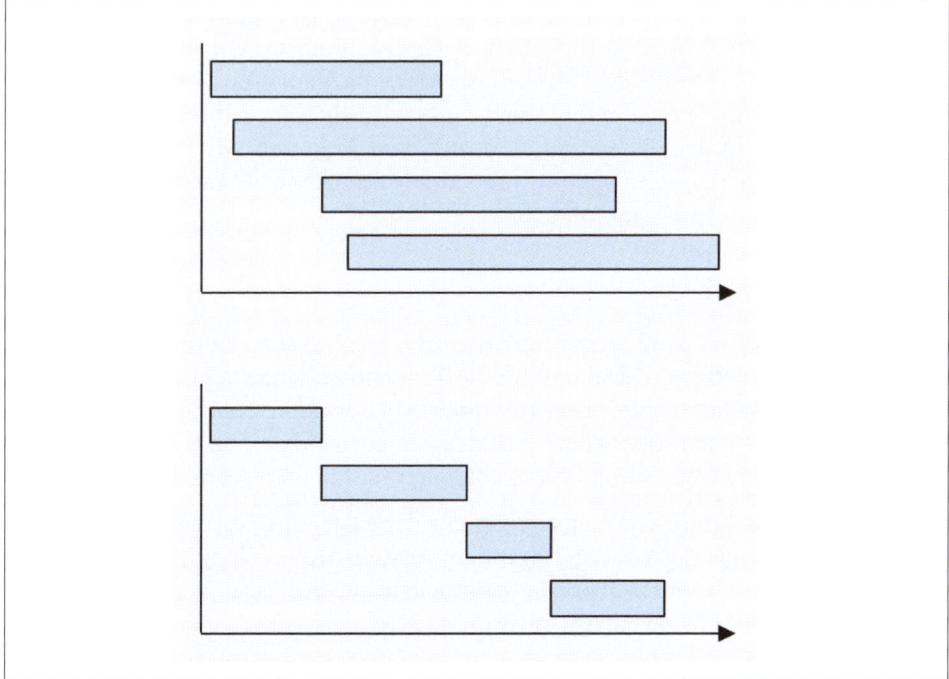

Abbildung 8-9: Beim Multitasking ist alles parallel in Arbeit, und das erste Ergebnis kommt erst spät (oben). Sequenzielle Abarbeitung bringt früher Ergebnisse und einen gleichmäßigeren Flow (unten).

Wichtig ist in diesem Zusammenhang, darauf hinzuweisen, wie sich die Veränderung nicht nur auf die einzelne Kundin, sondern auch auf die Gesamtzeit ausgewirkt hat. Ja, die jeweils letzten Kundinnen haben länger darauf gewartet, dass es für sie losging. Aber mit sehr hoher Wahrscheinlichkeit haben alle das Ergebnis früher bekommen. Selbst wenn ein oder mehrere Kundinnen in einer Gruppe ihr Ergebnis später bekommen haben sollten, so ist das die absolute Ausnahme. Der bei Weitem größte Teil der Kundinnen wird im zweiten Durchlauf sehr viel bessere Antwortzeiten erreicht haben.

Und fragt gern auch die Entwicklerinnen, welche Arbeitsweise ihnen mehr Spaß gemacht hat.

Hinweise

Falls dir dieses Spiel gefällt, solltest du auf jeden Fall die Version von Henrik Kniberg (siehe Quelle unten) durchlesen und auch im Vergleich ausprobieren. Man kann hier im Debriefing sehr viele weitere Aspekte einbringen. Wer sich fit in der entsprechenden Materie fühlt, hat mit diesem Spiel eine tolle Grundlage geschaffen, viele Aspekte der Themen Multitasking, Push-versus-Pull-Systeme, Utilization und Ähnliches anzudiskutieren.

Stolperfallen

Bei diesem Spiel hören wir oft das Argument: »Aber das ist ja gar nicht vergleichbar, unsere Aufgaben sind ja viel komplizierter.« Genau. Sind sie. Warum erwartet aber jemand, dass diese Komplexität hilfreich ist? Mach dich auf eine längere Diskussion gefasst, sollte dieses Thema aufkommen. Fühlst du dich als Moderator hier nicht sattelfest, kannst du die Diskussion meist mit dem Argument »Ich wollte euch ein Prinzip verdeutlichen, die Anwendung auf euren speziellen Fall muss man im Nachgang besprechen.« schnell beenden.

Zwecke im Detail

Multitasking: Multitasking steckt bereits im Namen dieser Übung. Es sollte also bereits durch die beiden Spielrunden für die Teilnehmenden ersichtlich sein, welche Lektion hier drinsteckt. Schlechtes Multitasking in der ersten Runde führt zu Stress, Verzögerung und Unzufriedenheit. Striktes Singletasking in der zweiten Runde führt zu höherer Qualität, schnellerer Lieferung und höherer Zufriedenheit.

Work-in-Progress-Limit: Die Limitierung der Arbeitsmenge ist genau das, was wir in der zweiten Runde der Übung anwenden. Anstatt Multitasking weiterhin zu betreiben, wechseln wir zur Bearbeitung einer einzelnen Aufgabe. Wir limitieren die Arbeitsmenge also auf eine einzige Sache.

Quelle

Dieses Spiel ist uns im Verlauf vieler Trainings in vielen Abwandlungen begegnet. Seine ursprüngliche Quelle ist Henrik Kniberg, der es unter einer Creative Commons Attribution-ShareAlike 3.0 Unported License zur Verfügung stellt [KNIBERG].

An dieser Stelle herzlichsten Dank an Henrik! Die Lektüre seiner ursprünglichen Version hat uns viele Fragen im Zusammenhang mit den vielen kursierenden Versionen beantwortet.

Unsere Version ist im Grunde mit Henriks inhaltlich identisch. Der Ablauf, in dem wir die Schritte durchführen, wurde etwas angepasst, wir legen weniger Wert auf die Gesamtdauer des Schreibens und fügen zusätzliche Aspekte im Debriefing ein.

Möge dir der Vergleich mit dem Original ebenfalls Ideen bringen, wie du aus den Spielen in diesem Buch deine eigenen Versionen machen kannst. Wir freuen uns über Feedback dazu, wie ihr unsere Vorlagen anpasst!

Marshmallow Challenge

Typ: Prinzip der iterativen und inkrementellen Entwicklung

Zwecke: crossfunktionale Teams, empirische Prozesssteuerung, iterative und inkrementelle Entwicklung, Selbstorganisation, Teambuilding

Medium: offline

Niveau: relativ leicht

Gruppengröße: kann in beliebig vielen Gruppen von 3 bis 5 Personen gespielt werden

Dauer: 30 bis 45 Minuten, je nach Debriefing

Learning Objectives

Die Teilnehmenden können nachvollziehen, dass eine wasserfallartige Vorgehensweise mit langen Analyse- und Planungsphasen nicht unbedingt zum Erfolg führt.

Ein gelingenderes Vorgehen ist stattdessen der iterativ-inkrementelle Ansatz: iterativ durch die regelmäßig in kurzen Zeitabständen stattfindende Prüfung und Neuplanung, inkrementell durch das kontinuierliche Erweitern der stabilen Baustruktur.

Benötigtes Material

Pro Gruppe wird benötigt:

- 1 Marshmallow (normale Größe)
- 20 Spaghetti (roh, normale Dicke mit 8 Minuten Kochzeit)
- 1 Meter Klebeband
- 1 Meter Paketschnur
- 1 Schere
- 1 Tisch

Für deine Moderation brauchst du:

- Timer oder Stoppuhr
- Maßband

Vorbereitung

Verteile pro Gruppe auf jedem Tisch den Marshmallow, die Spaghetti, das Klebeband, die Paketschnur und die Schere. Alternativ kannst du die Gruppen am Anfang auch bitten, sich diese Materialien von einem zentralen Tisch zu holen, auf dem du alles bereitstellst.

Ablauf und Moderation

Anmoderation: »Ihr habt nun 18 Minuten Zeit, um aus den verfügbaren Materialien den höchstmöglichen Turm zu bauen, auf dessen Spitze ein Marshmallow thront. Ihr dürft mit den Materialien machen, was ihr wollt. Es gibt nur wenige Regeln:

1. Der Marshmallow muss das oberste Element eurer Konstruktion sein.
2. Euer Turm muss frei stehen und darf nicht von oben (Decke, Lampe) fixiert sein oder gehalten werden.
3. Nach 18 Minuten muss euer Turm mindestens 60 Sekunden stehen, ohne umzufallen.

Die Gruppe mit der höchsten Konstruktion hat gewonnen. Macht euch bereit, ihr habt jetzt 18 Minuten Zeit. Los geht's.«

Während der 18 Minuten liegt dein Auge auf der Einhaltung der Regeln. Es gibt Gruppen, die ihre Konstruktion gegen etwas lehnen, andere versuchen, ihren Turm von oben mit Bindfaden zu halten.

Manchmal fragen die Teilnehmenden, ob sie Spaghetti durchbrechen oder Klebeband/Bindfaden zerschneiden dürfen. Erklär dann noch mal, dass sie alles frei nach Belieben benutzen dürfen. Nur der Marshmallow muss ganz bleiben und das oberste Element der Konstruktion sein.

Abbildung 8-10:   Im Bau befindlicher Turm der Marshmallow-Challenge

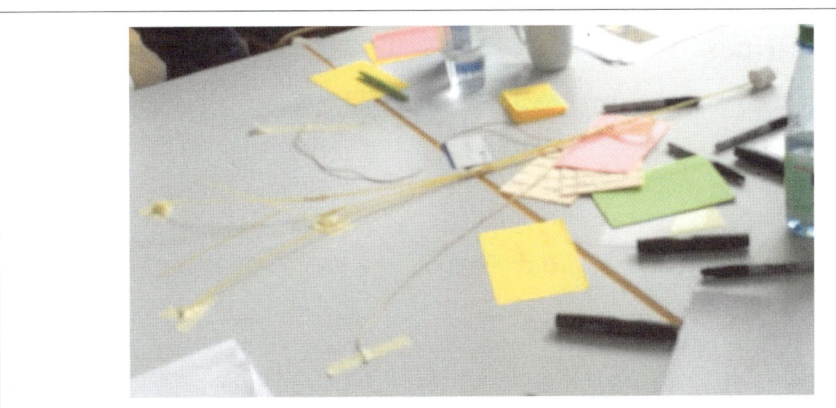

Abbildung 8-11:   Eingestürzter Turm der Marshmallow-Challenge

Nachbereitung

Mach Fotos von den Gruppen und ihren Konstruktionen. Das ist immer schön für Fotoprotokolle und spätere Erinnerungen.

Lass die Gruppen ihre Tische wieder aufräumen.

Für den Fall, dass sich einige Personen schwarzärgern, weil ihre so gut durchdachte Konstruktion in sich zusammengestürzt ist, rufst du einfach laut: »Kloidt Ze Di Penussen!« und verweist bei verwundertem Interesse auf den Schrankaufbau von Jochen Malmsheimer [MALMSHEIMER]. Dabei handelt es sich um einen grandios vorgetragenen Erfahrungsbericht des Künstlers über den Versuch, einen Schrank nach Anleitung aufzubauen. Am schnellsten findest du die Hörbuchaufnahme mit einer Internetsuche nach »Kloidt Ze Di Penussen!« (Und nein, wir können dir leider auch nicht erklären, was dieser Ausspruch bedeuten könnte.)

Hinweise

Da immer mehr Menschen an Zöliakie erkranken und damit hoch sensitiv auf Gluten reagieren, wären dir diese sicher sehr dankbar, wenn du für dieses Spiel ausschließlich glutenfreie Spaghetti verwendest. Das mag dir vielleicht übertrieben vorkommen, wir haben jedoch betroffene Familienmitglieder, denen wir auf keinen Fall Weizenspaghetti in die Hand drücken würden! Frage vielleicht einfach vorher, ob jemand betroffen ist.

Stolperfallen

Frage ebenfalls vorher, ob es Personen gibt, die das Spiel bereits kennen. Diese dürfen es von außen beobachten und sich Notizen dazu machen, was während der 18 Minuten in den einzelnen Gruppen passiert. Für das Debriefing ergeben sich dadurch immer wieder aufschlussreiche Beobachtungen.

Debriefing-Tipps

- »Was ist euch während der 18 Minuten aufgefallen?«
- »Wie ist es euch gelungen, so einen hohen Turm zu konstruieren?«
- »Was hat dabei gut funktioniert, was waren positive Einflussfaktoren? Und was hat den Prozess eher behindert?«

Wenn du genug Zeit hast, zeige der Gruppe das Video von Tom Wujec (siehe Quelle unten bzw. [WUJEC-MC]).

Bei diesem Spiel zeigt sich, dass für solch ein komplexes Unterfangen eine iterativ-inkrementelle Arbeitsweise sehr viel geeigneter ist als ein planbasiertes, durchanalysiertes Vorgehen. Interessanterweise bauen Teams von Kindergartenkindern die höchsten Türme. Gruppen aus reinen Führungskräften liegen dagegen häufig auf den letzten Plätzen. Worin besteht der Unterschied zwischen diesen beiden Gruppen? Die Kinder fangen einfach an, einen Turm zu bauen, und haben im Regelfall innerhalb weniger Minuten ein erstes Ergebnis. Ganz intuitiv gehen sie also iterativ-inkrementell vor. Wenn du eine Gruppe typisch deutscher, männlicher Ingenieure dabeihast, besteht eine beträchtliche Chance, dass diese einen Großteil ihrer Zeit mit penibler und perfektionistischer Planung verbringen, bevor sie in der letzten Minute merken, dass ihr Turm zusammenbricht.

Einige Menschen könnten darauf beharren, dass dieses Unterfangen ja überhaupt nicht komplex sei. Stell diesen einfach die Frage, wie sie die Komplexität ihrer Produktentwicklung bzw. Softwareentwicklung im Vergleich zu dieser Übung einschätzen würden.

Offline

Auch hier handelt es sich leider um eine Aktivität, von der wir nicht glauben, dass sie sinnvoll online durchgeführt werden kann. Wir sind uns allerdings sicher, dass es versucht wird, eventuell sogar mit so etwas wie kleinem Erfolg. Darum geht es uns gar nicht. Die Dynamik dieser Übung ist in 3-D oder per Sudoku – oder welch andere clevere Idee sicherlich jemand haben kann – einfach nicht mit übersetzt. Daher freuen wir uns sehr, vom Gegenteil überzeugt zu werden, gehen aber aktuell davon aus, dass die Marshmallow Challenge auf Offlinegelegenheiten begrenzt bleibt.

Zwecke im Detail

Crossfunktionale Teams: Ob dieser Zweck erfüllt wird, hängt stark von der Teamzusammensetzung ab. Wenn du eine Gruppe älterer, männlicher, deutscher, perfektionistischer Softwareingenieure vor dir hast, wird die Crossfunktionalität nicht besonders groß sein. Hast du jedoch eine bunte Mischung aus Softwareentwicklerinnen, Führungspersönlichkeiten, Quereinsteigern, Testverantwortlichen, Erziehern und weitere Menschen mit anderen Fähigkeiten und Erfahrungen im Team, kommt der Vorteil eines crossfunktionalen Teams zum Tragen. Vielleicht hast du zwei ganz anders zusammengestellte Teams in deinem Workshop und kannst im Debriefing die Herangehensweisen beider Teams gemeinsam reflektieren. Die Unterschiede zwischen crossfunktionalem und nicht crossfunktionalem Team sollten auf jeden Fall betrachtet werden.

Empirische Prozesssteuerung: Die besseren Lösungen in diesem Spiel finden die Teams, die jeden ihrer Schritte prüfen, hinterfragen und gegebenenfalls zurücknehmen und neu ausrichten. Das entspricht der empirischen Prozesssteuerung. Diejenigen Teams, die vorab alles detailliert planen und dann erst gegen Ende alles auf einmal bauen, scheitern meistens kurz vor Ende der Zeit. Das entspricht dem typischen Ergebnis der definierten Prozesskontrolle.

Iterative und inkrementelle Entwicklung: Ein iteratives und inkrementellen Vorgehen führt automatisch zur empirischen Prozesssteuerung. In regelmäßigen Zwischenschritten wird geprüft, hinterfragt, angepasst und neu geplant. In kleinen Schritten nähert man sich dem gewünschten Ziel. Oft hören die Teams in diesem Spiel bei einer 80-%-Lösung auf zu bauen. Sie merken dann, dass jedes weitere »Auftürmen« die Stabilität der bisherigen Lösung gefährden würde. Der Bau in diesem Zustand ist hier gut genug und in jedem Fall viel besser, als gar keinen Turm liefern zu können.

Selbstorganisation: Es gibt in diesem Spiel keinen Projektplan und auch keinen Konstruktionsplan, denen das Team folgen könnte. Das Team ist also auf sich selbst, seine eigenen Erfahrungen und seine Kompetenzen angewiesen. Es muss sich selbst organisieren und herausfinden, wie es sich strukturiert, koordiniert und die Lösung umsetzt. Interessant wird es immer dann, wenn sich eine Person in einem Team in die Rolle der Projektleitung begibt und den anderen Teammitgliedern sagt, wer was wie zu tun hat. Diejenigen, die nur beobachten, müssen insbesondere auf solche Situation schauen und sie im Nachgang beim Debriefing mit der gesamten Gruppe teilen.

Teambuilding: Wenn du dieses Spiel mit einem festen Team durchführst, wirkt es wie alle gemeinsamen Unternehmungen positiv auf das Teambuilding. Sollte das Team scheitern, also keinen stehenden Marshmallow-Turm am Ende zustande bringen, hat es zumindest die gemeinsame Erfahrung als Basis. Entscheide jedoch schnell, ob du dem Team im Nachgang einen positiven Projekterfolg bescheren möchtest, indem du es den Turm ohne Zeitdruck zu Ende bauen lässt. Falls sich dein Team sowieso gerade in einer eher schwierigen, erfolglosen oder deprimierenden Phase befindet, empfehlen wir auf jeden Fall einen positiven Abschluss dieser Übung. Andernfalls kann sich die negative Erwartungshaltung im Team festigen nach dem Motto: »Schaut, nicht mal einen Spaghetti-Turm können wir bauen.«

Quelle

Das Spiel wurde von Tom Wujec entwickelt und in seinem wunderbaren TED-Talk präsentiert [WUJEC-MC].

Business Value Poker

Typ: Priorisierung von Produktfeatures oder Backlog Items

Zwecke: Business Value, Lean-Prinzipien, Priorisierung, Teambuilding, vertrauensbildend

Medium: online und offline

Niveau: relativ leicht

Gruppengröße: 2 bis 8 Personen

Dauer: ein bis zwei Stunden, je nach Intensität der Diskussionen und Anzahl der Teilnehmenden

Learning Objectives

Das Spiel hilft dabei, die unterschiedlichen Perspektiven der einzelnen Teilnehmenden auf den Business Value eines Produktfeatures zu verstehen. Dadurch fällt es leichter, nicht nur die eigenen Ideen nach oben priorisieren zu wollen, sondern aus einer Gesamtbetrachtung heraus das Beste für die Organisation zu entscheiden.

Benötigtes Material

- Flipchart oder Whiteboard
- Stifte, Marker
- Spielgeld pro Teilnehmerin/Teilnehmer (siehe Vorbereitung)

Für die Onlinevariante benötigst du ein virtuelles Whiteboard mit dem Template aus Abbildung 8-12.

Vorbereitung

Erstelle für ein Produkt eine Liste von Features. Bring dazu in der Firma alle Stakeholder, Product Owner und Produktmanager eines Produkts zusammen, die einzelne Ansprüche und Wünsche an die Produktentwicklung herantragen. Erstelle auf einem Flipchart oder einem Whiteboard eine Liste aller gewünschten Funktionen, Features, User Stories oder ganz allgemein Backlog Items.

Zur Vorbereitung des Spielgelds hast du zwei Möglichkeiten:

1. Künstliche Werte: Gib jeder Person ein Set von 10.000 Geldeinheiten in Form von folgenden Einzelbeträgen: 5.000, 2.000, 2 × 1.000, 500, 2 × 200, 100. Schreibe diese auf kleine Karteikarten. (Optional: Halte ein paar weitere Spielgeldscheine bereit für den Fall, dass die Gruppe der Meinung ist, mehr Differenzierung zu benötigen. Dies wäre bereits ein guter Indikator für eine Dysfunktion. Lass die Gruppe so kleinteilig werden, wie sie möchte. Achte nur darauf, die Sinnhaftigkeit dieser Kleinteiligkeit hinterher gemeinsam zu reflektieren.)

2. Realistische Werte: Identifiziere die durchschnittliche Teamgröße der Produktentwicklung und die genutzte Dauer einer Iteration. Erstelle nun pro Person 20 Karten mit einem Betrag, der sich folgendermaßen berechnen lässt:
Bei einer Teamgröße von 7 Personen, die in zweiwöchigen Sprints arbeiten (10 Arbeitstage), ergibt sich so z. B. ein Betrag von 70.000 Euro. Dieser Betrag entspricht den Kosten für einen vollen Teamsprint. Schreibe diese 70.000 Euro für jede Person auf 20 kleine Karteikarten. Damit kann jede Person 20 volle Sprints im weiteren Spielverlauf investieren.

Abbildung 8-12 zeigt das Spielfeld, auf dem die Teilnehmenden ihre Investitionen platzieren. Jede teilnehmende Person hat ihre eigene Spalte. In jeder Zeile findet sich ein zur Wahl stehendes Produktfeature oder eine Idee, in die investiert werden kann.

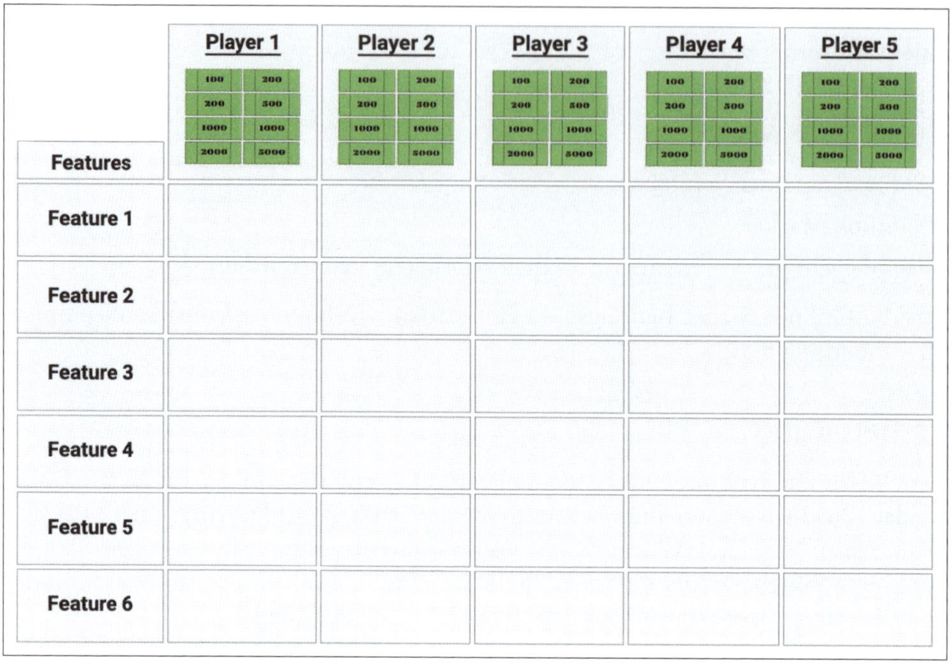

Abbildung 8-12: Spielfeld für Business Value Poker

Ablauf und Moderation

Zeige der Gruppe die zuvor zusammengetragene Liste möglicher Features und gib ihr folgende Aufgabe: »Schaut euch diese unsortierte Liste möglicher Features an und findet heraus, wie viel eures vorhandenen Budgets ihr für die jeweiligen Features investieren möchtet. Es geht darum, eine sinnvolle Priorisierung dieser Features nach Business Value für die nächsten Wochen zu ermitteln. Investiert also so viel in die einzelnen Features, dass der Invest dem Business Value der Features entspricht.«

Typischerweise werden alle Teilnehmenden in der ersten Runde fast ausschließlich in ihre eigenen Features investieren. Dies entspricht der klassischen Verhaltensweise, die eigene Idee nach Möglichkeit ganz nach oben auf die Prioritätenliste zu bekommen. Ganz nach dem Motto: »Wer am lautesten schreit, wird gehört!« schreien die Leute hier mit ihrem gesamten Budget: »Schaut her, wie wichtig mein Feature ist! Ich würde dafür schließlich alles investieren!«

Da das zu keiner sinnvollen Priorisierung der Features beiträgt, stell den Teilnehmenden nun für die zweite Runde folgende Aufgabe: »Wir kommen auf diese Art vermutlich zu keiner sinnvollen Lösung. Deswegen werden wir uns jetzt die einzelnen Features in der am Flipchart vorgegebenen Reihenfolge anschauen. Macht euch zum ersten Feature jetzt kurz Gedanken darüber, welchen Business Value ihr ihm zuordnet. Überlegt euch dazu bitte, wie das Feature auf folgende Aspekte einzahlt:

- Generierung von neuem Business,
- Aufrechterhaltung des bestehenden Business,
- mehr Effizienz der internen Abläufe.«

Gehe nun alle Features einzeln durch und lass die Leute ihr jeweiliges Investment aus der ersten Runde aufdecken. Die Teilnehmenden mit dem jeweils höchsten und niedrigsten Betrag für dieses Feature bekommen eine Minute Zeit, ihre Sichtweise kurz darzustellen. Dieser Dialog führt bei vielen Beteiligten zu neuen Erkenntnissen. Die bisherigen Investments werden von allen zurückgenommen, und eine erneute Investitionsrunde beginnt.

Um die investierten Werte an der Wand sichtbar zu machen, kannst du die Wertkarten der Teilnehmenden entweder per Magnet oder per Klebestreifen neben den jeweiligen Features positionieren, oder du schreibst den Gesamtwert mit einem Marker daneben. In der Onlinevariante verschieben die Teilnehmenden einfach ihre virtuellen Geldscheine. Abbildung 8-13 zeigt ein beispielhaftes Spielfeld mit den investierten Werten der Teilnehmenden.

Abbildung 8-13: Spielfeld mit investierten Werten einer Runde Business Value Poker

Im Laufe der Zeit entsteht unter den Beteiligten eine gemeinsame Sichtweise zur Bedeutung und zu den Businesserwartungen der einzelnen Features. Am Ende des Spiels hängt ein nach Business Value priorisiertes Backlog an der Wand, auf das sich voraussichtlich alle einlassen können. Abbildung 8-14 enthält das resultierende Product Backlog aus unserem Beispiel.

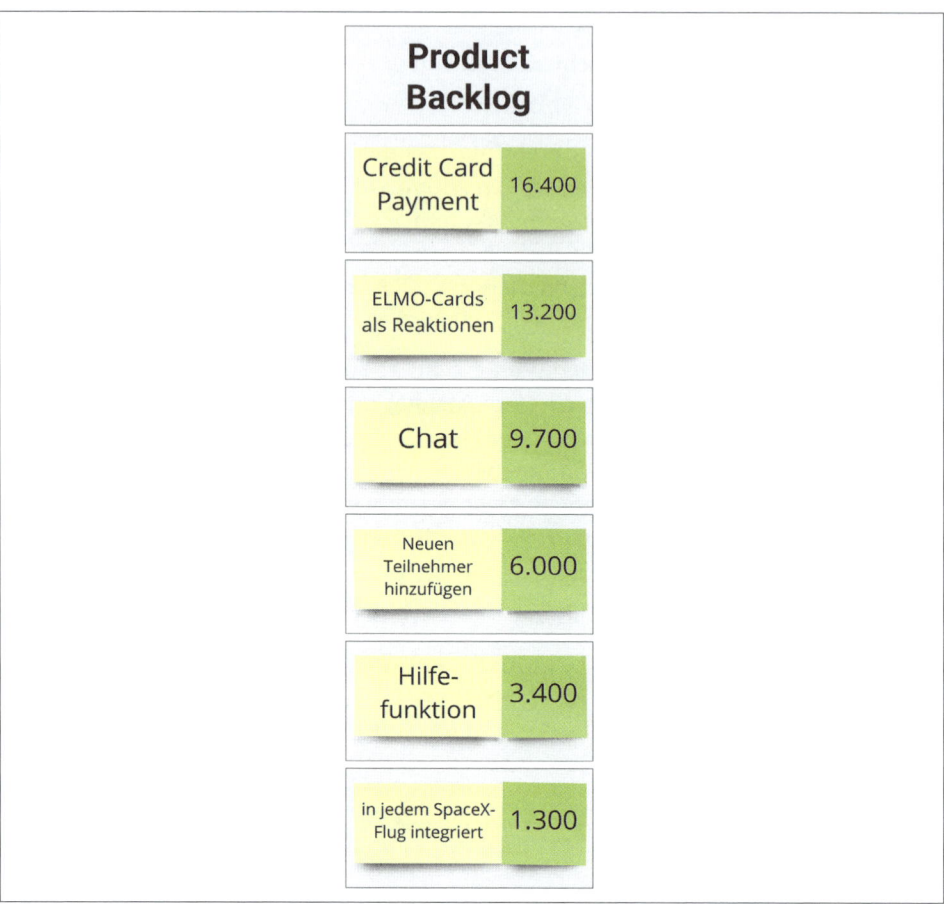

Abbildung 8-14: Resultierendes Product Backlog am Ende eines Business Value Poker

Debriefing-Tipps

Bring die Teilnehmenden zusammen und stell folgende Fragen:

- »Mit welchem Ziel seid ihr jeweils in die erste Runde reingegangen?«
- »Was wolltet ihr für euch persönlich erreichen?«
- »Was hat sich diesbezüglich im Verlauf der nächsten Runden verändert?«
- »Welche Ziele sind dann wichtiger geworden?«
- »Wie zufrieden seid ihr mit dem Ergebnis dieser Übung?«
- »Wie könnt ihr diese Art der Priorisierung in eurem echten Arbeitsumfeld etablieren?«
- »Was würde dem Ganzen in der echten Welt entgegenstehen?« An dieser Stelle trennt sich die Spreu vom Weizen. Viele Teilnehmende aus dem Produktmanagement sind an persönliche Ziele mit finanziellen Anreizen gebunden. Halte ihnen den Spiegel vor und stell ihnen die nächste Frage:

- »Was würdet ihr persönlich verlieren, wenn ihr diese Art der übergreifenden Priorisierung anwenden würdet? Was bräuchte es, um diesen persönlichen Verlust für alle fair zu kompensieren?« Diese und ähnliche Fragen öffnen dir den Zugang zu Prozessen und Verhaltensweisen im Produkt- und Programmmanagement. Sie reichen normalerweise bis ganz nach oben in die Geschäftsführung, wo du dann als Change Agent aktiv werden kannst. Vielleicht werfen sie dich dort auch hochkant hinaus, aber dann hast du es wenigstens versucht und etwas daraus gelernt.

Zwecke im Detail

Business Value: Dieses Spiel trägt den Business Value bereits im Titel. Es geht im Wesentlichen um nichts anderes, als die Notwendigkeit und die positiven Effekte von Business Value zu vermitteln. Die Teilnehmenden verstehen am Ende der Übung, dass eine klare Priorisierung des Projektportfolios nach Business Value für alle Beteiligten nur Vorteile hat: Kunden erhalten die wertvollsten Ergebnisse früher, die Firma fokussiert sich auf die wertvollsten Dinge zuerst, und schließlich beschäftigt sich niemand mit Dingen, deren Wert wir infrage stellen müssen.

Lean-Prinzipien: Das Entscheidende der Lean-Prinzipien für diese Übung ist eindeutig »Wert identifizieren«. Anstatt einzelne Projekte oder Features nach Bauchgefühl zu bewerten und einfach so ins Rennen zu schicken, kümmern sich die Teilnehmenden um die Frage, welcher Wert hinter diesen einzelnen Projekten und Features steckt. Erst dann ist es sinnvoll, sich um Priorisierung der Umsetzung zu kümmern. Genau diese Erkenntnis vermittelt dieses Spiel.

Priorisierung: Die ganze Frage der Priorisierung ist in diesem Spiel abgebildet. Priorisierung nach Wert bzw. Business Value ist hier ganz offensichtlich. Du kannst auch weitere Stakeholder ins Spiel bringen. Eine von ihnen könnte eine allmächtige Entscheiderin sein, die zu einem Feature einfach sagt: »Ich will das zuerst haben, aus Gründen.« Ein anderer könnte der Vertriebschef sein, der behauptet: »Dieses Projekt haben wir unserem wichtigsten Kunden vertraglich zugesagt, das muss jetzt kommen.« Diese und weitere Einflüsse auf die Priorisierung können dann von den Teilnehmenden diskutiert werden. Auch für das Debriefing sind das wertvolle Erkenntnisse, wenn du die Frage stellst, wie solche Stakeholder zukünftig mit dem Business-Value-Konzept besser eingebunden werden können.

Teambuilding: Die Individuen aus dem Produkt-, Projekt-, Programm- und Portfoliomanagement sind oft einzelkämpferisch unterwegs und müssen ihre Interessen gegenüber ihren Kolleginnen und Kollegen durchsetzen. Dieses Spiel sorgt für ein gemeinsames Erarbeiten einer zufriedenstellenden Lösung. Damit haben die Beteiligten einen wichtigen Hebel für ihr Teambuilding bekommen. Bleib mit ihnen am Teambuilding dran und erinnere sie auch immer wieder an die gemeinsame Leistung, die sie bereits erbracht haben. Es kann je nach Struktur und Vorgaben in der Organisation länger dauern, die Beteiligten aus verschiedenen Produktbereichen zu einem Team zusammenzuschweißen. Die Energie dafür lohnt sich am Ende jedoch in den meisten Fällen.

Vertrauensbildend: Durch das gemeinsame Erleben und das Ergebnis dieser Übung kommen die Beteiligten als Team schon etwas näher zusammen. Da sie ihre individuellen Ziele gegenseitig darlegen und nachvollziehen müssen, entsteht auch ein tieferes Verständnis für die einzelne Person. Zwei Menschen, die vorher immer mit ihren Projekten gegeneinander gekämpft haben, sind nun vielleicht etwas verständnisvoller im Umgang miteinander.

Quelle

Dieses Spiel basiert auf »Buy a Feature« von Luke Hohmann [HOHMANN] und »Business Value Game« von Andrea Tomasini [AGILE42-BV].

Das *Business Value Game* steht unter der Creative Commons Attribution-ShareAlike 3.0 Germany License.

Magisches Dreieck

Typ: Prinzip der Dynamik komplexer Systeme

Zwecke: Impediments identifizieren und überwinden, komplexe Systeme, Selbstorganisation

Medium: online und offline

Niveau: leicht

Gruppengröße: 10 bis 30 Personen

Dauer: ca. 30 Minuten

Learning Objectives

Die Teilnehmenden verstehen die Abhängigkeiten in komplexen Systemen und die Auswirkungen von Veränderungen. Das Prinzip von Ursache und Wirkung wird spürbar veranschaulicht. Kleine Veränderungen können zu signifikanten Auswirkungen in der Systemdynamik führen.

Benötigtes Material

Außer einem großen Raum oder einer freien Fläche wird nichts weiter benötigt.

Für die Onlinevariante benötigst du ein virtuelles Whiteboard, auf dem die Mauszeiger aller Teilnehmenden zu sehen sind.

Vorbereitung

Sorge dafür, dass du mit der Gruppe eine große, freie Fläche zur Verfügung hast. Räume dafür sämtliche Stühle, Tische und andere Möbel aus dem Raum oder so zur Seite, dass sie die Gruppe in der freien Bewegung nicht einschränken.

Online stellst du einfach ein leeres virtuelles Whiteboard bereit. Mehr braucht es nicht.

Ablauf und Moderation

»Jeder und jede von euch sucht sich bitte heimlich zwei andere Personen aus der Gruppe aus. Die beiden dürfen nicht wissen, dass ihr sie ausgewählt habt. Mit diesen beiden Personen bildet ihr jetzt – ohne dass sie es wissen – ein gleichseitiges Dreieck. Das bedeutet, dass der Abstand aller drei Personen zueinander jeweils gleich groß ist. Die Seitenlänge ist dabei nicht eingeschränkt, ob ihr ganz eng oder ganz weit auseinandersteht, spielt keine Rolle.

Bewegt euch jetzt bitte so lange, bis diese Aufgabe gelöst ist und das gesamte System zur Ruhe gekommen ist. Das kann durchaus eine Weile dauern. Los geht's.«

Wenn das System nach einigen Minuten zum Stehen gekommen ist, erfolgt das erste kurze Zwischen-Debriefing:

- »Was wurde in diesem System gerade sichtbar?«
- »Was habt ihr gerade erlebt?«
- »Wie ist es euch in der Rolle gegangen?«
- »Was hat das mit eurem Arbeitsumfeld zu tun?«

Nun bringst du eine Veränderung in das stabile System. Je nach Gruppengröße entfernst du eine oder zwei Personen aus dem System.

»Euer System ist aktuell stabil und zur Ruhe gekommen. Nun schauen wir uns mal an, was passiert, wenn wir ein oder zwei Elemente aus eurem System entfernen. Markus, würdest du bitte rausgehen und eine Beobachterposition einnehmen? Alle, die jetzt eine Person für ihr Dreieck verloren haben, suchen sich bitte zwei neue Personen. Also, mal sehen, welche Auswirkungen diese kleine Änderung auf euer System hat. Los geht's.«

Warte wieder ab, bis das System einen stabilen Zustand erreicht hat und keine weitere Bewegung zu sehen ist.

Sollte überhaupt keine Bewegung ins System kommen, da die entfernte Person in keinem anderen Dreieck enthalten war, kannst du sagen: »Interessant, was gerade passiert ist. Es gibt gelegentlich einzelne Elemente in einem System, von denen kein anderes Element abhängig ist. Markus, würdest du deinen Platz bitte wieder einnehmen? Anja, darf ich dich bitten, das System zu verlassen und in die Beobachterposition zu gehen? An alle anderen: Wer jetzt eine Person im Dreieck verloren hat, sucht sich bitte neue Personen aus. Seid ihr so weit? Okay, los geht's.«

Online

Wenn du dieses Spiel online spielen willst, steht dem nichts im Wege. In unserem Lieblingstool Miro ist das extrem einfach. Bitte einfach alle Teilnehmenden, die Darstellung der Mauszeiger anzuschalten. Dann holst du die Leute auf dem Whiteboard zu dir, und schon kann's losgehen. Selbst wenn einige nicht mit Namen angemeldet sind, hat doch jeder Mauszeiger eine eindeutige Bezeichnung. Sollten einige in der Gruppe nicht über einen Computer verfügen, der das mitmacht: kein Problem. Gib einfach deinen Bildschirm frei. Oder – falls auch bei dir die Leistung ein Problem sein sollte – bitte einen Teilnehmer mit leistungsfähigerer Hardware darum, die Freigabe zu starten. Und wenn das alles nicht funktioniert oder das verwendete Tool so etwas nicht hergibt: nicht verzweifeln. Nehmt einfach Stickies. Oder simple rechteckige Boxen mit den Namen darin.

Debriefing-Tipps

Wenn sich das System nun wieder beruhigt hat, kannst du das finale Debriefing starten:

- »Was hat die Entfernung der Personen aus dem System verändert?«
- »Wer musste sich bewegen? Wer konnte in seiner Position verharren?«
- »Welche Beobachtungen konnten die entfernten Personen machen?«
- »Wo befanden sich die Bezugspersonen der entfernten Personen vor der Veränderung, und wo befinden sie sich jetzt? Wie viel Veränderung hat insgesamt stattgefunden?«
- »Stellt euch eine ähnliche Dynamik in einem echten Team vor. Wir haben es immer mit einem menschlichen System zu tun, bei dem niemand das Verhalten der anderen Teammitglieder voraussagen kann. Ein Team ist bereits dadurch ein komplexes System, dass es aus Menschen besteht. Wir verhalten uns nicht deterministisch, sondern sind unbewusst gesteuert durch unsere Emotionen und Werte.«
- »Welchen Transfer könnt ihr aus dieser Erkenntnis herstellen auf die gemeinsame Teamarbeit und die Planung eurer Vorhaben?«

Zwecke im Detail

Impediments identifizieren und überwinden: Die Teilnehmenden befinden sich in dieser Übung in einem komplexen, dynamischen System und versuchen, einen aus ihrer Perspektive stabilen Zustand zu erzeugen. Aus dieser individuellen Perspektive stellen die Bewegungen aller anderen Beteiligten massive Impediments dar, die auch in keiner Weise vorhersagbar sind. Im ersten, einfachen Rückschluss zeigt das das komplexe Verhalten sozialer Systeme auf. Wo auch immer Menschen etwas miteinander zu tun haben, kann chaotisches Verhalten entstehen, ohne dass Einzelne dafür verantwortlich sind oder dieses Verhalten willentlich geschieht. Übertragen auf

Projekte oder technische Systeme, zeigt diese Übung auf, dass das Gesamtsystem durch kleine Einflüsse anderer Elemente jederzeit in einen chaotischen Zustand geraten kann. In jedem dieser Fälle haben wir es aus Sicht eines stabilen Gesamtsystems mit Impediments zu tun.

Komplexe Systeme: Diese Übung zeigt das nicht deterministische Verhalten komplexer Systeme. Der individuelle Versuch, ein stabiles System herzustellen, wird teilweise zu einem wilden Chaos, beruhigt sich zwischenzeitlich immer wieder und kann sich jederzeit erneut zu einem chaotischen Verhalten entwickeln. Die Teilnehmenden erfahren, wie kleinste Veränderungen bei einzelnen Systemteilen (anderen Teilnehmenden) zu extrem dynamischem Verhalten des Gesamtsystems führen können. Das Verhalten sozialer Systeme wie beispielsweise eines Teams, aber auch technischer Systeme und deren Abhängigkeiten wie Softwaresysteme, ist immer komplex. Dies macht es so gut wie unmöglich, sie mit klassischen Methoden in den Griff zu bekommen. Es benötigt agile Vorgehensweisen, mit der Dynamik komplexer Systeme zurechtzukommen.

Selbstorganisation: Die Rahmenbedingungen dieses Spiels sind das Einzige, das den Teilnehmenden als Regeln mitgegeben wird. Sie sind vollständig als Individuen dafür verantwortlich, diesen Rahmen einzuhalten und sich in einem stabilen System zu organisieren. Im Zusammenspiel aller Individuen wird daraus eine Teamverantwortung der Selbstorganisation. In der entstehenden komplexen Dynamik wäre auch niemand aus einer externen Perspektive in der Lage, alle Systemelemente »richtig« zu organisieren. Dies kann nur aus dem System selbst heraus geschehen. Einzig über die Rahmenbedingungen kann das System von außen definiert und verändert werden.

Quelle

Wir kennen dieses Spiel seit vielen Jahren von diversen Konferenzen und Trainings. Eine originäre Quelle ist nicht mehr nachvollziehbar.

Resource Utilization Trap

Typ: Auswirkung von Auslastung auf Produktivität

Zwecke: Auslastung, Lean-Prinzipien, Multitasking, Push-versus-Pull-Prinzip, Work-in-Progress-Limit

Medium: offline

Niveau: mittel

Gruppengröße: 4 bis 8

Dauer: ca. 15 Minuten

Learning Objectives

Die Teilnehmenden spüren, wie sich unterschiedliche Auslastungsarten auf Produktivität und Effizienz eines Systems auswirken.

Benötigtes Material

- 10 bis 20 Bälle (Tennis- oder Tischtennisballgröße), am besten in einer kleinen Tasche oder Tüte
- eine Schale oder ein Karton (Delivery-Box)
- Flipchart oder Whiteboard zur Visualisierung der Ergebnisse

Vorbereitung

Erstelle eine Tabelle wie die in Abbildung 8-15 gezeigte auf einem Flipchart oder Whiteboard.

	Auslastung der Ressourcen	Flusszeit	Durchlauf (Velocity)

Abbildung 8-15:   Leere Tabelle für Resource Utilization Trap

Lege die Bälle bereit und platziere die Delivery-Box.

Ablauf und Moderation

Runde 1

»Dieses Spiel zeigt ein Problem auf, das viele Organisationen haben: die Resource Utilization Trap – auf Deutsch die Ressourcen-Auslastungsfalle.

Diese Bälle sind für uns Features oder Kundenanforderungen. Ihr seid das Team für die Umsetzung. Stellt euch bitte hier zu mir und der Schale. Ihr müsst keine Reihe bilden, stellt euch einfach hier neben die Schale. Um ein Feature fertigzustellen, muss der Ball von all euren Händen einmal berührt werden und sich am Ende in dieser Schale befinden. Das ist unsere Auslieferung an die Kundin.

Also los, probieren wir es mal aus.«

Nimm einen Ball und lege ihn der ersten Person neben dir in die Hand. Warte, bis der Ball durch alle Hände gegangen und in der Schale angekommen ist.

»Sehr cool, wir haben was ausgeliefert! Okay, noch einen.«

Gib den nächsten Ball an eine andere Person und warte auf die Auslieferung.

»Wundervoll, ihr seid spitze! Noch mal.«

Gib den dritten Ball an eine weitere Person, warte ein bis zwei Sekunden und ruf dann sofort: »Pause! Nicht mehr bewegen bitte.«

»Schaut euch selbst an, wie ihr gerade hier steht, und stellt euch vor, dass eine Führungskraft den Raum betritt, euch so arbeiten sieht und den Raum wieder verlässt. So weit so gut. Pause beendet, macht bitte weiter.«

Nach der Auslieferung bringst du den nächsten Ball ins Spiel und drückst wieder die Pausetaste: »Stopp und pausieren bitte!«

Runde 2

»Unsere Führungskraft schaut erneut vorbei, sieht euch hier so arbeiten und fängt an, die Stirn zu runzeln und zu überlegen, was ihr hier tut und warum so viele Menschen im Team einfach nur rumstehen und nicht ausgelastet sind. Was für eine Ressourcenverschwendung! Am besten stellen wir einen Supervisor ein, der dafür sorgt, dass alle gut beschäftigt sind und wir für unsere Personalkosten auch einen anständigen Wert geliefert bekommen.

Ich übernehme diese Rolle mal in der nächsten Runde und werde euch beschäftigt halten.«

Nun wirst du schnellstmöglich alle freien Hände, die du siehst, mit Bällen versorgen. Drück den Mitwirkenden ständig neue Bälle in die Hand und kommentiere mit: »Ah, hier ist eine Hand. Da ist auch noch eine. Hier hat auch jemand nichts zu tun.«

Wenn fast alle Hände voll sind und die Delivery-Box noch leer ist, rufe wieder: »Stopp und Pause!«

»Unsere Führungskraft kommt mal wieder vorbei und ist total begeistert. Alle sind beschäftigt, das sieht ja richtig gut aus hier bei euch. Ein voller Erfolg!

Leider gibt es dabei nur ein Problem: Unsere Kundin hat noch nichts geliefert bekommen!«

»Ihr dürft euch wieder entspannen und die Bälle zur Seite legen. Schauen wir uns mal an, was hier passiert ist.«

Fülle die Tabelle nun wie in Abbildung 8-16 mit der folgenden Erklärung: »In der ersten Variante hatten wir eine Ressourcenauslastung von vielleicht 10 bis 15 %. Nur eine von acht oder zehn Händen war beschäftigt. Unsere Flow-Time bis zur Auslieferung betrug ungefähr 5 Sekunden. Die zweite Variante hatte eine gigantische Ressourcenauslastung von mindestens 100 %. Und wie stand es mit unserer Flow-Time? Nun, die war in unserem Fall tatsächlich unendlich, da wir überhaupt nichts ausgeliefert hatten. Das heißt also, hier oben gab es eine zufriedene Kundin, hier unten leider eine verärgerte Kundin.«

	Auslastung der Ressourcen	Flusszeit	Durchlauf (Velocity)
🙂	10–15%	≈ 5s	
🙁	100%	∞	

Abbildung 8-16: Resource Utilization Trap nach den ersten beiden Runden

Runde 3

»Was ist nun die Schlussfolgerung daraus? Sollen wir die Ressourcenauslastung komplett ignorieren? Nein, es ist natürlich gut, die Ressourcenauslastung zu verbessern, jedoch erst, nachdem wir einen optimalen Flow inklusive Auslieferung etabliert haben. Das versuchen wir jetzt mal – und zwar, indem wir den Spieß umdrehen: vom Push-System zum Pull-System. Nicht ich werde für eure Auslastung sorgen, sondern ich biete euch Arbeit an und ihr entscheidet selbst, wie viele Bälle ihr ins Spiel bringt. Also los, versuchen wir's.«

Lass das Team ein paar Bälle ins System bringen. Nach zwei bis drei ausgelieferten Bällen rufst du wieder: »Pause!«

Auswertung

»Oh, ihr habt viel mehr geliefert und seid sogar etwas stärker ausgelastet. Schauen wir uns das Ergebnis wieder am Board an. Betrachten wir mal den Durchfluss in der letzten Spalte. In der ersten Runde waren wir bei etwa zwölf Bällen pro Minute. Die zweite Runde war mit null Bällen etwas unterirdisch. Jetzt gerade in der dritten Runde haben wir die Auslastung auf ungefähr 30 % erhöht, die Flow-Time ist etwa gleich geblieben. Das heißt, unser Durchfluss (oder gern auch Velocity) liegt demnach bei 24 Bällen pro Minute.

	Auslastung der Ressourcen	Flusszeit	Durchlauf (Velocity)
🙂	10–15%	≈ 5s	12 Bälle/min
🙁	100%	∞	0
😃	30%	≈ 5s	24 Bälle/min

Abbildung 8-17: Resource Utilization Trap nach drei Runden

Wir haben in der dritten Runde mit dem Pull-System also zuerst auf die Flow-Time optimiert (dadurch, dass ihr selbst gepullt habt) und als zweites die Ressourcenauslastung optimiert, ohne die Flow-Time zu opfern. Das ist der klassische Lean-Ansatz. Leider schlägt er in vielen Organisationen fehl, da gern versucht wird, erst die Ressourcenauslastung zu optimieren und die Mitarbeitenden beschäftigt zu halten. Damit bekommt ihr zwar viele beschäftige Leute, jedoch selten eine gute Auslieferungsrate. Ein sehr spürbares Beispiel des Zusammenhangs von Flow und Auslastung findet ihr bei jedem Verkehrsstau: Die Straße ist zu 100 % ausgelastet, es geht aber nichts mehr voran.«

Debriefing-Tipps

Das gesamte Debriefing findet sich bereits im Ablauf und in deinen Aussagen. Bei Bedarf kannst du mit dem Team im Nachgang den konkreten Workflow in der Organisation inspizieren und dort mit den Beteiligten auf die Aspekte Flow, Auslastung und Velocity schauen.

Zwecke im Detail

Auslastung: Dieses Spiel ist genau dafür konzipiert, die Auswirkungen eines ausgelasteten Systems aufzuzeigen. Je größer die Auslastung über ihrem idealen Wert liegt, desto weniger fließt durch das System. Das einfachste Beispiel hierfür ist eine Autobahn. Wenn wir die Autobahn zu 100 % auslasten möchten, müssen wir einfach ein Auto nach dem anderen auf die Fahrbahn stellen. Die Autobahn ist voller Autos, aber kein einziges bis auf die vordersten bewegen sich. Im anderen Extrem fahren nur ganz wenige Autos, und die Autobahn ist so gut wie leer. Damit haben wir für die einzelnen Autos den maximalen Fluss erreicht. In einem dynamischen System, sei es eine Autobahn, die Softwareentwicklung oder eine Produktionslinie, wollen wir immer den idealen Auslastungswert erreichen, keinesfalls jedoch mehr, sonst erzeugen wir einen Stau.

Lean-Prinzipien: Die in diesem Spiel gezeigten Lean-Prinzipien sind »Flow erzeugen« und »Pull einführen«. Der Fluss durch das System wird zunächst hergestellt durch eine radikale Limitierung der Arbeit. Wir stellen also ein effektives System her, das in der Lage ist, überhaupt ein Stück Arbeit auszuliefern. Ab diesem Zeitpunkt finden die Teilnehmenden die maximale bzw. ideale Auslastung des Systems.

Multitasking: Die zweite Phase dieses Spiels zeigt sehr drastisch auf, wohin Multitasking führt. Das System ist vollständig ausgelastet, alle sind beschäftigt, aber nichts wird erledigt. Durch die Limitierung der Arbeitsmenge wird das Multitasking enorm reduziert, die positiven Effekte werden sofort sichtbar.

Push-versus-Pull-Prinzip: Das Pull-System erzeugt einen sehr großen Hebel im Verlauf dieses Spiels. Die Teilnehmenden werden nicht mehr mit Arbeit von außen beladen, sondern entscheiden selbst, wie viel sie gerade aufnehmen und bearbeiten können. Das anfängliche Push-System wird vollständig verlassen.

Work-in-Progress-Limit: Das Pull-System beeinflusst direkt die Menge der gleichzeitigen Arbeit. Die Teilnehmenden holen sich jeweils nur so viel Arbeit, wie sie auch bearbeiten können. Ob ein sogenannter »Single Piece Flow« entsteht oder sich doch mehr Arbeit parallel im System befinden kann, entscheidet das Team am Ende nach einigen Runden selbst.

Quelle

Henrik Kniberg hat ein schönes Video dazu veröffentlicht [KNIBERG-UTILIZATION], von dem wir ganz frech auch die ganze Moderation piratisiert haben.

KAPITEL 9
Simulationen

Spiele in diesem Kapitel:
- Scrum LEGO® City Game
- Kanban Pizza Game
- Ball Point Game
- Das Haus vom Nikolaus
- Summer Meadows
- Papierfliegerfabrik
- Frühstückstoast
- Snowflakes
- City Builders – Epic-Priorisierung
- Online Point Game
- ScrumTale

»Das Spiel ist die höchste Form der Forschung.«

– Albert Einstein (1879–1955)

Ähnlich wie die Spiele zur Vermittlung agiler Prinzipien im vorherigen Kapitel machen die Spiele in dieser Kategorie agile Praktiken für die Teilnehmenden erlebbar. Auch diese Spiele vermitteln Grundlagen und Prinzipien agiler Arbeitsweisen. Hier liegt der Fokus jedoch noch mehr auf der konkreten Anwendung bestimmter Methoden, die dann im eigenen Arbeitsalltag und im eigenen Kontext eingesetzt werden können.

Scrum LEGO® City Game

Typ: Simulation zur Vermittlung des Scrum-Frameworks

Zwecke: crossfunktionale Teams, empirische Prozesssteuerung, iterativ und inkrementell, Product Vision, Push-versus-Pull-Prinzip, Reflexion, Scrum, Selbstorganisation, Servant Leadership, Teambuilding, Teamwork

Medium: nur offline möglich, auch wenn immer wieder behauptet wird, es würde online funktionieren

Niveau: benötigt Scrum-Erfahrung, ein sehr gutes Verständnis der Scrum-Prinzipien und -Praktiken sowie die Fähigkeit, größere Gruppen zu moderieren

Gruppengröße: zwischen 4 und 20 Personen gut machbar

Dauer: kann von einer kurzen, einstündigen Simulation bis hin zu einem Ganztagsworkshop gespielt werden

Learning Objectives

Die Teilnehmenden erfahren, wie iterativ-inkrementelle Entwicklung mit Scrum funktioniert. Die meisten Scrum-Zeremonien, Rollen und Artefakte kommen zum

Einsatz. Wenn die Gruppe groß genug ist, werden auch die Effekte von Multi-Team-Scrum sichtbar. (Und das mit einer natürlichen Leichtigkeit, ganz ohne Buzzword-bestückte, antiagile Pseudo-Skalierungsframeworks. Das musste mal gesagt werden!)

Benötigtes Material

- 1 großer Sack LEGO®-Steine, bunt gemischt
- 1 LEGO®-Figur
- pro Team 1 Tisch
- 1 Deployment-Tisch
- 1 Tisch für die Materialien
- Flipchartpapier
- Stifte/Marker in verschiedenen Farben
- Haftnotizzettel (100 oder mehr)

Vorbereitung

Auf dem Materialientisch stellst du die gesamten LEGO®-Steine bereit sowie einen Bogen Flipchartpapier und ein paar bunte Marker.

Abbildung 9-1:   Ein Sack voller Ressourcen für das LEGO® City Game

Vorbemerkung zur Moderation

Die Beschreibung des Ablaufs und der Moderation geht davon aus, dass du selbst neben deiner moderierenden Rolle gleichzeitig auch die Person mit Product Ownership bist. Dies ist nicht nur wegen der Doppelrolle herausfordernd. Product Ownership allein benötigt bereits viel Fokus und Energie – ganz wie in einem echten Team.

Du hast immer die Möglichkeit, Product Ownership von einer oder mehreren Personen aus dem Teilnehmerkreis übernehmen zu lassen. Ähnlich wie beim Briefing der Scrum Masters musst du dir dann zu Beginn der Simulation auch entsprechend viel Zeit für die Product Owners nehmen und diese auf ihre Rolle vorbereiten.

Einen klaren Vorteil hast du, wenn du dir eine zweite Person als Co-Moderatorin dazunimmst und ihr euch gemeinsam um die Teilnehmenden kümmert.

Ablauf und Moderation

Das Scrum LEGO® City Game ist eine vollständige und umfangreiche Scrum-Simulation für ein oder mehrere Teams. Von der Produktvision über den Aufbau eines Product Backlog, den Plannings, Reviews und Retrospektiven bis hin zur skalierten Integration und Auslieferung des Produkts zeigt diese Simulation beinahe alle Elemente des Scrum-Frameworks im konkreten Einsatz. Die beteiligten Teams spielen durchschnittlich drei Runden, bis sich die Praktiken und Prinzipien von Scrum gezeigt und etabliert haben. Ziel der Simulation ist es, einen Lebensraum für LEGO®-Figuren zu schaffen, in dem diese autark existieren können.

Zunächst teilst du die gesamte Gruppe in kleinere Teams von maximal sieben Personen auf. Jedes Team sucht sich einen Tisch, an dem es im weiteren Verlauf arbeiten wird.

Vorab solltest du wissen, dass die Moderation so aufgebaut ist, dass die Person mit der Rolle Product Owner nicht gleich all ihr Wissen preisgibt. Für die Teams soll die Lernerfahrung entstehen, dass Kommunikation und Zusammenarbeit der verschiedenen Rollen essenziell notwendig sind. Das erreichen wir durch explizites Weglassen von Informationen. An der einen oder anderen Stelle werden wir dies noch mal in der folgenden Beschreibung erwähnen.

Phase 1: Die Vision

Präsentiere den Teams folgendes Elevator-Pitch-Format, mit dem sich eine Produktvision sehr gut und kurz definieren lässt:

Für <eine Zielgruppe>,
die <dieses Bedürfnis> hat,
ist <Produktname> eine <Produktkategorie>,
die <diese Hauptvorteile> bietet.
Im Gegensatz zu <Alternativprodukt>
hat unser Produkt <diese weiteren Vorteile>.

Beispiel:

*Für junge LEGO®-Familien,
die Kindererziehung und Beruf in Einklang bringen möchten,
ist unsere LEGO®City eine moderne Stadt,
die Jobs, Freizeit- und Sportangebote bietet.
Im Gegensatz zu Playmobil®City
ist unser Produkt flexibel an die Bedürfnisse der Familien anpassbar, lässt sich leicht erweitern und in der Funktionalität beliebig interpretieren.*

Jedes Team bekommt nun fünf bis zehn Minuten Zeit, sich eine eigene Vision auszudenken. Sollten die Leute gerade auf dem Schlauch stehen, in welche Richtung sie nun denken sollen, kannst du ihnen weitere Beispiele mitgeben: »Manche Teams erarbeiten die Vision eines Kreuzfahrtschiffs, eines Raumschiffs oder eines Freizeitparks. Es gab sogar mal ein Team mit der Vision einer Residenz für einen größenwahnsinnigen Bischof.«

Lass die Teams nun ihre Vision finden und diese als Elevator-Pitch formulieren. Im Anschluss pitchen die Teams gegeneinander und einigen sich auf die beste bzw. witzigste Idee, die dann umgesetzt werden wird.

Kurze Variante: Solltest du nicht genug Zeit dafür haben, dass die Teams selbst eine Vision erarbeiten können, bring einfach eine oder mehrere vorgefertigte Vision-Statements mit und lass die Gruppe entscheiden, welche sie umsetzen möchte.

Den Abstimmungsprozess hältst du so kurz und einfach wie möglich. Mehrheitsentscheid durch Handheben funktioniert immer. Oder lass die Leute sich an ihrem bevorzugten Flipchart gruppieren. Sollte es unentschieden sein, wirfst du einfach eine Münze und lässt den Zufall entscheiden. Diese Entscheidung ist dann gut genug und vor allen Dingen viel besser, als noch weitere Zeit in den Entscheidungsprozess fließen lassen.

Hast du genügend Zeit für die Simulation eingeplant, kannst du an dieser Stelle sogar über Priorisierungsvarianten und Business Value im Portfoliomanagement reden. Wenn die Teilnehmenden überwiegend aus den Bereichen Produktmanagement oder Product Ownership kommen, bietet es sich an, die Priorisierung der einzelnen Visionen über »Business Value Poker« (Seite 180) oder »City Builders – Epic-Priorisierung« (Seite 249) zu erarbeiten.

Wie du siehst, lässt sich aus den einzelnen Spielen und Simulationen dieses Buchs ein mehrtägiges Training bauen, in dem so gut wie alle Aspekte einer (agilen) Organisation abgebildet sind.

Phase 2: Story Writing und Rollenverteilung

Lass nun alle Teilnehmenden Stories schreiben, die in irgendeiner Weise die ausgesuchte Vision unterstützen. Dabei muss es sich nicht um User Stories handeln, sondern einfach um gute oder witzige Ideen, die zu der Vision passen. Jede einzelne Story wird auf eine Haftnotiz geschrieben, damit du sie im Nachgang leicht verschieben und ordnen kannst.

Beispiele:
- Haus mit Küche
- Spielplatz
- Kino
- Folterkammer
- öffentlicher Personennahverkehr
- Stromversorgung und Kanalisation
- Fußballstadion
- Freibad mit 10-Meter-Turm
- Wohnhaus für 4 Personen

Wie du siehst, entstehen im Regelfall Stories in sehr unterschiedlichen Größenordnungen – wie in jedem normalen Backlog. Lass so lang Stories schreiben, bis etwa zwei- bis dreimal so viele Stories vorhanden sind wie Anwesende.

Während die Leute schreiben, bereitest du eine breite Wand vor, an die die Stories dann geklebt werden können. Beschrifte zwei Haftnotizen mit »klein« und »riesig«, die du ganz links und ganz rechts an die Wand klebst.

»Ihr habt nun viele Stories geschrieben, und wir wollen uns einen Überblick darüber verschaffen, was sich in unserem Backlog alles befindet. Kommt jetzt einzeln nach vorn an diese Wand und stellt eure Stories kurz vor. Klebt sie bitte so an die Wand, dass sich die kleinen Ideen links und die riesigen rechts befinden. Nutzt dafür als Größenreferenz die Stories, die sich bereits an der Wand befinden, und sortiert eure Stories entsprechend ein. Los geht's.«

Falls während dieser Phase inhaltliche Fragen zu einzelnen Stories aufkommen, lass diese ruhig von den Vortragenden beantworten. An dieser Stelle soll jedoch (noch) kein umfangreiches Story Refinement stattfinden. Die Notwendigkeit dafür wird eine Erkenntnis während der folgenden Sprints sein. Das bedeutet, dich selbst zurückzunehmen und keine Detailfragen zu einzelnen Stories zu stellen.

Als Nächstes muss die Product-Ownership-Rolle besetzt werden. Entweder du übernimmst das einfach selbst, oder du bestimmst ein paar wenige Personen, die sich für die Rolle interessieren, und bildest mit ihnen ein kleines Product-Ownership-Team.

Suche nun Freiwillige, die die Rolle des Scrum Master übernehmen möchten. Nicht jedes Team benötigt einen eigenen Scrum Master. Schau einfach, wie viele Interessierte sich in diese Rolle begeben wollen. Nimm diese kurz beiseite und erkläre ihnen, was sie während dieser Simulation tun sollen.

»Während der folgenden Sprints seid ihr in einer beobachtenden Rolle. Nehmt so viel wahr, wie ihr könnt, sei es die Teamdynamik, die Zusammenarbeit zwischen den Teams, die Kommunikation mit dem Product-Ownership-Team oder was auch immer. Macht euch am besten Notizen dazu. Lasst die Teams ihre Arbeit machen und haltet euch dahin gehend zurück, selbst etwas zu bauen.«

Phase 3: Vorbereitung Backlog und Sprint

Erkläre nun den generellen Ablauf der folgenden Sprints:

- Sprint Planning, zügig, aber ohne Timebox
- Entwicklungszeit 8 Minuten
- Sprint Review ohne Timebox
- Sprint-Retrospektive 3 Minuten
- KEIN Daily Scrum, das Team muss sich während der 8 Minuten allein koordinieren
- Einwand: »Whaaat? Planning und Review ohne Timebox? Ihr erzählt doch immer, in Scrum muss alles getimeboxt sein!?« – Ja, muss es, wenn wir im echten Team Scrum so leben wollen, dass es uns auch wirklich weiterbringt. In einer komprimierten Simulation mit ein paar wenigen achtminütigen Entwicklungsphasen benötigt es dennoch relativ viel Kommunikation im Planning und im Review. Halte während beider Events die Uhr im Blick und versuche, ausufernde Diskussionen zu vermeiden. Nutze dein Bauchgefühl, um irgendwann sagen zu können: »Gut genug, um damit weiterzumachen.«

Mach explizit folgende Ansage: »Nach acht Minuten ist die Entwicklungszeit vorbei. Es darf nichts mehr angefasst werden, wir starten sofort mit dem Review. Dazu treffen wir uns am Deployment-Tisch und legen los.«

Den Scrum Masters gibst du nun folgende Aufgabe: »Während die Product Owners das initiale Backlog erstellen und sortieren, helft ihr den Teams dabei, alles vorzubereiten, was für den ersten Sprint noch notwendig ist. LEGO®-Steine schon vorab zusammenzubauen, ist weiterhin verboten. Findet mit den Teams heraus, was sie noch benötigen, bevor es gleich richtig losgehen kann.«

Mit den Product Owners schaust du dir als Moderatorin die an der Wand hängenden Stories an. Entscheidet euch für eine gute Mischung aus wertvollen Stories für die Zielgruppe. Bringt diese in eine Reihenfolge, sodass ein erstes Backlog entsteht. Klärt das eine oder andere, falls unbedingt notwendig.

Phase 4: Sprint Planning und Refinement

In dieser Phase übernehmen die Product Owners die Verantwortung und damit auch die Moderation. Das kannst du also selbst sein oder eine Person aus dem Product-Owner-Team.

»Wir starten mit dem Sprint Planning. Alle Teams kommen bitte hier vor die Wand. Ihr seht das erste Backlog für unser tolles Produkt, und unsere Investorin ist schon ganz gespannt, was sie nach dem Sprint alles von uns zu sehen bekommt. Ich gehe die Stories nun von oben nach unten durch.«

Die Verteilung der Stories in die Teams geschieht nach dem Pull-Prinzip. Nimm die oberste Story, lies sie kurz vor und frage, welches Team noch genug Kapazitäten verfügbar hat, um diese Story im kommenden Sprint umzusetzen.

Die Teams werden immer wieder Verständnisfragen stellen. Beantworte diese so gut wie möglich, jedoch ohne in Details abzutauchen. Im Zweifel sagst du: »Ich kann euch nicht sagen, WIE ihr das umsetzen könnt, dafür seid ihr die Experten. Ich weiß nur, dass wir alle Ressourcen zur Verfügung haben, die sich in diesem Raum befinden.«

Falls die Teams durch diese Fragen die Erkenntnis haben, dass generelle Verabredungen und Rahmenbedingungen fehlen, dann spring direkt auf und stell ihnen die Frage: »Was könntet ihr denn tun, um euch an diese Verabredungen und Rahmenbedingungen zu erinnern?« Die Antwort soll lauten: »Working Agreements und/oder Definition of Done.«

Du lässt nun so lange Stories pullen, bis sich kein Team mehr zutraut, eine weitere Story in den Sprint zu nehmen.

Sag den Teams am Ende des Plannings NICHT, dass die Product Owners jederzeit für Fragen und Abnahmen zur Verfügung stehen. In dieser Simulation soll auch gelernt werden, dass eine gegenseitige Nicht-Kommunikation nicht hilfreich ist für die Zusammenarbeit zwischen Team und Product Owner.

Gib nun als Moderator bekannt: »Ihr habt genau acht Minuten Zeit, eure Stories umzusetzen. Nach acht Minuten sehen wir uns direkt am Deployment-Tisch.«

Phase 5: Development

Lass einen Timer von exakt acht Minuten sichtbar laufen.

Während der acht Minuten Entwicklungszeit bist du in der Rolle als Product Owner ständig anwesend, läufst durch den Raum, gehst immer wieder an den Teamtischen vorbei, sprichst die Teams aber nie an. Schließlich vertraust du den Experten, dass sie ihre Arbeit ohne deinen Input gut erledigt bekommen. Bereite an der Wand schon das kommende Backlog vor, sortiere Stories aus, schreibe neue Ideen auf usw.

Abbildung 9-2: Sortieren und Bauen

Wenn du von jemandem angesprochen wirst, stehst du sofort zur Verfügung und beantwortest alle Fragen so gut wie möglich.

Auch alle weiteren Personen in der Product-Owner-Rolle verhalten sich so wie eben beschrieben.

Kurz vor Ende der acht Minuten gehst du langsam in Richtung Deployment-Tisch und verkündest dann: »Okay, die Zeit ist um, alles loslassen, es werden keine Steine mehr berührt. Wir starten mit dem Sprint Review.«

Phase 6: Sprint Review

Das Review startet sofort nach den acht Minuten, und du wirst immer jemanden dabeihaben, der schnell noch die zusammengebauten Ergebnisse vom Teamtisch zum Deployment-Tisch tragen möchte oder sogar auf dem Deployment-Tisch noch weitere Steine zusammenstecken will. Unterbinde dies in der Rolle der Moderatorin unter allen Umständen!

»Stopp! Es wird nichts mehr angefasst! Lasst alles stehen und liegen! Das, was sich auf dem Deployment-Tisch befindet, werden wir uns jetzt anschauen.«

Ein typischer Einwand der Teilnehmenden lautet: »Ja, aber wie und wann sollen wir denn unsere Ergebnisse zum Deployment-Tisch bringen?« Gib hier den Hinweis, dass Aufgaben wie Integration, Branch Merges und Deployment innerhalb des Sprints durchgeführt werden müssen. Am Ende des Sprints – besser gesagt, direkt nach dem Sprint – erfolgt das Review der (ausgelieferten) Ergebnisse. Zeit für Produktentwicklung steht dann nicht mehr zur Verfügung. Also lautet deine Antwort: »Was es während des Sprints nicht auf den Deployment-Tisch geschafft hat, kann leider auch nicht im Review berücksichtigt werden. Halb fertige, nicht integrierte Teilergebnisse auf euren Entwicklungstischen nützen dem Kunden nichts.« Ergänze das gern noch mit der klassischen Entwickleraussage: »Auf meinem Rechner funktioniert es!« (»It works on my local machine.«)

Lass dir als Product Owner nun die Ergebnisse zeigen, die tatsächlich ausgeliefert wurden und auf dem Tisch stehen. Prüfe dabei gewissenhaft, ob die LEGO®-Figur durch gebaute Türen passt und die Größenverhältnisse sinnvoll gebaut sind. Eine weitere Prüfung kann darin bestehen, ob Gebäude/Strukturen mit maximal drei verschiedenen Farben gebaut sind. Ein wilder Farbmischmasch darf gern von dir abgelehnt werden.

Auch hier kommt schnell ein leicht vorwurfsvoller Einwand der Teams: »Das hast du uns vorher aber nicht gesagt!« Antworte darauf wie folgt: »Komisch, erinnert euch das an etwas? Wie läuft das denn normalerweise bei euch in der echten Entwicklung? Sagen euch eure Auftraggeberinnen oder Kunden vorher immer im Detail, was sie wirklich wollen?« Hier kannst du bei Bedarf viele agile Prinzipien und Praktiken erklären: iterative und inkrementelle Entwicklung, schnelle Feedback-Schleifen, Einbindung des echten Kunden/Anwenders usw. Stell den Teams die Frage, was sie tun könnten, um diese impliziten Annahmen der Product Owner für alle transparent zu machen. Erkläre bei Bedarf die Konzepte der Definition of Done und Akzeptanzkriterien.

Gib den Teams entsprechendes Feedback, ob du Stories so akzeptieren kannst oder ob etwas in eine völlig falsche Richtung gebaut wurde. Die erhoffte Erkenntnis für die Teams soll hierbei sein, dass sie weitere Bedingungen in ihre Definition of Done aufnehmen und dass sie für jede Story Akzeptanzkriterien definiert haben müssen.

Hänge alle abgenommenen Stories in einen separaten Bereich an die Wand und notiere auf einem Flipchart die Anzahl dieser Stories für diesen Sprint. So ergibt sich ein Velocity-Chart über die Sprints. (Achte darauf, die Velocity nicht pro Team zu erfassen, sondern einzig die Gesamt-Velocity aller Teams. Es geht bei Scrum nicht um Konkurrenzdruck, sondern darum, gemeinsam als Organisation besser zu werden!)

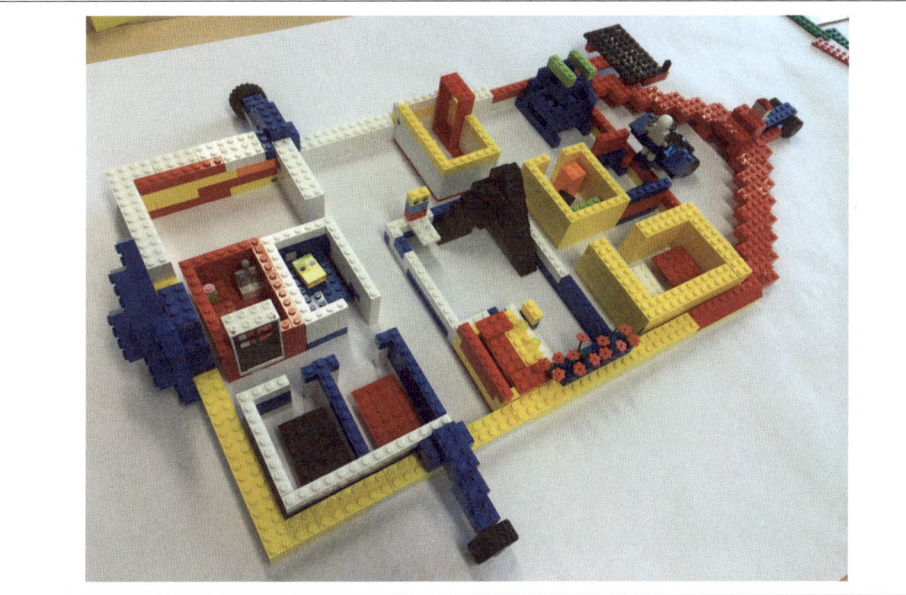

Abbildung 9-3: Auslieferbares Kreuzfahrtschiff für LEGO-Familien

Teile den Teams mit, welche weiteren Wünsche du nun ins Backlog aufnehmen wirst und, vor allen Dingen, was bei den nicht abgenommenen Stories noch fehlt, um sie im nächsten Sprint akzeptieren zu können. Schicke nun die einzelnen Teams mit ihren Scrum Masters in die Sprint-Retrospektive.

Phase 7: Sprint-Retrospektive

Du wechselst nun wieder in die reine Moderationsrolle, um der Simulation ihre Struktur zu geben.

»Ihr habt nun vier Minuten Zeit, um in einer kurzen Retrospektive herauszufinden, was ihr im nächsten Sprint anders machen werdet. Die Scrum Master achten darauf, dass ihr zu einem Ergebnis kommt und uns dieses Ergebnis nach vier Minuten mitteilen könnt.«

Gib den Teams nach jedem Sprint ein unterschiedliches Kurz-Retrospektiven-Format an die Hand, an das sie sich halten können. Wenn du erfahrene Scrum Masters in den Teams hast, dürfen diese gern auch eigene Formate nutzen. Wichtig ist nur – wie bei jeder Retrospektive –, dass am Ende konkrete und verwertbare Ergebnisse herauskommen:

Problem – Ursache – Lösung
Der Scrum Master fragt das Team zunächst nach einem beobachtbaren Problem. Zu diesem Problem soll das Team dann die Ursache identifizieren. Im letzten Schritt soll das Team eine Gegenmaßnahme bzw. eine Lösung für diese Ursache finden. Das ist dann das erste Action Item, das im nächsten Sprint zu Anwendung kommt. Solange noch Zeit ist, kann ein weiteres beobachtetes Problem betrachtet werden.

Stoppen und Starten
Der Scrum Master fragt das Team, welches Verhalten im Team gestoppt und was stattdessen gestartet werden soll. Wenn es nicht direkt ersichtlich ist, darf gern die Frage gestellt werden: »Und damit lösen wir welches Problem?«

Gut – schlecht – anders
Der Scrum Master fragt das Team, welche Dinge gut und welche schlecht gelaufen sind. Jedes Teammitglied kann seine Erkenntnisse auf kleine Haftnotizen schreiben und an ein Flipchart hängen. Im Anschluss identifiziert das Team auf Basis dieser Erkenntnisse mögliche Aktionen, die eine Veränderung bewirken. Gute Dinge werden dadurch verstärkt, schlechte Dinge werden abgemildert.

Im Anschluss stellen die einzelnen Teams ihre Action Items der gesamten Gruppe vor. Der erhoffte Effekt dabei ist, dass andere Teams weitere Erkenntnisse mitnehmen können und dass übergreifende Verbesserungen in der Zusammenarbeit der Teams entstehen.

Typische Verbesserungen, die von den Teams identifiziert werden:
- Wir werden mehr und direkt mit dem Product Owner kommunizieren.
- Wir werden den Product Owner frühzeitig einbeziehen.
- Wir werden uns zwischen den Teams vorher absprechen und Schnittstellen festlegen.
- Wir werden diese und jene Rahmenbedingungen in die Definition of Done schreiben.
- Wir werden für jede Story Akzeptanzkriterien aufschreiben.
- Wir werden nach sechs Minuten schon mal an den Deployment-Tisch gehen.
- u. v. m.

»Wir starten jetzt den nächsten Sprint. Macht euch bereit fürs Sprint Planning.«

Gehe zu Phase 4 und durchlaufe den nächsten Sprint so lange, bis die Teams die wesentlichen Aspekte und Komponenten von Scrum erfasst und durchlebt hat. Manche Gruppen brauchen dazu nur zwei Sprints, andere drei oder sogar vier. Wir raten davon ab, mehr als vier Durchläufe zu machen, da der Erkenntnisgewinn dann nur noch gering ist.

Phase 8: Release-Planung (optional)

Auf Basis des Velocity-Charts kannst du den Teilnehmenden noch zeigen, wie eine Release-Planung ganz einfach visualisiert werden kann. Dies dürfte insbesondere für die Leute aus den Bereichen Product Ownership, Produktmanagement und Projektleitung von Interesse sein.

Wie im Beispieldiagramm in Abbildung 9-4 zu sehen ist, kann nach drei Sprints ein einfacher Durchschnitts-Forecast berechnet werden. Die mittlere gepunktete Linie zeigt, dass wir nach zehn Sprints das aktuelle Backlog fertiggestellt haben könnten. Mit einer erhöhten Wahrscheinlichkeit wird es zwischen neun und zwölf Sprints dauern.

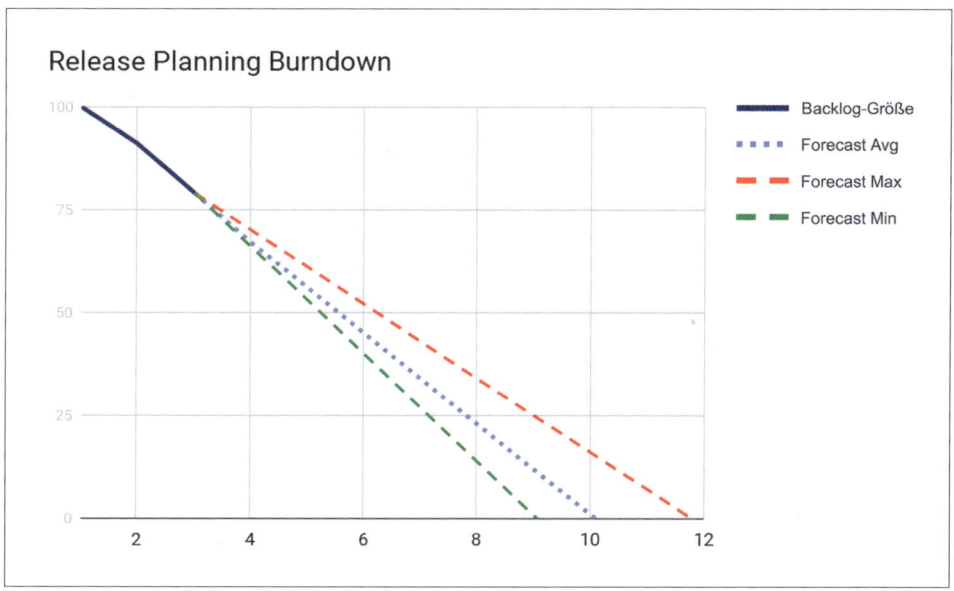

Abbildung 9-4: Release-Planning-Burndown-Chart – zeigt eine ungefähre Vorhersage, in welchem Zeitraum ein Projekt geliefert werden kann.

Nachbereitung

Mach Fotos von den gebauten Ergebnissen der Teams.

Lass dir gern von der ganzen Gruppe dabei helfen, die LEGO®-Steine wieder einzusammeln und etwas Ordnung im Raum zu schaffen. Viele Hände, schnelles Ende.

Stolperfallen

Achte darauf, dass das Sprint Planning nicht zu einer endlosen Diskussionsrunde gerät. Setze für dich eine Timebox von fünf Minuten und prüfe, ob die Diskussion über Storyinhalte und Details für den Moment gut genug ist. Im Zweifelsfall fügst du eine weitere Timebox an und prüfst danach wieder.

Halte die Regel strikt ein, dass nach Ablauf der Entwicklungszeit von acht Minuten kein Stein mehr bewegt werden darf. Frage die Teilnehmenden: »Wie macht ihr das denn in einem echten Review mit eurem Produkt, wenn Anwenderinnen und Stakeholder anwesend sind? Baut ihr dann während des Reviews auch noch schnell etwas um? Nein, das tut ihr nicht – und das aus gutem Grund!« Aber klar: Irgendein Schlauberger wird das mal mit Ja beantworten. Lass diese Diskussion am besten nicht zu sehr einreißen. Das lenkt vom Spiel ab und frustriert alle, die nicht unmittelbar an der Diskussion teilnehmen.

Dieses Spiel benötigt einiges an Erfahrung. Wir empfehlen dir tatsächlich, bei dieser Simulation einmal als mitspielende Person teilzunehmen. So erfährst du am eigenen Leib, wie sich das Spiel für die Teilnehmenden anfühlt, und entwickelst ein Gespür für die verschiedenen Rollen und Phasen im Ablauf.

Debriefing-Tipps

Während der Simulation werden die einzelnen Rollen und Zeremonien bereits von dir erklärt, und auf einzelne Aspekte wird eingegangen. Zu diesen Rollen und Zeremonien kann also jederzeit bereits eine Art Zwischen-Debriefing mit den Teilnehmenden stattfinden.

Stell ganz am Ende gern noch mal explizit folgende Fragen:

- »Welche Erkenntnisse habt ihr während dieser Simulation gewonnen?«
- »Was davon könnt ihr in euren Arbeitsalltag transferieren?«
- »Welche offenen Fragen ergeben sich für euch jetzt daraus?«
- »Was gibt es noch zu klären?«

Zwecke im Detail

Crossfunktionale Teams: Während des Spiels finden sich in den allermeisten Teams bestimmte Verantwortungen für die einzelnen Teammitglieder. Oft gibt es Personen, die für die Ressourcenbeschaffung zuständig sind. Sie holen die benötigten Steine in den richtigen Farben und stellen sie dem restlichen Team zur Verfügung. Andere Personen werden plötzlich als diejenigen identifiziert, die in der letzten Runde schon Fahrzeuge gebaut haben. Sie werden durch diese Expertise dann oft auch für die weiteren Fahrzeuge konsultiert. Und wieder andere Personen schauen auf die Uhr oder achten darauf, dass das Team vor dem Ende des Sprints die Lieferung durchführt. Alle Personen haben somit ihre speziellen Bereiche, die sich wie in einem guten, agilen Team überlappen. Nicht alle können alles, aber jede Person kann eine andere jederzeit unterstützen.

Empirische Prozesssteuerung: Die Retrospektiven nach jeder Runde dienen dazu, aus den Erfahrungen des beendeten Sprints zu lernen. Einzelne Verbesserungen werden identifiziert und im nächsten Sprint gleich als veränderter Prozess umgesetzt. So verbessert sich die Arbeitsweise des Teams kontinuierlich. In einer skalierten Simulation mit mehreren Teams geschieht dies mit dem übergreifenden Prozess an den Teamschnittstellen ebenso.

Iterative und inkrementelle Entwicklung: Die einzelnen Sprints sind die iterative Vorgehensweise. Die aufeinander aufbauenden Lieferungen fertiger Bauwerke entsprechen einer inkrementellen Vorgehensweise. Das Review-Meeting und die Retrospektive schließen die beiden Feedback-Zyklen in Scrum. Das Review liefert eine Aussage über das Produkt und seine Qualität. Daraus lassen sich neue, veränderte und obsolete Product Backlog Items ableiten. Die Retrospektive liefert eine Aussage über den Prozess und seine Qualität. Daraus lassen sich Verbesserungen der gemeinsamen Arbeitsweise ableiten.

Product Vision: Am Anfang dieser Simulation beschäftigen sich die Teilnehmenden intensiv mit dem Finden einer verständlichen und von allen unterstützten Product Vision. Du kannst in deiner Moderation immer wieder auf die Product Vision zurückkommen. Frage die Teams in den Planning-Sessions und im Review-Meeting, wie sie sich noch näher an der Product Vision orientieren können.

Push-versus-Pull-Prinzip: Die Product Owner stellen den Teams im Sprint Planning völlig frei, wie viel Arbeit sie in ihre Sprints nehmen wollen. Es wird nichts in die Teams gepusht. Es wird darauf vertraut, dass die Teams die richtigen Entscheidungen treffen.

Reflexion: Die Retrospektive ist ein fundamentaler Aspekt von Scrum und liefert in dieser Simulation für alle Teilnehmenden eine erlebbare Reflexion am Ende jedes Sprints.

Scrum: Alle Elemente von Scrum sind in dieser Simulation enthalten. Einzig das Daily Scrum fällt meistens weg, da die Kürze der Sprints dies nicht sinnvoll hergeben. Die Sprintlänge sorgt dafür, dass die Feedback-Schleifen sehr schnell wieder mit dem Review und der Retrospektive geschlossen werden. Ein Daily zwischendrin würde nicht zu weiteren Lerneffekten führen.

Selbstorganisation: Die Teams finden für sich allein heraus, wie sie vorgehen, wie sie kommunizieren, auf was es im Prozess und beim Produkt ankommt und welche Entscheidungen sie treffen. Du in deiner moderierenden Rolle und gegebenenfalls als Product Owner stellst nur den Rahmen von Scrum zur Verfügung, in dem sich dies alles abspielt.

Servant Leadership: Die Product Owner stehen jederzeit für die Teams bereit, um diese zu unterstützen. Sie drängen sich jedoch nicht auf und bleiben daher absichtlich immer etwas im Hintergrund. Es liegt in der Eigenverantwortung der Teams, sich diese Unterstützung zu holen. Anders können die Scrum Masters agieren. Sie unterstützen die Teams aktiv, indem sie Hindernisse aus dem Weg räumen, auf Missstände aufmerksam machen oder ihre Teams konstruktiv-kritisch hinterfragen.

Achtung! In »echten« Scrum-Teams ist es nicht die Aufgabe des Scrum Master, Impediments selbst zu beseitigen. Es ist immer die Verantwortung des Teams, seine Impediments möglichst allein aus dem Weg zu räumen. Schließlich ist es stets das höchste Ziel eines Scrum Master, sich selbst für das Team überflüssig zu machen.

Teambuilding: Für bestehende Teams ist diese Simulation ein sehr gutes Teambuilding-Event. Es wird viel miteinander erledigt, Erfolge können gefeiert und neue Arbeitsmethoden erfahren werden. Dabei wird noch viel gelacht, und es bleibt eine gelungene, gemeinsame Erfahrung im Team.

Teamwork: Die Teilnehmenden haben gemeinsam Lösungen geschaffen für Probleme, die sie vorher noch gar nicht kannten. Darauf kannst du später in der Teamentwicklung bei aufkommenden Schwierigkeiten referenzieren: »Was hat damals im LEGO® City Game dafür gesorgt, dass ihr ein neuartiges Problem lösen konntet?« Die Erfahrung, gemeinsam etwas erreicht zu haben, schweißt zusammen und kann später sehr nützlich sein.

Quelle

Es gibt einige Referenzen zu nennen. Peter Merel hat bei der XP 2000 in Cagliari, Italien, ein Spiel namens »Extreme Hour« auf dem Podium durchgeführt. Aufgeschrieben hat es Joe Bergin dann 2001 unter dem Namen »Planning Game« [BERGIN-PLANNING]. Dies war noch eine sehr ursprüngliche Version, die auf der XP Conference mit Kent Beck, Martin Fowler und anderen agilen Altvorderen gespielt wurde. Das Spiel wurde weiterentwickelt zu »eXtreme Construction«, in dem dann echte Materialien zum Einsatz kamen und wirklich etwas gebaut wurde [BERGIN-CONSTRUCTION].

Andrea Tomasini hat 2006 damit begonnen, LEGO® für Scrum-Simulationen zu nutzen, damals noch in einer weniger strukturierten Form als Abwandlung des »eXtreme Construction«-Spiels.

Auf Alexey Krivitsky geht die Large Scale Scrum LEGO® Simulation zurück, die etwa 2008 entstanden ist.

Andreas Schliep und Jürgen »mentos« Hoffmann nutzen das LEGO® City Game seit 2009 in ihren CSM-Trainings.

Marc hat das Spiel seit 2013 in seinen Trainings. Im Laufe der Jahre haben sich Ablauf und Inhalt so weiterentwickelt, wie es hier beschrieben steht.

Kanban Pizza Game

Typ: Vermittlung und Anwendung der Kanban-Praktiken (Flow)

Zwecke: Auslastung, Batch Size (Reduction), crossfunktionale Teams, empirische Prozesssteuerung, Kanban, Lean-Prinzipien, Push-versus-Pull-Prinzip, Reflexion, Selbstorganisation, Teambuilding, Teamwork, Work-in-Progress-Limit, Workflow Visualization

Medium: offline und online

Niveau: mittelschwer: Da hierbei gebastelt wird und die Teilnehmenden oft kreative Ideen haben und viele Fragen stellen, ist diese Simulation nicht unbedingt für Kanban-Anfänger geeignet. Du solltest die Prinzipien und Praktiken von Kanban gut beherrschen, um den Teams Hilfestellung und Antworten geben zu können.

Gruppengröße: ab 5, nach oben offen

Dauer: mindestens anderthalb Stunden, kann auch als Halbtagsworkshop durchgeführt werden

Learning Objectives

In diesem Spiel werden die Teilnehmenden einige der Prinzipien, auf denen Kanban basiert, aus erster Hand erfahren. Tatsächlich bauen sie selbst ein Kanban-System auf und erleben, wie dieses mit Leben gefüllt und angewendet wird. Die positiven Effekte von Work-in-Progress-Limits werden verstanden.

Spielen mehrere Teams parallel, wird sichtbar, dass es nicht das eine, richtige Kanban-System für einen Prozess gibt, sondern dass verschiedene Kanban-Boards gleich gut und nützlich sind.

Benötigtes Material

In diesem Spiel wird gebastelt. Dementsprechend brauchst du Papier, bunte Stifte, Kleber und Scheren. Manche Anleitungen empfehlen Haftnotizen, andere nehmen hierfür einfach normales Papier und Klebestifte oder z. B. die sehr coolen tesa®-Kleberoller (egal ob in »Permanent« oder »Non Permanent«). Da die Teilnehmenden selbst basteln, musst du pro Team entsprechendes Material vorbereiten. Es empfiehlt sich, hierfür Taschen vorzubereiten, in denen jeweils Schere, Klebestift, bunte Stifte und ähnliche Materialien enthalten sind.

Viele Teams mögen es, die Anleitung nachlesen zu können. Es schadet also nie – insbesondere bei einer größeren Gruppe –, diese ausgedruckt dabeizuhaben.

Hier die vollständige Materialliste:

- Haftnotizen in drei Farben: Gelb (Ananas), Pink (Schinken) und Grün (Rucola)
- Druckerpapier, um die Pizzaböden auszuschneiden

- rote Marker für die Tomatensoße
- Kleber oder durchsichtiges Klebeband, um die Haftnotizen besser zu befestigen
- Malerkrepp/Klebeband
- Scheren (mindestens eine pro Team)
- Stoppuhr/Timer
- Bestellkarten, ein Set pro Team (siehe Link weiter unten bei den »Quellen«)
- Ofen, einer pro Team (siehe Link weiter unten bei den »Quellen«)
- optional als Anleitung für die Teams: die Folien »The Kanban Pizza Game« von agile42:
  https://www.agile42.com/en/training/kanban-pizza-game/

Vorbereitung

Jedes Team braucht einen Ofen. Hierfür nehmt ihr ein leeres Blatt Papier und beschriftet es entsprechend. Kreative Köpfe können ihrer Fantasie freien Lauf lassen. Auch benötigt jedes Team die vorbereiteten Bestellkarten.

Ablauf und Moderation

In dieser Simulation bauen die Teilnehmenden mit Stiften und Papier den Ablauf in einer Pizzeria nach. Die verschiedenen Arbeitsstationen werden arrangiert und im Laufe des Spiels immer weiter verbessert. So werden die wesentlichen Kanban-Praktiken und -Prinzipien erlebt und debrieft.

Phase 1: Impliziten Prozess erzeugen

Zum Start des Spiels sollen sich die Teams erst mal mit dem verfügbaren Material und den Rahmenbedingungen vertraut machen, um so viele Pizzastücke wie möglich zu backen.

Zeige den Teilnehmenden ein vorbereitetes Stück Pizza Hawaii (siehe Abbildung 9-5) und erkläre die notwendigen Zutaten:

- ein Stück Pizzaboden (Papierdreieck)
- Tomatensoße (roter Marker)
- drei Scheiben Schinken (Pink)
- drei Scheiben Ananas (Gelb)

»Die Tomatensoße bedeckt den Pizzaboden gleichmäßig, und die beiden Beläge (Schinken und Ananas) sind ebenso gleichmäßig verteilt.«

Erkläre nun, wie der Ofen funktioniert: »Es dürfen höchstens drei Pizzastücke gleichzeitig im Ofen sein. Die Backzeit beträgt mindestens 30 Sekunden. Während ihr backt, dürfen keine Pizzastücke reingeschoben oder rausgenommen werden!«

Abbildung 9-5: Die Schinken-Käse-Pizza, wie sie in etwa aussehen sollte

»Ich gebe euch nun ein paar Minuten Zeit, um so viele Pizzastücke wie möglich zu backen. Achtet dabei darauf, Verschwendung (Waste) zu vermeiden. Los geht's!«

Gib den Teams nun fünf bis sieben Minuten Zeit. Beende dann diese erste Runde: »Okay, bitte aufhören, Hände hoch und alles stehen und liegen lassen!«

Phase 2: Vorstellung von Kanban

Gib den Leuten nun eine Einführung in Kanban und stell die Prinzipien und Praktiken von Kanban vor, die im weiteren Verlauf des Spiels zur Anwendung kommen:

- Workflow sichtbar machen.
- Work in Progress (WiP) limitieren.
- Flow managen.
- Feedback-Schleifen einbauen.
- Prozessregeln explizit machen.
- Gemeinsam verbessern.

Hier kannst du dich austoben oder es ganz kurz halten. Wir tendieren zu Letzterem. Der Fokus des Spiels liegt für uns auf der Erfahrung, die die Teilnehmenden machen, und weniger auf der theoretischen Ausarbeitung der Prinzipien und Praktiken. Diese erfolgt bei Bedarf gern im abschließenden Debriefing.

Erkläre als Nächstes die Bewertungsregeln:

- Ein vollständig und korrekt gebackenes Pizzastück gibt 10 Punkte.
- Ein Pizzaboden, der sich unbenutzt im Prozess befindet, gibt 4 Punkte Abzug!
- Ein Belag, der sich unbenutzt im Prozess befindet, gibt 1 Punkt Abzug!

Zeichne eine Tabelle auf ein Flipchart, in der alle Teams und vier Runden eingetragen sind, wie in Tabelle 9-1 gezeigt. An dieser Stelle kannst du der Teamdynamik noch ein bisschen auf die Sprünge helfen, indem du die Teams nicht einfach durchnummerierst, sondern sie nach ihrem Teamnamen fragst. Gib ihnen dazu eine Minute Zeit.

Tabelle 9-1: Flipchart-Tabelle für die Punkte

	Runde 1	Runde 2	Runde 3	Runde 4
Team A				
Team B				
Team C				
...				

Frage die Teams nach ihren Punkten und trage diese in die Tabelle entsprechend ein.

Bitte die Teams nun, ihren Workflow sichtbar zu machen: »Schaut euch nun bitte den Prozess an, den ihr angewendet habt. Nehmt euch Klebeband, Papier, Haftnotizen oder was auch immer und macht euren Workflow direkt auf dem Tisch sichtbar, indem ihr Lagerplätze für eure Produktionsmaterialien einführt, also für die Pizzaböden, Schinkenscheiben, Ananasstücke und so weiter.«

»Versucht noch nicht, euren Workflow zu optimieren. Zeigt einfach nur auf, welcher Prozess in der ersten Runde entstanden ist.«

Bitte die Teams nun, ihr Work in Progress zu limitieren: »Hattet ihr irgendwo Zutaten rumliegen, die sich gestapelt haben und am Ende Punktabzug gaben? Überlegt euch, welches WiP-Limit ihr für diese Zutaten vergeben möchtet, und macht es in eurem Workflow sichtbar.«

Lass die Teams jetzt noch über das schönste und beste Stück Pizza entscheiden, das in der ersten Runde gebacken wurde. Dieses wird zur Referenz für Pizzastücke erklärt und gut sichtbar für alle im Raum platziert (z. B. auf einer Pinnwand oder dem Flipchart mit der Tabelle).

»Schmeißt nun bitte alle fertigen Pizzastücke und diejenigen, die sich im Ofen befinden, weg. Die unbenutzten, rohen Zutaten behaltet ihr für die nächste Runde.«

Phase 3: Zweite Runde mit Kanban-System

Starte nun eine neue Runde mit dem eben etablierten Kanban-System. Gib den Teams keinen Hinweis dazu, wie lange diese Runde dauern wird.

Beende die Runde nach fünf bis sieben Minuten, sobald für dich ein guter Zeitpunkt gekommen ist. Trage die Punkte der Teams wieder in die Tabelle ein und mache ein kurzes Debriefing.

Phase 4: Dritte Runde mit erweitertem System

Das Spiel wird nun etwas komplexer gemacht durch ein neues Pizza-Rucola-Rezept und die Einführung von Kundenbestellungen, die in Form von vorausgefüllten Bestellkarten an die Teams ausgegeben werden.

Stell den Teams die Erweiterungen vor: »Eine Pizza Rucola besteht nur aus Tomatensoße und sieben Stück Rucolasalat (Grün), aber ohne Schinken und ohne Ananas. Leider verbrennt der Salat leicht und darf deshalb erst nach dem Backen auf die Pizza gelegt werden.« Ein Beispiel für eine Pizza Rucola ist in Abbildung 9-6 zu sehen.

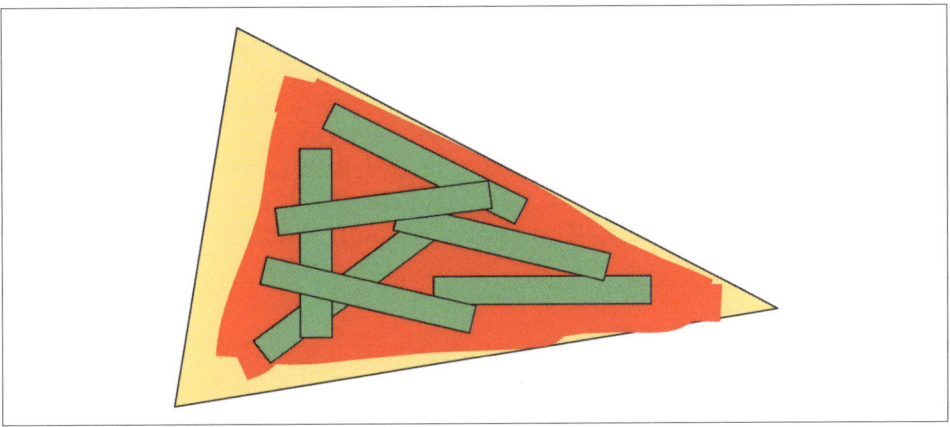

Abbildung 9-6: So sollte die Rucola-Pizza in etwa aussehen.

»Bestellungen können jeweils mehrere Pizzen der beiden Arten Pizza Hawaii und Pizza Rucola enthalten. Ihr bekommt als Team nur Punkte, wenn die Bestellung vollständig ausgeführt und geliefert wurde! Baut euch nun eine Stelle, an der die Teams neue Bestellungen entgegennehmen und fertiggestellte Bestellungen abliefern können.«

»Habt ihr Fragen zu diesem erweiterten System?« Beantworte die Fragen und erkläre, bis die Teams verstanden haben, wie das neue System funktioniert. Achte dabei darauf, den einzelnen Teams nicht direkt zu sagen, wie sie ihren Prozess genau anpassen sollen.

»Ihr habt nun fünf Minuten Zeit, euren Workflow zu besprechen und entsprechend der Erweiterung anzupassen.«

Starte dann die dritte Runde nach gleicher Manier wie zuvor.

Kurzes Debriefing, Punkte vermerken, fertig.

Phase 5: Vierte und letzte Runde

Gib den Teams ein paar Minuten, um ihr System zu besprechen und zu verbessern. Mach keine weiteren Vorgaben, lass die Runde mehr oder weniger unverändert ablaufen. Hier soll die Lernerfahrung für die Teams darin bestehen, dass mit diesen wenigen Regeln bereits ein iterativ verbessertes System entstehen kann. Die Moderatorin bzw. der Coach muss dazu nicht mehr viel am gegebenen Rahmen verändern.

Falls du das Gefühl hast, dass wenig Ideen in den Teams geboren werden, kannst du einen Hinweis einwerfen wie z. B.: »Experimentiert ruhig mit eurem Workflow und probiert andere WiP-Limits aus.«

Starte die vierte Runde.

Wieder Debriefing und Punkte aufschreiben.

Phase 6: Vom Spiel zum echten Kanban-Board

Diese abschließende Phase des Spiels dient dazu, den Prozess vom Tisch auf ein Kanban-Board zu transferieren.

»Schaut euch euren Workflow an, den ihr auf dem Tisch sichtbar gemacht habt. Zeichnet diesen jetzt auf ein Flipchart (Whiteboard, Pinnwandpapier) inklusive der WiP-Limits, sodass es wie ein richtiges Kanban-Board aussieht. Ihr dürft das Board gern mit Zutaten und Pizzastücken verschönern, um sichtbar zu machen, was auf dem Board passiert.«

Phase 7: Debriefing

Mit der frischen Erfahrung des Kanban-Pizzaspiels im Kopf ist nun genau die richtige Zeit, im Detail auf die Kanban-Prinzipien und -Praktiken einzugehen und diese den Teilnehmern weiter zu erörtern.

Workflow sichtbar machen

Bei der physischen Herstellung der Pizza ist der Workflow immer vorhanden. Dieser existiert implizit einfach dadurch, dass etwas konkret gemacht wird. Die Tätigkeiten, die wir durchführen, bilden immer einen Workflow ab, der uns nur oftmals nicht bewusst ist. Durch die Visualisierung des Workflows erstellen wir ein Modell, anhand dessen wir den aktuellen Prozess reflektieren können. Denke daran: »Alle Modelle sind falsch, aber einige sind nützlich.« (Zitat von George Box.) Der Workflow ist eine Vereinfachung und stimmt nie perfekt mit der Realität überein. Er ermöglicht uns jedoch, unsere Arbeit zu untersuchen und zu verstehen.

Der Workflow kann auf verschiedene Arten dargestellt werden. Die Tatsache, dass einige Pizzen mit Belag in den Ofen kommen und andere ohne, kann mit Tags, Swimlanes, nicht linearen Workflows, gerichteten Netzwerken, Kadenzen (abwechselnd zwischen Hawaii und Rucola im Ofen) oder einer Reihe anderer Methoden beschrieben werden.

Im Laufe des Spiels hat jedes Team einen Workflow erstellt, der in seinem eigenen Kontext von Personen, Ressourcen und Engpässen sinnvoll war. Es kann passieren, dass ein Team den Workflow von einem anderen Team übernimmt. Dies bedeutet jedoch nicht, dass einer der Workflows notwendigerweise »richtiger« ist als die anderen.

Work in Progress (WiP) limitieren

Während des Spiels häuften sich die Warteschlangen aufgrund der eingebauten Engpässe. Das ist beabsichtigt. Während des Spiels haben die Teams Beschränkungen für die laufende Arbeit (WiP) eingeführt, um sicherzustellen, dass sie die richtigen Dinge produzieren, und um zu vermeiden, dass Punkte für nicht verwendete Materialien verloren gehen. Die Teilnehmenden haben erlebt, dass WiP-Limits mehr als einfache Einschränkungen sind: Sie steuern und verändern das Verhalten von Menschen. Die Menschen interagieren in der Regel mehr mit der gesamten Produktion, kommunizieren mehr und helfen sich gegenseitig, wenn dies erforderlich ist.

Flow managen

Kanban funktioniert am besten, wenn die Arbeit gut durch das System fließt. Normalerweise würdest du den Durchfluss erhöhen, indem du die Lead Time misst und minimierst. Leider nimmt dies in deiner moderierenden Rolle zu viel Zeit in Anspruch, deshalb verwenden wir im Pizzaspiel ein Bewertungssystem, das die Aufgabe hat, das Inventar zu bestrafen und ein ähnliches flussoptimierendes Verhalten auszulösen.

In den ersten Runden des Spiels besteht die Tendenz, kleine Materialvorräte im Voraus vorzubereiten. In späteren Runden lernt das Team, das Inventar niedrig zu halten und den Fluss durch Verschärfung der WiP-Limits aufrechtzuerhalten.

Das Messen des Flusses im Pizzaspiel kann sehr lehrreich sein. Hol dir dafür am besten eine weitere helfende Person, damit du dich auf die reine Moderation konzentrieren kannst und dich nicht zusätzlich um die ganzen Zahlen und Zeiten kümmern musst. Die Aufgabe dieser zweiten Person besteht darin, die Lead Time der Teams zu messen und zu visualisieren.

Feedback-Schleifen einbauen

Worüber haben wir Feedback gesammelt? Bitte die Teams, einen Moment darüber nachzudenken, welche Arten von Feedback-Schleifen im Spiel vorhanden waren, und diese auf die Haftnotizen zu schreiben. Du kannst entweder alle Haftnotizen auf einem Board sammeln oder um Beispiele bitten. Frage während der Nachbesprechung, was ohne die einzelnen Feedbacks geschehen wäre.

Prozessregeln explizit machen

Nach der ersten Runde hat jedes Team seinen Workflow auf dem Tisch dokumentiert. Alle Änderungen am System wurden sofort auf dem Tisch vorgenommen. Wir setzten auch einen gemeinsamen Qualitätsstandard, indem wir eine Referenzpizza auswählten. Wie hat das der Arbeit geholfen? Was war mit Rollen? Hatten die Teammitglieder klare Rollen? Wie sind diese entstanden? Wer hat die »Ressourcen« in dieser Simulation zugewiesen?

Gemeinsam verbessern

Das Spiel bestand aus vier Runden mit genügend Zeit für Inspektion und Anpassung zwischendrin. Was wäre ohne die Möglichkeit zur Inspektion und Anpassung passiert? Wer hat Inspektion und Anpassung durchgeführt? Auf welchen Informationen beruhten diese? Worüber haben die Teammitglieder an den Tischen während der Pizzaproduktion gesprochen?

Online

Für die Onlinevariante benötigst du ein virtuelles Whiteboard. Wir haben uns in Miro die folgenden Vorlagen gebaut, mit denen wir die Simulation durchführen.

Abbildung 9-7: Beispiele für die gewünschten Pizzastücke

Weise die Teilnehmenden darauf hin, dass sie alle Zutaten tatsächlich »von Hand« erstellen müssen. Es ist nicht erlaubt, vorhandene Objekte auf dem Whiteboard zu markieren und per Duplizieren zu vervielfältigen. Alle Objekte müssen mit einzelnen Formen selbst erstellt, eingefärbt und gedreht werden. Der Workflow in der Onlinevariante ist eben digital und nicht analog.

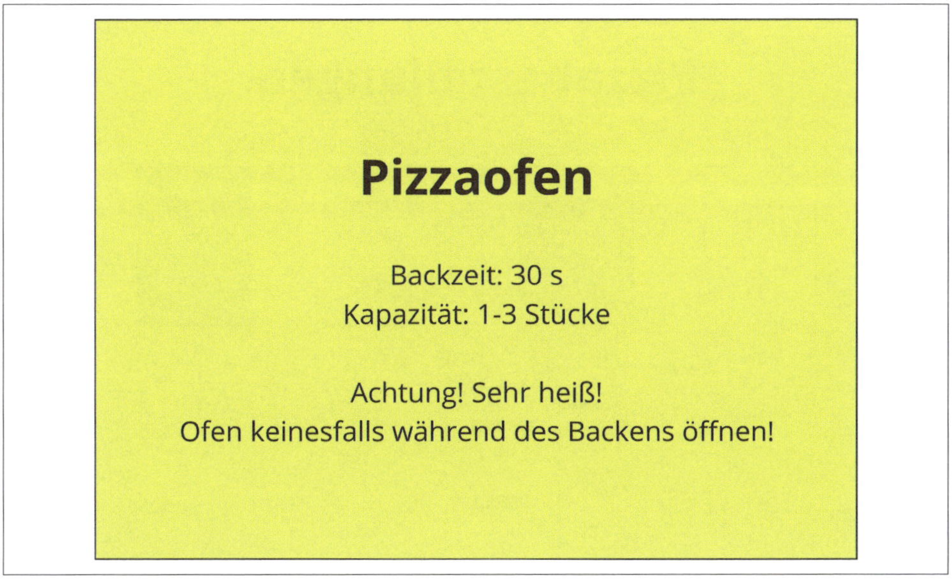

Pizzaofen

Backzeit: 30 s
Kapazität: 1-3 Stücke

Achtung! Sehr heiß!
Ofen keinesfalls während des Backens öffnen!

Abbildung 9-8: Pizzaofen zum Backen der einzelnen Pizzastücke im Kanban Pizza Game

Den Online-Pizzaofen machst du unverschiebbar (Lock). Er wird damit zum fixierten, zentralen Element des Workflows. Das Team arrangiert alles andere um den Ofen herum.

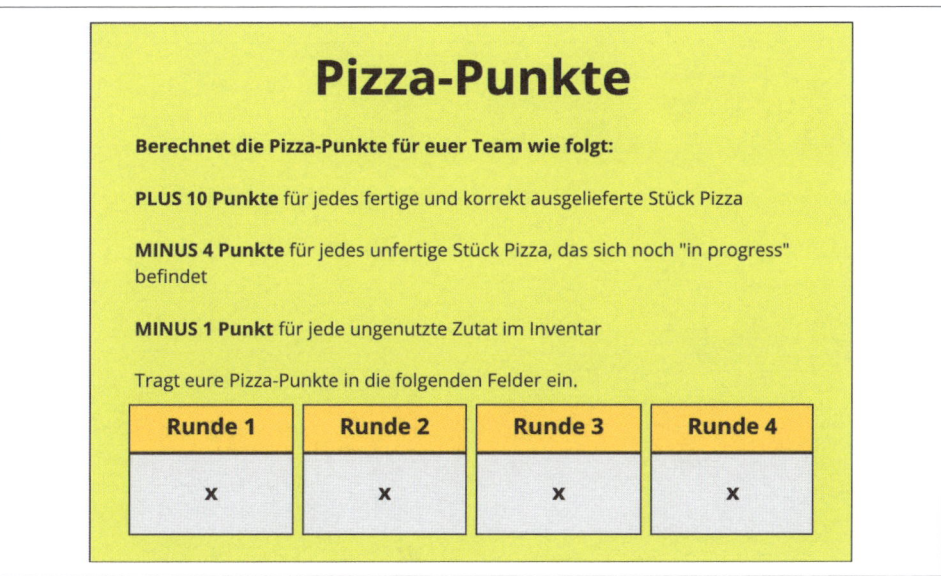

Abbildung 9-9: Berechnung der Punkte im Kanban Pizza Game

Platziere diese Regeln irgendwo in dem jeweiligen Teambereich auf dem Whiteboard.

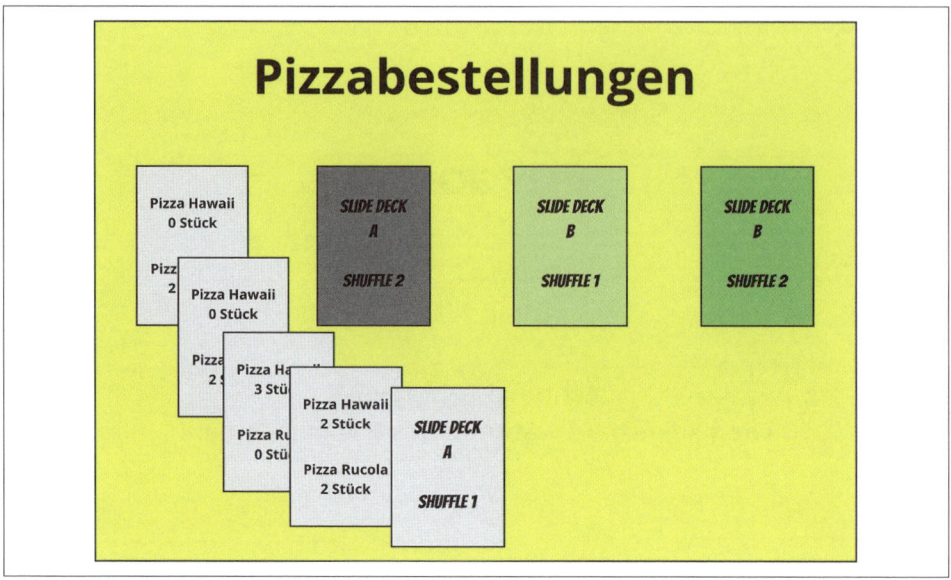

Abbildung 9-10:   Verschiedene Stapel mit Bestellkarten für das Kanban Pizza Game

Für die Pizzabestellungen haben wir zwei verschiedene Kartensets erstellt mit jeweils zwei verschiedenen Mischungen. Jedes Team kann sich sein Kartenset aussuchen, mit dem es arbeiten will. Die oberste Karte im Set wird weggeschoben. Die dann folgenden Karten sind die jeweiligen Bestellungen in der fixierten Reihenfolge.

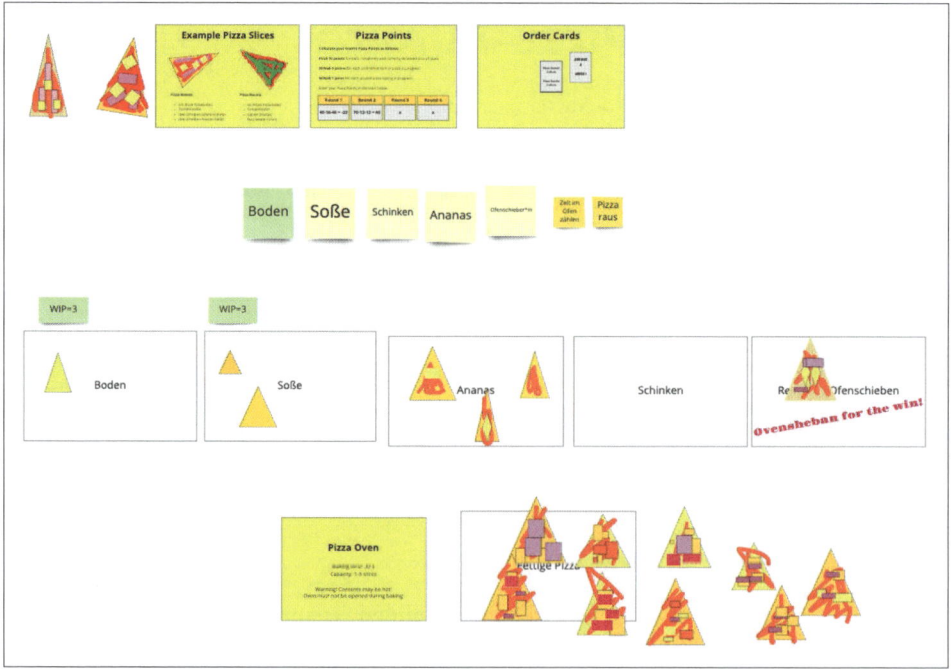

Abbildung 9-11:   Beispiel eines virtuellen Whiteboards mit dem Kanban Pizza Game »in Progress«

Ein möglicher Workflow kann in etwa so aussehen, wie hier im Beispiel gezeigt. Das Team war gerade in der Reflexion zwischen Runde 2 und Runde 3.

Nachbereitung

Bitte die Teams, den entstandenen Saustall aufzuräumen, damit der Raum wieder ordentlich benutzt werden kann. Auch gern mal das Fenster aufmachen, es riecht sehr nach Pizza ;-)

Hinweise

Du wirst möglicherweise einige der folgenden Fragen von den Teilnehmenden gestellt bekommen, oder du fragst sie dich vielleicht auch selbst.

Können wir die unbenutzten, rohen Zutaten in der nächsten Runde weiterverwenden?

Ja, genau das soll auch geschehen. Die unbenutzten Schinkenscheiben, die Ananas, der Rucolasalat und die Pizzaböden auf dem Tisch geben jedoch entsprechende Minuspunkte am Ende jeder Runde.

Warum können wir keinen Timer sehen und die Runden genau sechs Minuten lang machen?

Wenn das Team weiß, wie viel Zeit noch übrig ist, wird es frühzeitig anfangen, den Prozess auslaufen zu lassen, sodass am Ende der Runde möglichst wenig Verschwendung auftritt. Minimierung von Verschwendung ist zwar eine gute Sache, wir möchten jedoch, dass die Teams dies in den normalen Arbeitsablauf einbauen. Gib den Teams irgendwas zwischen fünf und sieben Minuten, ohne ihnen eine genaue Zeit zu nennen.

Ein Team fragt nach einem weiteren Ofen, soll ich ihm einen geben?

Nein! Wenn du auf magische Art und Weise einen Flaschenhals beseitigst, indem das Team weitere Ressourcen bekommt, wird es nicht lernen, seine Flaschenhälse im Workflow selbst zu identifizieren und zu beseitigen. Stattdessen lernt es, dass Flaschenhälse durch beständiges Beklagen irgendwie von allein verschwinden. Du kannst den Teilnehmenden dann auch gern die Frage stellen, wie viele Stücke Pizza sie wohl verkaufen müssen, bevor sie sich von den Einnahmen einen zweiten Ofen kaufen könnten.

Beachte auch, dass, wann immer der schlimmste Flaschenhals beseitigt ist, ein neuer Flaschenhals im System auftauchen wird. Vertiefende Erklärungen dazu liefern [GOLDRATT] und [TECHT] mit der »Theory of Constraints«. Es braucht immer etwas Zeit, bevor das System sich einspielt und der neue Flaschenhals zum Vorschein kommt. In den vier Runden dieses Spiels haben wir nicht genügend Zeit für mehr als eine oder zwei dieser Veränderungen.

Das Spiel ist zu langsam, die Teams brauchen mehr Druck, um Dinge fertig zu bekommen.

Jedes Team ist anders, und das Fehlen von sichtbarem Druck ist nicht unbedingt schlecht. Lass das Spiel sich entwickeln und zwinge die Teams nicht in einen definierten Ablauf. Beobachte die Verhaltensweisen, stärke vorsichtig gutes Verhalten und mache auf ungewolltes Verhalten aufmerksam. Wenn du der Meinung bist, dass die Teams nicht wirklich ihr Bestes geben, kannst du versuchen, ein bisschen mehr Konkurrenz zwischen den Teams entstehen zu lassen. Bitte die Teams, ihre Lead Time zu messen und sie zu verbessern.

Einige Teams arbeiten zu schnell und erzeugen unschöne Pizzen. Wie soll ich mich verhalten?

Mach es sichtbar und explizit! Zeige den Teams ihre Qualitätsunterschiede und bitte sie, sich auf ein gemeinsames Qualitätslevel zu einigen. Sie könnten beispielsweise ein Teammitglied zur Qualitätssicherung einsetzen, das die Pizzalieferungen bewertet und akzeptiert. Oder sie entwerfen eine Definition of Done oder arbeiten mit der Referenzpizza.

Dieses Team reißt die Schinkenstücke einfach von Hand ab und behauptet, es sei eine handgemachte Pizza. Was soll ich tun?

Die Teams finden schnell heraus, dass die Scheren einen Flaschenhals darstellen. Manche fangen dann an zu tricksen und reißen den Schinken von Hand in Stücke. Wenn du sie danach fragst, sagen sie dir, dass das ein handgefertigtes Pizzastück ist und deswegen viel besser bei den Kunden ankommt als industriell hergestellter Schinken.

Sag ihnen, dass der Schinken (also die pinken Haftnotizen) so aus der Fabrik kommt. Die Kunden werden sehr verärgert sein, wenn sie herausfinden, dass ihnen der Industrieschinken als handgemachter Schinken angedreht wird. Falls alle Argumente versagen, verweise auf die Referenzpizza und dass du keine unschönen Pizzastücke akzeptieren kannst.

Ich würde gern weitere Pizzarezepte einführen. Soll ich das tun?

Das Thema dieses Spiels lautet Kanban. Verwende deine Zeit und Energie also lieber darauf, die Prinzipien und Praktiken von Kanban zu vertiefen. Das Spiel beinhaltet bereits zwei einfache, aber unterschiedliche Workflows. Dies ist ausreichend, um alle Kanban-Praktiken zu demonstrieren. Das Hinzufügen weiterer Rezepte würde die Lernerfahrung nicht anreichern. Tatsächlich gibt es bereits jetzt Teams, die mit den beiden existierenden Rezepten ins Straucheln geraten. Diese würden mit der Komplexität zusätzlicher Rezepte nicht mehr zurechtkommen.

Darf ich die Lead Time messen?

Ja, die Lead Time zu messen und grafisch darzustellen, kann sehr interessant und konstruktiv sein. Benutze dafür eine laufende Stoppuhr während des gesamten Spiels, die gut sichtbar aufgestellt wird. Du kannst diese zwischen den Runden anhalten, setze sie jedoch nicht zurück! Bitte jedes Team, die Zeit beim Akzeptieren und Ausliefern von Bestellungen auf dem jeweiligen Bestellzettel zu notieren. Sie müssen dann die Anzahl der Sekunden für jede Lieferung berechnen sowie den Durchschnitt für alle gelieferten Pizzen bzw. in späteren Runden für alle gelieferten Bestellungen mit jeweils mehreren Pizzen.

Stolperfallen

Als Fachleute einer Materie tendieren wir gern dazu, ganz viel unseres Wissens preiszugeben. So kann es dir als Kanban-Expertin leicht passieren, dass du den Teilnehmenden viel zu viel Theorie über Prinzipien und Praktiken zu Beginn des Spiels mitgeben möchtest. Versuche bitte, das zu vermeiden. Ziel des Spiels ist die Erfahrung und die daraus folgenden Lektionen für die Teilnehmenden. Die theoretischen Prinzipien und Praktiken können gern abschließend im Debriefing nachgeliefert werden.

Zwecke im Detail

Auslastung: Die Auslastung zeigt sich in dieser Simulation in den einzelnen Arbeitsstationen. Dort werden sich Ressourcen anhäufen, die zum aktuellen Zeitpunkt noch gar nicht benötigt werden. Auch die Annahme neuer Bestellungen kann leicht zur Überlastung des Systems führen. Die Teilnehmenden lernen, diese Aspekte zu beachten und für sich die maximale Auslastung zu identifizieren.

Batch Size (Reduction): Parallel zur maximalen Auslastung findet das Team in diesem Spiel heraus, wie wenig Arbeit und Inventar sich gleichzeitig in den Arbeitsstationen befinden darf. Dies wird vor allem durch die Strafpunkte am Ende einer Timebox forciert.

Crossfunktionale Teams: Kanban wirkt auf den ersten Blick so, dass jedes Teammitglied seinen spezifischen Arbeitsbereich und damit seine Expertise hat. Das kann zu Beginn auch in einem echten Team so sein. Ziel ist jedoch, die Sichtweise zu drehen: Die spezifischen Arbeitsbereiche können von allen Teammitgliedern unterstützt werden, wenn der Workflow es benötigt. In dieser Simulation finden die Teilnehmenden heraus, wie sie ihre Teamkapazitäten auf die einzelnen Arbeitsschritte verteilen und wie sie sich gegenseitig bei Stau und Impediments unterstützen können.

Empirische Prozesssteuerung: Durch die iterative Arbeitsweise mit entsprechender Reflexion nach jeder Timebox wird die empirische Prozesssteuerung realisiert. Jede Iteration wird durch die Erfahrungen der vorherigen Iteration etwas verbessert durchgeführt.

Lean-Prinzipien: Bis auf »Wert identifizieren« werden alle Lean-Prinzipien in dieser Simulation abgebildet: »Wertstrom abbilden« entspricht dem visuellen Workflow des Arbeitsprozesses, »Flow erzeugen« entspricht dem Durchlauf einer Bestellung bis zur Auslieferung, »Pull einführen« zeigt sich beim Bestelleingang und in jeder

Arbeitsstation durch die Entscheidung, wie viel Arbeit angenommen wird, und »Kontinuierliche Verbesserung« spiegelt sich direkt in den Retrospektiven nach jeder Runde wider.

Push-versus-Pull-Prinzip: Der Bestelleingang und jede einzelne Arbeitsstation entscheiden selbst darüber, wann sie wie viel Arbeit aufnehmen.

Reflexion: Am Ende jeder Runde findet eine Retrospektive statt, in der das gesamte Team über den bestehenden Workflow reflektiert und Verbesserungen für die nächste Runde beschließt.

Selbstorganisation: Es bleibt völlig dem Team überlassen, wie es sich organisiert, welche Arbeitsstationen es definiert und wie es miteinander arbeiten möchte. Solange es sich innerhalb der gegebenen Rahmenbedingungen bewegt, kann das Team sozusagen machen, was es will.

Teambuilding: Als gemeinsame Erfahrung beinhaltet diese Simulation auch einige Teambuilding-Aspekte. Das erfolgreiche Durchlaufen dieser Übung kann das Team etwas mehr zusammenschweißen.

Teamwork: Durch den gemeinsamen Erfolg des Aufbaus einer Pizza-Lieferkette kann das Team immer auf etwas zurückblicken, das schon einmal gut funktioniert hat. Du kannst auf diesen Punkt bei zukünftigen Herausforderungen referenzieren und das Team daran erinnern, dass es erfolgreich etwas leisten kann.

Work-in-Progress-Limit: Die Limitierung der Arbeit findet beinahe automatisch bei allen Arbeitsstationen statt. Unterstützt wird diese Limitierung durch die Strafpunkte überflüssiger Ressourcen.

Workflow Visualization: Der gesamte Arbeitsablauf, also der Prozess des Teams, wird auf dem Tisch sichtbar gemacht. Die Arbeit durchläuft tatsächlich den Workflow ganz visuell. So ist jederzeit einsehbar, wo sich welche Dinge im Prozess abspielen.

Quelle

Das Kanban Pizza Game wurde von Ralf Kruse initial auf der Play4Agile 2012 entwickelt. Es steht unter der Creative Commons Attribution-NonCommercial-ShareAlike 4.0 International License und gehört zum geistigen Eigentum der agile42 International GmbH.

Die Originalbeschreibung des Spiels findest du auf [AGILE42-KP], der Seite von agile42. Dort sind auch die PDFs zum Ausdrucken für die Bestellkarten und den Ofen verlinkt. Der Foliensatz zum Spiel ist dort ebenfalls zu finden.

Hier der direkte Link auf die Seite:
https://www.agile42.com/en/training/kanban-pizza-game/

Die Spielbeschreibung in diesem Buch ist zum Großteil eine Übersetzung der Originalbeschreibung.

Danke an Ralf Kruse und die Kollegen von agile42!

Ball Point Game

Typ: einfache Simulation der wesentlichen Elemente des Scrum-Frameworks

Zwecke: Scrum, empirische Prozesssteuerung, iterativ und inkrementell, Reflexion, Selbstorganisation

Medium: offline. Es gibt nach wie vor Leute, die das Ball Point Game eins zu eins online umsetzen und behaupten, das würde funktionieren. Leider handelt es sich dabei um reinen Cargo-Cult[1], der oberflächlich gleich aussieht, jedoch die beabsichtigten Zwecke und Lektionen nur sehr schlecht abbildet. Für eine Onlineumsetzung gibt es speziell designte Spiele, wie z. B. »Das Haus vom Nikolaus«.

Niveau: Verständnis der enthaltenen Prinzipien und Praktiken sollte vorhanden sein, die Moderation selbst ist mittelschwer

Gruppengröße: ab 4 Personen, nach oben offen

Dauer: 30 Minuten

Learning Objectives

Die Teilnehmenden lernen:

- wie *Inspect and Adapt* in Scrum funktioniert
- jedes System hat eine natürliche Velocity-Grenze
- Deming-Cycle PDSA (Plan-Do-Study-Act)

Benötigtes Material

- viele Bälle, die jeweils gut in eine Hand passen (Softbälle haben sich gut bewährt, Tennisbälle gehen ebenso gut)
- Flipchart oder Whiteboard für das Debriefing
- großer Raum

Vorbereitung

Male je nach Anzahl der Teams eine Tabelle wie die in Tabelle 9-2 auf das Flipchart oder Whiteboard.

---

1 Ein Cargo-Cult bezeichnet hier die oberflächliche Nachahmung äußerlicher Handlungsweisen in der Erwartung, die gleichen Resultate zu erzeugen, die in der Realität vorkommen.

Tabelle 9-2: Die Flipchart-Tabelle für die Anzahl der Bälle

	Runde 1	Runde 2	Runde 3	Runde 4
Team A				
Team B				
Team C				
...				

Auf ein weiteres Flipchart schreibst du die Regeln (siehe unten), sodass sie für die Teams immer sichtbar sind.

Ablauf und Moderation

Gib der Gruppe zunächst eine Übersicht über das Ziel: »Ihr seid nun eine Fabrik für magische Bälle. Ich habe hier einen Sack (oder Eimer) voll mit Bällen. Die müsst ihr mit magischen Kräften aufladen, damit wir sie an unsere Kunden liefern können.«

Erkläre dann die Regeln des Spiels:

- »Alle von euch gehören zum Produktionsteam.«
- »Jeder Ball benötigt bei der Weitergabe Zeit in der Luft.«
- »Jeder Ball muss mindestens einmal von allen von euch berührt werden.«
- »Ihr dürft einen Ball niemals an eine direkt rechts oder links von dir stehende Person weitergeben.«
- »Jeder Ball muss zu der Person zurückgeführt werden, die ihn in das System hineingebracht hat.«
- »Wenn eine dieser Regeln verletzt wird, verliert der Ball sofort seine magische Energie und gilt als neuer Ball.«

Möglicherweise wirst du gefragt, ob die Teilnehmenden dabei stehen oder sitzen sollen, ob sie die Bälle werfen dürfen, ob sie eine bestimmte Reihenfolge einhalten müssen und beliebige andere Verständnisfragen. In den meisten Fällen lautet deine Antwort: »Außer den gerade erklärten Regeln gibt es keine weiteren. Wie ihr euch organisiert, bleibt euch überlassen.«

Gib dem Team zwei Minuten zur Vorbereitung: »Ihr habt nun zwei Minuten Zeit, um euch zu überlegen, wie ihr euer Produktionssystem aufstellen möchtet.«

»Okay. Bitte gebt mir jetzt noch eine Schätzung dazu, wie viele Bälle ihr in zwei Minuten produzieren könnt.«

Schreibe die Schätzungen klein und in Klammern in die jeweiligen Zellen der Tabelle.

»Ihr habt ab jetzt zwei Minuten Zeit, Bälle zu produzieren. Los geht's.«

Nach zwei Minuten fragst du, wie viele Bälle die Teams produziert haben. Es wird ganz oft passieren, dass die Teams keine Ahnung haben, da sie nicht daran gedacht haben, die fertigen Bälle zu zählen. In diesem Fall bleibst du hart und wertest das als null produzierte Bälle. Schreib die Anzahl der Bälle wieder in die Tabelle.

»Ich gebe euch nun eine Minute, um zu besprechen, wie ihr euren Prozess verbessern möchtet. Macht bitte eine Retrospektive.«

Nach einer Minute kannst du kurz abfragen, welche Verbesserungen die Teams identifiziert haben.

»Wir starten die nächste Runde. Bitte nennt mir eure Schätzungen.«

Das Ganze spielst du über vier Runden und füllst währenddessen die Tabelle.

Hinweise

Wirf zwischen den Runden gern ein paar Aussagen in den Raum. Beispiele:

- »Nehmt in eurer Retrospektive mal die Perspektive eines Balls ein. Wo gibt es unnötige Bewegung? Wo kommt es zu Verzögerungen im Ablauf?«
- »Den Rekord hält übrigens ein Team aus Hintertupfingen mit 280 Bällen!«
- »Versucht nicht, euer System mit kleinen Änderungen zu optimieren. Experimentiert mal mit radikalen Änderungen!«

Manche Teams werden dich fragen, ob sie heruntergefallene Bälle wiederverwenden dürfen. Andere Teams werden heruntergefallene Bälle einfach liegen lassen. Es obliegt dir, wie viel Hilfestellung du den Teams geben möchtest. Wir bevorzugen, immer wieder zu betonen, dass es außer den genannten Regeln keine Einschränkungen gibt.

Debriefing-Tipps

Es gibt eine Reihe von Fragen, die du den Teilnehmenden stellen kannst:

- »Was ist während des Spiels passiert?«
- »Welche Runde hat sich für euch am besten angefühlt?«
- »Habt ihr einen Rhythmus oder einen Flow erlebt?«
- »An welcher Stelle gab es für euch eine nennenswerte Verbesserung?«

Erkläre den Teilnehmenden die Prinzipien der Learning Objectives dieses Spiels.

Zwecke im Detail

Scrum: Das Lernziel dieses Spiels ist die Vermittlung und Erfahrung des Scrum-Frameworks. Die Teilnehmenden durchlaufen Sprints in einer minimalen Variante. Sehr kurze Planning- und Review-Meetings begleiten die Produktion der Bälle. Eine etwas intensivere Retrospektive beendet die Sprints. Daily-Scrum-Events sind in diesem Spiel nicht vorgesehen, da sie den zeitlichen Rahmen sprengen bzw. ad absurdum führen würden.

Empirische Prozesssteuerung: Dieses Spiel zeigt die empirische Prozesssteuerung durch die iterative Vorgehensweise und die kontinuierliche Verbesserung des Prozesses nach jeder Runde.

Iterativ und inkrementell: Dieses Spiel wird in mehreren Runden (Iterationen) durchgeführt, um die empirische Prozesssteuerung zu ermöglichen. Der Aspekt »inkrementell« kommt nicht zum Zuge und kann hier vernachlässigt werden.

Reflexion: Am Ende jeder Iteration erfolgt eine Retrospektive. In dieser werden die Erfahrungen der Runde reflektiert und davon abgeleitete Veränderungen identifiziert, die in der nächsten Iteration umgesetzt werden.

Selbstorganisation: Die Teilnehmenden sind allein dafür verantwortlich, ein funktionierendes System aufzubauen und es im Laufe der Sprints weiter zu verbessern. Dies ist die reine Selbstorganisation, mit der eine gute Lösung für eine Problemstellung entwickelt wird.

Quelle

Dieses Spiel stammt von Boris Gloger, der es auf dem Scrum Trainer Gathering 2008 vorgestellt hat [GLOGER]. Kane Mar hat auf seinem Blog initial über das Spiel berichtet [MAR].

Das Haus vom Nikolaus

Typ:	Simulation einiger wichtiger Elemente des Scrum-Frameworks
Zwecke:	crossfunktionale Teams, empirische Prozesssteuerung, iterativ und inkrementell, Reflexion, Scrum, Selbstorganisation
Medium:	online und offline
Niveau:	Verständnis der enthaltenen Prinzipien und Praktiken sollte vorhanden sein, die Moderation selbst ist mittelschwer
Gruppengröße:	ab 4 Personen, nach oben offen
Dauer:	30 Minuten

Learning Objectives

Als Onlinealternative zum »Ball Point Game« (siehe Seite 223) ermöglicht das Haus vom Nikolaus, den Kern von Scrum zu verstehen: die empirische Prozesssteuerung. Die gesamte Moderation kannst du auch offline live vor Ort durchführen.

Benötigtes Material

- offline: Zettel und Stifte in 6 verschiedenen Farben
- online: virtuelles Whiteboard
- Timer zur Zeitmessung

Vorbereitung

Lege für jede Tischgruppe Zettel und Stifte bereit. In der Onlinevariante erzeugst du für jedes Team einen Bereich, wie Abbildung 9-12 zeigt. Der eigentliche Arbeitsbereich für das Team kann beliebig weit nach rechts erweitert werden, damit genügend Platz für viele Häuser vom Nikolaus vorhanden ist.

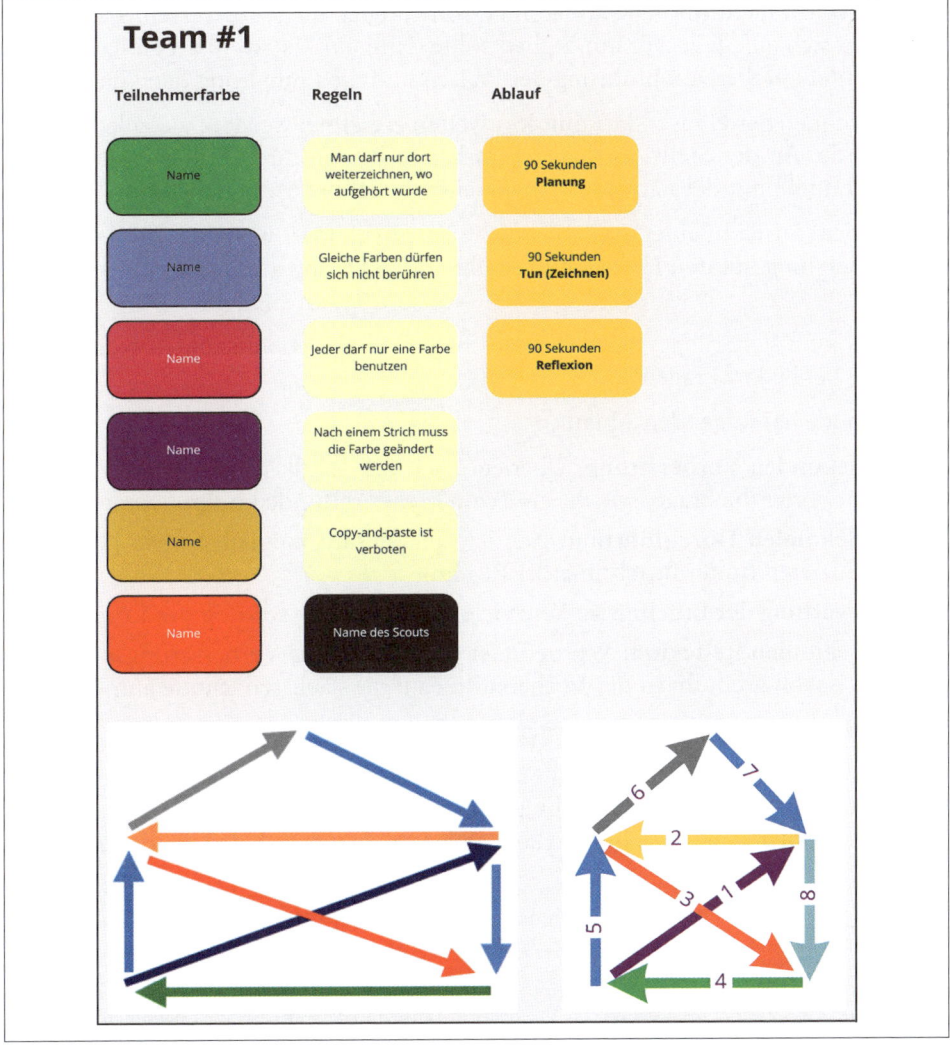

Abbildung 9-12: Teambereich für das Haus vom Nikolaus

Hier finden die Teams eine Möglichkeit, die benötigten Farben auf die einzelnen Teammitglieder zu verteilen. Auch die Regeln und der Ablauf jeder Runde sind hier explizit zu sehen. Es soll ja schließlich nicht heißen, irgendjemand hätte von nichts gewusst. Für alle, die den Zeichenablauf vom Haus des Nikolaus nicht mehr in Erinnerung haben, stellst du noch eine Animation bzw. ein nummeriertes Ablaufdiagramm zur Verfügung.

Ablauf und Moderation

»Das Ziel dieses Spiels ist es, so viele Häuser vom Nikolaus zu zeichnen, wie ihr in der vorgegebenen Zeit einer Runde schafft.

Sucht nun bitte eure Gruppen und findet euch zusammen. Jede Gruppe besteht aus vier bis sieben Personen. Eine Person bekommt die Scout-Rolle zugewiesen und zeichnet selbst nicht mit. Die anderen Personen teilen die sechs verschiedenen Farben unter sich auf. Jedes Teammitglied sollte dann ein bis zwei Farben haben. Der Scout achtet auf die Durchführung der Phasen und die Einhaltung der Timeboxen.

Beim Zeichnen der Häuser darf nur dort weitergezeichnet werden, wo zuletzt aufgehört wurde. An der Stelle, an der die vorherige Person ihren Stift weggenommen hat, wird direkt mit der nächsten Farbe weitergezeichnet.

Nach jedem Strich in einer Farbe muss die Farbe geändert werden. Gleiche Farben dürfen sich im gesamten Haus nicht berühren! Und Copy-and-paste scheidet völlig aus.[2]

Stell nun kurz sicher, dass die bisherigen Regeln von allen verstanden wurden. Beantworte bei Bedarf Fragen.

»Jede Runde hat folgenden Ablauf:

- **90 Sekunden Vorbereitung:** Überlegt euch die Taktik für die Umsetzung und beantwortet die Frage, wie ihr als Team in dieser Runde konkret vorgeht.
- **90 Sekunden Durchführung:** Ziel ist, gemeinsam möglichst viele Häuser zu produzieren (unter Beachtung der Regeln).
- **Auswertung der Ergebnisse:** Wie viele fertige Häuser wurden produziert?
- **90 Sekunden Reflexion:** Wo befindet sich das größte Verbesserungspotenzial? Was davon greift ihr in der Vorbereitung auf die nächsten Runde auf?«

Auch hier muss wieder geklärt werden, ob alles verstanden wurde.

Gerade bei der Reflexion müssen du und die Scouts in euren moderierenden Rollen darauf achten, dass die Teams nicht auf schnelle Lösungsansätze abzielen, sondern die Ursachen der größten Schwierigkeiten als Verbesserungsbereiche identifizieren.

Lass die Teams mindestens vier Runden spielen, damit sie aus der Erfahrung des Zeichnens und ihrer Zusammenarbeit etwas Routine aufbauen und lernen können.

---

2 Es tut uns ja wirklich sehr leid. Aber wenn etwas völlig ausscheidet, müssen wir immer den Vergleich ziehen und das Zählen bis zur Fünf bei der heiligen Handgranate von Antiochia bemühen! [KOKOSNUSS].

Ab Runde 2 bittest du die Teams nach ihren Überlegungen zur Taktik um eine Schätzung, wie viele Häuser sie produzieren werden. Das hilft ihnen dabei, ihre tatsächliche Produktionsfähigkeit zu reflektieren.

Nimm dir nach der ersten Runde gleich ein paar der entstandenen Häuser vor und kommentiere sie für alle. »Das hier ist ein sehr schönes Exemplar. Kann ich da mit meiner Schrankwand einziehen?« [MURPHY]. Oder: »Das ist ja mal total windschief. Da war der Statiker wohl besoffen?!« Oder: »Bei den Lücken in den Mauern zieht es dort überall. Und dann erst die Heizkosten im Winter.« Mach dadurch noch mal deutlich, dass Qualität ein wichtiger Aspekt der Arbeit ist und nicht vernachlässigt werden darf. Es geht nicht darum, möglichst schnell irgendein Ergebnis »hinzurotzen«.

Debriefing-Tipps

Stell den Teilnehmenden zur Reflexion folgende Fragen:

- »In welcher Runde hattet ihr eure Arbeit mehr unter Kontrolle? (In der ersten oder in der letzten Runde?«
- »Was ist euch während des Spiels aufgefallen?«
- »Was hat gut funktioniert?«
- »Was ist euch schwergefallen?«
- »Was hat sich eingespielt?«
- »Was ist euch über empirische Prozesssteuerung klar geworden?«
- »Wo in einer guten Umgebung finden wir die erlebten Aspekte wieder?«
- »Wie habt ihr eure Qualität in den Griff bekommen?«

Zwecke im Detail

Scrum: Das Lernziel dieses Spiels ist die Vermittlung und Erfahrung des Scrum-Frameworks. Die Teilnehmenden durchlaufen Sprints in einer minimalen Variante. Sehr kurze Planning- und Review-Meetings umranden die Produktion der Häuser des Nikolaus. Eine etwas intensivere Retrospektive beendet die Sprints. Daily-Scrum-Events sind in diesem Spiel nicht vorgesehen, da sie den zeitlichen Rahmen sprengen bzw. ad absurdum führen würden.

Crossfunktionale Teams: Die Crossfunktionalität wird in diesem Spiel durch die Verantwortungen der verschiedenen Rollen (Farben) abgebildet. Das Team findet gemeinsam heraus, wie es seine individuellen Fähigkeiten für eine gemeinsame Lösung am besten einsetzt.

Empirische Prozesssteuerung: Dieses Spiel zeigt die empirische Prozesssteuerung durch die iterative Vorgehensweise und die kontinuierliche Verbesserung des Prozesses nach jeder Runde.

Iterativ und inkrementell: Dieses Spiel wird in mehreren Runden (Iterationen) durchgeführt, um die empirische Prozesssteuerung zu ermöglichen. Der Aspekt »inkrementell« kommt nicht zum Zuge und kann hier vernachlässigt werden.

Reflexion: Am Ende jeder Iteration erfolgt eine Retrospektive. In dieser werden die Erfahrungen der Runde reflektiert und davon abgeleitete Veränderungen identifiziert, die in der nächsten Iteration umgesetzt werden.

Selbstorganisation: Die Teilnehmenden sind allein dafür verantwortlich, ein funktionierendes System aufzubauen und es im Laufe der Sprints weiter zu verbessern. Dies ist die reine Selbstorganisation, mit der eine gute Lösung für eine Problemstellung entwickelt wird.

Quelle

Ralf Kruse hat dieses Spiel als Onlinevariante zum Ball Point Game entwickelt [KRUSE-NIKOLAUS].

Summer Meadows

Typ: Vergleich von Detailanforderungen und einer Produktvision

Zwecke: Product Vision, Requirements

Medium: offline und online

Niveau: fortgeschritten

Gruppengröße: 4 bis 12 Personen

Dauer: 10 bis 15 Minuten

Learning Objectives

Detailanforderungen versus kurze Produktvision: unterschiedliche Auswirkungen auf das Endprodukt.

Benötigtes Material

- je 2 Marker in Grün, Blau, Rot und Schwarz
- 2 Flipchartblätter
- ausgedruckte Produktvision: »Malt eine schöne Sommerwiese mit blauen und roten Blumen auf grünem Gras, ein paar Kühe und Vögel unter einer strahlenden Sonne.«
- ausgedruckte Detailanforderung: »Malt eine Wiese im Sommer mit

  10 blauen Blumen mit jeweils 5 Blättern,

  5 blauen Blumen mit jeweils 6 Blättern,

  13 roten Blumen mit jeweils 6 Blättern,

2 Kühen mit 3 schwarzen Flecken,

1 Kuh mit 5 schwarzen Flecken,

2 Kühen mit 4 schwarzen Flecken,

2 Vögeln in der oberen linken Ecke,

3 Vögeln in der Mitte,

1 Sonne rechts oben mit 5 Sonnenstrahlen.«

Für die Onlinevariante benötigst du:

- virtuelles Whiteboard
- Videokonferenztool mit Breakout-Räumen

Vorbereitung

Drucke die beiden Anforderungen (Vision und Details) jeweils auf einem Blatt Papier aus. Stell zwei Flipcharts oder zwei Tische so bereit, dass zwei Gruppen unabhängig voneinander daran arbeiten können.

Online bereitest du für beide Gruppen jeweils einen Canvas vor, in dem das Kunstwerk entstehen darf. Dazu gibst du einfach ein Rechteck im Landscape-Format mit weißem Hintergrund vor. Achte darauf, dass die beiden Arbeitsbereiche weit genug voneinander entfernt sind, damit die Teams nicht gleich auf den ersten Blick sehen, womit sich das andere Team beschäftigt. Neben den jeweiligen Arbeitsbereich packst du die entsprechende Anforderungsliste in einer Textbox dazu. Die Anforderungen überdeckst du zunächst noch mit einem »Deckblatt«, wie Abbildung 9-13 zeigt.

Ablauf und Moderation

Teile die Teilnehmenden in zwei Gruppen auf und sage ihnen, dass sie in dieser Übung ein Bild malen werden, ohne dabei zu reden. Sie werden dabei nur eine Minute Zeit bekommen, um das Bild zu vollenden.

Verteile die bereitgelegten Marker und das Flipchartblatt an die Gruppen. Gib dann einer Gruppe die ausgedruckten Detailanforderungen und der anderen Gruppe die Produktvision. Stell einen sichtbaren Timer auf 60 Sekunden und lass die Gruppen ihre Bilder malen.

In der Onlinevariante verteilst du die Leute auf zwei Breakout-Räume. Sobald alle in den Räumen sind, entfernst du die Deckblätter, damit die Künstler die Anforderungen lesen und umsetzen können.

Wir geben hier gern zwei Minuten Zeit, da die Handhabung der Zeichenwerkzeuge online sehr viel umständlicher ist, als einfach nur mit einem Farbstift etwas auf Papier zu malen. Nach zwei Minuten holst du alle Mitwirkenden sofort in den Hauptraum zurück.

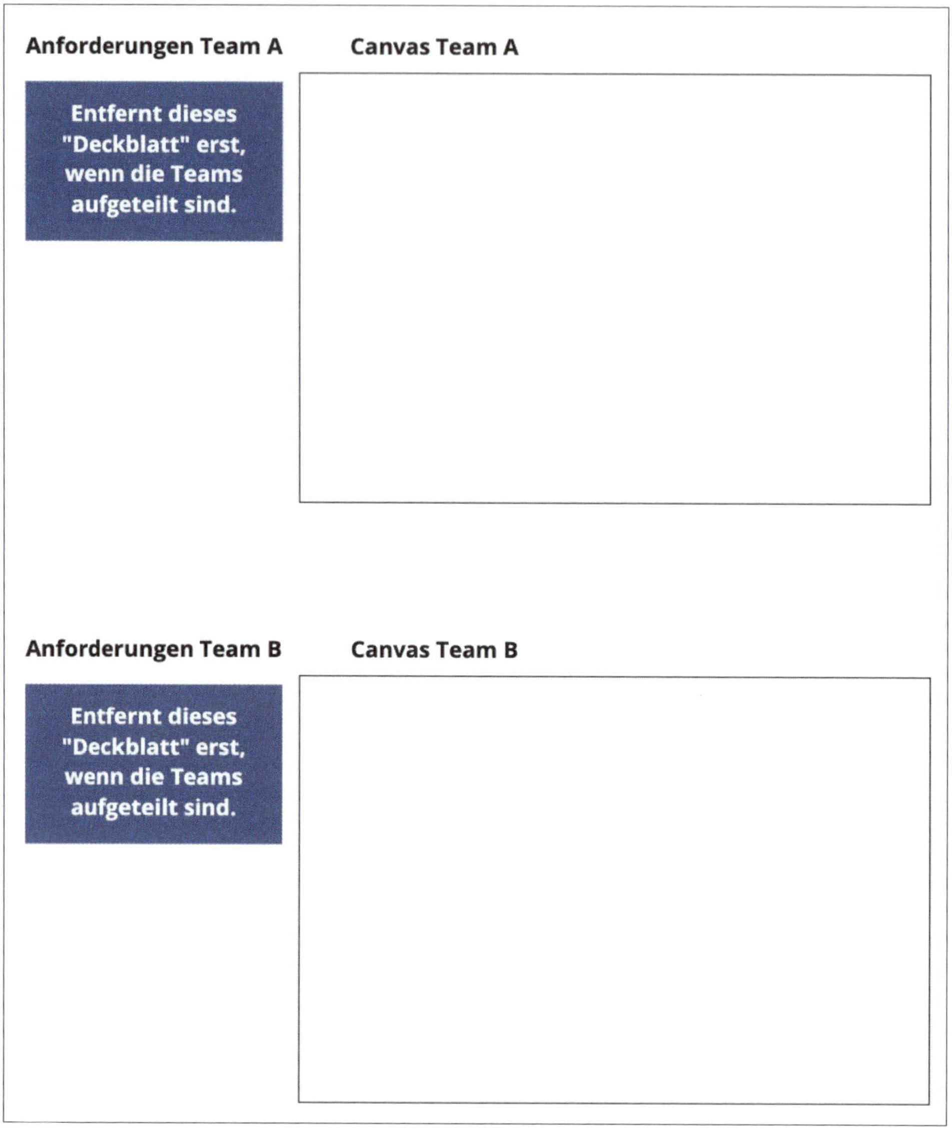

Anforderungen Team A   **Canvas Team A**

> Entfernt dieses "Deckblatt" erst, wenn die Teams aufgeteilt sind.

Anforderungen Team B   **Canvas Team B**

> Entfernt dieses "Deckblatt" erst, wenn die Teams aufgeteilt sind.

ABBILDUNG 9-13:   Überdeckte Anforderungen und Canvases für die Onlinevariante von »Summer Meadows«

Nachbereitung

Lass die Teilnehmer gegenseitig ihre Ergebnisse betrachten und frage sie, was ihnen dabei auffällt.

Typischerweise ist das Bild der Produktvision (siehe Abbildung 9-14) gut genug und als Sommerwiese erkennbar, während das Bild mit den Detailanforderungen (siehe Abbildung 9-15) einen eher abstrakten Charakter hat, nicht vollständig nach Spezifikation umgesetzt ist und wenig von einer Sommerwiese erkennen lässt.

Übertrage diese Erkenntnis nun auf die Softwareentwicklung mit einer Produktvision einerseits und detaillierten Requirement-Listen andererseits.

Abbildung 9-14:   Sommerwiese mit einer kurzen Produktvision

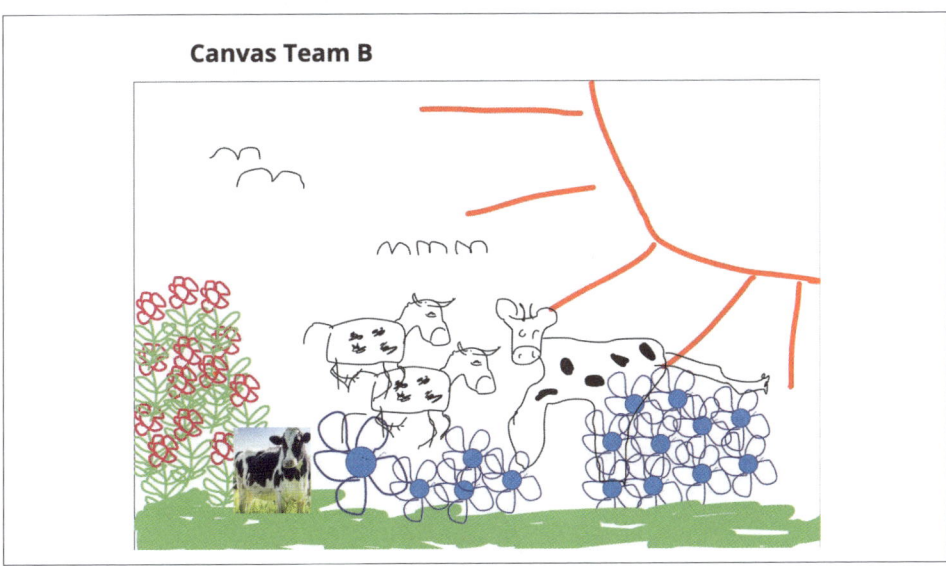

Abbildung 9-15:   Sommerwiese mit einer detaillierten Anforderungsliste

Hinweise

Mancher Mensch wird konstatieren, dass ihm das abstrakte Bild besser gefalle. Äußere dann gern, dass Kunst immer im Auge des Betrachters läge und das Bild der Produktvision deutlich klarer eine Sommerwiese darstelle.

Da seit Corona diverse Weihnachtsfeiern ausfallen mussten oder auf Remote umgestellt wurden, haben wir das Spiel auch schon in »Weihnachts-Winter-Wunderland« abgewandelt. In diesem Fall lauten die Aufgaben dann:

Variante 1:

»Malt eine besinnliche Weihnachtsszene mit Weihnachtsmann, Schlitten, Rentieren und Tannenbäumen um ein Haus im Schnee herum.«

Variante 2:

»Malt eine Szene im Winter mit

- 8 Rentieren mit schwarzen Nasen,
- 1 Rentier mit einer roten Nase,
- 1 Holzschlitten,
- 2 hohen, schneebedeckten Tannen,
- 1 Haus mit zwei Stockwerken und Kamin,
- 1 dicken Weihnachtsmann mit weißem Bart und roter Kleidung.«

Die Ergebnisse sehen entsprechend aus, siehe die Beispiele in den Abbildung 9-16 und Abbildung 9-17.

Abbildung 9-16:   Weihnachts-Winter-Wunderland mit visionärer Anforderung

Abbildung 9-17:   Weihnachts-Winter-Wunderland mit Detailanforderungen

Debriefing-Tipps

Stell der Gruppe folgende Fragen:

- »Wie seid ihr in der jeweiligen Gruppe vorgegangen?«
- »Auf was habt ihr euch konzentriert? Was war euer Fokus?«
- »Was hat diese Übung mit Produktentwicklung bzw. Softwareentwicklung zu tun?«
- »Welche Erkenntnis könnt ihr mitnehmen und in euer Arbeitsumfeld transferieren?«

Zwecke im Detail

Product Vision: Eins der beiden Teams arbeitet ausschließlich mit einer Produktvision und ohne detaillierte Anforderungen. Dieses Spiel zeigt deutlich, wie sich die Arbeit mit einer Produktvision positiv auf das Ergebnis auswirkt.

Requirements: Eins der beiden Teams arbeitet nur mit detaillierten Anforderungen auf einer sehr technischen Ebene. Eine Produktvision ist für dieses Team nicht vorhanden. Dieses Spiel macht die Auswirkungen reiner Detailanforderungen sichtbar, wenn keine übergreifende Produktvision existiert.

Quelle

Das Spiel wurde 2009 von David Barnhold entwickelt [BARNHOLD].

Papierfliegerfabrik

Typ: Simulation einer Produktionsstraße mit vielen Lean-Prinzipien

Zwecke: Batch Size (Reduction), crossfunktionale Teams, Lean-Prinzipien, Push-versus-Pull-Prinzip, Work-in-Progress-Limit

Medium: offline

Niveau: hoch (erfahrungsgemäß muss hier der Spieltrieb der Teilnehmenden eher gebremst werden …)

Gruppengröße: beliebig viele Teams à 6 Personen. Nach oben ist hier keine Grenze gesetzt. Große Ballsäle voll mit mehreren Hundert Teilnehmenden und vielen, vielen Papierfliegern sind ein unvergesslicher Anblick :D

Dauer: ca. 30 Minuten

Learning Objectives

Hier werden die Schwierigkeiten der klassischen Aufgabenteilung geschickt aufs Korn genommen. Die Teilnehmenden sehen und erleben den Unterschied zwischen klassischer Aufgabenteilung und crossfunktionalen Teams. Und haben viel Spaß dabei.

Benötigtes Material

- zunächst einmal viel Papier (man sollte pro Team ca. 100 Blatt rechnen, was also bei 5 Teams schon einer Packung Druckerpapier entspricht)
- 1 Tisch pro 6 Personen
- 2 Timer/Stoppuhren pro 6 Personen
- 1 Marker pro 6 Personen
- Flipchart o. Ä., um die Ergebnisse festzuhalten

Vorbereitung

Bilde Teams von sechs Personen, die sich jeweils an einen Tisch setzen. Jedes Team entscheidet, welche vier Teammitglieder arbeiten und welche zwei managen.

Die Managerinnen benötigen jeweils einen Timer. Die Arbeiter setzen sich so in eine Reihe, dass eine Produktionslinie entsteht.

»Ihr habt nun die Aufgabe, Papierflieger zu produzieren. Es gibt vier Stationen in eurer Produktionslinie, die von den vier Arbeitern besetzt werden.«

Zeige den Teams, an welcher Station welche Arbeitsschritte durchzuführen sind (siehe Abbildung 9-18).

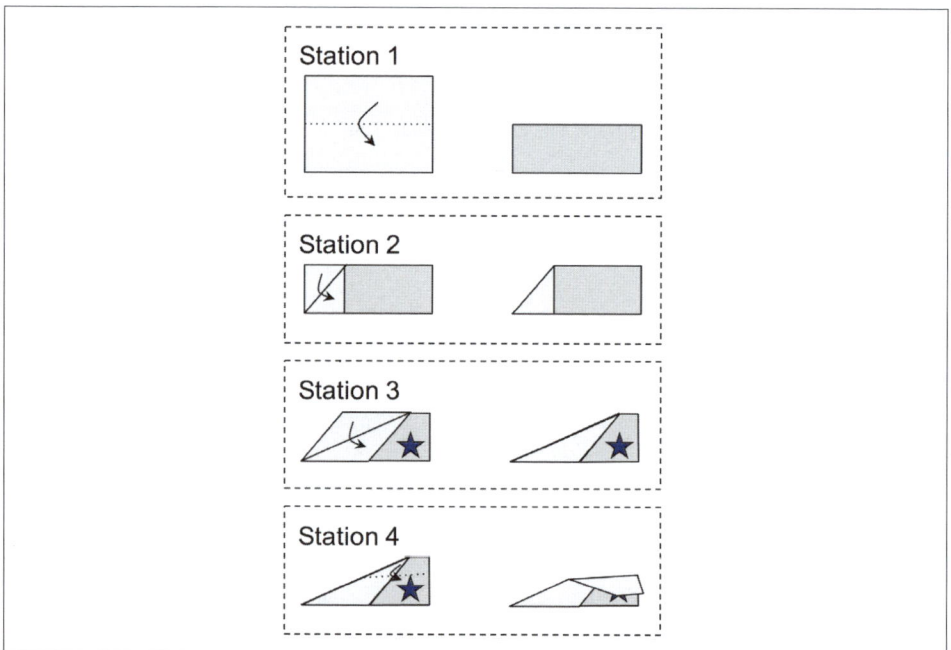

Abbildung 9-18: Arbeitsschritte der einzelnen Arbeitsstationen

Station 1
> Falte das Papier der Länge nach zur Hälfte.

Station 2
> Nimm das gefaltete Papier von Station 1, offene Seite nach oben, und falte zwei Ecken nach unten in ein Dreieck (eine auf jeder Seite des Papiers), um die Nase des Flugzeugs zu bilden.

Station 3
> Falte wiederum auf beiden Seiten die beiden Ecken nach unten für eine spitzere Nase und für einen Teil des Flügels und zeichne auf beiden Seiten einen Stern auf die Rückseite des Flugzeugs. Beachte genau, wie der Stern aussehen muss.

Station 4
> Falte die Flügel und teste das Flugzeug, indem du sicherstellst, dass es über den Tisch fliegt.

Lass die Leute an den einzelnen Arbeitsstationen erst mal das Falten üben, damit sie genau wissen, wie das Flugzeug produziert wird.

Erkläre der ersten Managerin der Teams, dass es ihre Aufgabe ist, die Gesamtdauer zu ermitteln, um zehn Flugzeuge zu produzieren: »Startet euren Timer, wenn ich ›Los geht's‹ sage, und stoppt ihn, sobald Station 4 alle zehn Flugzeuge getestet hat.«

Erkläre der zweiten Managerin, dass sie für die Messung der Cycle Time eines einzelnen Flugzeugs zuständig ist: »Es befindet sich ein Blatt Papier in dem Teamstapel, auf das ich ein großes rotes X gemalt habe. Startet euren Timer, sobald dieses Blatt auf Station 1 in Arbeit genommen wird. Stoppt euren Timer, wenn dieses Flugzeug von Station 4 getestet wurde.«

An alle Arbeitenden: »Wichtig in eurer Produktionskette ist, dass ihr nach einer strikten First-in-First-out-Regel arbeitet. Das bedeutet, wenn sich beispielsweise zwischen Station 2 und 3 mehrere Flugzeuge stapeln, muss Station 3 die Flugzeuge in der Reihenfolge aufnehmen, in der sie von Station 2 abgeliefert wurden.«

Sobald allen Teilnehmenden klar ist, welche Aufgabe sie haben, kann die erste Runde beginnen.

Ablauf und Moderation

Runde 1

Diese Runde simuliert, was passiert, wenn wir die laufende Arbeit nicht einschränken. »Euer Ziel ist es, so schnell wie möglich zu arbeiten. Achtet trotzdem auf die Qualität, wir wollen funktionierende Flugzeuge ausliefern!«

Gib jedem Team einen Stapel Papier mit 50 Blättern. Markiere das sechste Blatt von oben mit einem großen roten X.

Starte die Runde und stell sicher, dass die erste Managerin ihren Timer startet. Ermutige die Teams, schnell zu arbeiten. Erinnere die zweite Managerin daran, ihren Timer zu starten, wenn das markierte Blatt ins Rennen geht.

Achte darauf, dass die Teams in der richtigen Reihenfolge arbeiten, wenn sich Flugzeuge zwischen den Stationen stapeln, insbesondere zwischen den Stationen 1 und 2 und den Stationen 2 und 3. Achte auch darauf, dass die erste Station nach dem zehnten Blatt weiterfaltet – schließlich soll so schnell und so viel wie möglich produziert werden.

Sobald ein Team zehn Flugzeuge fertiggestellt hat, bitte die Produktionslinie, den Betrieb einzustellen. »Zählt nun bitte die unvollständigen Flugzeuge, die sich gerade in eurer Produktionslinie befinden.« Frage die Managerinnen nach der Gesamtzeit und der Zykluszeit für das markierte Flugzeug. Halte die Ergebnisse für jedes Team in der Tabelle, die Tabelle 9-3 zeigt, auf einem Flipchart fest.

Tabelle 9-3: Übersicht über die Ergebnisse der Teams

		WiP am Ende	Gesamtzeit	Cycle Time
Runde 1	Team 1			
	Team 2			
	Team ...			
Runde 2	Team 1			
	Team 2			
	Team ...			

Wenn sämtliche Teams fertig und die Ergebnisse aufgeschrieben sind, werden alle Stationen leer geräumt, sodass die nächste Runde von vorne starten kann.

Runde 2

»Wir werden in der zweiten Runde nur eine kleine Änderung einführen. Wir werden die Anzahl des ›Work in Progress‹ begrenzen. Jede Station darf jetzt nur noch ein einziges Flugzeug in Arbeit haben. Das bedeutet, dass Station 1 nicht mit dem Falten beginnen darf, bis Station 2 das vorherige Ergebnis von Station 1 selbst in Arbeit genommen hat. Dies gilt für jede Station. Zwischen den Stationen werden keine Warteschlangen aufgebaut, das heißt, wir werden keine herumliegenden Flugzeuge mehr zwischen den Stationen sehen.«

Gib jedem Team erneut einen Stapel Papier und markiere das sechste Blatt von oben wieder mit einem roten X.

Starte die Runde und achte diesmal darauf, dass die Leute ihr WiP-Limit einhalten. Möglicherweise musst du sie daran erinnern, nicht, wie in der ersten Runde, so schnell wie möglich zu falten. Konzentriere dich dafür auf Station 1, da diese das Tempo für den Rest der Gruppe bestimmt.

Notiere am Ende der Runde wieder die Ergebnisse auf dem Flipchart.

Nachbereitung

Gemeinsames Aufräumen des ganzen Altpapiers.

Stolperfallen

Es gibt immer wieder Leute, die das Argument bringen, dass die Produktivität in Runde 2 daran läge, dass das Team in Runde 1 viel Erfahrung mit den einzelnen Arbeitsschritten gewonnen habe. In diesem Fall kannst du eine dritte Runde mit den Regeln der ersten Runde spielen lassen, um die Ergebnisse zu vergleichen und die Effekte deutlich zu machen.

Debriefing-Tipps

Zeige den Teams die Ergebnisse der beiden Runden und frage: »Was könnt ihr an den Werten dieser Tabelle ablesen?« Normalerweise sind Zykluszeit und Gesamtzeit in Runde 2 viel kürzer. Die Anzahl der unfertigen Arbeiten wird sich in der zweiten Runde auf nur zwei oder drei Flugzeuge beschränken.

Stell den Teams weitere Fragen zum Debriefing:

- »Was überrascht euch an diesen Ergebnissen?«
- »Was ist der Grund für die Produktivitätssteigerung in der zweiten Runde?«
- »Welche Auswirkungen würde diese Arbeitsweise auf eure eigene Arbeit haben?«
- »Wie habt ihr euch in den einzelnen Runden gefühlt?«
- »Wie viel Stress hattet ihr in den beiden Runden?«
- »Welche dieser beiden Arbeitsweisen entspricht eher eurem aktuellen Arbeitsumfeld?«

Variante

Eine mögliche Variante – besonders spannend bei großen Workshops vor Ort – ist es, die Flugzeuge zu testen. Hier kannst du natürlich dann Abnahmekriterien einfließen lassen wie z. B. »muss mindestens drei Meter im Flug zurücklegen«. Neben dem fachlichen Aspekt sorgt die zusätzliche spielerische Note auch für Spaß. Das Aufräumen wird etwas mühsamer, aber der Spaßfaktor nimmt deutlich zu!

Abbildung 9-19 lässt das mögliche Ausmaß dieser Simulation erahnen. Das Bild stammt von einer Konferenz, auf der die Produktionsregeln für die Papierflieger etwas abgewandelt waren. Deswegen fehlt den Flugzeugen auch der blaue Stern.

Abbildung 9-19: Papierflieger nach dem finalen Systemtest

Zwecke im Detail

Batch Size (Reduction): Die Reduzierung der Losgröße ist genau die eine Veränderung von der ersten zur zweiten Runde.

Crossfunktionale Teams: Die einzelnen Teammitglieder haben klar voneinander getrennte Aufgaben und können sich in diesem Spiel auch nicht gegenseitig unterstützen. In einem crossfunktionalen Team darf es passieren, dass einzelne Fachleute manchmal »nichts« zu tun haben, weil sie sonst das gesamte System überlasten würden. Diesen Zustand zeigt dieses Spiel deutlich auf, und er ist völlig in Ordnung, solange der Durchfluss des Systems gegeben ist.

Lean-Prinzipien: Dieses Spiel zeigt die Prinzipien »Wertstrom abbilden«, »Flow erzeugen« sowie das Prinzip »Pull einführen«. Der Wertstrom wird bereits durch die Anordnung der Arbeitsstationen abgebildet. Es ist klar ersichtlich, welche Arbeit wann und wo erledigt wird. Diese Abbildung erzeugt auch direkt den Arbeitsfluss. In der ersten Runde stockt dieser noch an manchen Stellen, in der zweiten Runde ist der Fluss deutlich zu sehen. Das Pull-Prinzip wird in der zweiten Runde eingeführt. Erst wenn die nachfolgende Station die Arbeit zu sich gezogen hat, darf die aktuelle Station weiterarbeiten und Arbeit von der vorgelagerten Station »pullen«.

Push-versus-Pull-Prinzip: Die Einführung des Pull-Prinzips ist mit der Reduzierung der Losgröße die zentrale Veränderung von der ersten zur zweiten Runde.

Work-in-Progress-Limit: Analog zur Batch Size Reduction ergibt sich automatisch ein WiP-Limit von 1 in der zweiten Runde.

Quelle

Von Marc erstmals auf dem Agile Coach Camp Germany 2010 gespielt. Dieses Spiel gibt es in Dutzenden Varianten in der agilen Community. Eine originäre Quelle ist nicht mehr bekannt.

Frühstückstoast

Typ: Visualisierung von Workflows

Zwecke: Kommunikation, Präsentieren, Requirements, Workflow Visualization

Medium: offline und online

Niveau: relativ leicht zu moderieren

Gruppengröße: beliebig

Dauer: 15 bis 30 Minuten

Learning Objectives

Die Teilnehmenden erkennen, dass jedes Individuum eine eigene Perspektive selbst auf einfachste Dinge hat. Auf diese Erkenntnis kann später immer wieder referenziert werden, wenn im Team unterschiedliche Ansichten zu Fragestellungen herrschen.

Benötigtes Material

- 1 Blatt Papier und 1 Stift pro Person
- Haftnotizen
- Klebeband

Für die Onlinevariante benötigen die Teilnehmenden ein Blatt Papier und einen Stift sowie eine funktionierende und aktivierte Kamera in ihrem Videocall. Nutze ein virtuelles Whiteboard für die Ergebnisse.

Vorbereitung

Stell die Materialien bereit (Stifte, Papier, Haftnotizen, Klebeband) und sorge dafür, dass eine Wand im Raum beklebt (besser noch: bemalt) werden kann.

Online musst du in der Lage sein, schnell Screenshots von den einzelnen Kameras der Teilnehmenden aufzunehmen und diese auf ein virtuelles Whiteboard zu packen.

Ablauf und Moderation

In dieser Simulation visualisieren die Teilnehmenden ihren persönlichen Workflow für das Herstellen eines Frühstückstoasts. Die erzeugten Visualisierungen werden dann debrieft mit der Erkenntnis, dass jede individuelle Perspektive richtig, aber auch ganz eigen ist. All dies ist die Vorübung, um im Anschluss den echten Arbeits-Workflow der Teilnehmenden gemeinsam abzubilden.

Phase 1: Einführung

Verteile Stifte und Papier an alle Teilnehmenden und bitte um Folgendes: »Malt ein Bild davon, wie man einen Frühstückstoast herstellt. Ich gebe euch ein paar Minuten Zeit dafür.« Starte den Timer mit zwei oder drei Minuten.

Einige Mitwirkende werden dich fragen, in welcher Form sie das machen sollen. Diesen sagst du: »Das bleibt völlig euch überlassen. Malt einfach ein Bild, wie man einen Frühstückstoast macht, so wie ihr es darstellen würdet.«

Lass nach Ablauf der Zeit alle Leute ihre Zeichnung hochhalten, damit alle sie sehen können (siehe Abbildung 9-20). Es darf gern gelacht werden. Alle Teilnehmenden sollen nun ein Bild an die Wand kleben und etwas zu ihrem Ergebnis sagen.

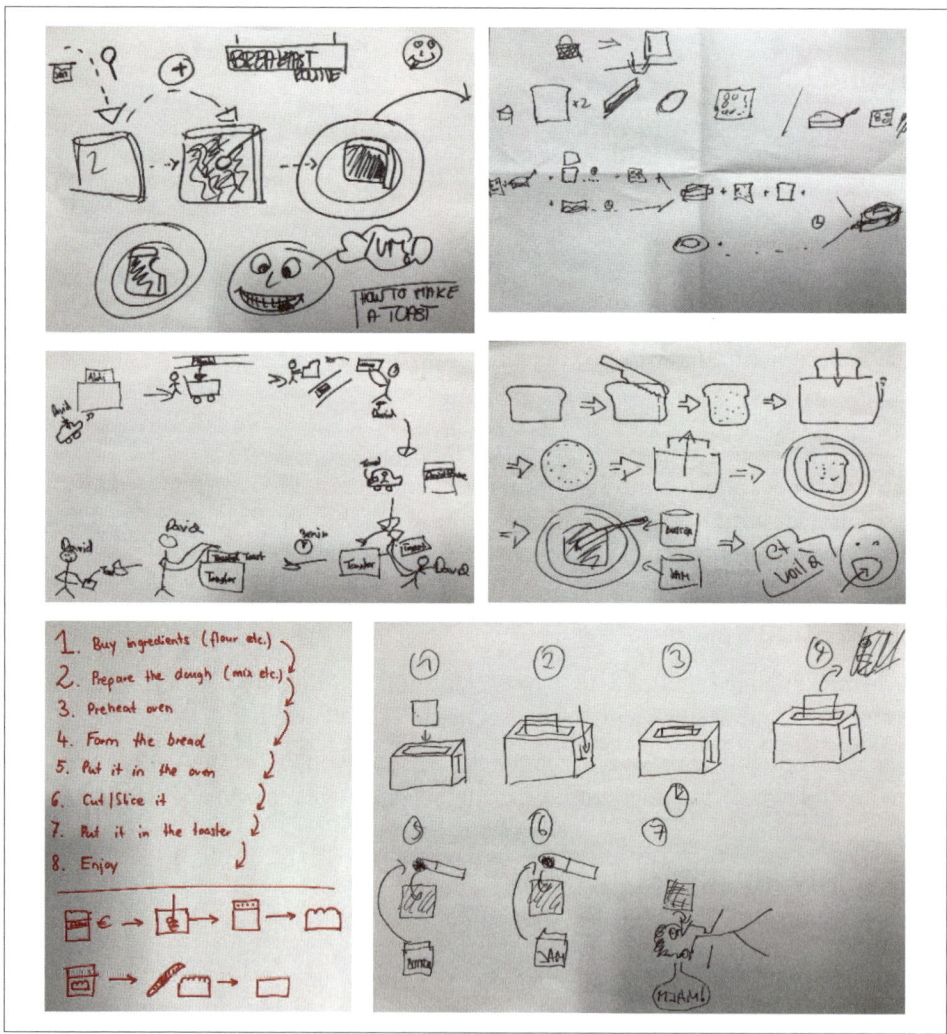

Abbildung 9-20:   Frühstückstoast-Beispiele

Gehe auf einige der Bilder ein, zeige auf, welche einfach und welche komplex sind, welche visuell und welche textuell gestaltet sind und welche eher Menschen bzw. eher Technik oder Prozesse im Blick haben.

Weise die Gruppe nun auf die Erkenntnis aus dieser Simulation hin, siehe Learning Objectives oben: Die Schwierigkeit selbst bei einfachen Workflows liegt darin, die vielen verschiedenen Perspektiven aller Beteiligten unter einen Hut zu bekommen. Frage: »Welche Situationen kennt ihr aus eurem Arbeitsbereich, in denen genau dieser Aspekt für euch schwierig war? Was ist euch aufgrund vieler unterschiedlicher Perspektiven bei der Arbeit schwergefallen?«

In der Onlinevariante bittest du die Leute, ihre Zeichnung in ihre Kamera zu halten. Mach dann so schnell wie möglich Screenshots von allen Ergebnissen und kopiere diese auf das Whiteboard. Dort kannst du mit der Gruppe dann einen geführten Gallery Walk bestreiten und wie oben beschrieben reflektieren.

Phase 2: Den eigenen Workflow modellieren

Die Ergebnisse aus der ersten Phase schiebst du nun zur Seite, sie spielen für den weiteren Verlauf keine Rolle mehr.

Lass die Teilnehmenden jetzt einzeln ein erstes Bild von ihrem eigenen beruflichen Workflow/Prozess malen. Gib ihnen dafür ruhig fünf bis zehn Minuten Zeit.

»Schaut euch nun eure Ergebnisse tischweise an. Präsentiert eure Ideen und erklärt euer Modell. Vergleicht die Ergebnisse, findet heraus, welche Ähnlichkeiten und welche Unterschiede existieren. Identifiziert die Gemeinsamkeiten.«

Auch hier kannst du gern fünf bis zehn Minuten Zeit geben.

Lass die Gruppe nun mithilfe von Haftnotizen und gezeichneten Verbindungen ein neues Systemdiagramm des eigenen Prozesses an der Wand entwickeln. Basierend auf den Teilergebnissen der Tische, wird so relativ schnell ein umfangreiches Modell des Workflows entstehen. Die Teilergebnisse bzw. die Haftnotizen der Tische dürfen gern in das große Systemdiagramm an der Wand integriert werden. Es können aber auch genauso gut neue Haftnotizen dafür geschrieben werden, die die Diskussion besser wiedergeben.

Online passiert all dies auf dem virtuellen Whiteboard. Bei vielen Teilnehmenden kannst du kleine Gruppen in Breakout-Räumen bilden, die erst mal für sich arbeiten. Später schaltest du alle wieder im Hauptraum zusammen, um ein gemeinsames Gesamtergebnis zu erarbeiten.

Nachbereitung

Mach ein paar Fotos von der Wand und auch von den Toast-Bildern der Teilnehmenden. Das gemeinsam erschaffene Prozessbild ist eine sehr gute Basis, um darauf aufbauend einen Kanban-Workflow abzuleiten. Vereinbare gegebenenfalls Folgetermine mit dem Team.

Zwecke im Detail

Kommunikation: Dieses Spiel zeigt für alle Teilnehmenden auf, wie unterschiedlich der gleiche Prozess kommuniziert werden kann. Dies liegt immer an der kommunizierenden Person und ihrer Entscheidung, wie viel und welche Art Information transportiert wird.

Präsentieren: Die Art der Präsentation ist je nach Person sehr unterschiedlich. Von ganz kurzen Prozessen mit den notwendigsten Elementen bis hin zur »vollständigen« Abbildung aller vorhandenen Möglichkeiten ist hier eine große Bandbreite geboten. Auch die Entscheidung zwischen visueller und textueller Präsentation fällt hier immer sehr unterschiedlich aus.

Requirements: Wie bereits zu Kommunikation und Präsentieren erwähnt, ergeben sich bei den einzelnen Teilnehmenden ganz unterschiedliche Varianten, die Anforderungen an einen Prozess zu beschreiben. Dies zeigt auf, dass es nicht die eine, richtige Variante gibt. Die für ein Team benötigte Art einer Anforderungsbeschreibung kann nur vom gesamten Team definiert und immer wieder verbessert werden.

Workflow Visualization: Diese Simulation nutzt eine einfache Art der Visualisierung eines Workflows. Aktoren und Elemente werden identifiziert sowie die Übergänge zwischen diesen. Im zweiten Schritt nutzt du diese Übung für die Visualisierung des teameigenen Workflows.

Quelle

Das Spiel basiert auf »Draw How To Make Toast« von Tom Wujec [WUJEC-DT].

Snowflakes

Typ: Simulation zum Thema »Product Discovery«

Zwecke: Business Value, Product Discovery, Product Vision, Requirements

Medium: offline

Niveau: erfordert etwas Übung in hektischen Situationen, da du zwei Rollen parallel einnimmst: Moderatorin und Kunde

Gruppengröße: mindestens 4, nach oben offen, falls genügend Tische und Moderatoren vorhanden sind

Dauer: 60 Minuten, kann durch weitere Iterationen auf 90 Minuten verlängert werden

Learning Objectives

Die Teilnehmenden lernen in dieser Simulation, sich iterativ den echten Kundenbedürfnissen zu nähern und dadurch ein immer passenderes Produkt zu entwickeln.

Benötigtes Material

- ein Raum mit Tischen, an denen jeweils 4 bis 8 Teilnehmende Platz nehmen können
- Spielgeld, 100 Stück mit jeweils 1 Einheit Geld (Euro)
- Stapel Papier (DIN-A4-Druckerpapier)
- 2 Scheren pro 4 Personen
- Timer, Stoppuhr
- Stifte und Flipchart für jeden Tisch
- optional: Kleber, um Schneeflocken an die Wand zu hängen

Vorbereitung

Verteile auf jedem Tisch eine Schere, 5 Euro Spielgeld und fünf leere Blätter Papier.

Hänge an einer gut sichtbaren Stelle ein Blatt auf mit folgender Information: »Papier: 2 Blätter für 1 Euro, Schere: 3 Euro«.

Zeichne eine Tabelle für jedes Team auf ein Flipchart mit folgenden Spalten: *Iteration*, *Bargeld*, *WiP*, *Anzahl Scheren*, *Anzahl Verkäufe*, *Anzahl Blätter*.

Ablauf und Moderation

Spielziel: Die Teams bekommen die Aufgabe, Schneeflocken aus Papier herzustellen und zum höchstmöglichen Preis zu verkaufen. In mehreren Runden finden die Teams immer genauer heraus, welche Anforderungen der Kunde an das Produkt hat.

Wenn du mehr als 20 Teilnehmende hast, benötigst du eine assistierende Person. Diese Rolle wird freiwillig von einem der Teilnehmenden übernommen.

Während der folgenden Anmoderation stellst du selbst eine Schneeflocke her, um die Falttechnik zu zeigen: »Euer Ziel ist es, ein profitables Geschäft aufzubauen, indem ihr Schneeflocken aus Papier herstellt und verkauft. Ich zeige euch, wie ihr eine Schneeflocke in unter drei Minuten herstellen könnt:

Schneidet das Blatt Papier erst mal zu einem Quadrat. Faltet nun ein Dreieck, dann daraus ein weiteres, indem ihr es halbiert, und halbiert es dann ein weiteres Mal. Gebt dem Dreieck an der breiten Seite eine abgerundete Kante. Schneidet anschließend beliebige Formen entlang der beiden Faltkanten aus und faltet das Blatt dann auseinander, um eine Schneeflocke wie diese zu erhalten.« Abbildung 9-21 zeigt ein wild zerschnittenes, zusammengefaltetes Papierquadrat.

Abbildung 9-21:   Gefaltetes und eingeschnittenes Papierquadrat

Abbildung 9-22:   Hergestellte Schneeflocke aus einem Papierquadrat

Falls du nicht so der passionierte Bastler bist und dir aus der Beschreibung nicht klar ist, wie du eine Schneeflocke gefaltet und ausgeschnitten bekommst, findest du auf den bekannten Videoportalen jede Menge Anschauungsmaterial zur Verdeutlichung. Such einfach nach »Schneeflocken basteln«, und du wirst sofort fündig. Abbildung 9-22 zeigt eine fertige Schneeflocke.

»Ihr habt nur eine begrenzte Zeit zum Schneiden – da wir nicht hier sind, um Schneeflocken herzustellen, sondern um mit der Führung eines Geschäfts zu experimentieren. Nach einer dreiminütigen Iteration machen wir eine kurze Pause, dann habt ihr weitere drei Minuten Zeit, um euch im Team abzustimmen (Sprint Planning), gefolgt von der nächsten Iteration. Wenn euch die Vorräte ausgehen, könnt ihr sie jederzeit dort drüben am Tisch kaufen. Zwei Blatt Papier kosten 1 Euro, eine Schere kostet 3 Euro. Jedes Team an einem Tisch kann selbst organisieren, wie es die Schneeflocken baut. Gibt es noch Fragen?« Falls nach Akzeptanzkriterien gefragt wird, gib ihnen den Hinweis, dass wir darüber reden werden, wenn eine Schneeflocke verkauft werden soll.

Starte nun den Timer für die erste dreiminütige Iteration.

Hinweise für die Assistenz (Achtung, teile die folgenden Informationen nicht mit den Teilnehmenden!):

Minimale Akzeptanzkriterien: Die Schneeflocke muss abgerundet sein sowie drei Symmetrieachsen und gleichmäßige, präzise Schnitte aufweisen. Zerrissenes Papier, Quadrate/Rechtecke, grobe/plumpe Ausschnitte, Papier, das von den Teilnehmenden selbst zur Verfügung gestellt wurde, werden abgelehnt. Gib jedes Mal, wenn dir eine Schneeflocke präsentiert wird, ein einfaches und direktes Feedback, wie z. B.: »Ich kann diese Schneeflocke nicht kaufen, da die Kanten eingerissen sind. Die Qualität ist nicht hoch genug. Diese hier ist nicht abgerundet genug, so kann ich sie nicht kaufen. Diese ist wunderschön – ich gebe dir einen Euro dafür!« Feilsche nicht, sondern wechsle zur nächsten anbietenden Person.

Bewertung der Schneeflocken: Komplizierte, einzigartige, symmetrische, schöne Schneeflocken werden für 1 bis 5 Euro gekauft. In der ersten Runde siehst du nie etwas, das mehr als 1 Euro wert ist. Bezahle selten mehr als 3 Euro. Fördere Innovationen, indem du den Leuten sagst: »Dies ist das erste Mal, dass ich eine signierte Schneeflocke sehe! Zwei Euro!« oder ähnliche Kommentare. Ermutige sie zu Kompliziertheit: »Wow – viel Platz ausgeschnitten, das gefällt mir.« Auf die Größe kommt es an – kleine Schneeflocken können oft nur zu zweit für 1 Euro gekauft werden, es sei denn, sie sind besonders kunstvoll. Befestige die gekauften Schneeflocken entweder an der Wand oder ordne sie von geringem zu hohem Wert der Reihe nach auf dem Tisch an. Sag es nicht auf offensichtliche Art, sondern weise hin und wieder auf das Bewertungsschema hin, indem du eine neue Schneeflocke nach oben hältst und sagst, dass diese in der Reihenfolge »genau hierher passt, okay, 2 Euro«.

Beobachte während der Runde, was die Teams tun, und hilf ihnen im kurzen Debriefing nach der Runde dabei, wie ein Lean Startup zu denken.

Nach der Timebox fragst du die Teams nach den Zahlen für die Tabelle ab und trägst diese ein.

Starte nun das kurze Debriefing nach der Runde. Gib den Teams nur einen Hinweis pro Debrief und lass sie diesen dann für den nächsten Sprint ausprobieren. Einige Teams ignorieren, was du sagst; das ist nicht weiter schlimm. Folgende Hinweise kannst du den Teams geben:

- »Müsst ihr eine Schneeflocke ausschneiden, um Kunden-Feedback zu erhalten?«
- »Erzielt euer Team einen Gewinn?«
- »Wisst ihr, was die Kundin will?«

- »Es muss überhaupt nichts unternommen werden, um die Akzeptanzkriterien zu lernen. Geht einfach zur Moderatorin und fragt: ›Wonach suchst du?‹ Ihre Antwort lautet: ›Schönheit, Symmetrie, Kompliziertheit, abgerundete Form.‹«
- »Habt ihr verfolgt, wie der Kunde die Schneeflocken bewertet, um zu sehen, was er kaufen möchte?«
- »Was passiert, wenn ihr geklonte Schneeflocken (also immer wieder die gleichen) produziert?«
- »Müsst ihr das ganze Blatt Papier verwenden?«

Gib den Teams nun wieder drei Minuten Zeit für ihr Planning und starte danach die nächste Runde.

Nachbereitung

Aufräumen und »klar Tisch« machen.

Debriefing-Tipps

Durch die kleinen Debriefings nach jeder Runde musst du nicht mehr so viele Fragen am Ende stellen. Alle nicht gestellten Fragen der kleinen Debriefings kannst du hier gerne noch stellen.

Einige der folgenden Lektionen kannst du dem Team noch vermitteln:

- Customer Discovery ist eine Aktivität für das ganze Team. (Product Owner allein können Entwicklerinnen ein falsches Sicherheitsgefühl bezüglich der Kundenbedürfnisse vermitteln.)
- Ihr müsst das Gebäude verlassen (oder in diesem Fall den Tisch), um herauszufinden, wofür die Kunden zu zahlen bereit sind.
- Kreative Arbeit unter Lieferdruck lässt die Menschen das große Ganze vergessen.
- Wirtschafts- und Lerngemeinschaften funktionieren besser, wenn wir zusammenarbeiten und uns mit mehr Menschen austauschen (Tische müssen keine isolierten Inseln bleiben).
- Abfall entsteht aus der Annahme, dass wir das gesamte Blatt verwenden müssen und dass das Volumen wichtiger ist als die Customer Discovery.
- Die Zeit einer Kundin ist begrenzt und kostbar – nutze sie mit Bedacht.

Zwecke im Detail

Business Value: Die Teams finden im Laufe der Zeit heraus, welche Art von Schneeflocke welchen Business Value hat. So können die Teams selbst entscheiden, wie sie den umgesetzten Wert maximieren.

Product Discovery: Durch das konkrete Austesten (Verkaufen) der produzierten Ergebnisse am Kunden erhalten die Teams notwendiges Feedback. Durch jedes dieser Feedbacks entdeckt das Team einen weiteren Aspekt für das »richtige« Produkt.

Product Vision: Die anfängliche Produktvision »Perfekte Schneeflocken« ist nicht ausreichend. Die Teams wissen dadurch noch nicht, wie genau eine perfekte Schneeflocke aussieht und was genau sie entwickeln müssen. Die Produktvision gibt also nur die grobe Richtung vor. Die Details erschließen sich erst auf dem iterativen Weg zum echten Kundennutzen.

Requirements: Die anfänglichen Anforderungen an eine Schneeflocke sind möglicherweise nicht vollständig und nicht korrekt definiert. Erst durch das Feedback der Kundin ergibt sich ein genaueres Bild der Anforderungen.

Quelle

Von Marc kennengelernt bei Peter Janssens in einem gemeinsamen Kundenprojekt, basierend auf der ursprünglichen Idee von André Dhondt [DHONDT].

City Builders – Epic-Priorisierung

Typ: Simulation zur Priorisierung von Features nach Business Value mithilfe von Cost-of-Delay

Zwecke: Business Value, Cost-of-Delay, Priorisierung

Medium: offline und online

Niveau: Verständnis der Konzepte von »Cost-of-Delay« muss vorhanden sein, die Moderation selbst ist mittelschwer

Gruppengröße: ab acht Personen, bis 80 Personen möglich

Dauer: 90 Minuten

Learning Objectives

Die Teilnehmenden lernen:

- wie Cost-of-Delay (CoD) angewendet wird
- welche Aspekte in die CoD-Berechnung einfließen
- wie mit Weighted-Shortest-Job-First (WSJF) eine Portfoliopriorisierung möglich ist

Benötigtes Material

- Lade die Dokumente zum Spiel auf der Seite zum Buch herunter: *www.agile-coach.de/agile-spiele-buch*.
- Lade die Datei *City Builders – Epics – German.pdf* herunter, drucke sie aus und schneide die einzelnen Epics aus. (Ein Beispiel für eine Epic-Karte siehst du in Abbildung 9-23.) Zur besseren Handhabung und Wiederverwendung kannst du die Epic-Karten laminieren. Stell für jede Gruppe (vier bis fünf Personen) alle acht Epics bereit.
- Planning-Pokerkarten: ein Kartensatz pro Person mit den Werten von 1 bis 20. Die benötigten Werte für diese Simulation lauten 1, 2, 3, 5, 8, 13 und 20. Planning-Pokerkarten bekommst du im Fachhandel, oder du malst dir selbst welche auf Haftnotizen. Alternativ kann auch jede Person eine entsprechende App verwenden.
- Abwischbare Marker (Whiteboard-Marker) für jede Person.

Online benötigst du nur ein virtuelles Whiteboard, auf dem alle gemeinsam arbeiten können.

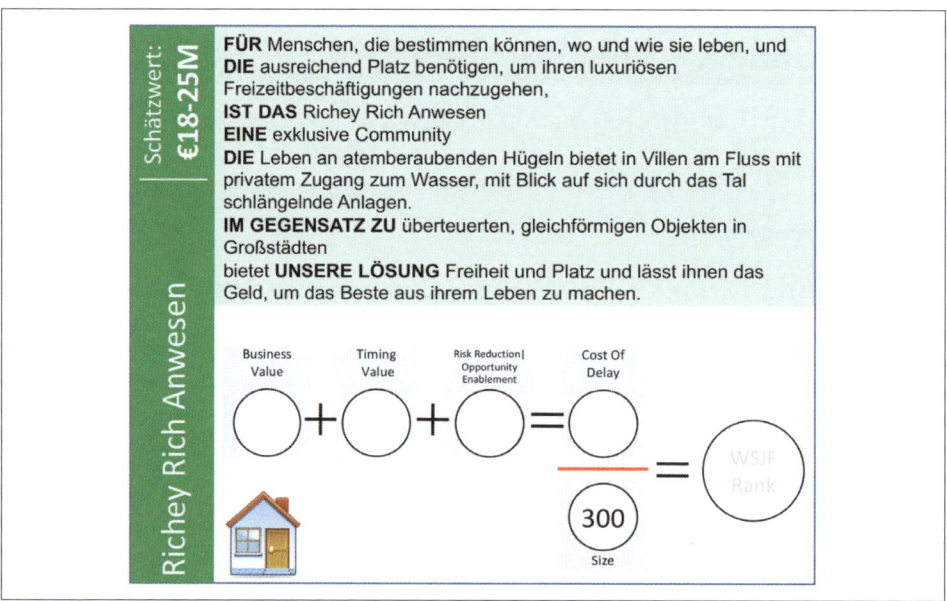

Abbildung 9-23: Die Epic-Karte für das Richey-Rich-Anwesen als Beispiel

Vorbereitung

Die Präsentation *City Builders – Modul 1 – Presentation – German.pptx* enthält sowohl Folien für die theoretische Einführung als auch Folien, mit denen das Spiel vorbereitet, durchgeführt und debrieft wird. Für die Onlinevariante kopierst du die Epics aus dem PDF einfach in das virtuelle Whiteboard. Für jede spielende Person stellst du noch die virtuellen Punktekarten zur Verfügung.

Ablauf und Moderation

In dieser Simulation begeben sich die Teilnehmenden in die Rolle von Stadtentwicklern. Sie müssen diverse vorgegebene Bauprojekte bewerten und diese in eine sinnvolle Reihenfolge bringen. Das Ziel dabei ist, die wertvollsten Projekte mit dem höchsten Return-on-Invest zuerst zu realisieren. Dazu nutzen sie neben einem Business Value weitere Kennzahlen und berechnen die Reihenfolge entsprechend.

Einführung und Kontext

Gib einen ganz kurzen Überblick über Weighted-Shortest-Job-First, sodass es gerade genug Theorie ist, aber nicht zu viel. Es spielt keine Rolle, ob du 5 oder 20 Minuten damit verbringst, die Theorie zu erklären – die Teilnehmenden werden noch nicht genau verstehen, was du von ihnen möchtest. Sie werden es herauszufinden, sobald sie WSJF im Spiel anwenden.

Weighted-Shortest-Job-First (WSJF)

»Denken Sie unbedingt daran, dass wir eine Ressource blockieren, wenn wir einen Auftrag ausführen. Der Vorteil der sofortigen Ausführung eines Auftrags ist die Einsparung seines Cost-of-Delay. Seine Kosten entsprechen der Dauer, während der die Ressourcen blockiert sind. Sowohl Kosten als auch Nutzen müssen in eine wirtschaftlich korrekte Reihenfolge gebracht werden.«

– Don Reinertsen

Zum leichteren Kommunizieren empfiehlt es sich, WSJF schlicht »Wis-jif« auszusprechen (mit englischem »j«), also »Wis-dschif«.

Cost-of-Delay (CoD)

»Cost-of-Delay wird berechnet, indem bewertet wird, welche Auswirkungen es hat, wenn Sie etwas nicht haben, wenn Sie es benötigen. Ein typisches Beispiel sind die Kosten, die anfallen, während auf die Lieferung einer Lösung gewartet wird, die die Effizienz verbessert. Es sind die Opportunitätskosten, die entstehen, wenn man das Gleiche jetzt hat oder es später bekommt.«

– Josh Arnold

Komponenten von CoD:

- User und Business Value
- Time Criticality
- Risk Reduction und Opportunity Enablement

Erkläre den Teilnehmenden den Kontext, in dem diese Simulation abläuft: »Ihr seid eine Immobilienbaufirma und habt Land gekauft, das ein paar Stunden Fahrt von der nächstgrößeren Stadt entfernt liegt. Dort plant ihr den Bau einer Satellitenstadt. Ihr werdet Geld verdienen, indem ihr Häuser und Geschäfte baut und verkauft. Euer Ziel ist natürlich, eine blühende Stadt aufzubauen, indem ihr zuerst die Menschen bedient, die eure Immobilien gern kaufen möchten. Dafür müsst ihr herausfinden, in welcher Reihenfolge ihr die Immobilien bauen wollt. Ihr verfügt über angemessene, aber nicht endlose Liquidität, sodass die Generierung eines Cashflows eine hohe Priorität hat.

Eure Marktforschung hat die ersten neun Bauprojekte für die Stadt ermittelt, und ihr habt ausreichend geforscht, um potenzielle Renditen und den damit verbundenen Aufwand einzuschätzen. Diese Bauprojekte sind ›Epics‹, und euer Ziel ist es, das Prinzip Weighted-Shortest-Job-First (WSJF) anzuwenden, um sie zu priorisieren.« Erkläre, dass alle Epics als »gute Ideen« im Trichter gelandet sind und die Teilnehmenden jetzt eine vorläufige WSJF-Bewertung durchführen müssen. Mit dieser Bewertung sollen sie herausfinden, welche Epics das Portfolio-Kanban durchlaufen werden.

Gib jeder mitspielenden Person einen Satz Planning-Pokerkarten, nur bestehend aus den Werten 1, 2, 3, 5, 8, 13 und 20. Wenn jemand eine App benutzt, bitte diese Person, keine anderen Werte als diese zu verwenden. Mit ihren Pokerkarten soll die Gruppe nun folgendermaßen vorgehen:

1. »Bestimmt den Wert für Risk Reduction und Opportunity Enablement für jedes Epic durch relatives Schätzen (›1‹ bedeutet ›hat das geringste indirekte Wertversprechen‹).
2. Bestimmt den Wert für Timing Criticality für jedes Epic durch relatives Schätzen (›1‹ ist am wenigsten zeitkritisch).
3. Bestimmt den Business Value für jedes Epic durch relatives Schätzen (›1‹ hat den geringsten Business Value).
4. Macht die Rechnung für jedes Epic und sortiert sie dann vom höchsten zum niedrigsten WSJF-Wert.«

Erkläre den Teilnehmenden, dass sie sich zunächst jeweils nur auf eine CoD-Komponente konzentrieren sollen, beginnend mit Risk Reduction/Opportunity Enablement. Ihre Aufgabe ist es, für die jeweilige CoD-Komponente »die 1 zu finden« und dann mithilfe der Planning-Pokerkarten die restlichen Epics im Verhältnis zu dieser 1 zu sortieren.

Beispiel: Eine Person legt ihre 1 zu Epic A, eine andere Person legt ihre 1 zu Epic B. Jetzt muss ein Dialog stattfinden, in dem die verschiedenen Sichtweisen auf die Epics dargelegt werden. Das Team muss eine gemeinsame Sichtweise darüber herstellen, wie es die Epics versteht und wie es die einzelnen CoD-Komponenten interpretiert.

Das Ende dieses Dialogs tritt ein, wenn das Team die 1 für ein spezifisches Epic vergibt. Im nächsten Schritt legen alle Teilnehmenden für die weiteren Epics ihre Karten aus und diskutieren kurz über die Details, falls es zu unterschiedlichen Bewertungen kommt. Sobald sich das Team auf die Verteilung der Pokerwerte auf die Epics geeinigt hat, werden die entsprechenden Werte auf jedem Epic eingetragen.

Stell den Timer nun auf 45 Minuten ein.

»Also, los geht's. Sucht jetzt erst mal das Epic raus, dem ihr für Risk Reduction/Opportunity Enablement eine 1 geben wollt.«

Während des Spiels

Laufe ständig präsent im Raum herum und sei bereit, Fragen zu beantworten. Unterstütze die Teilnehmenden dabei, nach etwa 25 Minuten ein Ergebnis für die CoD-Komponente Risk Reduction/Opportunity Enablement zu erarbeiten.

Lass es zu, dass die Gruppe Fehler macht! Sie werden ins Straucheln geraten, wenn sie versuchen, die einzelnen Aspekte der Epics auseinanderzuhalten. Dies gehört zum Lernprozess dazu.

Jede Gruppe hat drei Schlüsselmomente im Spiel, bei denen du ihnen durch proaktive Interventionen sehr helfen kannst:

- Nach etwa sieben bis acht Minuten sollten sie alle ihre Epic-Karten gelesen und die 1 für Risk Reduction/Opportunity Enablement gefunden haben. Der richtige Zeitpunkt für deine Unterstützung ist gekommen, wenn die Leute entweder um die 1 kämpfen oder bereits ein paar Karten weit im Prozess sind. Grundlegende Fragen wie z. B. »Was trägt am wenigsten zum Gesamterfolg der Stadt bei?« sind hilfreich. Manche Gruppen haben vielleicht Probleme damit, die Fragen zu differenzieren: »Wie riskant ist das Epic?« versus »Wie sehr verringert das Epic das Risiko für die Stadt?«. Ein nützliches Beispiel ist der Hinweis darauf, dass eine Karte für »Grundlegende Dienste« mit Polizei und Feuerwehr einen sehr hohen Risikominderungswert hätte.

- Wenn die Gruppe zur Komponente *Time Criticality* übergeht, kannst du sie beim Perspektivwechsel unterstützen. Sie suchen jetzt für die 1 die Karte, die am wenigsten zeitkritisch ist. Einige der Epics enthalten spezielle Hinweise zur Zeitkritikalität (in roter Schrift direkt unter dem Elevator-Pitch). Wenn sie damit Schwierigkeiten haben, nutze die Epics *Monster Mall* und *Extreme Technology Park*, um dies zu veranschaulichen. Es gibt einen Hinweis bei der Monster Mall, dass bei frühzeitiger Nutzung Rabatte gegeben werden müssen. Es ist also klar, dass die Fertigstellung später wertvoller ist und sie eine Hauptkandidatin für die 1 ist. Ebenso gibt es einen Hinweis beim Technologiepark, dass ein Angebot auf dem Tisch liegt, wenn die Bauarbeiten innerhalb von drei Monaten abgeschlossen sind, was ihn zu einem Hauptkandidaten für die 20 macht.

- Die letzte CoD-Komponente *User und Business Value* ist beinahe trivial. Es gibt dazu einen deutlichen Hinweis oben links auf den Karten.

Einige Gruppen werden Schwierigkeiten haben, rechtzeitig zu einem Ergebnis für die einzelnen Komponenten zu kommen. Hilf ihnen dann dabei, von einer gemeinsamen Entscheidung schnell zu einem einfachen Mehrheitsentscheid zu wechseln. Bei Bedarf machst du dafür eine klare Ansage: »Ihr verzettelt euch gerade zu sehr in Detaildiskussionen. Stimmt bitte einfach per Handzeichen ab, ob ihr mit dem momentanen Ergebnis leben könnt. Die Mehrheit gewinnt.«

»Jetzt habt ihr alle Werte für die CoD-Komponenten ermittelt. Rechnet bitte den WSJF-Wert aus und schreibt ihn als Ergebnis auf die Epics. Nach diesem Wert sortiert ihr dann eure Epics vom höchsten zum niedrigsten Wert.«

Das finale Ergebnis der Gruppe ist nun eine eindeutige Reihenfolge der Karten vom höchsten zum niedrigsten WSJF-Wert.

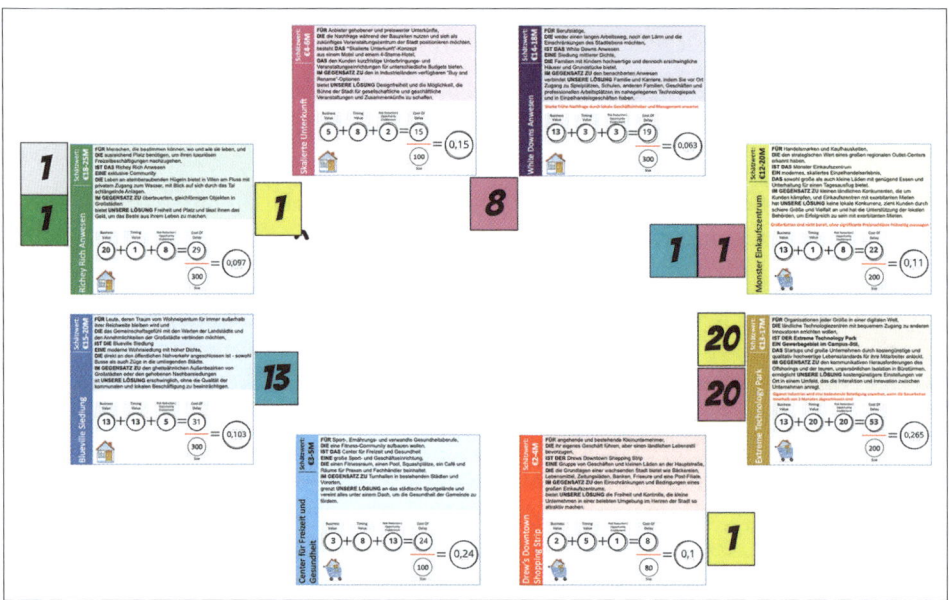

Abbildung 9-24: Beispiel für die Onlinevariante von »City Builders«

Die Umsetzung einer Onlinevariante ist äußerst einfach. Du benötigst ein virtuelles Whiteboard, in das du alle Epics reinziehst und ein paar Zahlenkarten für die Teilnehmenden bereitstellst. Die ganze »Rechenarbeit« wird dann einfach auf den virtuellen Epics notiert.

Hinweise

Erzähle den Mitwirkenden gern mehrfach, dass sie Geld verdienen, indem sie die Immobilien verkaufen, und nicht damit, dass sie sie selbst betreiben. Die Menschen kommen immer wieder schnell durcheinander, wenn sie an »laufende Gewinne« und »operativen Betrieb« denken.

Debriefing-Tipps

Starte die Nachbesprechung damit, dass jede Gruppe ihre endgültige Liste vorliest. Es kann durchaus erstaunte Blicke im Raum geben, wenn die Gruppen feststellen, dass sie fast identische Ergebnisse erzielt haben.

Stell nun die Frage: »Was haltet ihr von den Ergebnissen?« Die Antwort ist meist nicht sehr positiv, und die Teilnehmenden antworten relativ unzufrieden: »Wir bauen all diese Firmen und Geschäfte, und niemand wohnt dort.« Dies ist der Moment, um sie daran zu erinnern, in Value Streams zu denken, um strategische Investment-Overlays anzubieten: »Offensichtlich haben wir hier einen privaten und einen kommerziellen Wertstrom (wie durch die Einkaufswagen- und Haussymbole auf den Epic-Karten angezeigt). Wir können eine strategische Entscheidung treffen, wie sehr wir uns auf jeden einzelnen Value Stream konzentrieren.« Lass sie ihre Liste in eine Wohn- und eine Gewerbeliste aufteilen (unter Beibehaltung der Prioritätsreihenfolge). Damit haben sie ihre Prioritäten für jeden Wertstrom.

Gehe danach in eine etwas freiere Konversation. Stell die Frage: »Was hat euch an der Übung gefallen?« Nutze die Antworten, um folgende Punkte anzusprechen:

Der Wert eines Modells zur Einführung von Objektivität
: Priorität ist eine so leidenschaftliche und persönliche Angelegenheit und hat so viele Faktoren, dass es schwierig ist, darüber zu kommunizieren. Indem einzelne Aspekte (wie in diesem Fall die CoD-Komponenten) getrennt betrachtet werden, ist es leichter, eine gemeinsame Sichtweise zu finden.

Der Wert des gemeinsamen Verständnisses dessen, was Wert (Business Value, Time Value usw.) wirklich ist
: Es wird im Laufe der Zeit viel einfacher, ein gemeinsames Verständnis von Wert zu entwickeln, da die Gruppe die Bedeutung von Business Value, Time Criticality usw. geklärt und verinnerlicht hat.

Die Notwendigkeit einer Vision
: Viele Gruppen philosophieren während eines Großteils der Übung über die Frage: »Was für eine Stadt bauen wir?« Dies zeigt die große Bedeutung einer Portfoliovision sowie deren Einfluss auf die Portfoliopriorisierung.

Der Wert des Dialogs in der gesamten Gruppe
: Dialog ist entscheidend, um zu einem gemeinsamen Verständnis zu gelangen, Annahmen zu klären und den Effekt »die lauteste Stimme dominiert« zu vermeiden.

Zwecke im Detail

Business Value: Diese Simulation zeigt den Teilnehmenden deutlich auf, welche Schwierigkeit darin besteht, den Wert einzelner Features zu bestimmen und ihn mit anderen Features vergleichbar zu machen. Es geht nicht immer nur um einen fixen, monetären Betrag, sondern oft auch um zukünftige Investments, Risikobereitschaft oder zeitliche Abhängigkeiten.

Cost-of-Delay: Das Konzept von Cost-of-Delay ist ein zentraler Bestandteil dieser Simulation.

Priorisierung: Die Teilnehmenden lernen in dieser Simulation zu beurteilen, nach welchen Kriterien man eine Priorisierung der Features abwägen kann.

Quelle

Dieses Spiel basiert auf »SAFe City Module 1 – The EPIC Portfolio« von Mark Richards [RICHARDS]. Es wurde von Marc Bleß absichtlich »entSAFet«, da wir ein Framework-agnostisches Spiel benötigen, das die Anwendung von Cost-of-Delay und Weighted-Shortest-Job-First zum Lernziel hat. Vertiefende Informationen und Grundlagen zu Cost-of-Delay und WSJF findest du bei [REINERTSEN].

Online Point Game

Typ: Onlinealternative zum Ball Point Game, um wesentliche Elemente des Scrum-Frameworks zu erleben

Zwecke: empirische Prozesssteuerung, iterativ und inkrementell, Scrum, Selbstorganisation

Medium: online und offline

Niveau: Verständnis der enthaltenen Prinzipien und Praktiken sollte vorhanden sein, die Moderation selbst ist mittelschwer

Gruppengröße: ab 4 Personen, nach oben offen

Dauer: 30 Minuten

Learning Objectives

Als weitere Onlinealternative zum »Ball Point Game« (siehe Seite 223) ermöglicht das Online Point Game, den Kern von Scrum zu verstehen: die empirische Prozesssteuerung. Die gesamte Moderation kannst du auch offline live vor Ort durchführen.

Benötigtes Material

- offline: Karten oder Sticky Notes sowie ein paar Stifte (idealerweise weniger Stifte als Teilnehmende)
- online: virtuelles Whiteboard
- Timer zur Zeitmessung

Vorbereitung

Bereite für jedes Team auf dem Tisch oder auf einem Flipchart ein simples Board vor mit den Spalten »To do«, »Doing« und »Done«. Die »To do«-Spalte füllst du mit leeren Sticky Notes. Du kannst diese auch durchnummerieren, das ist aber kein Muss. Abbildung 9-25 zeigt ein vorbereitetes Board auf einem virtuellen Whiteboard.

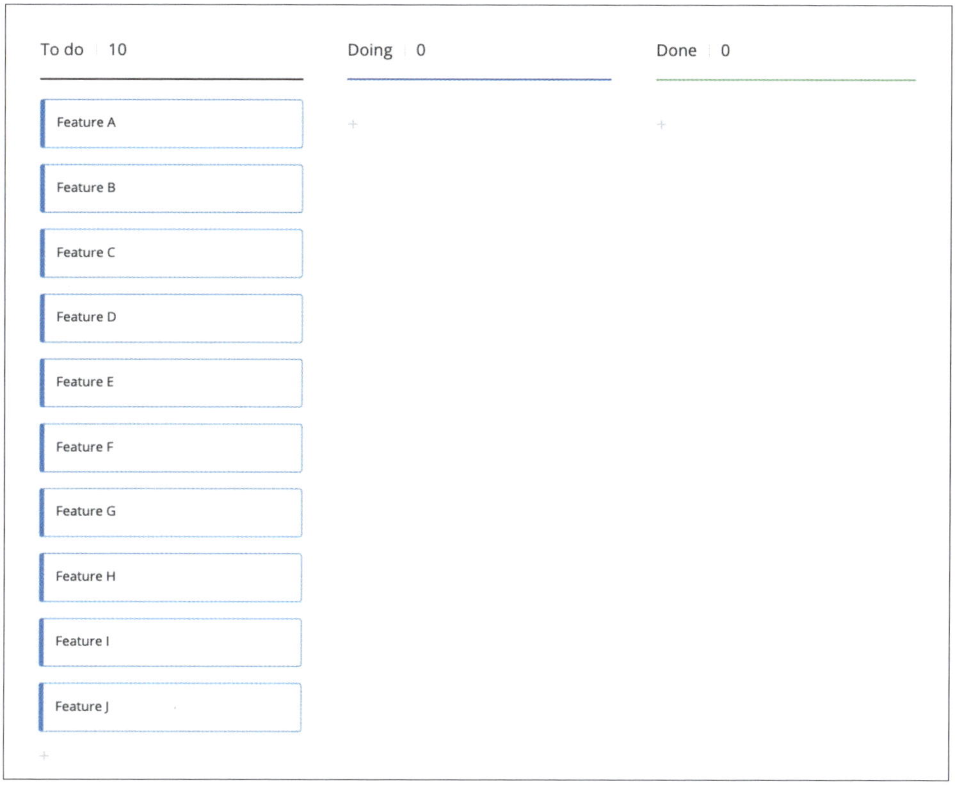

Abbildung 9-25: Startboard des Online Point Game

Ablauf und Moderation

»Ihr habt als Team die Aufgabe, diese ganzen Features auf dem Board zu bearbeiten und auszuliefern. Jedes Mal, wenn ihr eins dieser Features in die Done-Spalte schiebt, bekommt ihr einen Punkt. Wenn ihr die Arbeit an einem Feature beginnen möchtet, müsst ihr es vorher in die Doing-Spalte schieben.

Die eigentliche Arbeit besteht darin, dass jedes einzelne Teammitglied die Beschreibung des Features um einen eigenen Text erweitert. Jedes Teammitglied kann nur seinen eigenen Text hinzufügen. Ihr könnt nicht für eine andere Person Text ergänzen. Nur jeweils eine Person kann gleichzeitig zu einem Feature ihren Text hinzufügen. Der Ablauf ist also so: Jedes Teammitglied wählt ein Feature aus, schiebt es, falls noch nicht geschehen, in die Doing-Spalte und schreibt Text dazu. Das letzte Teammitglied schiebt das Feature in die Done-Spalte.

Falls ein Fehler passiert, entsteht ein Qualitätsproblem. Ihr bekommt keine Punkte für fehlerhafte Features.

Sofern ihr ganz schnell seid, könnt ihr jederzeit neue Features in die Spalte To do bringen.

Weitere Regeln gibt es nicht.«

Die Timeboxen sind analog zum »Das Haus vom Nikolaus« (siehe Seite 226):

- **90 Sekunden Vorbereitung:** Planung des Vorgehens innerhalb des Teams und der Mechanik der Runde
- **90 Sekunden Durchführung:** so viele Punkte wie möglich erzeugen
- **Auswertung der Ergebnisse:** Wie viele korrekte Features wurden fertiggestellt?
- **90 Sekunden Reflexion:** Verbesserungen identifizieren

Dieses Spiel setzt noch viel stärker auf Eigenverantwortung und Selbstorganisation. Es gibt keine explizite Rolle für Beobachtung, Facilitation oder Qualitätssicherung. Was immer das Team braucht, darf es für sich etablieren.

Spiele ein paar Runden und halte die erreichten Punkte pro Runde für jedes Team fest.

Stolperfallen

Die Teilnehmenden werden dir vermutlich Fragen stellen der Art »Ich weiß aber gar nicht, wie ich diese Karte bearbeiten kann« oder »Und wie sollen wir da jetzt gleichzeitig arbeiten, wenn immer nur eine Person gleichzeitig darf?«. Und in völliger Gelassenheit erklärst du ihnen dann: »Ja also das weiß ich leider nicht. Ihr seid ja das Entwicklerteam, ich kann euch da nicht weiterhelfen.«

Das Schöne dabei ist, dass viele Teams genau diese Situation in neuen Projekten vorfinden. Kein Mensch weiß so richtig, um was es eigentlich geht und wie das Ganze zu realisieren ist. Da soll eine neue Technologie eingesetzt werden, mit der vorher noch niemand gearbeitet hat.

Ein Interface-Update muss für das nächste Release integriert werden, von dem bislang auch noch nie jemand was gehört hat. Es ist für ein Team also eine Standardsituation, mit der eigentlichen Umsetzung noch überhaupt keine Erfahrung zu haben. Und da kommt leider auch niemand um die Ecke, um es ihnen zu zeigen. Ein Team mit Eigenverantwortung nimmt sich der Aufgabe an und wird selbst herausfinden, wie die Technologie funktioniert und wie es schnell erste Ergebnisse liefern kann.

In der Realität hören wir Teams dabei oft von so was wie »Sprint null« sprechen, oder es werden »Vorbereitungsphasen« für Projekte geplant. In einem echten und richtigen Scrum braucht es so etwas nicht. Sprint ist Sprint und möchte geliefert werden.

Debriefing-Tipps

Stell den Teilnehmenden zur Reflexion folgende Fragen:

- »Was war herausfordernd während des Spiels?«
- »Welche Erkenntnisse habt ihr durch das Spiel gewonnen?«
- »Was hat gut funktioniert?«
- »Wie habt ihr ein funktionierendes System für eure Zusammenarbeit gefunden?«
- »Was hat sich eingespielt?«
- »Was ist euch über empirische Prozesssteuerung klar geworden?«

Zwecke im Detail

Empirische Prozesssteuerung: Durch die Auswertung der Ergebnisse (Review) und die Reflexion (Retrospektive) am Ende jeder Runde wird die empirische Prozesssteuerung etabliert. Die Teilnehmenden verbessern durch die konkrete Erfahrung ihre Vorgehensweise.

Iterativ und inkrementell: Das Spiel ist rundenbasiert und wird in Sprints unterteilt. Dadurch hat es einen iterativen Charakter. Der inkrementelle Aspekt wird in dieser Simulation nicht abgebildet, da kein wachsendes Produkt gebaut wird, sondern immer nur einzelne Features fertiggestellt werden.

Scrum: Diese Simulation beinhaltet alle Scrum-Events bis auf das Daily-Scrum-Meeting. Der agile Ablauf steht hier im Vordergrund. Die Scrum-Artefakte wie Product Backlog, Sprint Backlog und Inkrement werden nicht adäquat abgebildet.

Selbstorganisation: Das Team muss selbst entscheiden, wie es die zu erledigende Arbeit in einen auslieferungsfähigen Zustand transformiert.

Quelle

Richard Kasperowski hat das Spiel als Onlinealternative zum »Ball Point Game« (siehe Seite 223) erfunden [KASPEROWSKI].

ScrumTale

Typ: umfangreiche Simulation des Scrum-Frameworks

Zwecke: crossfunktionale Teams, empirische Prozesssteuerung, iterativ und inkrementell, Product Vision, Push-versus-Pull-Prinzip, Reflexion, Scrum, Selbstorganisation, Servant Leadership, Teambuilding, Teamwork

Medium: online und offline

Niveau: benötigt Scrum-Erfahrung, ein sehr gutes Verständnis der Scrum-Prinzipien und -Praktiken sowie die Fähigkeit, größere Gruppen zu moderieren

Gruppengröße: zwischen 5 und 17 Personen (1 bis 2 Scrum-Teams)

Dauer: kann von einer kurzen, einstündigen Simulation bis hin zu einem Ganztagsworkshop gespielt werden

Learning Objectives

Scrum als komplette Simulation und die grundlegenden Prinzipien wie empirische Prozesssteuerung erleben.

ScrumTale ist eine sehr schöne Alternative zum LEGO® City Game, wenn du nicht so viel Material rumschleppen möchtest oder das Ganze online veranstaltest.

Benötigtes Material

Ausgabe des »ScrumTale Simulation Game« [SCRUMTALE].

Unbezahlter Werbeblock

Tatsächlich wollen wir dieses Spiel hier ins Rennen bringen (wenn auch nicht detailliert beschreiben), weil es uns wirklich als Onlinealternative zum LEGO® City Game überzeugt hat. Alle Learning Objectives können erreicht werden, und es ist thematisch so nah am Bücherschreiben dran, dass Marc es unbedingt in unserem eigenen Buch erwähnen muss.

ScrumTale ist als kompletter Workshop designt. Ein oder zwei Teams arbeiten daran, Kriminalgeschichten zu schreiben, die in einem Buch veröffentlicht werden und entsprechend miteinander konsistent geschrieben sein müssen. Es werden von der Produktvision und der Zielgruppendefinition über die Rollen in Scrum sowie die Teamfindung bis in die Tiefen der Produktdefinition, der Umsetzung und der Integration sämtliche Aspekte simuliert, die in einer echten Scrum-Umgebung auch vorkommen.

Gerade die Herausforderung des Geschichtenschreibens bringt immer wieder Menschen zur Aussage: »Nein, das kann ich aber gar nicht.« Und damit hast du, wie in einem echten Team, eine sehr realistische Teamzusammensetzung. Die Teammitglieder müssen crossfunktional zusammenarbeiten, um ein lieferbares Ergebnis zu erreichen.

Wir werden an dieser Stelle nicht weiter in die Mechanik der Simulation abtauchen. Das Spiel muss kommerziell erworben werden, um alle Materialien nutzen zu können. Wenn du regelmäßig Scrum-Trainings anbietest, lohnt sich auf jeden Fall ein Blick auf [SCRUMTALE].

Björn Jensen hat das Spiel offiziell ins Deutsche übersetzt und bietet immer wieder »ScrumTale Facilitation Workshops« sowie kurze Onlinesessions an, bei denen man das Spiel kennenlernen kann [SCRUMTALE-JUK].

Ende des Werbeblocks. Ist halt kein öffentlich-rechtliches Buch hier ;-)

Zwecke im Detail

Die Zwecke dieser Simulation entsprechen den Zwecken des »Scrum LEGO® City Game« (siehe Seite 195). Wir überlassen dir gern die Transferarbeit, die Zwecke abzugleichen, falls du ScrumTale erwirbst und es professionell einsetzt.

Quelle

Björn Jensen hat uns auf das Spiel aufmerksam gemacht. Entwickelt wurde es von Przemyslaw Witka und Lech Wypychowski, siehe [SCRUMTALE] und [SCRUMTALE-JUK].

KAPITEL 10
Social Dynamics und Kommunikation

Spiele in diesem Kapitel:
- Ja, genau!
- Schwebholz
- Blind Zählen
- Menschlicher Knoten
- E.W.A.N. McGregor
- Fearless Journey
- Story Telling in Circles
- Rhetoric
- Chinese Whispers
- Spaceteam
- Shower of Appreciation
- SIN Obelisk
- ToiletTrolls
- Side-Switcher
- Coop-Maze
- Magic Maze
- Fang-Schuh

»Spiel ist notwendig zur Führung eines menschlichen Lebens.«

– Thomas von Aquin (1224–1274)

Neben all den anwendbaren Praktiken und Methoden sind die sozialen, zwischenmenschlichen Aspekte in Teams und unter Kolleginnen und Kollegen ein entscheidender Erfolgsfaktor für eine gelingende agile Organisation. Die Interaktionen zwischen den beteiligten Individuen wollen so gelebt sein, dass Vertrauen wächst, Kommunikation gelingt, Anerkennung stattfindet und Teamgeist entsteht. Die Spiele in dieser Kategorie unterstützen dabei, die verschiedenen Aspekte des Teambuildings und der guten Zusammenarbeit in Teams weiterzuentwickeln.

Ja, genau!

Typ: positive Grundstimmung in der Kommunikation herstellen, Ideen finden

Zwecke: Energizer, Ideenfindung, Kreativität anregen, Opener, positive Stimmung, Spaß, vertrauensbildend

Medium: offline und online

Niveau: leicht

Gruppengröße: mindestens 2 Personen

Dauer: 5 bis 15 Minuten

Learning Objectives

Generieren neuer Ideen durch bedingungslose Annahme der Aussagen meines Gegenübers.

Vorbereitung

Die Teilnehmenden finden sich zu Paaren zusammen. Alternativ können sie einen Kreis bilden.

Online schickst du die Paare in eigene Breakout-Räume. Für den Kreis einer größeren Gruppe kannst du einen »virtuellen Kreis« nutzen (siehe Abbildung 4-5 auf Seite 85).

Ablauf und Moderation

Zunächst musst du eine Fragestellung oder ein Thema festlegen, über das die Spielenden sprechen sollen. Du kannst entweder selbst etwas vorgeben, oder du überlässt es einfach den Mitwirkenden selbst, ein Thema zu wählen. Während eines Trainings oder beispielsweise einer Retrospektive zu einem bestimmten Thema empfehlen wir Ersteres.

Person A beginnt mit einer ersten Aussage, die ihr in den Sinn kommt. Person B antwortet mit freudigem Enthusiasmus: »Ja, genau!« und hängt direkt ihre eigene Assoziation, Idee, Aussage, Erweiterung usw. an. Die nächste Person antwortet nun ebenso enthusiastisch mit »Ja, genau!« und erweitert die Aussage wiederum mit ihrer Idee dazu. Dieses Spiel geht nun reihum weiter.

Gute Ideen werden schriftlich festgehalten.

Das Spiel geht so lange, bis genug Ideen entstanden sind.

Nachbereitung

Die gefundenen Ideen können nun sortiert, geclustert, bewertet usw. werden.

Hinweise

Wie beim Improvisationstheater geht es bei dieser Methode darum, sein Gegenüber gut dastehen zu lassen. Alle Aussagen werden positiv entgegengenommen und nicht verbessert oder kritisiert.

Stolperfallen

Nach jedem »Ja, genau!« sollte ein »und« folgen mit der eigenen Aussage. Viele Menschen sind auf die »Ja, aber«-Sprache konditioniert. Legt deshalb bei der Anmoderation besonderen Wert darauf, dass alle »Ja, genau! Und ...« antwortet.

Zwecke im Detail

Energizer: Diese Übung kannst du super leicht als schnellen Energizer zwischendurch einsetzen. Sie lockert auf und bringt die Teilnehmenden zum Lachen.

Ideenfindung: Durch die permanente Zustimmung und Bejahung des bislang Geäußerten entstehen immer neue, teilweise wildere Ideen. Die Teilnehmenden assoziieren Ideen und bringen sie ein.

Kreativität anregen: Die offene Atmosphäre dieser Übung stärkt die kreativen Adern bei den Teilnehmenden. Die Assoziationen erweitern sich im Verlauf der Übung und werden gewagter.

Opener: Diese Übung kannst du ebenso auch zur Eröffnung eines Workshops oder Trainings einsetzen. Gerade wenn sich die Teilnehmenden bereits kennen, bietet sie sich gut an.

Positive Stimmung: Die bejahende Grundhaltung dieser Übung sorgt für ein positives Gefühl bei den Teilnehmenden.

Spaß: Die kreativen Ideen sind teilweise so verrückt, dass die Teilnehmenden lachen müssen. Es entsteht in den meisten Fällen sehr viel Spaß bei dieser Übung.

Vertrauensbildend: Zumindest die beiden Teilnehmenden eines Paars vertiefen ihr Vertrauen zueinander. Daher bietet sich diese Übung als eine von vielen kleinen Hebeln an, mit denen du das Vertrauen im Team immer wieder aufrechterhalten kannst.

Quelle

Von Marc erstmalig auf den XP-Days 2011 in Karlsruhe mit Nicole Rauch erlebt.

Australisches Schwebholz

Typ:	Teamwork und Kooperation
Zwecke:	Energizer, komplexe Systeme, Opener, Selbstorganisation, Teambuilding, Teamwork, vertrauensbildend
Medium:	offline
Niveau:	leicht
Gruppengröße:	6 bis 12 Personen
Dauer:	10 Minuten

Learning Objectives

Die Teilnehmenden lernen, dass echte Zusammenarbeit nur gelingt, wenn sich jede einzelne Person auf die anderen Teammitglieder einlässt.

Benötigtes Material

- Holzleiste
- Zollstock oder 2 Bogen Flipchartpapier

Ablauf und Moderation

Je sechs bis zwölf Personen stehen sich in zwei Reihen gegenüber und tragen mit den ausgestreckten Zeigefingern einer Hand eine zwei Meter lange, dünne, leichte Holzleiste (oder einen Zollstock oder zwei ganz eng gerollte, ineinandergesteckte Flipchartbogen). Aufgabe ist es, die Leiste auf den Boden zu legen. Keine Person darf dabei den Kontakt zum Holz verlieren.

Debriefing-Tipps

Stell den Teilnehmenden nach erfolgreicher Durchführung der Übung folgende Fragen:

- »Wie wurde die erfolgreiche Strategie gefunden?«
- »Welche Wirkung hatten Schuldzuweisungen?«
- »Was braucht(e) es zum Erfolg?«

Zwecke im Detail

Energizer: Diese Übung kannst du zwischendurch als kurzen Energizer nutzen. Die Teilnehmenden kommen in Bewegung und lernen sogar noch etwas über die anderen Zwecke.

Komplexe Systeme: Sobald du es mit einer sozialen Gruppe wie einem Team zu tun hast, entsteht ein komplexes System. An dieser Übung fasziniert, dass alle das gleiche Ziel verfolgen. Was anfänglich jedoch passiert, ist nicht vorhersagbar. Niemand der Teilnehmenden versteht, was genau das Problem und dessen Ursache ist. Erst im weiteren Verlauf bekommt die Gruppe ihr Verhalten in den Griff und findet gemeinsam eine Lösung.

Opener: Als Opener eignet sich diese Übung ebenfalls wunderbar.

Selbstorganisation: Die richtige Lösung für das Problem zu finden, ist die alleinige Aufgabe des Teams. Niemand gibt ihm von außen eine Lösung vor.

Teambuilding: Diese Übung ermöglicht einem Team eine gemeinsame, erfolgreiche Lösungsfindung. Gerade durch die genannte Komplexität ist das ein schönes Erfolgserlebnis, das für den Zusammenhalt des Teams wichtig ist.

Teamwork: Das Team erlebt in dieser Übung, dass es in der Lage ist, gemeinsam eine Lösung zu finden.

Vertrauensbildend: Durch den gemeinsamen Erfolg im Team kann diese kleine Übung für gesteigertes Vertrauen im Team sorgen.

Quelle

Von Marc bei der Play4Agile 2011 in Rückersbach kennengelernt durch Erich Ziegler (siehe auch [ZIEGLER]).

Die Übung selbst ist schon so alt, dass du uns zu Recht fragen darfst, ob wir sie noch alle beieinander haben. Ja, haben wir. Auch wenn das Schwebholz schon einige Jahrzehnte auf dem Kerbholz hat, wachsen jedes Jahr neue Generationen heran, die aus großen Augen ganz verblüfft dreinschauen, wenn sie es zum ersten Mal erleben. Und genau deswegen hat es für uns als Klassiker seine ganz klare Berechtigung.

Blind Zählen

Typ: Teamwork und Kooperation

Zwecke: komplexe Systeme, Selbstorganisation, Teambuilding, vertrauensbildend

Medium: offline und online

Niveau: leicht

Gruppengröße: mindestens 4 Personen

Dauer: 5 Minuten

Learning Objectives

Die Teilnehmenden lernen, sich aufeinander einzustimmen. Aufmerksamkeit, Einfühlungsvermögen und Achtsamkeit sind notwendig, um das Spiel erfolgreich in den Fluss zu bekommen.

Ablauf und Moderation

Die Gruppe steht im Kreis. Eine beliebige Person sagt »eins«, eine andere – ganz unsystematisch, ohne dass es Absprachen gibt – sagt »zwei« usw., bis 20 erreicht ist.

Sagen zwei Personen gleichzeitig eine Zahl, beginnt das Zählen von vorn.

In der Onlinevariante benötigst du nur eine Audiokonferenz, besser aber eine Videokonferenz. Spiele selbst nicht mit und konzentriere dich ganz auf die Gruppe, sodass du sofort unterbrechen kannst, wenn zwei Personen gleichzeitig sprechen.

Eine erweiterte Runde kannst du blind spielen lassen. Offline schließen alle dafür einfach die Augen. Online werden die Kameras ausgeschaltet und/oder die Augen geschlossen.

Hinweise

Die Gruppe wird einige Male scheitern, bis auf einmal wie durch ein Wunder ein Durchbruch erzielt wird und das Zählen gelingt. Es kann eine Weile dauern, bis die Gruppe in der Lage ist, die 20 erstmalig zu erreichen.

Debriefing-Tipps

Nach erfolgreichem Zählen kannst du folgende Fragen stellen:

- »Wie ging es euch während dieser Übung?«
- »Was hat sich verändert?«
- »Was hat es für den Erfolg gebraucht?«

Zwecke im Detail

Komplexe Systeme: Die Übung zeigt deutlich die Komplexität menschlicher Systeme. Niemand kann von vornherein sagen, wie die Aufgabe gelöst werden wird, wie viele Runden dies dauert und wer wann welche Zahl nennen wird. Wir verhalten uns stets nicht deterministisch, und damit befinden wir uns als soziales System immer im komplexen Bereich.

Selbstorganisation: Die Teilnehmenden müssen ganz allein herausfinden, wie sie sich organisieren, um die Aufgabe zu lösen. Es gibt keine außenstehende Person, die hier helfend eingreift.

Teambuilding: Diese Übung schweißt ein Team zusammen, weil es auf schwer erklärbare magische Art und Weise die Aufgabe lösen kann.

Vertrauensbildend: Die kaum erklärbare magische Art, auf die diese Aufgabe irgendwann plötzlich lösbar wird, hat eine stark verbindende Wirkung auf die Teilnehmenden. Sie stellen fest, dass sie gemeinsam etwas Großes geschafft haben, ohne einen rationalen Plan dafür äußern zu können. Diese Erfahrung wirkt sich positiv auf das Vertrauen im Team aus.

Quelle

Von Marc vor vielen Jahren auf einem der XP-Days kennengelernt.

Erich Ziegler hat in seinem Buch [ZIEGLER] eine ähnliche Variante unter dem Namen »Einmal 20 und zurück« beschrieben.

Menschlicher Knoten

Typ: Selbstorganisation und Teamwork

Zwecke: Selbstorganisation

Medium: offline

Niveau: auch für Anfänger geeignet. Du solltest sicher darin sein, eine große Gruppe anleiten zu können. Da außer einem stabilen Stuhl keinerlei Materialien benötigt werden, ist es gut geeignet, um »aus dem Hut gezaubert zu werden«.

Gruppengröße: mindestens 10, je mehr, desto besser (nach oben existiert praktisch keine Grenze)

Dauer: 5 Minuten Erklärung und Set-up, danach eine Runde von 5 Minuten, danach eine Runde von meist zwischen 3 und 5 Minuten, je nach Gruppengröße und Engagement

Learning Objectives

Die Teilnehmenden lernen hier am eigenen Leib, dass Selbstorganisation bei lokalen Problemen viel mächtiger ist als fremdgesteuertes Handeln.

Benötigtes Material

Wenn möglich ein Stuhl, auf dem man stehen kann (keinesfalls ein Drehstuhl!). Sonst braucht es nichts außer Platz.

Vorbereitung

Um das Spiel durchführen zu können, benötigt die Gruppe einen freien Raum. Es sollten also alle Stühle, Tische oder andere Hindernisse an die Wände geräumt werden. Du kannst die Gruppe bitten, dies selbst zu erledigen.

Ablauf und Moderation

In deiner moderierenden Rolle erklärst du, dass die Gruppe zunächst einen Knoten bilden wird. Es wird dann in zwei Runden versucht, ihn zu lösen. Für die erste Runde wird eine freiwillige Person für die Managementrolle benötigt. Je nach Stimmung der Gruppe kannst du hier zur Auflockerung auch Fragen einbauen wie: »Wer von euch ist PMI-zertifiziert? Jemand Prince2 oder Six-Sigma? Ihr seid prädestiniert für den Managementjob.« Ist die Managementrolle besetzt, erklärst du die Aufgabe.

Alle Teilnehmenden außer der Managerin sollen sich in einem großen Kreis aufstellen und dabei nach innen schauen. Dann heben alle beide Arme auf Schulterhöhe nach vorne und laufen langsam auf die Mitte zu. Jeder soll dann, in der Mitte angekommen, mit jeder Hand jeweils die Hand einer anderen Person greifen. Bitte weise darauf hin, dass dabei die Hände zweier verschiedener Personen erfasst werden müssen. Hat jeder seine Partnerhände gefunden, ist ein großes menschliches Knäuel in der Mitte des Raums entstanden. Aufgabe der Managerin ist es nun, diesen Knoten zu lösen.

In der ersten Runde gelten folgende Regeln: Es ist nicht erlaubt, loszulassen. Niemand darf etwas Aktives tun, was ihr oder ihm nicht direkt vom Manager gesagt wurde. Anweisungen vom Manager können z. B. sein: »Hannah, kannst du bitte unter den Armen von Kimmi und Roman auf die andere Seite wechseln? Jetzt dreh dich mal so, dass sich deine Arme nicht mehr überkreuzen. Thomas, du musst jetzt über Hannahs Hand steigen.« Du siehst, das Ganze wird extrem kleinteilig und ist für den Manager kaum zu überblicken. Kann eine Person die vom Manager geforderte Aktion nicht durchführen, kann das kommuniziert werden. Wer nicht vom Manager angesprochen wird, soll bitte schweigen, um diesem seine Aufgabe nicht zu erschweren.

In aller Regel (und je nach Gruppengröße) wird die arme Managerin nach fünf Minuten den Knoten nicht gelöst haben. Du erlöst sie nun und bittest alle Teilnehmenden, so stehen zu bleiben. Sollte der Knoten fast gelöst sein oder alle eine kurze Pause benötigen, kannst du auch das Bilden eines neuen Knotens anleiten. Du startest die zweite Runde also auf jeden Fall mit einer vergleichbaren Situation wie die erste Runde. In der zweiten Runde gelten nun aber andere Regeln. Es gibt keine Managerin mehr, und es kann frei kommuniziert werden. Nur Loslassen ist nach wie vor verboten.

Die Teilnehmenden werden nun in vergleichbar sehr kurzer Zeit den Knoten lösen und nach wenigen Minuten in einem großen Kreis dastehen; sich alle an den Händen haltend.

Nachbereitung

Nachdem sich die Gruppe beruhigt hat, kannst du Fragen stellen. »Was hat sich besser angefühlt? Was war effektiver? Wer hat in Runde zwei kurz losgelassen?«

Die Erkenntnis des Spiels dürfte den meisten Teilnehmenden bereits klar sein. Die selbst organisierte Lösung ist sehr viel schneller, effektiver und angenehmer für alle Beteiligten. Zudem werden lokale Lösungen gefunden, die der arme Manager niemals hätte finden können. Er stand immer außerhalb des Systems, das er zu kontrollieren versuchte. Die Teile des Systems wissen sehr viel genauer, wie sie es verbessern können.

Auch ist in Runde eins jeweils nur ein geringer Anteil aller Beteiligten aktiv daran beteiligt, das Problem zu lösen. Die meisten Menschen stehen nur (unbequem) rum und warten auf Anweisungen. In Runde zwei arbeiten alle gleichzeitig. In Runde eins wurde nur gerichtet kommuniziert, in Runde zwei wird viel mehr gesprochen.

Und es wird lokal verhandelt. Dinge wie »Magst du kurz loslassen, damit ich nicht über deine Arme steigen muss?« sind plötzlich möglich. Und diese kleinen, lokalen Absprachen werden das Gefühl der Teilnehmenden nicht beeinträchtigen, das gewünschte Ergebnis im Rahmen der Regeln erreicht zu haben.

Hinweise

- Auch in diesem Spiel ist Anfassen notwendig. Bitte fragt die Teilnehmenden vorher, ob das für alle okay ist.
- Die Managementrolle ist exponiert. Du solltest diese Person, die sich freiwillig gemeldet hat, auf jeden Fall hinterher wieder aufbauen. Es ist nicht Ziel dieses Spiels, das Management per se herunterzumachen.

Debriefing-Tipps

Achtet in Runde zwei genau darauf, ob an einzelnen Stellen losgelassen wurde. Fragt aktiv nach, wie die Teilnehmenden diese Regelverletzung begründen und wie es sich für sie angefühlt hat. Sind alle der Meinung, dass das okay war? Ist das Anarchie?

Zwecke im Detail

Selbstorganisation: Die Teilnehmenden sind in der zweiten Runde komplett auf sich allein gestellt und in der Lage, den Knoten in kurzer Zeit selbst zu lösen. Die Selbstorganisation findet immer lokal in kleinen Gruppen benachbarter Personen statt.

Quelle

Das Spiel wurde vor vielen Jahren von Marc und Dennis unabhängig voneinander entdeckt.

Das Spiel ist auch unter dem Namen »Gordischer Knoten« bekannt. Etwas mehr Historie und Hintergründe finden sich auf der Wikipedia-Seite zum Spiel: *https://de.wikipedia.org/wiki/Gordischer_Knoten_(Spiel)*.

Exercise Without A Name – E.W.A.N. McGregor

Typ: Hindernisse und den »Elephant in the Room« identifizieren, sichtbar machen und überwinden

Zwecke: Impediments identifizieren und überwinden, Reflexion

Medium: offline

Niveau: Erfahrung in Moderation und Umgang mit Gruppen erforderlich

Gruppengröße: mindestens 4 Personen, idealerweise 10 bis 15, Maximum: so viele, wie in den vorhandenen Raum passen

Dauer: 20 bis 30 Minuten

Learning Objectives

Bereitschaft in einem Team erzeugen, schwierige Themen zu akzeptieren, darüber zu sprechen und Lösungen zu finden.

Benötigtes Material

- ein (möglichst kleiner) Raum
- Klebeband (Abdeckband für Markierungen auf dem Boden)
- viele Stühle oder andere Hindernisse
- Kamera

Vorbereitung

Keine Vorbereitung nötig, die Teilnehmenden werden den Raum in der ersten Spielphase selbst gestalten.

Ablauf und Moderation

In diesem Spiel führen die Teilnehmenden aus Sicht der Beobachtenden sehr merkwürdige Bewegungsabläufe durch, die offensichtlich durch nicht sichtbare Dinge behindert werden. Das Ziel ist dabei, diese nicht sichtbaren Dinge transparent zu machen, um sie reflektieren und beseitigen zu können. Die Teilnehmenden sollen spüren, wie sich ein System anfühlt, in dem sich ein »Elephant in the Room« befindet.

1. Wähle ein oder zwei Personen für die Rolle der »Beobachtung« und bitte diese, den Raum zu verlassen. (Es sollte sich um Personen handeln, denen vom Team ein gewisses Vertrauen entgegengebracht wird.)
Wähle eine Person für die Rolle der »Dokumentation«, die während Schritt 3 Fotos macht.

2. Bitte die Teilnehmenden, ein riesiges Hindernis in der Mitte des Raums aufzubauen, z. B. durch einen Stapel von Stühlen. Vermeide es, dieses Hindernis »Elefant« zu nennen.
3. Falls das Hindernis nicht nahe genug an die Wände des Raums heranreicht, kommt das Klebeband zum Einsatz. Klebe einfach einen engen Raum mit dem Klebeband um das Hindernis herum ab. Der Spielbereich befindet sich dann innerhalb der abgeklebten Fläche.
   Du kannst die Stühle neu arrangieren, falls das notwendig ist, um den Weg um das Hindernis herum schwieriger und komplizierter zu machen. Die »Dokumentation« soll nun ein paar Bilder vom aufgebauten Hindernis schießen.
4. Lass die Teilnehmenden sich innerhalb des Spielbereichs verteilen.
5. Nun sollen die Teilnehmenden zwei oder drei Aktivitäten durchlaufen, sodass sie sich um das Hindernis bewegen und einen neuen Platz einnehmen müssen. Es sollten Aktivitäten sein, bei denen alle Personen an derselben Stelle stehen möchten. Sag den Teilnehmenden, dass sie ihre Positionen, Bewegungen und Schritte genau beobachten und sich einprägen sollen. Beispiele für Aktivitäten:
   - Eine Person lädt die anderen dazu ein, sich etwas an ihrer Position anzuschauen (»Schaut euch bitte mal diesen Code hier an!«). Die anderen müssen möglichst nah an ihre Position gelangen und am besten noch die gleiche Blickrichtung einnehmen.
   - Eine andere Person ruft die anderen zu sich (»Mittagessen ist fertig!«).
   - Optional: eine weitere Aktivität.
6. Entferne jetzt alle Stühle bzw. das gesamte aufgebaute Hindernis. (Überlege vorher, was mit den Stühlen passieren kann, falls der Raum klein ist.) Das Klebeband bleibt als äußerer Rahmen des Systems auf dem Boden. Bitte die Teilnehmenden, sich auf ihre Startposition aus Schritt 4 zu begeben und sich darauf vorzubereiten, die gleichen Bewegungen durchzuführen wie in Schritt 5.
7. Hole die »Beobachtung« zurück in den Raum.
8. Ohne der »Beobachtung« etwas zu erklären, wiederholen die Teilnehmenden die Bewegungen aus Schritt 5.

Jetzt wird es komisch – was ist hier los?

9. Frage die »Beobachtung« nach ihren Erkenntnissen. Zeige noch nicht die Bilder aus Schritt 3.
   - »Was möchtet ihr uns fragen?«
   - »Welchen Rat möchtet ihr uns geben?«
10. Bitte die »Beobachtung«, an den Bewegungen des Teams teilzunehmen. Zeige der »Beobachtung«, »wie die Dinge hier gemacht werden«. Das Team wird die »Beobachtung« wahrscheinlich darauf hinweisen, welche »falschen« Stellen sie nicht betreten dürfen, um nicht verletzt zu werden. Die Kernaussage ist hier: »Dies ist die Art und Weise, wie wir hier arbeiten.«

11. Frage die »Beobachtung« nach ihren Beobachtungen. Falls sie völlig ratlos ist, wiederhole die Bewegungen (Schritt 8) und frage sie erneut (Schritte 9 und 10).
12. Zeige der »Beobachtung« mit den Bildern aus Schritt 3, was die Teilnehmenden »sehen«.

Bringe die Leute in den Beobachtungsmodus:

13. Gehe in deiner distanzierten, moderierenden Rolle nun direkt durch das Hindernis. Fordere alle auf, zu dir in die Mitte zu kommen. Das könnte sich durchaus merkwürdig und angespannt anfühlen. Frage die Beteiligten: »Wie fühlt sich das an, hier zu stehen?« und warte auf ihre Antworten.
14. Bitte alle, sich für das Debriefing hinzusetzen und einen Kreis zu bilden.
15. Beispielfragen für das Debriefing:
    - »Wie hat es sich angefühlt, als die »Beobachtung« durch das Hindernis gelaufen ist?«
    - »Wie hat es sich angefühlt, als ich in meiner moderierenden Rolle bzw. andere Personen durch das Hindernis gelaufen sind?«
    - »Was ist passiert, als die »Beobachtung« uns aufgefordert hat, durch das Hindernis zu laufen?«
    - »Was ist passiert, als die »Beobachtung« sich uns angeschlossen hat?«
    - »Was war die Rolle der Dokumentation?«

Verbindung mit der Realität im Arbeitsalltag herstellen:

16. Erkläre der Gruppe, aus welchem Grund du sie hast diese Übung machen lassen: »Ich habe beobachtet, wie wir arbeiten, und ich habe das Gefühl, dass es etwas gibt, über das wir nicht sprechen, das uns jedoch bei unserer Arbeit behindert.«
    - »Über was reden wir nicht?« Gib der Gruppe Zeit zu reflektieren.
    - Falls es unbequem/unangenehm wird, stell die Frage: »Was geschieht hier jetzt im Augenblick gerade?«
    - Lege den Fokus weiterhin auf das Team und deren Prozess. Achte darauf, dass die Situation nicht durch einzelne Personen im Team aufgelöst wird. Dies kann z. B. dadurch passieren, dass ein einzelnes Teammitglied für sich selbst eine Maßnahme vorschlägt und alle anderen meinen, nun aus dem Schneider zu sein. Gemeinsame Problemlösung ist hier das Ziel, ein einzelnes Teammitglied sollte nicht die alleinige Verantwortung übernehmen.
17. Falls an dieser Stelle Konflikte im Team sichtbar werden, beschäftige dich im Nachgang mit der Frage, wie du diese Konflikte gut adressieren und mit dem Team auflösen kannst. Ideen und Ressourcen dazu findest du auf lösungsfokussierte Weise in [JUNGWIRTH, MIARKA].

18. Bitte das Team, zum Abschluss noch mal in die Mitte zu kommen, wo sich das Hindernis befand.
    - Frage: »Wie fühlt es sich jetzt an, hier zu stehen?«
    - Mögliche weitere Fragen: »Was ist von hier aus jetzt möglich?« und »Welche Ziele möchtet IHR als Team erreichen?«

Nachbereitung

Bring den Raum mit den Teilnehmenden wieder in Ordnung.

Debriefing-Tipps

Stell die echten Fragen nach dem Aha-Moment:

- »Ist da ein Elefant im Raum?«
- »Haben wir selbst einen Elefanten?«
- »Was genau ist unser Elefant?«

Die Antworten auf diese Fragen können auch aufgeschrieben werden, ohne sie mit der Gruppe teilen zu müssen. Dies empfiehlt sich, wenn du spürst, dass ein schwerer Konflikt vorliegt oder die Machtverhältnisse unter den Beteiligten eine offene Aussprache verhindern.

Ein möglicher nächster Schritt, das eigene Hindernis im Team weiterzubearbeiten, findest du im folgenden Spiel in diesem Buch: »Fearless Journey (Seite 276)«.

Zwecke im Detail

Impediments identifizieren und überwinden: Diese Übung dient genau dazu, ein unsichtbares, aber allseits bekanntes Hindernis (»Elephant in the Room«) sichtbar zu machen und infrage zu stellen. Ziel dabei ist immer, dieses Hindernis mit geeigneten Maßnahmen aus dem Weg zu schaffen.

Reflexion: Die Reflexion in dieser Übung zielt darauf ab, das Hindernis zu verstehen, um die geeigneten Maßnahmen für seine Beseitigung identifizieren zu können.

Quelle

Von Marc kennengelernt auf dem Agile Coach Camp Germany 2012 durch Thorsten Kalnin.

Das Spiel wurde während des Agile Coach Camp Netherlands 2012 von Thorsten Kalnin, Silvana Wasitowa, Deborah Hartmann-Preuß und einigen anderen entworfen. Die ursprüngliche englische Beschreibung findet sich unter [WASITOVA-EWAN].

Fearless Journey

Typ: Strategien finden zur Beseitigung von Impediments aus dem echten Arbeitsumfeld

Zwecke: Ideenfindung, Impediments identifizieren und überwinden, Reflexion

Medium: offline und online

Niveau: leicht zu moderieren, Kenntnisse über die Patterns aus dem Buch »Fearless Change« [MANNS, RISING] sollten vorhanden sein

Gruppengröße: bis zu 6 Personen

Dauer: 30 bis 60 Minuten

Learning Objectives

Das Team lernt neue Vorgehensweisen kennen, gewinnt Zuversicht, dass sein Ziel erreichbar ist, lernt, gemeinsam zu guten Entscheidungen zu kommen, und entwickelt Zusammenarbeit und Wertschätzung.

Benötigtes Material

Du benötigst 40 kleine, leere Karteikarten im Format DIN A8. Lade außerdem die Wegekarten, die Start- und Zielkarten sowie die Strategiekarten online unter *https://fearlessjourney.info/* herunter. Drucke sie aus, wenn möglich auf festerem Papier, und schneide sie entsprechend in einzelne Karten.

Das Spiel selbst gibt es nur auf Englisch. Die Strategiekarten sind mittlerweile in mehreren Sprachen verfügbar. Sie bestehen aus den 48 Change Patterns aus dem Buch »Fearless Change«. Abbildung 10-1 zeigt beispielhaft drei Strategiekarten.

Abbildung 10-1: Beispiele für Strategiekarten aus »Fearless Journey«

Für die Onlinevariante benötigst du ein virtuelles Whiteboard. Sabina Lammert hat das Spiel als Miro-Board umgesetzt, wie in Abbildung 10-2 zu sehen [LAMMERT].

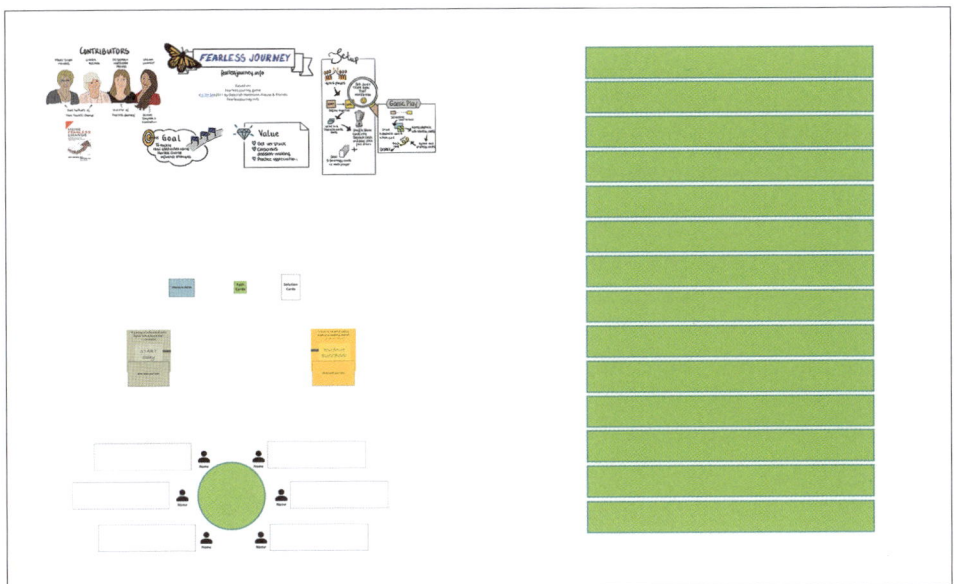

Abbildung 10-2:   Onlinevariante von Fearless Journey von Sabina Lammert

Vorbereitung

Stell einen Tisch für das Spiel bereit. Platziere Start und Ziel ca. 40 cm entfernt voneinander.

Alle Wegekarten werden gemischt und umgekehrt auf einen Stapel gelegt.

Auf den Hindernisstapel legst du zunächst 20 leere Karteikarten, die von den Teilnehmenden gleich konkretisiert werden.

Den Strategiestapel mischst du gut durch und platzierst ihn ebenfalls auf dem Tisch. Abbildung 10-3 zeigt den ungefähren Aufbau der Spielfläche mit den einzelnen Stapeln.

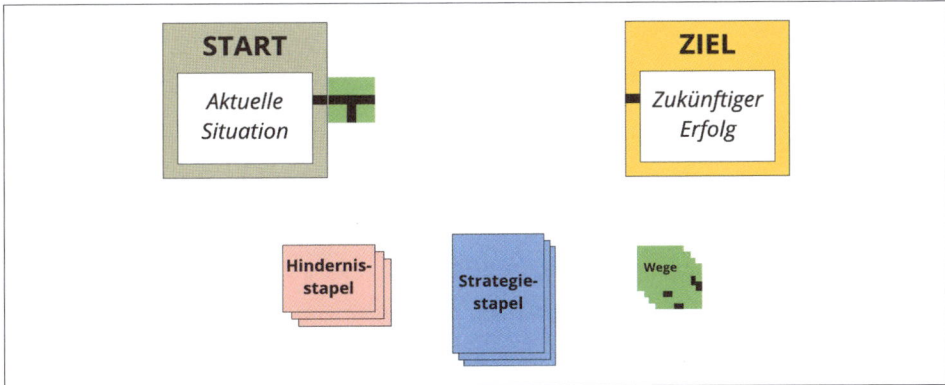

Abbildung 10-3:   Aufbau und Ablage der Karten auf dem Tisch

Ablauf und Moderation

Die Teilnehmenden finden in diesem Spiel konkrete Möglichkeiten, die Hindernisse in ihrer echten Arbeitssituation zu überwinden. Sie legen mit Karten einen Weg von ihrer aktuellen Situation zum gewünschten Ziel. Auf diesem Weg treffen sie auf Hindernisse, für die sie Lösungsstrategien finden und besprechen.

Findet das Ziel und die Hindernisse:

1. Das Ziel festlegen: Das Team einigt sich auf den Erfolg (ein großes Ziel) und auf den aktuellen Ausgangszustand und schreibt je eine Karteikarte dafür. Lege Start- und Zielkarte ca. 40 cm entfernt voneinander ab.
2. Hindernisstapel: Die Teilnehmenden notieren auf 20 Karteikarten je ein konkretes Hindernis aus dem Arbeitsalltag, das den Weg zum Ziel blockieren könnte. Mische die 20 leeren und die beschriebenen Hinderniskarten und platziere den Stapel mit der Schriftseite nach unten auf dem Tisch.
3. Strategiestapel: Gib jeder Spielerin und jedem Spieler fünf Strategiekarten und platziere auch hier die restlichen Karten mit der Schriftseite nach unten auf dem Tisch.
   »Macht euch bitte mit den Strategien, die ihr auf der Hand habt, vertraut. Ich gebe euch dafür ein paar Minuten Zeit.« Prüfe nach drei bis fünf Minuten, wie weit die Spielenden sind. Beantworte bei Bedarf Fragen zu den Strategien. Wichtig ist zu diesem Zeitpunkt, dass die einzelnen Personen mit den eigenen Strategien vertraut sind. Eine Besprechung im gesamten Team erfolgt später genau dann, wenn eine dieser Strategien als mögliche Lösung »ins Spiel« gebracht wird.

Bau einen Pfad vom Start zum Ziel:

1. Die erste Person zieht eine Wegekarte und legt diese an einen nicht blockierten Pfad (das heißt an eine Wegekarte, deren ausgehender Weg nicht durch eine Hinderniskarte gesperrt ist).
2. Dann zieht sie eine Hinderniskarte vom Stapel. Wenn diese leer ist, endet ihr Zug. Wenn sie ein Hindernis beschreibt, liest sie dieses laut vor und legt die Karte an ihre gerade platzierte Wegekarte. Dieser Weg ist damit blockiert, bis die Blockade aufgelöst wird.
3. Jetzt kann das Team eine oder mehrere Strategien, die auf den Strategiekarten beschrieben sind, einsetzen, um ein Hindernis zu entfernen: Jede Person kann eine Strategie, die auf einer eigenen Karte beschrieben wird, vorschlagen. Das Team diskutiert darüber und entscheidet. Wenn es kein Veto gibt, werden das Hindernis und die Strategiekarte zur Seite gelegt.
4. Die aktive Spielerin bedankt sich bei allen, die eine Strategie beigetragen haben, mit einer Strategiekarte von sich. Sie gibt die Karten aus ihrer Hand also an die anderen Mitwirkenden weiter. Sie füllt ihre Strategiekarten vom Stapel wieder auf.
5. »Nehmt euch wieder kurz Zeit, die neuen Strategiekarten in Ruhe zu lesen.« Das Spiel geht links von der aktuellen Spielerin weiter.

6. Das Spiel endet, wenn Ausgangszustand und Ziel durch Wegekarten verbunden sind oder das Team eine klare Idee dazu bekommen hat, wie es die ersten Hindernisse aus dem Weg räumen kann. Frage hier ruhig das Team: »Reichen euch die bislang identifizierten Strategien? Braucht es noch mehr, um das große Ziel mit Zuversicht zu erreichen?« Hier ist manchmal weniger durchaus mehr. Es hilft nicht, eine Liste von 20 Strategien auf der Team-To-do-Liste zu haben, von denen dann keine umgesetzt wird – lieber auf wenige oder sogar nur eine Strategie fokussieren und diese tatsächlich abschließen und dafür zügig die nächste Runde Fearless Journey mit dem Team spielen, um die dann vielleicht ganz neuen Herausforderungen zu adressieren.
7. Am Spielende werden das Spiel und die Erkenntnisse reflektiert. Die Teilnehmenden sehen auf der Spielfläche: Es ist ein Weg vom Ausgangszustand zum bzw. in Richtung Ziel entstanden. Dabei wurden gemeinsam Hindernisse durch mögliche Strategien aus dem Weg geräumt.

Hinweise

- Ziel: »Peilt ein Ziel an, das ein Lächeln bei den Menschen hervorruft. Nicht 50 % Fehlerreduzierung, sondern: Die Kunden reißen sich um unser Produkt!«
- Vor der ersten Runde: »Startet mit einem ›T-Wegestück‹, um nicht schon in der ersten Runde blockiert zu sein.«
- Stellen die Teilnehmenden Fragen, oder bemängeln sie fehlende Regeln? Antworte mit: »Fragt euch, was im realen Leben passieren würde.« Die Spielenden sollen selbst denken und kreative Lösungen finden.
- Zurück in der Realität: »Legt mit den Spielideen Aktionen fest und plant!«

Debriefing-Tipps

- »Was hat bei dem Spiel Spaß gemacht?«
- »Was war schwierig? Was war leicht? Was hat dich überrascht?«
- »Wie schwer war es, einen Konsens zu erreichen?«
- »Wer hat welche Rolle in der Entscheidungsfindung übernommen?«
- »Wo sind Unterschiede zum üblichen Entscheidungsprozess zu erkennen?«
- »Was wird sich an eurer Arbeit ändern?«
- »Wie geht es dir in Bezug auf das Ziel?«

Zwecke im Detail

Ideenfindung: Dieses Spiel hilft den Teilnehmenden durch die vielen Change Patterns, Ideen zur Beseitigung der eigenen Hindernisse zu finden.

Impediments identifizieren und überwinden: Zu Beginn dieses Spiels müssen die Beteiligten ihre Hindernisse aufschreiben. Auch während des Spiels werden die

Teilnehmenden Hindernisse finden, die einem Change Pattern in der eigenen Organisation im Weg stehen. Diese Hindernisse zu überwinden, ist das Ziel des ganzen Spiels.

Reflexion: Dieses Spiel sorgt durch die Identifikation von Hindernissen und die Suche nach entsprechenden Gegenmaßnahmen dafür, dass die Teilnehmenden über ihre vorhandene Situation reflektieren.

Quelle

Alle Materialien und weitere Informationen zum Spiel sind auf *https://fearlessjourney.info/* zu finden.

Das Spiel wurde auf der Play4Agile 2011 von Deborah Hartmann-Preuss und Ilja Preuss entwickelt [HARTMANN-PREUSS]. Es basiert auf den Fearless Change Pattern von Mary Lynn Manns und Linda Rising aus ihrem gleichnamigen Buch [MANNS, RISING].

Das Miro-Template für die Onlinevariante wurde dankenswerterweise von Sabina Lammert gebaut [LAMMERT].

Story Telling in Circles
Typ: Austausch zu einem Thema in der Gruppe
Zwecke: Ideenfindung, Kreativität anregen
Medium: offline und online
Niveau: sehr leicht
Gruppengröße: beliebig
Dauer: 3 Minuten

Learning Objectives

Die Teilnehmenden lernen sehr schnell die Perspektiven aller anderen aus der Gruppe kennen.

Benötigtes Material

Keins.

Für die Onlinevariante nutzt du den »virtuellen Kreis« mit einem Conferencing-Tool.

Ablauf und Moderation

Stellt euch im Kreis auf. Gib der Gruppe nun eine konkrete, themenbezogene Frage vor (z. B. »Was habt ihr zum Thema XY gerade gelernt?« oder »Welche Erkenntnisse habt ihr aus der letzten Übung gewonnen?« oder »Was werdet ihr ab morgen/Montag im Team anders machen?«).

»Eine Person fängt nun an, eine Antwort in Form einer Geschichte dazu zu erzählen. Reihum wird die Geschichte fortgesetzt, bis wir genügend gute Antworten gefunden haben. Jedes Teammitglied kann ein bis drei Wörter ergänzen. Achtet darauf, dass sinnvolle und ganze Sätze entstehen. Los geht's.«

Alternativ zu einer themenbezogenen Frage kannst du das Spiel auch als *Connecting Game* ohne die Vorgabe eines Themas durchführen. Die Aufgabe ist dann, einfach eine beliebige freie Geschichte zu erzählen.

Stolperfallen

Achte darauf, das Spiel zu beenden, sobald die Energie aus der Gruppe verschwindet.

Du solltest im Vorfeld ein Gespür für die kreative Ader des Teams entwickeln. In seltenen Fällen hast du es mit einer Reihe extrem introvertierter, unkreativer Techniker zu tun, die noch nicht aus sich rausgehen können bei dieser Art von Spiel. In den meisten Fällen klappt es aber. Was immer funktioniert, ist, vorab alle Anwesenden zu fragen, ob sie lieber nur beobachten und damit inaktiv teilnehmen wollen.

Zwecke im Detail

Ideenfindung: Diese Übung bringt die Teilnehmenden nach und nach zu weiteren Ideen, die sie in eine Geschichte einbauen. Aus diesen genannten Ideen kannst du dann mit dem Team die besten und geeignetsten herauspicken.

Kreativität anregen: Durch das immer weitergetriebene Assoziieren werden kreative Kräfte freigesetzt. Die Teilnehmenden können wild herumspinnen und die verrücktesten Ideen produzieren, die unter »normalen Umständen« verborgen geblieben wären.

Quelle

Nicht mehr nachvollziehbar, wer dieses Spiel wann von wem gelernt hat. Eine ursprüngliche Quelle ist nicht bekannt.

Rhetoric – The Public Speaking Game

Typ: Präsentieren üben vor einer Gruppe von Menschen

Zwecke: Kommunikation, Präsentieren, Teambuilding, vertrauensbildend

Medium: offline und online

Niveau: leicht zu moderieren

Gruppengröße: bis zu 8 Personen, in frei moderierter Form auch größere Gruppen möglich

Dauer: nach Belieben

Learning Objectives

Die Teilnehmenden lernen, zu einem bis dahin unbekannten Thema spontan eine ein- oder zweiminütige Rede zu halten. Das Feedback aus der gesamten Gruppe hilft dabei, das eigene Auftreten zu verbessern.

Benötigtes Material

Entweder als Brettspiel oder als App für die gängigen mobilen Betriebssysteme unter dem Namen *Rhetoric – The Public Speaking Game* käuflich zu erwerben. Beide Varianten funktionieren hervorragend.

Auch für die Onlinevariante nutzt du einfach das Brettspiel oder die App. Eine Videokonferenz mit eingeschalteten Kameras ist zwingend notwendig.

Vorbereitung

Suche die Teilnehmenden zusammen und platziere sie so, dass auf einer Seite der Gruppe eine kleine »Bühne« bzw. einfach genügend Raum vorhanden ist, um eine spontane Rede zu halten.

In der Onlinevariante haben sowieso alle über ihr Kamerabild ihre eigene Bühne.

Ablauf und Moderation

Reihum ziehen die Teilnehmenden ein Thema und weitere Herausforderungen, die in die Rede integriert werden sollen. Dies kann beispielsweise sein, die Leute zum Lachen zu bringen, die Sinne anzusprechen, eine persönliche Geschichte zu erzählen, ein Zitat zu benutzen oder Ähnliches mehr.

Eine gezogene Herausforderung kann auch sein, dass das Publikum der vortragenden Person eine beliebige Frage stellen bzw. ein Thema vorgeben darf.

Eine weitere Herausforderung kommt auf die vortragende Person zu, wenn die gewünschte Struktur der Rede mit einem Würfel bestimmt wird. Diese kann von einer qualitativen Aufzählung verschiedener Themenaspekte über einen Pro-und-Kontra-Vergleich bis hin zum Abweichen vom eigentlichen Thema reichen.

Nachdem die Struktur, das Thema und die Herausforderung gezogen bzw. gewürfelt wurden, gibst du die Bühne frei. Die vortragende Person hat nun eine Minute Zeit, ihren Vortrag zu performen. Nach einer Minute gibst du ihr ein Zeichen, dass sie langsam zum Ende kommen soll.

Stolperfallen

Gern dürfen Teilnehmende ermutigt werden, sich der Herausforderung einer spontanen Rede zu stellen. Niemand sollte jedoch gezwungen werden, aktiv beim Spiel mitzumachen. Gerade wenn die Wahl des Themas persönlich unbequem wird, darf jede Person passen.

Debriefing-Tipps

Alle sind aufgerufen, der vortragenden Person Rückmeldungen zu geben. Es ist sehr hilfreich, wenn professionelle oder ausgebildete Rednerinnen anwesend sind. Die Beobachtungen der ganzen Gruppe sind für die vortragende Person jedoch wertvoll.

Feedback zu Körpersprache, sprachlicher Gewandtheit, Blickkontakt, Inhalt und Ausdruck ist nur ein Teil der möglichen Rückmeldungen. Oft werden Beobachtungen zur Struktur des Vortrags, zu Start und Ende, zur Spannungskurve und zu vielem mehr geäußert. Das Interessante dabei ist die Vielfalt an unterschiedlichen Rückmeldungen, da jede Person ihren individuellen Blickwinkel auf die vortragende Person hat. (Das schließt also die vortragende Person mit ein. Die eigene Wahrnehmung ist für die Reflexion nach dem eigenen Vortrag sehr wertvoll.)

Zwecke im Detail

Kommunikation: Dieses Spiel ist ein reines Kommunikationsspiel. Das Kommunizieren mit unterschiedlichen Absichten und in verschiedenen Formaten steht hier ganz klar im Vordergrund.

Präsentieren: Die Teilnehmenden üben in diesem Spiel das Präsentieren.

Teambuilding: Da sich die Teilnehmenden in diesem Spiel mutig öffnen müssen gegenüber dem Rest der Gruppe, hat die ganze Übung auch einen Teambuilding-Effekt.

Vertrauensbildend: Die offene Kommunikation und die Präsentation vor der Gruppe erzeugt ein tieferes Vertrauen innerhalb des Teams.

Quelle

Marc hat das Spiel auf einem der ersten Agile Coach Camps oder der ersten Play-4Agile von Silvana Wasitova kennengelernt.

Das Spiel selbst wurde von Florian Mueck und John Zimmer entwickelt und ist über *http://rhetoricgame.com/* zu erwerben [MUECK-ZIMMER].

Chinese Whispers – Stille Post

Typ: Effekte von Kommunikation in einer Kette

Zwecke: Kommunikation, Requirements

Medium: offline und online

Niveau: einfach

Gruppengröße: beliebig viele Personen

Dauer: ca. 10 Minuten, bei großen Gruppen entsprechend länger

Learning Objectives

Die Teilnehmenden lernen, wie sehr sich der Inhalt einer ursprünglichen Nachricht im Laufe der Zeit verändert, je mehr Nachrichtenvermittler sich in der Kommunikationskette befinden und den Inhalt weitergeben.

Benötigtes Material

Einen großen Raum, in dem sich alle Mitspielenden in einer Reihe hintereinander aufstellen können.

Ablauf und Moderation

»Stellt euch bitte in einer Reihe hintereinander auf, alle schauen dabei in die gleiche Richtung. Wenn euch die Person hinter euch auf die Schulter klopft, dreht ihr euch zu dieser Person um. Schaut genau zu und prägt euch ein, welchen Bewegungsablauf euch diese Person zeigt. Dreht euch dann wieder um. Eure Aufgabe ist es nun, der Person vor euch den gleichen Bewegungsablauf zu zeigen. So wird die Nachricht einmal komplett bis zur Person am Ende der Kette weitergegeben. Sprechen ist nicht erlaubt, wir werden die Übung in aller Stille durchlaufen. Ich werde die Nachricht nun der ersten Person in der Kette geben.«

Stell dich dann hinter die erste Person in der Kette, klopfe ihr auf die Schulter und gib einen Bewegungsablauf vor.

Beispiele für Bewegungsabläufe:

- Motorradfahren: Hände an den virtuellen Lenker, zweimal mit dem rechten Fuß auf den Boden treten, mit der rechten Hand dreimal Gas geben, mit beiden Händen mehrfach nach links und rechts Kurven fahren.
- Fensterputzen: Mit der linken Hand einen Eimer auf den Boden stellen, mit der rechten Hand einen Fensterwischer aus dem Eimer nehmen und mehrfach ein Fenster von oben nach unten wischen, Fensterwischer wieder in den Eimer legen und mit einem Tuch einzelne Stellen des Fensters nachwischen.
- Kochen: Gemüse auf einem Brett schneiden, Topf mit Wasser füllen, Gemüse in den Topf geben, mehrfach umrühren, das Essen mit einem Löffel kosten.

Du kannst dir gern eigene Bewegungsabläufe ausdenken.

Genieße nun den Verlauf des Spiels, bis die Nachricht am Ende der Kette angelangt ist.

Online

Alle machen ihr Video an und stehen auf. Bis auf die erste Person drehen sich alle mit dem Rücken zur Kamera. Du wählst zufällig die erste Person aus und nennst ihren Namen. Daraufhin dreht sie sich zur Kamera, und du führst ihr den initialen Bewegungsablauf vor.

Im weiteren Ablauf nennst du den Namen der nächsten Person. Diese dreht sich um und erhält von der vorherigen Person den Bewegungsablauf gezeigt. Diesen Ablauf wiederholst du, bis alle Personen einmal dran waren.

Die letzte Person darf dann vermuten, was dargestellt wurde.

Zum Abschluss zeigst du der gesamten Gruppe noch mal den initialen Bewegungsablauf.

Danach kann noch in der Gruppe geteilt werden, was wer zwischendrin dachte. Im Regelfall sorgt dieses Spiel für extrem viele Lacher.

Debriefing-Tipps

Es benötigt im Regelfall kein großes Debriefing, da alle Teilnehmenden sehen, wie schnell und drastisch sich die ursprüngliche Nachricht verfälscht. Der Bewegungsablauf am Ende hat mit dem am Anfang meist überhaupt nichts mehr zu tun.

Mögliche Frage an die Teilnehmenden: »Welche Beispiele für Stille Post kennt ihr aus eurem Team/Arbeitsumfeld/eurer Organisation?«

Reflektiere die Antworten mit der Gruppe.

Zwecke im Detail

Kommunikation: Dieses Spiel zeigt sehr eindrucksvoll, wie das kommunikative Anti-Pattern »Stille Post« funktioniert und wie Kommunikation in der Kette über mehrere Beteiligte sehr schnell nicht mehr funktioniert. Im Debriefing wird erarbeitet, wie Kommunikation auf andere Art und Weise gelingen kann.

Requirements: Im konkreten Arbeitsumfeld der Teilnehmenden führt diese »Stille Post«-Kommunikation zu massiven Missverständnissen. Das Ende der Kommunikationskette hat etwas ganz anderes verstanden als das, was ursprünglich als Anforderung am Anfang der Kette stand.

Quelle

Es ist keine Quelle für das ursprüngliche Spiel »Stille Post« bekannt. Die hier vorgestellte Variante von »Chinese Whispers« beruht auf dem YouTube-Video »This Is How Chinese Whispers Work« von Yulit Onkin [ONKIN].

Unsere Onlinevariante basiert auf einem Erfahrungsbericht von Sarah Güngör, wir haben sie etwas angereichert.

Spaceteam (App)

Typ: Koordination und Kommunikation im völligen Chaos

Zwecke: Kommunikation, Multitasking, Selbstorganisation, Spaß, Teamwork

Medium: offline und online

Niveau: muss gar nicht moderiert werden

Gruppengröße: 2 bis 4 Personen

Dauer: beliebig

Learning Objectives

Die Spielenden finden im Laufe der Runden Strategien, wie sie sich in einem völlig chaotischen Umfeld koordinieren und miteinander austauschen können.

Benötigtes Material

Die App *Spaceteam*, kostenlos erhältlich für iOS und Android.

Vorbereitung

Jede Person muss die App *Spaceteam* auf ihrem Smartphone oder Tablet installiert und eine funktionierende Internetverbindung am Start haben.

Die Mitwirkenden werden von dir in der App per Spielernamen zu einem Spiel eingeladen. Alle Spielenden müssen ihre Bereitschaft in einer Lobby vor dem eigentlichen Spiel anzeigen.

Ablauf und Moderation

Ziel des Spiels ist es, ein Raumschiff gemeinsam zu steuern und es von der hinter ihm liegenden Gefahr wegzubewegen.

Jede Person erhält bei Start des Spiels eine zufällig zusammengestellte Kontrolloberfläche für einen Teil des Raumschiffs. Diese besteht aus Tasten, Schaltern, Schiebern und Drehreglern. Jedes Bedienelement hat einen Namen, der deutlich auf der Oberfläche zu lesen ist.

Nun bekommt jede Person von der App ein Kommando, das in einer bestimmten, relativ kurzen Zeit ausgeführt werden muss. Es soll z. B. eine bestimmte Taste gedrückt oder ein Regler auf einen festgelegten Wert geschoben werden. Da alle Spielenden eine eigene, das heißt andere Oberfläche haben, auf der nur ein Teil der Kommandos durchführbar sind, muss jede Person allen anderen Mitspielenden ihr Kommando per Zuruf mitteilen. So können alle schauen, ob jemand das Kommando auf der eigenen Oberfläche ausführen kann.

Die Kommandos erscheinen bei den einzelnen Personen aber nicht nacheinander, sondern bei allen gleichzeitig! Da es aber nur sehr selten der Fall ist, dass eine Person das bei ihr erscheinende Kommando auf der eigenen Oberfläche ausführen kann, besteht die Notwendigkeit, das Kommando sofort an die anderen Spielenden zu kommunizieren. Die vorgegebenen Zeitfristen pro Kommando liegen im Bereich weniger Sekunden, deshalb entstehen sehr bald Hektik und völliges Chaos.

Wird ein Kommando von einer Person korrekt ausgeführt, bewegt sich das Raumschiff weiter nach vorne. Gelingt dies nicht rechtzeitig, fällt das Raumschiff wieder ein Stück zurück.

Im Laufe der Zeit treten im Spiel immer mehr Störungen und Hindernisse zutage, die es zu bewältigen gilt. Der Stresslevel steigt also kontinuierlich an. Es ist sehr spannend, die Art der Kommunikation und deren Intensität im Spielverlauf zu beobachten.

Du wirst mit Sicherheit mehrere Runden spielen, bevor du mit der Gruppe ins Debriefing gehst. Und noch ein wichtiger Hinweis: Es wird wahrscheinlich laut werden. Sehr laut …

Abbildung 10-4:   Eine Gruppe beim Spaceteam-Spielen

Debriefing

Folgende Fragen an die Mitspielenden sind dazu geeignet, Erkenntnisse hervorzubringen:

- »Wie habt ihr euch während des Spiels gefühlt?«
- »Welche Herausforderungen waren zu meistern?«
- »Wie habt ihr es geschafft, diese Herausforderungen zu bewältigen?«
- »Was bedeutet das für euer Arbeitsumfeld?«
- »Welche Erkenntnisse wollt ihr in der echten Welt anwenden?«

Hinweise

Wer das Spaßniveau noch drastisch erhöhen möchte, kann gern einfach mal die Sprache wechseln. Die eingestellte Sprache der ersten Person in der Lobby bestimmt nämlich, in welcher Sprache die gesamte Runde ablaufen wird. Wir hatten schon unglaublich viel Spaß damit, das Ganze auf Finnisch zu spielen. Die wenigsten der Mitspielenden verstanden auch nur ein Wort Finnisch. Genau das sind dann die Herausforderung in der Kommunikation und der gesteigerte Spaßfaktor.

Eine weitere interessante Variante ist es, zwei Teams parallel spielen zu lassen. Dabei lässt du ein Team in einem Kreis sitzen, ohne dass die Spielenden die Bildschirme der anderen sehen. Das andere Team darf nah beisammenstehen und die Mobilgeräte alle gleichzeitig betrachten. Der Unterschied wird gewaltig sein. Aber Achtung! Das Team mit der schlechteren Arbeitsumgebung wird anschließend wieder aufgebaut werden müssen. Diese Variante ergibt online allerdings keinen Sinn.

Und noch eine kleine Warnung. Eine Komplikation im Spiel besteht darin, dass ein Meteoriteneinschlag bevorsteht. Das Spiel fordert alle Spielenden auf, ihr Gerät zu schütteln. Wir haben bei dieser Aktivität schon teure Mobiltelefone durch die Lüfte fliegen sehen. Das kann ein sehr teurer Spaß sein und vor allem nicht ungefährlich. Wir erklären daher diese Komplikation vorher und bitten alle, darauf zu achten.

Zwecke im Detail

Kommunikation: Dieses Spiel dreht sich nur um Kommunikation. Die Teilnehmenden müssen herausfinden, wie sie sich verständigen können, um gemeinsam das Problem zu lösen.

Multitasking: Permanent – und in teilweise absurder Geschwindigkeit – prasseln neue Informationen und Aufgaben auf die Teilnehmenden ein. In diesem Spiel geht es darum, sich in dem Wust gleichzeitiger Aktivitäten zurechtzufinden.

Selbstorganisation: Die Teilnehmenden müssen in diesem Spiel herausfinden, wie sie sich koordinieren, austauschen und die Aufgabe bewältigen können. Es gibt ansonsten keine externe Hilfestellung, das Team ist auf sich selbst angewiesen.

Spaß: Durch das entstehende Chaos und die anhaltende Überforderung der Teilnehmenden entsteht eine riesige Menge Spaß mit viel Gelächter.

Teamwork: Die Teilnehmenden erleben in diesem Spiel, dass sie trotz aller chaotischen Widerstände in der Lage sind, ein Problem zu lösen. Diese Erfahrung kannst du mit dem Team hinterher immer wieder reflektieren, wenn in der echten Welt (weniger schwierige) Probleme zu lösen sind.

Quelle

Zu finden in den iOS- und Android-App-Stores. Weitere Informationen zum Spiel gibt es auf der Webseite von [SPACETEAM].

Shower of Appreciation

Typ: Vertrauen aufbauen durch gegenseitige Wertschätzung

Zwecke: Kommunikation, vertrauensbildend

Medium: offline und online

Niveau: relativ leicht

Gruppengröße: mit beliebig vielen Gruppen à 3 Personen spielbar

Dauer: 10 Minuten

Learning Objectives

Die Teilnehmenden lernen in diesem Spiel, wie schön es ist und wie es wirkt, wenn man selbst positives Feedback und Anerkennung erhält.

Benötigtes Material

Für jede Person wird ein Stuhl benötigt.

In der Onlinevariante brauchst du ein Conferencing-Tool, mit dem du jeweils drei Personen in einen eigenen Breakout-Raum schicken kannst.

Vorbereitung

Stell einen Raum zur Verfügung, in dem die Teilnehmenden ihre Stühle problemlos bewegen können. Tische und anderes Mobiliar sollten keine vorhanden sein.

Ablauf und Moderation

Die Teilnehmenden geben in dieser Übung in kleinen Gruppen reihum einer einzelnen Person wohlwollendes Feedback, ohne dass die Person sich dazu äußert.

»Diese Übung wird in Dreiergruppen durchgeführt. Findet euch bitte zu dritt zusammen. Ihr solltet euch gut verstehen. Idealerweise habt ihr bereits zusammengearbeitet.«

»Nehmt eure Stühle und arrangiert sie so, dass zwei Personen sich gegenübersitzen und hinter dem Rücken der dritten Person sprechen können.«

Das Stuhlarrangement sollte etwa wie in Abbildung 10-5 aussehen.

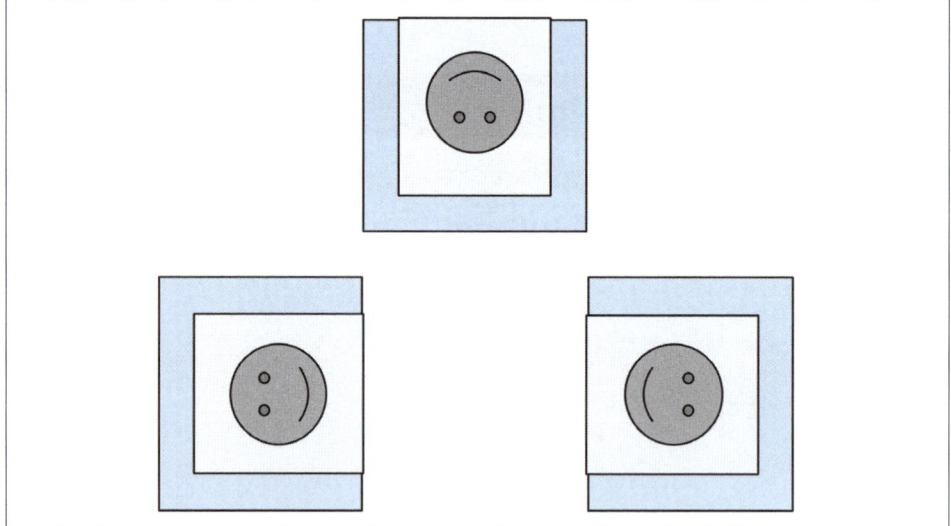

Abbildung 10-5: Aufstellung und Position der drei Teilnehmer auf ihren Stühlen

»Die beiden gegenübersitzenden Personen haben nun eine Minute Zeit, sich über die dritte Person hinter deren Rücken zu unterhalten. Dabei gelten folgende zwei Regeln:

1. Es dürfen nur positive Dinge gesagt werden.
2. Nichts, was gesagt wurde, darf durch irgendetwas, das später gesagt wird, zurückgenommen werden oder an Bedeutung verlieren.

Setzt euch nun bitte. Bereit? Los geht's!«

Stell den Timer auf eine Minute, gern auch auf zwei Minuten, wenn sich die Teilnehmenden gut kennen.

Wiederhole dies noch zweimal, sodass alle drei Personen in den Gruppen einmal die Shower of Appreciation erhalten.

In der Onlinevariante schickst du die Gruppen einfach in ihre Breakout-Räume: »Führt bitte gleich dreimal die Shower of Appreciation in euren Breakout-Räumen durch. Wenn ihr fertig seid, kommt einfach in den Hauptraum zurück. Wir sehen uns hier in spätestens sechs Minuten wieder.«

Nachbereitung

Stühle und Mobiliar wieder in Ordnung bringen.

Stolperfallen

Dieses Spiel hat es in sich, da es auch heute noch für sehr viele Mitarbeitenden in klassischen Organisationen nicht üblich ist, Anerkennung und Wertschätzung in einer so direkten Art ausgesprochen zu bekommen bzw. selbst so auszusprechen. Dies kann dazu führen, dass sich manche Personen sehr unwohl dabei fühlen und die Übung gar nicht mitmachen wollen. Respektiere dies und nimm es als wertvolle Information an für den weiteren Coaching-Prozess, der vielleicht mit diesen Menschen vor dir liegt.

Es kann auch passieren, dass sich einige extrem schwer damit tun, überhaupt positive Dinge anderen gegenüber zu äußern. Marc hatte mal einen Teilnehmer, der vehement äußerte, dass er gar nicht weiß, was er da jetzt sagen soll. Er wiederholte stattdessen mehrfach: »Also ich kann wirklich nichts Negatives über Alex sagen.« Es fiel ihm unglaublich schwer, etwas Positives über seinen Teamkollegen zu äußern. Er rechtfertigte dies damit, dass ihm ja schließlich gar nichts Schlechtes einfiele. Ganz nach dem schwäbischen Motto: »Nicht geschimpft ist genug gelobt.« – »Ned gschimpft isch gnuag g'lobt.« Versuch in solchen Fällen, die Person auf einen kleinen positiven Aspekt zu bringen. Vielleicht fällt ihr ja doch eine Kleinigkeit ein, die ihr in letzter Zeit positiv an dem Teammitglied aufgefallen ist.

Debriefing-Tipps

Die Erfahrung ist im Regelfall so schön für die Einzelnen, dass es kein Debriefing mehr benötigt. Abschließend kannst du sagen: »Nehmt dieses gute Gefühl einfach so mit und genießt es.«

Zwecke im Detail

Kommunikation: In dieser Übung lernen die Teilnehmenden auf der einen Seite, positives Feedback zu einer anderen Person zu geben, und auf der anderen Seite, positives Feedback ohne eigene Einschränkungen anzunehmen.

Vertrauensbildend: Die Dreiergruppen bauen durch diese Übung ein vertieftes Vertrauen auf. Du kannst sie immer wieder einsetzen, um das Vertrauen aufrecht zu erhalten und zu stärken.

Quelle

Marc hat diese Übung zum ersten Mal auf den XP Days 2010 in Hamburg in einer Session von Deborah Hartmann-Preuß und Ralph Miarka erlebt. Die älteste Quelle ist auf einem damaligen Blogpost von Ralph zu finden [MIARKA]. Alternative Namen für dieses Spiel: »Ressourcentratsch« und »Wertschätzungsdusche«.

SIN Obelisk

Typ: selbst organisierte Kommunikation, um gemeinsam eine Aufgabe zu lösen

Zwecke: Kommunikation, Product Discovery, Requirements, Selbstorganisation, Teamwork

Medium: offline und online

Niveau: relativ leicht

Gruppengröße: 4 bis 30 Personen

Dauer: 60 bis 90 Minuten, davon 25 Minuten zur Lösung der Aufgabe und 30 bis 60 Minuten zur Prozessanalyse

Learning Objectives

Die Teilnehmenden lernen ihr eigenes Verhalten beim Umgang mit verstreuter Information im Problemlösungsprozess. Das Spiel ermöglicht die Analyse von Führungsverhalten, Kooperationsbereitschaft und Konfliktmustern bei der Problemlösung in der Gruppe.

Benötigtes Material

- ein Satz Informationskärtchen für die Gruppe (30 Kärtchen)
- Flipchart oder Tafel mit Markern
- Du findest die Informationskärtchen zum Download auf unserer Seite zum Buch unter *www.agilecoach.de/agile-spiele-buch*.

Folgende Informationen stehen auf den Kärtchen:

- Die elementare Zeiteinheit in Atlantis ist der Tag.
- Der atlantische Tag ist unterteilt in Quags und Yoghs.
- Die Länge des SIN-Obelisken beträgt 50 Ellen.
- Die Höhe des SIN-Obelisken beträgt 100 Ellen.
- Die Breite des SIN-Obelisken beträgt 10 Ellen.
- Der SIN-Obelisk wird aus Steinblöcken zusammengesetzt.
- Jeder Steinblock ist eine Kubik-Elle groß.
- Der erste Tag der atlantischen Woche heißt Aquatag.
- Der zweite Tag der atlantischen Woche heißt Neptiminus.
- Der dritte Tag der atlantischen Woche heißt Avgamatia.
- Der vierte Tag der atlantischen Woche heißt Ninildu.
- Der fünfte Tag der atlantischen Woche heißt Meltemi.
- Die Woche in Atlantis hat 5 Tage.
- 1 Arbeitstag dauert 9 Quags.
- Jeder Arbeiter hat insgesamt 16 Yoghs Pause.
- 1 Quag besteht aus 8 Yoghs.
- Jeder Arbeiter legt 150 Blöcke pro Quag.
- Während der Arbeitszeit befindet sich jeweils 1 Gruppe von 9 Leuten am Bau.
- Ein Mitglied jeder Gruppe hat rituelle Pflichten und legt keine Blöcke.
- Am Meltemi wird nicht gearbeitet.
- Ein Klaster ist ein Würfel, dessen Kanten 1 antediluvialen Yard betragen.
- 1 antediluviale Parasange hat 3½ Ellen.
- Mit welcher Seite steht der SIN nach oben?
- Der SIN besteht aus blassvioletten Blöcken.
- Blassviolett hat am Avgamatia eine besondere kultische Bedeutung.
- In jeder Gruppe arbeiten 2 Frauen.
- Die Arbeit beginnt am Aquatag bei Tagesanbruch.
- Nur 1 Gruppe arbeitet jeweils am Bau des SIN-Obelisken.
- 8 Atlantis-Chips ergeben 1 pharaonischen Dollar.
- 1 Steinblock kostet 2 pharaonische Dollar.

Für die Onlinevariante benötigst du ein virtuelles Whiteboard mit einem Arbeitsbereich für die Gruppe sowie ein Konferenztool für die Kommunikation. Du musst private Nachrichten an die Teilnehmenden schicken können. Eine Person für die Co-Moderation kann da sehr helfen beim Verschicken der Hinweise über private Nachrichten.

Vorbereitung

Drucke die Informationskärtchen aus und schneide sie aus. Mische sie gut durch.

Online: Teile die Informationen der einzelnen Kärtchen schon auf die Anzahl Personen auf. Am besten hast du sie in einem Dokument so für die einzelnen Personen vorgruppiert, dass du sie sehr schnell kopieren und per Direktnachricht verschicken kannst. Wir arbeiten mit einem Template in Miro, wie in Abbildung 10-6 zu sehen.

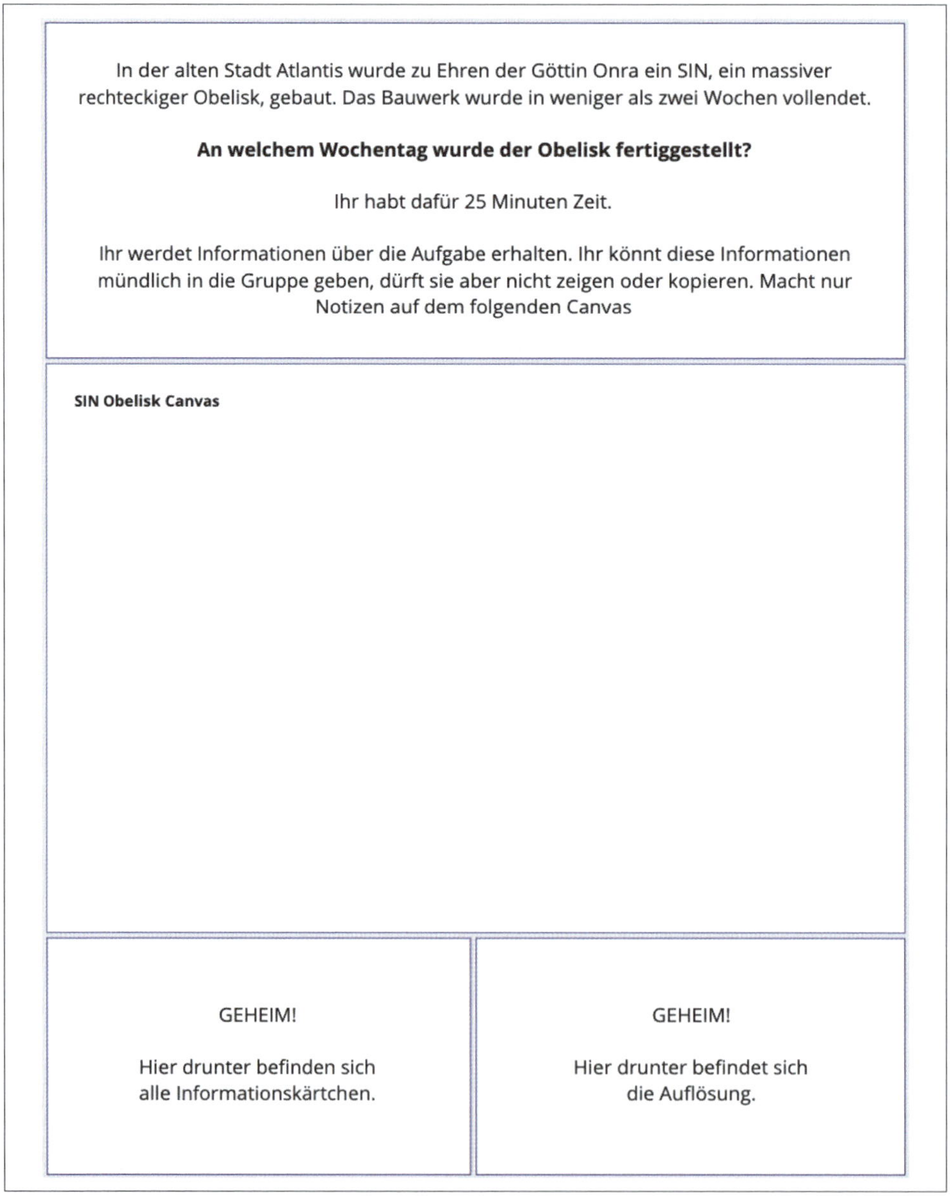

In der alten Stadt Atlantis wurde zu Ehren der Göttin Onra ein SIN, ein massiver rechteckiger Obelisk, gebaut. Das Bauwerk wurde in weniger als zwei Wochen vollendet.

An welchem Wochentag wurde der Obelisk fertiggestellt?

Ihr habt dafür 25 Minuten Zeit.

Ihr werdet Informationen über die Aufgabe erhalten. Ihr könnt diese Informationen mündlich in die Gruppe geben, dürft sie aber nicht zeigen oder kopieren. Macht nur Notizen auf dem folgenden Canvas

SIN Obelisk Canvas

GEHEIM!

Hier drunter befinden sich alle Informationskärtchen.

GEHEIM!

Hier drunter befindet sich die Auflösung.

Abbildung 10-6:   SIN-Obelisk in der Onlinevariante

Ablauf und Moderation

In diesem Spiel müssen die Teilnehmenden ihre persönlichen Kenntnisse zu einer Aufgabe an die Gruppe weitergeben und gemeinsam mit dem Wissen aller eine Lösung finden. Das Ziel ist, eine gelingende Kommunikation zu finden, die ein gemeinsames Arbeiten ermöglicht. Gib folgende Anweisung an die Gruppe:

»In der alten Stadt Atlantis wurde zu Ehren der Göttin Onra ein SIN, ein massiver rechteckiger Obelisk, gebaut. Das Bauwerk wurde in weniger als zwei Wochen vollendet.

Eure Aufgabe ist es nun, herauszufinden, an welchem Tag der Obelisk fertiggestellt wurde. Ihr habt dafür 25 Minuten Zeit.

Wählt KEINEN Vorsitzenden!

Ihr werdet Kärtchen mit Informationen über die Aufgabe erhalten. Ihr könnt diese Informationen mündlich weitergeben, dürft aber eure Kärtchen nicht zeigen oder hergeben. Macht keine Notizen. (Alternativ: Macht nur Notizen auf dem Flipchart.)«

Wenn die Teilnehmenden die Instruktionen gehört haben, verteilst du den gut gemischten Satz Informationskärtchen zufällig in der Gruppe, und die Teilnehmenden beginnen mit der Aufgabe.

Online: Zu diesem Zeitpunkt schickst du die Informationen über eine private Direktnachricht an die einzelnen Personen.

Das Team löst die Aufgabe in der Zeit oder wird nach 25 Minuten von dir unterbrochen.

Diskutiere nun mit dem Team den Lösungsprozess. Schreibe dazu gegebenenfalls die Lösung und die Erklärung der Aufgabe an die Tafel:

»Die Lösung heißt Neptiminus.«

Erklärung:

- Die Ausmaße des SIN-Obelisken ergeben, dass er aus 50.000 Kubik-Ellen Raum besteht.
- Jeder Block hat eine Kubik-Elle, deshalb werden 50.000 Blöcke benötigt.
- Jeder Arbeiter arbeitet 7 Quags pro Tag (2 Quags sind Ruhepausen).
- Jeder Arbeiter legt 150 Blöcke pro Quag, das ergibt 1.050 Blöcke am Tag.
- Es arbeiten immer 8 Menschen am Obelisken, diese legen 8.400 Blöcke pro Tag.
- Der 50.000. Block wird daher am 6. Arbeitstag gelegt.
- Weil am Meltemi nicht gearbeitet wird, ist der 6. Arbeitstag der Neptiminus.

Debriefing-Tipps

Stell den Teilnehmenden folgende Fragen:

- »Welche Verhaltensweisen haben zur Lösung beigetragen?«
- »Welche waren hinderlich?«
- »Wie sind Führungsfunktionen entstanden?«
- »Wer hat sich am meisten beteiligt?«
- »Wer am wenigsten?«
- »Wie habt ihr den ganzen Lösungsprozess erlebt?«
- »Was würdet ihr vorschlagen, um die Leistung der Gruppe zu verbessern?«

Insbesondere in Führungskräfteteams können sehr wertvolle Erkenntnisse über das eigene Kommunikations- und Kollaborationsverhalten entstehen. Achte hier besonders darauf, dass aus diesen Erkenntnissen im Nachgang echte Verhaltensänderungen hervorgehen.

Zwecke im Detail

Kommunikation: Die Teilnehmenden müssen in diesem Spiel gut und offen miteinander kommunizieren, damit sie alle individuellen Kenntnisse zum Problem aufdecken und gemeinsam eine Lösung finden.

Product Discovery: In diesem Spiel werden die benötigten Informationen erst nach und nach preisgegeben. Den Teilnehmenden erschließt sich erst durch die Offenlegung aller Aspekte ein Gesamtbild. Auch unnötige bzw. irrelevante Informationen müssen identifiziert werden. Am Ende kann das Team auf eine Lösung kommen.

Requirements: Die Anforderungen an die Lösung sind in den individuellen Informationen der Teilnehmenden »versteckt«. Einzelne Aspekte allein helfen nicht weiter. Erst die Gesamtheit der vorhandenen Informationen lässt eine Lösungsfindung zu.

Selbstorganisation: In diesem Spiel gibt es explizit keine Führungspersönlichkeit. Die Teilnehmenden müssen sich und ihre Kommunikation selbst disziplinieren und koordinieren.

Teamwork: Das Team erlebt in diesem Spiel die gemeinsame Herleitung einer Lösung. Alle Teammitglieder werden für die Aufgabe benötigt.

Quelle

Von Marc beim Agile Coach Camp Austria von Michael Litschauer kennengelernt. Ursprünglich heißt das Spiel »ZIN Obelisk« und stammt aus einem Buch aus den frühen Siebzigern von Francis und Young [FRANCIS-YOUNG].

Team 3 und ToiletTrolls

Typ: Zusammenarbeit trotz eingeschränkter Kommunikation

Zwecke: Kommunikation, Teamwork, vertrauensbildend

Medium: online und offline

Niveau: leicht

Gruppengröße: 3 Personen

Dauer: 30 Minuten

Learning Objectives

Die Teilnehmenden erfahren, wie sich eingeschränkte und indirekte Kommunikation in einem Entwicklungsvorhaben mit verteilten Rollen auswirkt.

Benötigtes Material

Offline:

- Spiel »Team 3«, siehe Abbildung 10-7
- Augenbinde (Alternative: Blatt vor die Augen halten)
- Tisch für 3 Personen

Online:

- 10 Rollen Toilettenpapier für jeden der 3 Spielenden
- Videocall mit eingeschalteten Kameras
- Entwicklungspläne unter [TOILETTROLLS]

Allgemein:

- Timer, Stoppuhr oder Sanduhr mit 3 Minuten

Vorbereitung

Außer dem benötigten Material muss nichts weiter vorbereitet werden.

Abbildung 10-7:   Team-3-Spielmaterial

Ablauf und Moderation

In diesem Spiel müssen drei Personen gemeinsam eine vorgegebene Struktur aus Bausteinen errichten. Dabei hat jede der drei Personen jeweils eine kommunikative Einschränkung: Blind, stumm oder ahnungslos müssen sie zum Ziel kommen. Team 3 bzw. ToiletTrolls ist ein kooperatives Spiel mit verteilten Rollen, die miteinander sehr eingeschränkt kommunizieren, um gemeinsam ein vorgegebenes Objekt aus einzelnen Elementen zu erzeugen. Die Elemente bei Team 3 bestehen aus Kunststoff, haben unterschiedliche Farben, und ihre Form erinnert sehr an die herunterfallenden Elemente von Tetris. Für ToiletTrolls werden Toilettenpapierrollen als Bauelemente verwendet.

Die drei Rollen im Spiel besitzen folgende Eigenschaften:

Die Architektin kennt als Einzige den Entwicklungsplan für das Objekt. Sie sieht, aus welchen Elementen sich das Objekt zusammensetzt und wie diese arrangiert sind. Leider ist es der Architektin verboten zu sprechen. Sie darf ausschließlich gestikulieren, um dem Projektleiter Informationen mitzuteilen.

Der Projektleiter ist das Bindeglied zwischen Architektin und Entwicklerin. Er darf sprechen, hat jedoch keinen direkten Einblick in den Entwicklungsplan. Er interpretiert die Informationen der Architektin und vermittelt diese sprachlich an die Entwicklerin. Da er das Ergebnis der Entwicklerin sieht, greift er steuernd ein und sorgt für die richtige Qualität.

Die Entwicklerin trägt eine Augenbinde, sie baut das gewünschte Objekt aus einzelnen Elementen zusammen. Sie ist die Einzige, die »echte« Arbeit am Objekt verrichtet. Da sie durch die Augenbinde nicht sehen kann, was sie tut, ist sie auf klare Ansagen des Projektleiters angewiesen.

Teile die drei Rollen »Architektin«, »Projektleiter« und »Entwicklerin« auf die drei Teilnehmenden auf und gib der Entwicklerin die Augenbinde.

Die bunten Kunststoffelemente verteilst du gut durchmischt auf dem Tisch vor der Entwicklerin. In der Onlinevariante stellt jeder Spieler seine Toilettenpapierrollen vor sich bereit.

Die Architektin erhält den Kartenstapel mit den verschiedenen Entwicklungsplänen des Spiels und zieht eine Karte. In der Onlinevariante erzeugt sich die Architektin mit einem Neuladen der Webseite einen Entwicklungsplan für die Toilettenpapierrollen (siehe Abbildung 10-8 für ein Beispiel). Wenn sie den Plan vorliegen hat, teilt sie dem Projektleiter durch Handzeichen die notwendigen Informationen mit.

Abbildung 10-8: Entwicklungsplan von ToiletTrolls

Sobald die Entwicklerin das richtige Objekt gebaut hat, endet die Runde, und die Teilnehmenden wechseln reihum die Rollen.

Du kannst das Spiel entweder mit einer Timebox spielen oder eine Anzahl Runden vorher festlegen. Wir spielen immer drei Runden mit jeweils drei Minuten Timebox.

Das Ziel jeder Runde besteht darin, das Objekt in der vorgegebenen Zeit genauso fertigzustellen, wie es auf dem Entwicklungsplan der Architektin zu sehen ist. Demnach gibt es zwei mögliche Szenarien:

- Gescheitertes Projekt: Das vorhandene Budget (in Form der Drei-Minuten-Timebox) ist aufgebraucht, und das Objekt ist noch nicht fertiggestellt.
- Erfolgreiches Projekt: Das Objekt ist innerhalb der Zeit vollständig fertig und sieht genauso aus wie auf dem Entwicklungsplan.

Nach drei Runden und gewechselten Rollen (Spieler, nicht Klopapier) startest du das Debriefing.

Abbildung 10-9: Marc in Rückersbach in der Rolle des Entwicklers bei einer Runde »Team 3«. Für die ganz historisch Interessierten: Wir befinden uns hier im Haupthaus im Raum Österreich, wo 2010 das erste Agile Coach Camp Germany mit 55 Teilnehmenden eröffnet wurde [ACCDE].

Debriefing-Tipps

Lass die Spielenden gern erst mal etwas Dampf ablassen, indem du sie fragst, wie es war und wie sie sich gefühlt haben. Nachdem sich die Energie ein wenig beruhigt hat, fahre mit der Nachbesprechung fort.

Im Debriefing betrachten wir die Themen Kommunikation, Zusammenarbeit sowie Selbstorganisation und Führung.

Kommunikation

- Wie wurde die Kommunikation hergestellt?
- Wie haben die Leute kommuniziert – aus ihrer eigenen Perspektive oder aus der des Empfängers?

- Wurden ein bestimmter Jargon oder Abkürzungen eingeführt und aufgegriffen?
- Wo hast du eine Fehlkommunikation beobachtet?
- Wie schnell haben die Spielenden dies aufgegriffen und ihre Kommunikation geändert?

Zusammenarbeit

- Hast du (übertriebenes) Verhalten von Teammitgliedern gesehen, das sie normalerweise auch zeigen?
- Wie wirkte sich das auf dich in deiner Rolle aus?
- Wurde eine gute Zusammenarbeit zwischen zwei Spielenden aufgebaut und etabliert?
- Wurde die Zusammenarbeit nach der ersten Runde wirklich verbessert und, wenn ja, wie?
- Wo hast du unerwartete Interaktionen beobachtet?
- Welche Metaphern, Handzeichen oder symbolische Anweisungen könnte es geben, wenn man nicht sprechen, hören oder sehen kann?
- Welchen Effekt hatte das T-Shaping (der Rollentausch)?

Selbstorganisation und Führung

- Wie hat sich die Gruppe selbst organisiert?
- Wann haben wir Führungsverhalten beobachtet?
- Haben sich die Spielenden auf »Kommunikationsstandards« aus der vorherigen Runde geeinigt, oder haben sie versucht, diese neu zu erfinden?
- Was ist nach dem Einführen von Kommunikationsstandards passiert, und hat dies dem Team geholfen, sich zu verbessern, oder hat sich die Leistung verschlechtert?

Wenn es nicht schon bei den Themenfragen zur Sprache kommt, kannst du die Erkenntnisse noch expliziter gestalten, indem du die Folgefrage stellst: »Woran erinnert dich das in deinem Arbeitsalltag?«

Zwecke im Detail

Kommunikation: In diesem Spiel geht es ausschließlich um Kommunikation mit eingeschränkten Kanälen. Die Teilnehmenden müssen über diese Kanäle einen Weg finden, das notwendige gegenseitige Verständnis herzustellen.

Teamwork: Die Teilnehmenden erleben in diesem Spiel eine gemeinsame Problemlösung. Dieses Erlebnis ermöglicht eine spätere Reflexion, wenn das Team einmal der Meinung sein sollte, echte Probleme nicht lösen zu können.

Vertrauensbildend: Die gemeinsame Erarbeitung einer Lösung trotz der eingeschränkten Kommunikationskanäle baut zwischen den drei Beteiligten Vertrauen auf.

Quelle

Wir haben das Spiel auf einer Play4Agile-Unkonferenz durch Jordann Gross kennengelernt. Jordann hat auch die Onlinevariante ToiletTrolls entwickelt, die auf seiner Seite zu finden ist [TOILETTROLLS]. Sein unvergleichlicher Humor während des ersten Lockdowns, nicht nur eine Onlinelösung zu finden, sondern damit auch noch die Hamsterkäufe auf die Schippe zu nehmen, kann übrigens gar nicht genug gelobt werden.

Side-Switcher

Typ: gemeinsame Lösung für zwei Perspektiven

Zwecke: Kommunikation, vertrauensbildend

Medium: online und offline

Niveau: leicht

Gruppengröße: beliebig viele Paare

Dauer: wenige Minuten

Learning Objectives

Die Teilnehmenden lernen, aus zwei individuellen und vermeintlich konkurrierenden Zielen eine gemeinsame Lösung zu entwickeln.

Benötigtes Material

- So viel Platz, dass sich alle Paare hinstellen und frei bewegen können.
- Online findet alles auf einem virtuellen Whiteboard statt. Die Paare müssen sich in eigenen Breakout-Räumen unterhalten können.

Ablauf und Moderation

Das Ziel jeder Person in diesem Spiel ist es, die gegenüberstehende Person auf die eigene Seite der Linie zu bewegen.

»Findet euch bitte paarweise zusammen. Zieht eine virtuelle Linie zwischen euch beiden. Überzeuge die andere Person nun davon, die Linie zu überqueren und auf deine Seite zu wechseln.«

Die Paare stehen dann in einer Konstellation zusammen, wie in Abbildung 10-10 gezeigt. Online kann das ganz einfach mit Avataren, Bildern, Symbolen oder Namen auf Stickies umgesetzt werden.

Abbildung 10-10: Beim Side-Switcher-Game stehen sich zwei Menschen an einer (virtuellen) Grenze gegenüber

Gib der Gruppe nun drei Minuten Zeit, das jeweilige Gegenüber davon zu überzeugen, die Seite zu wechseln.

Die Lösung ist äußerst simpel. Beide Personen wechseln die Seite, fertig. In Gruppen, die in einem stark konkurrierenden Umfeld arbeiten, kann diese Lösungsfindung herausfordernd sein.

Wenn die Zeit abgelaufen ist, haben idealerweise alle Personen die Seiten gewechselt. Gehe zum Debriefing über.

Debriefing-Tipps

Stell der Gruppe folgende Fragen:

- »Welches Paar hat eine Win-win-Lösung gefunden, und beide Personen haben die Seiten gewechselt?«
- »In welcher Gruppe hat nur eine Person die Seite gewechselt?«
- »Welche Gruppen stehen noch so da wie am Anfang?«
- »Was hat dazu geführt, dass ihr eine gemeinsame Lösung gefunden habt?«
- »Wie hat sich die Situation für euch angefühlt?«

Zwecke im Detail

Kommunikation: Die beiden Beteiligten müssen in diesem Spiel ausschließlich kommunizieren und ihr Gegenüber davon überzeugen, die Seite zu wechseln. Hier können die Teilnehmenden verschiedene Arten der Kommunikation ausprobieren: bitten, überzeugen, überreden, schimpfen, charmant, fordernd, listenreich, unterwürfig usw.

Vertrauensbildend: Die beste gemeinsame Lösungsfindung zu diesem Problem vertieft das Vertrauen zwischen den beiden Beteiligten.

Quelle

Marc hat diese Übung von Björn Jensen bei einem gemeinsamen Onlinetraining kennengelernt.

Coop-Maze

Typ: teamübergreifende Arbeitsweise verbessern

Zwecke: crossfunktionale Teams, Impediments identifizieren und überwinden, Kommunikation, Selbstorganisation, Teamwork

Medium: online und offline

Niveau: leicht

Gruppengröße: 4 bis 32 Personen

Dauer: ca. 30 bis 45 Minuten

Learning Objectives

Die Teilnehmenden finden in vier Teams gemeinsam den Weg durch ein Labyrinth, von dem sie jeweils nur einen Teil bearbeiten können. Die Teams müssen selbst herausfinden, wie sie sich organisieren, um die Labyrinthe zu lösen.

Benötigtes Material

- 4 Tische für 4 Teams oder bei mehr als 16 Personen entsprechend mehr Teamtische
- 1 Tisch für den Product Owner und für die Auslieferung der Ergebnisse
- Marker oder Filzstifte in den Farben Schwarz, Blau, Gelb, Grün und Rot
- ausgedrucktes Backlog der Labyrinthe
- Stoppuhr

Vorbereitung

Bereite den Raum für vier einzelne Teams so vor, dass jedes Team an einem eigenen Tisch sitzt. Die vier Teamtische müssen weit genug voneinander entfernt stehen: Die Teams sollen zu Beginn des Spiels nicht in der Lage sein, auf kurzem Weg direkt miteinander zu kommunizieren. Gib jedem Team einen Filzstift in einer der vier Farben.

Stell einen weiteren Tisch für dich in der Rolle des Product Owner auf. Platziere das gesamte ausgedruckte Backlog aller Labyrinthe auf deinen Tisch. Der PO-Tisch ist gleichzeitig auch die »Delivery Area«, an die alle Ergebnisse einer Runde abgeliefert werden müssen.

Für die Onlinevariante bildest du dieses Set-up einfach auf einem virtuellen Whiteboard ab, wie in Abbildung 10-11 dargestellt. Die Bereiche »Backlog«, »Auftragseingang« und »Fertig« finden sich in der echten Welt auf dem PO-Tisch. Online separieren wir sie noch etwas expliziter.

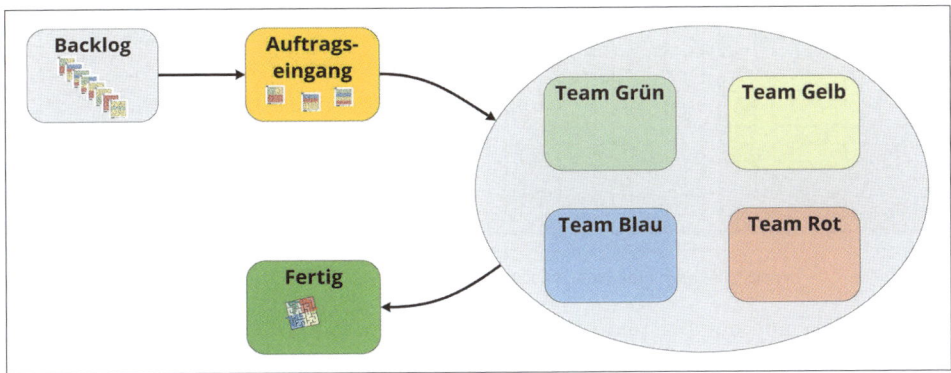

Abbildung 10-11: Coop-Maze auf einem virtuellen Whiteboard

Ablauf und Moderation

Ziel dieses Spiels ist es, dass vier Teams im Laufe der Zeit ihre Zusammenarbeit immer besser gestalten. Durch das gemeinsame Lösen verschiedener Labyrinthe finden die Teams Verbesserungsmaßnahmen und setzen diese um. Am Ende erkennen die Teams idealerweise, dass sie sich ganz anders zusammensetzen müssen, um die Arbeit ohne Reibungsverluste zu erledigen. Lass deine Teilnehmenden vier Teams bilden. Bei mehr als 16 Personen werden Farbteams gedoppelt, es existieren dann gegebenenfalls Team Grün 1 und Team Grün 2.

»Jedes der vier Teams sollte aus zwei bis vier Personen bestehen. Falls jemand nicht in einem Team mitarbeiten möchte, könnt ihr euch entweder um die Stoppuhr und das Zeitnehmen kümmern, oder ihr beobachtet einfach, was in den nächsten Minuten passieren wird. Ich selbst werde die Product Ownership verantworten und euch die nächsten Aufträge bereitlegen.«

»Ich habe hier ein Backlog an Labyrinthen, die wir als Firma, die aus vier Teams besteht, bearbeiten müssen.« Zeig den Teams ein paar Beispiele wie die in Abbildung 10-12. »Die Labyrinthe bestehen aus zwei, drei oder vier Farben. Das heißt, nicht alle Teams sind bei jedem Labyrinth im Einsatz.«

Starte mit einer kurzen Testrunde. Die Teams machen sich so mit den Labyrinthen vertraut. Verteile dazu ein beliebiges Labyrinth an jedes der Teams. »Ihr werdet Labyrinthe dieser Art bearbeiten. Euer Ziel ist es, mit eurer Teamfarbe im gleichfarbigen Bereich der Labyrinthe den Weg vom Eingang zum Ausgang der Labyrinthe zu malen. Team Grün darf also nur mit seinem grünen Stift den Weg im grünen Bereich des Labyrinths einzeichnen. Das gilt entsprechend für die anderen Farben.«

Abbildung 10-12:   Beispielhafte Labyrinthe aus dem Coop-Maze-Backlog

Zeige den Teams ein Beispiel eines fertiggestellten Labyrinths, wie in Abbildung 10-13 zu sehen.

Abbildung 10-13:   Beispiel eines fertiggestellten Labyrinths

»Ihr habt für eine Runde jeweils zwei Minuten Zeit. In diesen zwei Minuten holt ihr euch die Labyrinthe aus dem Auftragseingang ab, bearbeitet sie in euren Teams und liefert sie hier im Auslieferungsbereich wieder ab.«

»Bitte verteilt nun eure Skills innerhalb der Teams. Eine oder zwei Personen können in der Teamfarbe zeichnen. Eine Person ist für die Qualitätskontrolle zuständig und prüft die Ergebnisse auf Farbkorrektheit und dass keine Ränder im Labyrinth überschritten sind. Bei Qualitätsproblemen muss das Team entsprechend nachbessern. Korrekturen erfolgen wiederum durch die zeichnenden Personen. Die fehlerhaften Ergebnisse werden dann einfach mit dem schwarzen Stift übermalt. (In der Onlinevariante steht üblicherweise eine Radierfunktion zur Verfügung.) Eine weitere Person transportiert die Labyrinthe von oder zu anderen Teams bzw. zum Auslieferungsbereich. Achtung! Nicht alle Teammitglieder können alles, also verteilt die genannten Fähigkeiten nach Möglichkeit auf einzelne Personen im Team. Bei weniger als drei Personen im Team werden die Fähigkeiten Qualitätskontrolle und Transport zusammengelegt.« Hinweis für die Onlinevariante: Das Transportieren der Labyrinthe kann zu Komplikationen führen, wenn diese und die bereits gezeichneten Wegstrecken nicht vorher gruppiert wurden.

»Wir starten gleich mit folgendem Ablauf:

- 2 Minuten Planung,
- 2 Minuten Arbeit,
- Abnahme der ausgelieferten Ergebnisse,
- 2 Minuten Retrospektive.

Ich bereite nun die nächsten Labyrinthe vor und platziere sie für euch in den Arbeitseingang. Ihr habt zwei Minuten Zeit, um die erste Runde zu planen.«

Starte die Stoppuhr. Bereite während der Planung eine Tabelle mit drei Spalten auf einem Flipchart vor. Als Titel der ersten Spalte schreibst du »Schätzung«, in die zweite Spalte »Geliefert« und in die dritte Spalte »Verbesserung«.

Am Ende der Planung fragst du die Teams nach ihrer gemeinsamen Schätzung, wie viele Labyrinthe sie vermutlich ausliefern werden. Trage diesen Wert in die erste Spalte der Tabelle ein.

»Okay, die richtige Arbeit beginnt. Ihr habt nun zwei Minuten Zeit, Labyrinthe fertigzustellen. Los geht's.« Starte die Stoppuhr erneut.

Wenn die Timebox abgelaufen ist, nimmst du sofort alle Labyrinthe in die Hand, die sich im Auslieferungsbereich befinden. Lehne sämtliche Versuche der Teams ab, nach Ablauf der Zeit doch noch schnell ein weiteres Labyrinth ausliefern zu wollen. Kontrolliere die ausgelieferten Labyrinthe auf Korrektheit und akzeptiere[1] diese. Die Anzahl der korrekt ausgelieferten Labyrinthe trägst du in die Spalte »Geliefert« ein. Starte die Stoppuhr erneut mit den Worten: »Überlegt euch nun in den nächsten zwei Minuten, welche Veränderung ihr in eurer Arbeit vornehmen möchtet.« Nach zwei Minuten fragst du die Teams nach ihren Verbesserungsideen und notierst diese kurz in der dritten Spalte.

Lass die Teams insgesamt drei Iterationen durchführen.

Danach führst du eine offene, kurze Retrospektive mit der gesamten Gruppe durch. Reflektiere mit den Leuten weitere Verbesserungsideen.

Falls die Teams in den drei Runden nicht bereits selbst darauf gekommen sind, sich in Feature-Teams umzuorganisieren, bringe diese Idee als mögliches Experiment selbst in die Gesamt-Retrospektive ein. Lass die Teams danach eine oder zwei weitere Iterationen mit Feature-Teams durchlaufen und reflektiere diese Veränderung am Ende noch mal mit allen.

---

1 Damit wir uns da nicht falsch verstehen: Es ist NICHT die Aufgabe der Rolle Product Owner, Stories »abzunehmen« oder zu akzeptieren (siehe Scrum Guide [SCRUMGUIDE] zu den Verantwortlichkeiten der Rolle). Es ist in diesem Spiel aber sinnvoll. Versteht euch einfach als Doppelrolle mit QA-Aufgaben.

Feature-Teams setzen sich so zusammen, dass sie alle Farben selbst umsetzen können. Das bedeutet, dass sich die bisherigen Komponententeams (jedes Team kann nur in einer Farbe malen) aufteilen und neue Feature-Teams bilden. Damit entfällt die permanente, übergreifende Kommunikation, da jedes Feature-Team in der Lage ist, ein Labyrinth autark zu lösen und zu liefern.

Nachbereitung

Lass dir von den Mitwirkenden helfen, den Raum wieder in einen brauchbaren Zustand zu versetzen.

Stolperfallen

Dieses Spiel basiert auf der Fähigkeit, die vier genutzten Farben unterscheiden zu können. Kläre vor dem Spiel, ob Menschen mit Farbschwäche anwesend sind und diese mitspielen möchten. Für die Teams besteht dann in ihrer Planung und Reflexion immer die Notwendigkeit, diese Schwäche als Team zu kompensieren. Das kann eine interessante Erfahrung sein, gerade wenn sich die Teilnehmenden noch nie mit solchen Fragestellungen beschäftigt haben. Inklusion muss stattfinden, und in einem Spiel besteht immer ein guter Raum, damit zu experimentieren und Lösungen zu finden.

Debriefing-Tipps

- »Wie ist es euch in der ersten Runde ergangen?«
- »Wie hat die Verteilung der Fähigkeiten innerhalb der Teams für euch funktioniert?«
- »Welche Schwierigkeiten haben sich dadurch ergeben?«
- »Welche Besonderheiten gab es bei der Kommunikation im Team und über die Teams hinaus?«
- »Was hat dazu geführt, dass ihr eure Arbeitsweise im Team verändert habt?«
- »Was hat dazu beigetragen, dass ihr eure teamübergreifende Zusammenarbeit verändert habt?«
- »Welche Schlussfolgerungen zieht ihr aus diesen Erkenntnissen für eure richtige Arbeit?«

Zwecke im Detail

Crossfunktionale Teams: Die vier Teams in diesem Spiel haben ihre eigenen, getrennten Verantwortungen und müssen gemeinsam herausfinden, wie sie ihre Arbeit übergreifend zusammenführen.

Impediments identifizieren und überwinden: In den kurzen Retrospektiven nach jeder Runde benennen die Teams ihre Schwierigkeiten der Zusammenarbeit. Sie finden Möglichkeiten, diese aus dem Weg zu räumen, und verbessern ihren gemeinsamen Prozess.

Kommunikation: Durch die strikte Arbeitsteilung zwischen den Teams entsteht die Notwendigkeit, über die anstehenden Aufgaben zu kommunizieren. Manchmal entstehen Rollen von »Kommunikationsbeauftragten«, die die Arbeit zwischen den Teams koordinieren wollen. Dies macht die Kommunikation jedoch sogar komplizierter. Idealerweise schaffen es die Teams, ihre Art der Kommunikation noch deutlich zu vereinfachen.

Selbstorganisation: Die Teams haben in diesem Spiel keinerlei Vorgaben, wie sie ihre Arbeit zu erledigen haben. Es obliegt allein den Teams, sich zu koordinieren und einen guten Prozess ihrer Zusammenarbeit zu finden.

Teamwork: Die Teilnehmenden machen die Erfahrung, dass sie in der Lage sind, über Teamgrenzen hinweg Lösungen zu finden und sich zu koordinieren. Diese Erfahrung kannst du im Nachgang für Verbesserungen in der echten Arbeitsumgebung nutzen.

Quelle

Olaf Bublitz hat das Spiel erfunden und entwickelt es stetig weiter.

Magic Maze

Typ: Koordination im Team (effiziente Daily Scrums)

Zwecke: crossfunktionale Teams, Kommunikation, Teamwork, vertrauensbildend

Medium: offline

Niveau: herausfordernd

Gruppengröße: 4 bis 8 Personen (theoretisch 1 bis 8, aber das ergibt aus unserer Sicht wenig Sinn)

Dauer: 15 Minuten pro Runde

Learning Objectives

Eine Gruppe aus vier bis acht Spielenden versucht, als Team eine Aufgabe zu lösen, ohne dabei zu kommunizieren. Nicht verbal, nicht visuell, weder miteinander noch einfach so als Selbstgespräch. Die Spielenden lernen, ihre Tätigkeiten zu einem gemeinsamen Ziel zu koordinieren. Sie stellen fest, wie schwer das ohne (Körper-)Sprache als Werkzeug ist. Und die Teilnehmenden erfahren, wie wichtig und hilfreich ein regelmäßiger kurzer Austausch – hier im Spiel durch die Sanduhrzeiten repräsentiert – zur weiteren Koordination ist. Die Analogie in der echten Arbeitswelt sind Koordinationsevents wie das Daily Scrum.

Benötigtes Material

Du benötigst das Spiel Magic Maze selbst (siehe Quelle unten). Alles Notwendige zum Spielen ist enthalten.

Vorbereitung

Die Teilnehmenden spielen vier Helden, die unter Zeitdruck in einem Einkaufszentrum ihre Ausrüstung stehlen und ungesehen entkommen müssen. Die Hürde der nicht erlaubten Kommunikation stellt die größte Herausforderung für die gemeinsame Lösung dar. Das komplette Einkaufszentrum wird im Laufe des Spiels nach und nach durch das sukzessive Auslegen der Einkaufszentrumsplättchen sichtbar, sodass keine Planung im Vorfeld möglich ist.

Bereite anhand der Anleitung im Spiel den Spielbereich vor. Wähle zunächst ein Szenario für das Spiel aus. In typischen Workshop-Umgebungen wird das meist das erste Szenario sein. Erfahrene Gruppen können sich aber an schwierigeren Situationen versuchen. Die Anleitung hält 17 verschiedene Szenarien bereit. Die Szenarien 1, 2, 3 und 9 sind aus agiler Sicht besonders interessant und bieten die wertvollsten Lektionen. Im Folgenden beschreiben wir Szenario 1.

Wähle die Einkaufszentrumsplättchen 1 bis 9 aus. Lege Plättchen 1 mit der Seite A nach oben in die Mitte des Tischs (siehe Abbildung 10-14). Mische die Plättchen 2 bis 9 und lege sie verdeckt in die Nähe. In diesem Szenario gibt es nur einen Ausgang (ein violettes Exit-Symbol, siehe rechts oben in Abbildung 10-15). Stell die vier Helden zufällig auf die vier zentralen Felder von Startplättchen 1. Lege den Diebstahlmarker sowie die »Außer Betrieb«-Marker bereit.

Abbildung 10-14: Startplättchen für Szenario 1 bei Magic Maze

Nun kommen wir zu den Aktionsplättchen (siehe Abbildung 10-16). Am unteren rechten Rand siehst du jeweils eine oder mehrere Zahlen. Diese stehen für die Anzahl mitspielender Personen. Wähle die passenden Karten je nach aktuell teilnehmenden Personen aus und gib jeder Spielerin ein Plättchen. Diese werden offen und für alle sichtbar vor dem jeweiligen Spieler ausgelegt. Achte dabei auf die Ausrichtung, erkennbar am Nordpfeil auf jedem Aktionsplättchen. Der Nordpfeil muss auf allen ausgelegten Karten in die gleiche Richtung zeigen und sich an der Windrose des Einkaufszentrums orientieren.

Abbildung 10-15: Ausgangsplättchen für Szenario 1 bei Magic Maze. Der Ausgang rechts oben ist violett hinterlegt.

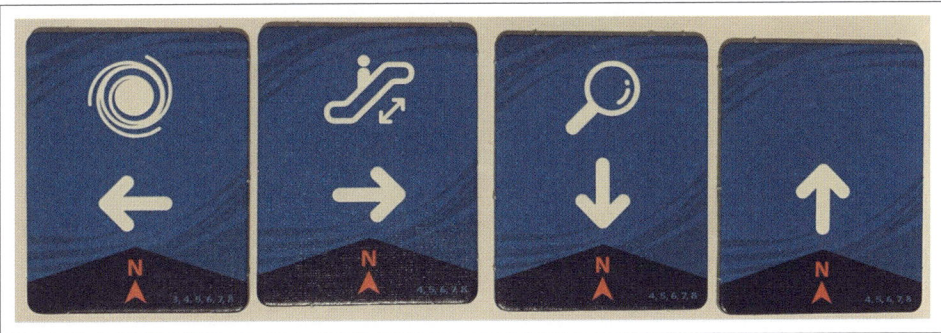

Abbildung 10-16: Aktionsplättchen für die Mitspielenden von Magic Maze. Sie zeigen die Fähigkeiten der Spielenden und die Richtungen, die ausgeführt werden dürfen.

Ablauf und Moderation

Erkläre den Mitspielerinnen, worum es geht. Sie spielen gemeinsam die vier Charaktere Magier, Elf, Zwerg und Krieger. Der Clou dabei: Die Teilnehmenden spielen nicht eine Figur, sondern jeweils eine Richtung! Diese ist auf ihren Aktionsplättchen abgebildet. Die vier Helden bereiten ihr nächstes Abenteuer vor.[2] Die notwen-

---

2 Das Abenteuer soll in irgendeinem Dungeon stattfinden. Rollenspieler wissen genau, wovon hier die Rede ist – anderen kann man das nicht so ohne Weiteres auf die Schnelle erklären.

dige Ausrüstung dafür wollen sich die vier Recken bei einem nächtlichen Besuch einer Shopping Mall beschaffen. Ist ja auch günstiger, so ganz ohne zu bezahlen.

Allerdings gibt es Wachen und eine Alarmanlage. Leise zu sein, ist von entscheidender Bedeutung, wenn statt Abenteuer nicht Knast angesagt sein soll. Es darf also NICHT geredet werden. Gar nicht. (Bis auf die Ausnahme nach Betreten des Sanduhrfelds. Doch diese Ausnahme verschweigst du noch etwas bis zum Ende deiner Erklärungen.)

Zeige die Rolltreppen auf einem der Einkaufszentrumsplättchen und die entsprechende Fähigkeit auf den Karten der Spieler und erkläre, wie neue Bereiche entdeckt, also neue Einkaufszentrumsplättchen aufgedeckt werden. Die Felder zur Erweiterung des Einkaufszentrums sind farbig markiert. Nur der entsprechende Held kann diese zur Erkundung benutzen. Neu aufgedeckte Bereiche können dann aber von allen Helden in beide Richtungen betreten werden. Auch wichtig sind die Teleporter und die dazugehörige Fähigkeit. (Ein Held kann mit einem Teleporter seiner Farbe zu einem anderen Teleporter seiner Farbe reisen. Auf dem Startplättchen in Abbildung 10-16 sind alle vier Teleporter zu sehen.) Zeige den Spielern auch die speziellen Sanduhrfelder, auf denen die Zeit manipuliert wird. Zeit? Ja, genau. Es steht nämlich nicht viel Zeit zur Verfügung. Drei Minuten läuft die Sanduhr. Das ist nicht viel. Sind nicht alle vier Helden innerhalb der Zeit mit ihrer Beute aus dem Einkaufszentrum entkommen, haben die Spieler die Runde verloren. Das dicke Ende der Erklärungen kommt nun ganz zum Schluss: Das Team darf doch kommunizieren, aber nur wenn die Sanduhr über ein Sanduhrfeld aktiviert wird (weitere Details dazu siehe unten).

Anschließend gibst du den Mitspielenden noch kurz Gelegenheit zum Planen ihres Raubzugs, und los geht es mit der ersten Runde.

Dreh die Sanduhr um und bedeute der Gruppe, anzufangen. Achte darauf, dass nicht kommuniziert wird. Auch nicht nonverbal. Wenn Kommunikation stattfindet oder zu viel wird, greife ein! Wenn ein Spieler eine falsche Aktion durchführt, mach diese direkt und ohne viel Erklärung rückgängig. Da bei solchen Korrekturen die Zeit nicht angehalten wird, kannst du das im Nachgang zur Runde erklären.

Nun zum Ablauf innerhalb der Spielrunde. Sobald alle Helden auf ihrem jeweiligen Ausrüstungsfeld stehen, klauen sie ihren Gegenstand, und der Alarm wird ausgelöst. Du drehst den Diebstahlmarker um. Ab jetzt sind alle Teleporter deaktiviert, und alle Helden müssen so schnell wie möglich zum Ausgang gelangen. Die Spielerin mit der Teleportaktion auf ihrem Aktionsplättchen dreht dieses ebenfalls um. Du kannst gern dabei helfen oder darauf hinweisen.

Ein weiteres Element im Spiel ist der sogenannte »Tu was«-Marker. Dieser kann von jeder Person zu jedem Zeitpunkt vor eine andere Person gestellt werden. Er stellt die einzige legale Möglichkeit der Kommunikation während des Spiels dar. Natürlich kann man den Spieler, den man gern zu einer Aktion auffordern möchte, auch einfach intensiv anstarren, aber jede Form von Gesten oder Geräuschen ist verboten. Der Marker ist somit ein mächtiges Element im Spiel.

Betritt ein Held eine Teleportmarkierung mit passender Farbmarkierung, kann ihn der Spieler mit der entsprechenden Fähigkeit (und nur dieser) teleportieren. Das passiert, indem die Heldenfigur auf ein entsprechend gefärbtes Ziel-Teleportfeld bewegt wird.

Betritt ein Held eines der Sanduhrfelder, drehst du die Sanduhr auf den Kopf. Das Team bekommt somit also mehr Zeit und darf jetzt so lange es will miteinander reden. Aber Achtung: Die Zeit läuft natürlich weiter! Wenn allerdings die erste Heldenfigur berührt wird, herrscht wieder Schweigepflicht. Betritt ein Held ein Sanduhrfeld und war die Sanduhr zuvor zu zwei Dritteln abgelaufen und nur noch eine Minute übrig, haben die Spielenden nach dem Umdrehen nun wieder zwei Minuten Zeit statt einer. Aber Achtung! Das gilt auch umgekehrt. Wenn die Sanduhr umgedreht wird, bevor die Zeit zur Hälfte abgelaufen war, verliert das Team dadurch tatsächlich Zeit. Du kannst gern darauf hinweisen. Manchmal ist es das allerdings wert, wenn man sich dadurch kurz absprechen kann.

Nachbereitung

Nach jeder Runde sammelst du alle Plättchen wieder ein, mischst sie gegebenenfalls neu und teilst sie eventuell für eine weitere Runde neu aus. Alle Einkaufszentrumsplättchen bis auf das erste werden ebenfalls wieder entfernt und neu gemischt. Da das Team im ersten Versuch wahrscheinlich nicht gewinnen wird, biete eine zweite und dritte Runde an, um den Spielenden ein Erfolgserlebnis zu ermöglichen.

Hinweise

Das Spiel lebt davon, dass die Teilnehmenden nicht untereinander kommunizieren. Es liegt an dir und deiner Moderation, wie streng du bist. Keine Sorge, die Spielenden werden gegen diese Regeln verstoßen. So etwas kommt im Eifer des Gefechts schnell mal vor und ist meist keine böse Absicht. Weise darauf hin und werde bei wiederholten Verstößen strenger.

Eine Schwierigkeit für viele Spieler ist es, zu erkennen, dass man nicht einen der Helden spielt, sondern alle. Gleichzeitig. Die Spieler spielen stattdessen Richtungen bzw. Aktionen. Das braucht eventuell mehr als eine Erklärung, bis es von allen verstanden ist. Oder wie Jeff Weiner, der frühere CEO von LinkedIn, das mal so treffend gepostet hat: »In order to effectively communicate to an audience, you need to repeat yourself so often that you grow sick of hearing yourself say it, and only then will people begin to internalize the message« – also: »Um effektiv mit einem Publikum zu kommunizieren, muss man sich so oft wiederholen, bis man es satt hat, sich selbst zu hören, und erst dann werden die Leute anfangen, die Nachricht zu verinnerlichen.« [WEINER]

Natürlich ist ein wichtiger Aspekt dieses Spiels das Lernen der Gruppe. Leite die Spielenden dabei an, in den Pausen zwischen den Runden sinnvoll zu reflektieren. Was hat gut funktioniert, was war nicht so gut? Du kannst hier auf dein gesamtes Repertoire an Retrospektivtechniken zugreifen. Wie so oft gilt hier der alte

Spruch von Theophrastus Bombast von Hohenheim (besser bekannt als Paracelsus), demzufolge allein die Dosis das Gift macht [PARACELSUS].

Eine schöne Erkenntnis liegt auch darin, das Spiel erst mit wenigen und dann mit mehr Spielern zu spielen. Die Gruppe lernt dadurch z. B., dass die Zusammenarbeit viel leichter wird, wenn mehrere Personen eine bestimmte Fähigkeit mitbringen.

Stolperfallen

Im Team könnten sich im Debriefing etliche Erkenntnisse herauskristallisieren. Achte darauf, dass ihr euch auf wenige, aber für das Team wichtige Lektionen fokussiert.

Debriefing-Tipps

Potenziell kannst du mit diesem Spiel sehr viele Aspekte agiler Teamarbeit debriefen. Die wesentliche Erkenntnis zielt jedoch darauf ab, wie ein effizientes, kurzes Koordinationsmeeting ablaufen kann (wie z. B. ein Daily-Scrum-Event).

- »Mit welchem Meeting in eurem Teamalltag lässt sich das Ereignis ›Person zieht auf ein Sanduhrfeld‹ vergleichen?«
- »Wie funktionierte eure Kommunikation beim ersten Sanduhrfeld im Verhältnis zu den nächsten Malen?«
- »Wenn andere Teammitglieder nicht das gemacht haben, was du für sinnvoll gehalten hast, was hast du gemacht?«
- »Wofür könnte der ›Tu was«-Stein‹ metaphorisch stehen?«

Zwecke im Detail

Crossfunktionale Teams: Die einzelnen Teammitglieder haben alle ihre individuellen Fähigkeiten. Nur im Zusammenspiel aller Teammitglieder kann das gemeinsame Ziel erreicht werden.

Kommunikation: Der zentrale Aspekt dieses Spiels ist die Kommunikation im Team.

Teamwork: Nur gemeinsam kann das Team in diesem Spiel erfolgreich sein.

Vertrauensbildend: Durch das Erleben dieser gemeinsamen Zielerreichung wächst Vertrauen bei den Beteiligten.

Quelle

Das Spiel wurde von Kaspar Lapp erfunden und ist im Shop von Pegasus Spiele [MAGICMAZE] sowie im gut sortierten Fachhandel erhaltlich. Wir haben es durch Veit Richter und Jan Neudecker kennengelernt. Das besondere Lob gebührt hier Veit, der das Potenzial des Spiels zum Einsatz im Agile Coaching erkannt und es seitdem Jan, uns und anderen dankenswerterweise nahegebracht hat.

Fang-Schuh

Typ: gemeinsame Lösung für konkurrierende Ziele

Zwecke: Energizer, Kommunikation

Medium: offline

Niveau: einfache Durchführung, Teilnehmer sollten aber mit »Versagen« umgehen können

Gruppengröße: mindestens 4, bei 8 und mehr Teilnehmenden kommen spannende Gruppendynamiken hinzu

Dauer: 15 bis 20 Minuten

Learning Objectives

Die Teilnehmenden erkennen, dass »miteinander reden« leichter gesagt als getan ist. Kommunikation gerade bei den Themen »Ziele« und »Befindlichkeiten« ist kein Selbstläufer.

Benötigtes Material

Idealerweise ein weites und zugängliches Gelände, mindestens jedoch 2 Zimmer.

Vorbereitung

Keine Vorbereitung nötig.

Ablauf und Moderation

Bitte die Teilnehmenden, sich in zwei etwa gleich große Gruppen aufzuteilen. Die eine Gruppe soll vor der Tür (oder im anderen Raum) warten.

Erkläre der ersten Gruppe die Aufgabe: »Euer Auftrag ist es, zu gewinnen!« Diese Betonung hilft, das Konkurrenzdenken anzufachen, obwohl es nie explizit erwähnt wird, dass das andere Team verlieren soll. »Jede Person eurer Gruppe muss einen Schuh einer Person der anderen Gruppe in die Finger bekommen. Dafür habt ihr maximal zehn Minuten Zeit.« Gern darf die Gruppe Rückfragen stellen, selbstverständlich wird der Auftrag der anderen Gruppe jedoch nicht offenbart.

Erkläre dann der zweiten Gruppe die Aufgabe: »Euer Auftrag ist es, zu gewinnen!« (Siehe oben.) »Ihr dürft von den Teilnehmenden der anderen Gruppe nicht berührt werden. Ihr habt gewonnen, wenn ihr in den nächsten zehn Minuten nicht angefasst wurdet.«

Es ist den beiden Teams selbstverständlich erlaubt, miteinander zu sprechen. Du erwähnst das jedoch nicht explizit. Der Knackpunkt dieses Spiels ist, dass sich die

Gruppen gegenseitig ihren Auftrag nicht nennen, weil sie sich nur darauf fokussieren, ihn allein zu erreichen. Erlaubt ist den Gruppen jedoch alles.

Der Rest der Übung ist ein Selbstläufer.

Sehr wahrscheinlich werden die Teilnehmenden alle ihre Kommunikationserfahrungen über Bord werfen und anfangen, sich gegenseitig zu jagen. Abbildung 10-17 zeigt die absurden Auswüchse, die dieses Spiel annehmen kann: Das Team, das nicht berührt werden darf, drückt mit aller Kraft die Tür zu, damit das andere Team nicht zu ihm durchdringen kann. So wird eine Nicht-Kommunikation sogar noch verstärkt. Eine gemeinsame Lösung der beiden Aufgaben ist nicht mehr in Sicht.

Abbildung 10-17: Nicht-Kommunikation beim Spiel Fang-Schuh

Stolperfallen

Es wird heiß hergehen, und eine Jagd wird stattfinden. Achte darauf, dass die Teilnehmenden sich nicht gegenseitig Gewalt antun!

Debriefing-Tipps

Die Gruppe wird sich automatisch in Erklärungsversuche stürzen. Sollte die Gruppe tatsächlich gesittet miteinander gesprochen haben, kannst du von deinen Erfahrungen anderer Gruppen erzählen. Selbstverständlich wird das Lernen der Gruppe dann aber etwas weniger wertvoll sein.

Leitfragen, die im Debriefing hilfreich sein können:

- »Habt ihr euren Auftrag erledigt? Habt ihr gewonnen?«
- »Beide Gruppen hätten gewinnen können, warum ist euch dies nicht gelungen?«

- »Welche tagtäglichen Situationen kennt ihr, die ähnlich verlaufen und genauso erfolglos sind?«

Zwecke im Detail

Energizer: Mit einem Team, das sich schon gut kennt und bei dem ein gewisses Vertrauen vorhanden ist, kannst du dieses Spiel auch als kurzen Energizer einsetzen. Dann kommt es auch nicht so sehr auf das Debriefing an, sondern auf den Spaßfaktor und die Bewegung.

Kommunikation: Die fehlende Kommunikation zwischen den Teams ist der Knackpunkt dieses Spiels. Ohne Kommunikation kommt es zu keiner gemeinsamen Lösung. Mit Kommunikation ist diese ganz leicht zu finden.

Quelle

Aaron Shelton hat die Übung mit Veit Richter geteilt, und Veit hat sie uns beigebracht.

Spiele in diesem Kapitel:
- Coding Dojo
- Ensemble Programming (Mob Programming)
- Testing Jenga
- Dice of Debt
- Technical Debt Game (für Nicht-Techniker)
- Continuous Integration mit LEGO®

KAPITEL 11
Technical Skills – t3ch skillz 4 n3rds

»Believing oneself to be perfect is often the sign of a delusional mind.«
(Der Glaube, perfekt zu sein, ist oft ein Zeichen von Wahnvorstellungen.)

– *Lieutenant Commander Data, USS Enterprise NCC 1701-D*

Alle ursprünglichen, leichtgewichtigen Methoden, die 2001 zu dem Schlagwort »Agile« führten, zielten immer darauf ab, ein gut funktionierendes System für echte Anwenderinnen und Anwender zu entwickeln und auszuliefern. Dieses »Technical Skills«-Kapitel stellt die Entwicklung und Programmierung in den Mittelpunkt und liefert Lernerfahrungen für eine Reihe von agilen Entwicklungspraktiken.

Für Entwicklungsteams sind die Themen »Continuous Integration«, »Refactoring«, »technische Exzellenz« und vor allen Dingen das Verständnis von »technischen Schulden« essenziell wichtig. Ohne moderne, gemeinschaftliche Entwicklungspraktiken im Team sind alle weiteren agilen Methoden nur nettes Beiwerk. Es geht im Kern immer darum, qualitativ hochwertige Produkte zu entwickeln – und das machen nun mal Teams mit ihren technischen Skills.

Coding Dojo

Typ: Trainingsraum für Entwicklungsteams, um neue Praktiken zu lernen und bestehende zu vertiefen

Zwecke: Kommunikation, Refactoring (kontinuierlich), Teambuilding, Teamwork, technische Exzellenz, Technical Debt, vertrauensbildend

Medium: online und offline

Niveau: leicht

Gruppengröße: beliebig

Dauer: beliebig

Learning Objectives

Gemeinsames Trainieren und Lernen von Entwicklungstechniken, Sprachen, Frameworks, Tools.

Ein Coding Dojo ist der Trainingsraum für Entwicklungsteams. Dort können in einem sicheren Umfeld neue Praktiken ausprobiert und erlernt werden, genauso wie bestehende Methoden im Team diskutiert und vertieft werden können. Der Begriff »Dojo« kommt aus dem Japanischen und bedeutet »der Ort, an dem der Weg geübt wird«. Im Dojo wird mit sogenannten »Katas« trainiert. Eine Kata ist eine fest definierte Programmieraufgabe, die im Dojo gelöst werden soll. Der Begriff »Kata« kommt ebenfalls aus dem Japanischen und bedeutet »Form« oder »Haltung«.

Das Ziel eines Coding Dojo ist es, das gemeinsame Verständnis von Softwaredesign und Codequalität im Team zu festigen. Gute Teams führen jede Woche, mindestens aber alle zwei Wochen, ein Coding Dojo von ein bis zwei Stunden Länge durch.

Benötigtes Material

- Liste von Coding Katas
- Entwicklungsumgebungen für alle Teilnehmenden
- offline: Projektor bzw. die Möglichkeit, Screeninhalte allen Teilnehmenden zu zeigen
- online: Videokonferenz

Vorbereitung

Überlege dir mit deinem Team, welche Techniken oder Aspekte des Codings ihr im nächsten Dojo betrachten wollt. Das kann ganz allgemein gehalten sein, und ihr diskutiert über verschiedene Lösungsansätze für eine ausgesuchte Kata. Oder ihr möchtet bestimmte Entwicklungsprinzipien und -praktiken für eine Kata anwenden, wie z. B. Mocks, Refactoring, SOLID, TDD, Pairing usw.

Nutze die Erfahrung und den Wissensdurst des Teams, um ein Themen-Backlog für die kommenden Dojos zu füllen. Mögliche Katas findest du auf diversen Seiten im Internet. Such einfach nach »Coding Kata«, und los geht's. Die bekanntesten sind wohl Fizz-Buzz, Gilded Rose und Bowling.

Ablauf und Moderation

Wählt im Team eine Kata, die von der gesamten Gruppe im Test-Driven Development zu lösen ist. (Ja, das wollen wir mit TDD explizit so haben.)

Für den Anfang bietet sich die klassische Einsteiger-Kata »FizzBuzz« an:

Kata »FizzBuzz«

Schreibe eine Funktion, die alle Zahlen von 1 bis 100 ausgibt. Manche Zahlen werden jedoch durch folgende Regeln ersetzt:

- Ist die Zahl durch 3 teilbar, wird »Fizz« ausgegeben.
- Ist die Zahl durch 5 teilbar, wird »Buzz« ausgegeben.
- Ist die Zahl durch 3 und 5 teilbar, wird »FizzBuzz« ausgegeben.

Die korrekte Ausgabe sieht also so aus:

```
1
2
Fizz
4
Buzz
Fizz
7
8
Fizz
Buzz
11
Fizz
13
14
FizzBuzz
16
...
```

Stell die Kata dem Team vor oder – noch besser – lass jemanden aus dem Team die Kata vorstellen. Fragen algorithmischer und inhaltlicher Art können noch kurz beantwortet werden. Die weitere Lösungsfindung liegt jetzt bei den Teilnehmenden.

Die Leute dürfen sich nun paarweise zusammentun, zu dritt geht es auch, falls jemand überbleibt. Die Gruppenarbeit startet jetzt mit TDD (Test-Driven Development).

Lass einen Timer mit 5, 10 oder 15 Minuten laufen, je nach Komplexität der Kata. Frag nach der Timebox in die Runde, ob noch eine weitere kurze Timebox angehängt werden soll.

Anschließend werden die gefundenen Lösungen und vor allen Dingen die unterschiedlichen Lösungswege gemeinsam in der Gruppe reviewt und reflektiert. Gerade wenn ein Team schon einige Dojo-Erfahrung hinter sich hat, entstehen neue Erkenntnisse und bemerkenswerte Details. Es finden sich auch immer wieder Ausreißer (in den Lösungen), die es wert sind, besprochen zu werden.

Hinweise

Achte darauf, dass Aspekte wie TDD, Test-First, Pair Programming, Ensemble Programming (siehe Seite 324) und häufige Driver-Wechsel ermöglicht werden und stattfinden. Wenn dir diese Begriffe unbekannt sind, nutze die Coding Dojos dafür, die entsprechenden Aspekte gemeinsam mit deinem Team zu trainieren. Lies Bücher und Blogs zu den Themen, bilde dich weiter. Schließlich möchtest du in der Lage sein, deine Teams auch bei den technischen Skills zu unterstützen.

Die Gruppen sollen nach dem Prinzip »come green, go green« arbeiten: Die Tastatur wird innerhalb von Paaren oder beim Ensemble Programming nur gewechselt, wenn alle Tests grün sind. Wir möchten beim Entwickeln nur funktionierende Software vorfinden und auch wieder hinterlassen.

Die ganze Übung soll dem Team ebenfalls Appetit machen auf Ensemble Programming als echten Arbeitsmodus (siehe Seite 324). Ensemble Programming ist die konsequente Anwendung der Coding-Dojo-Prinzipien auf die Arbeit an echtem, produktivem Code.

Mit erfahreneren Teams kann man auch Schwierigkeiten einbauen:

- Ein ungewohntes Tastaturlayout (die erste Session auf einem Apple Mac wird für Windows-Nutzer nicht einfach).
- Die Vorgabe, zwingend eine Lösung mittels Rekursion zu entwickeln.
- Etwas Extremes wie der Verzicht auf jegliche IDE. Programmiert wird also nur in einfachsten Texteditoren wie Notepad (und zwar ohne ++) oder nano. Dennis' Freunde Ilker Cetinkaya und Andreas Lengauer haben mal den Vogel abgeschossen und zusammen in einem Paar ausschließlich mit Mobiltelefonen programmiert, wie in Abbildung 11-1 zu sehen ist. Einer hat den Code und die Tests in jsfiddle (*https://jsfiddle.net*) gebaut und der andere parallel die Syntax nachgeschlagen. Hammermäßig!

Abbildung 11-1: Ilker und Andreas beim Pair Programming mit Mobiltelefonen

Stolperfallen

Teams ohne Dojo-Erfahrung tendieren gern dazu, Entwicklungsthemen in ihrem echten Code adressieren und bearbeiten zu wollen. »Wir können die Zeit doch viel besser nutzen, wenn hier gleich richtige Ergebnisse rauskommen« – das hören wir immer mal wieder. Leider musst du an dieser Stelle ein deutliches »Nein« aussprechen. Ein Coding Dojo ist ein Trainingsmodus, es wird nicht am offenen Herzen operiert.

Wenn das Team produktiven Code schreiben möchte, heißt die nächste vernünftige Praktik »Ensemble Programming« (siehe Seite 324).

Debriefing-Tipps

Am Ende des Coding Dojo fragst du nach expliziten, konkreten Erkenntnissen und Arbeitsweisen, die das Team in seinen Alltag mitnehmen und integrieren möchte.

Zwecke im Detail

Kommunikation: Das Team muss in diesem Format der Zusammenarbeit kontinuierlich kommunizieren. Gute Kommunikation wird damit notwendig und kann vom Team sogar in seinen Retrospektiven geprüft werden.

Refactoring (kontinuierlich): Refactoring als Teil der agilen Entwicklungspraktiken wird immer ein Bestandteil von Coding Dojos sein.

Teambuilding: Das Team arbeitet in diesem Format richtig und »ernsthaft« zusammen. Das schweißt zusammen und führt dazu, dass das Team weiter zusammenwächst.

Teamwork: Das Team lernt in diesem Format, gemeinsam Probleme zu besprechen und zu lösen.

Techische Exzenllenz: Dieses Format hat zum Ziel, die technische Exzellenz des Teams auszubauen. Immer wieder kommen andere Aspekte der agilen Entwicklungspraktiken in die Coding Dojos, um vom Team ausprobiert und vertieft zu werden.

Technical Debt: Ein Coding Dojo ist der ideale Raum, in dem sich das Team über technische Schulden austauschen kann. Ein gemeinsames Verständnis kann aufgebaut und Vermeidungsstrategien im Team können verankert werden.

Vertrauensbildend: Durch die konkrete Zusammenarbeit im Team führt ein Coding Dojo oft zu einem tieferen Vertrauen innerhalb des Teams.

Quelle

So richtig kann sich niemand aus der internationalen agilen Szene daran erinnern, von wem die Idee der Coding Dojos stammt. Einige tendieren dazu, Corey Haines die Credits zuzuschieben. Robert »Uncle Bob« Martin erinnert sich an eine Session von Laurent Bossavit und Emmanuel Gaillot auf der XP 2005, die das Konzept des Coding Dojo vorgestellt haben. Und wieder andere meinen, Dave Thomas (»Pragmatic Dave«) hätte als Kata-Erfinder etwas damit zu tun. Du siehst, es wimmelt vor namhaften Contributors zu diesem Thema. Letztlich konnte Emily Bache bestätigen, dass Laurent und Emmanuel in 2005 Coding Dojos erfunden haben. Das wird auch allgemein als »Paris School of Coding Dojo« bezeichnet. Die Munich School geht auf Pete Sacchet, Philipp Schiling und Ilker Cetinkaya zurück. Mit diesen zusammen hatte Dennis früher das entsprechende Meetup in München organisiert.

Für eine weitere Vertiefung zu Coding Dojos empfehlen wir Emilys Buch »The Coding Dojo Handbook« [BACHE].

Ensemble Programming (Mob Programming)

Typ: Arbeitsmodus für Softwareentwicklungsteams, um mit dem ganzen Team zu entscheiden und zu entwickeln

Zwecke: crossfunktionale Teams, Kommunikation, Refactoring (kontinuierlich), Teambuilding, Teamwork, technische Exzellenz, Technical Debt, vertrauensbildend

Medium: online und offline

Niveau: leicht

Gruppengröße: 5 bis 8 Personen

Dauer: beliebig

Learning Objectives

Ensemble oder Mob Programming ist eine Arbeitsmethodik für das ganze Team. Es ist weder ein Spiel noch eine Simulation – hier werden echte Resultate am echten System erzeugt. Alle Teammitglieder arbeiten an derselben Sache zur selben Zeit im selben Raum am selben Computer.

Was es dabei zu lernen gibt, ist der immer wieder gehörte große Wunsch nach Knowledge-Transfer: Das gesamte Team nimmt am Softwareentstehungsprozess teil, sodass das Wissen sofort auf alle Teammitglieder verteilt wird.

Benötigtes Material

- großer Raum für das gesamte Team (plus zusätzliche Leute, falls benötigt)
- zentraler Computer, an dem entwickelt wird
- zusätzliche Computer, die für Recherche und Außenkommunikation genutzt werden können

- Projektor oder riesiger Monitor mit 4K-Auflösung
- jeweils 2 Tastaturen und Mäuse am Computer (idealerweise jeweils eine »herkömmliche« und eine »ergonomische« Ausführung, damit alle Vorlieben im Team abgedeckt sind und alle Teammitglieder sofort effizient arbeiten können)
- Stühle und Tische für alle Teammitglieder

Ablauf und Moderation

Das Team arbeitet im »Driver/Navigator«-Muster. Eine Person in der Navigator-Rolle denkt über die nächsten Schritte nach, die der Code nehmen sollte, und drückt das dem Team gegenüber verbal aus. Die Person in der Driver-Rolle übersetzt das gesprochene Wort an der Tastatur in Code. Anders gesagt: Jeder geschriebene Code geht zunächst vom Gehirn über den Mund des Navigators durch die Ohren und dann durch die Hände des Drivers in den Computer.

Es gibt immer genau eine Person als Driver. Alle anderen Teammitglieder befinden sich in der Navigator-Rolle. Dies ist der große Vorteil dieser ganzen Methode: Alle Teammitglieder kommunizieren und diskutieren über das Softwaredesign, alle sind eingebunden und informiert.

Die Hauptaufgabe der Navigators liegt darin, das Design und die Entwicklung zu denken, zu diskutieren, zu beschreiben und zu steuern. Der Transfer in Code ist die Aufgabe der Driver-Rolle. Natürlich ist es wichtig, die Sprache, Entwicklungsumgebungen, Werkzeuge usw. gut zu beherrschen. Die eigentliche Arbeit der Softwareentwicklung ist jedoch nicht das Tippen, sondern findet im Gehirn statt, um das eigentliche Problem zu lösen.

Sollte die Driver-Person noch nicht alle benötigten Skills mitbringen, bekommt sie Unterstützung vom restlichen Team. So werden Keyboard-Shortcuts, Sprachfeatures, Clean-Code-Praktiken usw. automatisch vermittelt. Die Coding-Skills des gesamten Teams werden dadurch verbessert.

Die Driver-Rolle wechselt nach 15 Minuten. Die Person am Computer ändert ihre Position und nimmt eine Navigator-Rolle ein. Am besten erstellst du eine Liste der Anwesenden, sodass immer die nächste Person auf der Liste in die Driver-Rolle wechselt.

Hinweise

Das Team kommuniziert als »Das Team«. Dies bedeutet, dass sämtliche E-Mails, Chats, Telefonate oder Videocalls vom Team als Ganzes geschrieben bzw. geführt werden. Die gesamte Kommunikation mit den Stakeholdern, die vorher über einzelne Teammitglieder lief, soll jetzt mit dem ganzen Team stattfinden. Auch hier solltest du darauf achten, dass die direkte Kommunikation mit dem gesamten Team stattfindet. Es soll keine einzelnen Information-Hubs mehr geben.

Stolperfallen

Diese Arbeitsmethodik kann für manche Personen gelegentlich zu viel sein. Stell sicher, dass alle Teammitglieder ihre privaten Rückzugsbereiche haben. Manchmal benötigt es individuelle Fokuszeit, und die solltest du dem Team bereitstellen.

Die eigentliche Stolperfalle dabei entsteht, wenn sich einzelne Personen aus dem Ensemble Programming herausnehmen wollen, um doch wieder in alter Manier Aufgaben zu übernehmen und Probleme allein zu lösen. Das Ziel ist immer, diese Arbeitsmethode für das Team zum Standard werden zu lassen. Das klingt für dich auf den ersten Blick vielleicht eigenartig. Du stellt dir möglicherweise Fragen wie:

- »Soll diese Methode echt zum Standard werden?«
- »Alle sollen immer um einen Rechner herumsitzen?«

Versuche nicht, diese Methode auf einen Schlag sofort einzuführen. Nutze sie in deinem Team, um sie einzuüben, um das Prinzip zu verstehen und um im Alltag dadurch besser zusammenzuarbeiten. Du kannst die Methode für einzelne Fragestellungen und Situationen verwenden, beispielsweise für ein Kick-off oder einen ersten gemeinsamen Entwurf einer Architektur.

Wenn dein Team so weit ist, dass es die Vorteile der Methode für sich erkannt hat, kann es selbst die Entscheidung treffen, wann und wie oft es Ensemble Programming einsetzen möchte. Und ja, es gibt sehr gute Teams, die Ensemble Programming zu ihrer Standardmethode gemacht haben.

Hinweise

Je nach Erfahrung des Teams kann es sinnvoll sein, die Dauer zu verändern, die man als Driver an der Tastatur verbringt. Unerfahrene Teams werden meist länger brauchen, um das schon im Pair Programming geltende Prinzip des »come green, go green« (siehe Hinweise zu »Coding Dojo« auf Seite 319) auch wirklich umsetzen zu können. Experimentiere hier einfach damit, wie gut es für das jeweilige Team funktioniert.

Natürlich gibt es auch mal sich wiederholende Fließbandtätigkeiten, etwa 20 Events in einer Programmiersprache händisch einzeln zu »verdrahten«. Nach den ersten drei Events wissen alle im Team, wie das funktioniert. Es ist völlig okay, wenn dann jemand die fehlenden 17 Male allein wiederholt, ohne dass alle anderen dabei zuschauen und sich langweilen. Sich sklavisch an den Prozess zu halten, ist also nicht die Idee. Und natürlich ergibt es auch Sinn, wenn jemand mal nebenher eine Recherche an einem anderen Rechner durchführt, um anschließend der Gruppe das Ergebnis mitzuteilen. Wir finden allerdings, dass gemeinsames Suchen auch eine Lernerfahrung bringen kann. Experimentiere hier am besten mit verschiedenen Modi. Das Ergebnis wird es auf jeden Fall wert sein!

Manche Teams wenden Ensemble für jeweils einige Stunden pro Tag an, andere Vollzeit. Wieder andere nutzen es nur an einigen Tagen pro Woche. Die große Stärke der Methode liegt neben der inkludierten Wissensvermittlung auch darin, dass die Schwächen der Teilnehmenden in aller Regel ausgeglichen werden. Ist eine Person mal müde, tut das dem Ensemble im Allgemeinen keinerlei Abbruch. Brilliert jemand gerade, lernen alle davon. Es werden also die Schwächen ausgeglichen und die Stärken genutzt.

Zwecke im Detail

Crossfunktionale Teams: Das gesamte Team arbeitet mit allen individuellen Fähigkeiten und Erfahrungen beim Ensemble Programming gemeinsam an der Lösungsfindung. Jedes Teammitglied bringt seine Stärken und Kenntnisse ein, sodass ein Großes und Ganzes entsteht.

Kommunikation: Das Team kommuniziert in diesem Format der Zusammenarbeit kontinuierlich. Gute Kommunikation wird damit notwendig und kann vom Team in seinen Retrospektiven immer weiter verbessert werden.

Refactoring (kontinuierlich): Refactoring als ein Teil der agilen Entwicklungspraktiken sollte beim Ensemble Programming konsequent angewendet werden.

Teambuilding: Das gesamte Team arbeitet in diesem Format sehr eng zusammen. Das schweißt zusammen und führt dazu, dass das Team immer mehr zusammenwächst.

Teamwork: Das Team löst in diesem Format immer gemeinsam Probleme.

Technische Exzellenz: Durch die verschiedenen Perspektiven auf Qualität im Team entstehen automatisch Diskussionen über die »richtige« Art und Weise, Probleme zu lösen. Das gesamte Team lernt kontinuierlich dazu und kann technisch exzellente Lösungen umsetzen.

Technical Debt: Beim Ensemble Programming fallen kleine und große Qualitätsmängel sehr schnell auf und werden sofort adressiert. Technische Schulden werden normalerweise direkt beseitigt. Neue technische Schulden entstehen erst gar nicht.

Vertrauensbildend: Die konsequente und konkrete Zusammenarbeit im Team führt im Ensemble Programming zu einem tieferen Vertrauen innerhalb des gesamten Teams.

Quelle

Woody Zuill hat 2012 auf mobprogramming.org angefangen, den Arbeitsprozess seines Teams zu beschreiben [ZUILL].

Testing Jenga	
Typ:	Hohe Qualität erzeugen und technische Schulden vermeiden durch Zusammenspiel verschiedener Disziplinen im Team
Zwecke:	crossfunktionale Teams, technische Exzellenz, Technical Debt
Medium:	offline
Niveau:	leicht
Gruppengröße:	2 Personen und beliebig viele Beobachtende
Dauer:	20 Minuten

Learning Objectives

Die Teilnehmenden erfahren, dass kleinteiliges und häufiges Testen den gesamten Entwicklungsprozess beschleunigt im Gegensatz zum klassischen Testen am Ende der Entwicklung.

Benötigtes Material

36 Klötze des Spiels »Jenga«.

Vorbereitung

Nummeriere die Jenga-Klötze mit den Nummern 1 bis 36, und zwar am besten so, dass die Nummer von jeder Seite aus sichtbar ist.

Ablauf und Moderation

Das Ziel dieses Spiels ist die Erkenntnis, dass eine enge Zusammenarbeit von Testing und Entwicklung zu höherer Qualität und weniger technischen Schulden führt. Die beiden Teilnehmenden bauen dafür in drei Runden eine stabile Struktur aus Holzklötzen.

Finde eine freiwillige Person für die Entwicklungsrolle. »Du hast die Aufgabe, eine Struktur mit diesen Klötzen zu bauen, die mindestens drei Stockwerke hoch ist. Ein Stockwerk entspricht einem senkrecht stehenden Baustein. Du musst dafür alle Bausteine verwenden.«

Finde eine weitere freiwillige Person für die Testerrolle. Denke dir vier zufällige Zahlen zwischen 1 und 36 aus. »Du bist für das Testing verantwortlich. Die vier Bausteine mit den Nummern (deine zufälligen Zahlen) sind fehlerhaft und müssen gefixt werden.«

Runde 1: Die Testerin kommt erst dazu, wenn die komplette Struktur aufgebaut ist. Sie verifiziert das Gebilde und identifiziert die fehlerhaften Bausteine. Der Entwickler muss diese fehlerhaften Bausteine entfernen und die Struktur mit den übrigen Bausteinen aufrechterhalten. Manchmal muss er die Struktur dafür stark umbauen, damit sie noch stabil stehen bleibt.

Wähle vier neue zufällige Zahlen und teile sie nur der Testerin mit.

Runde 2: Die Struktur wird neu aufgebaut. Die Testerin kommt aber bereits nach jeweils neun Bausteinen dazu (jeweils ein Viertel der Struktur) und identifiziert die fehlerhaften Bausteine. Die Testerin bekommt damit vier Möglichkeiten, Feedback zu geben. Der Entwickler muss auch hier die fehlerhaften Bausteine entfernen.

Wähle erneut vier zufällige Zahlen.

Runde 3: Die Struktur wird noch einmal neu aufgebaut. Die testende Person arbeitet eng mit der Entwicklung zusammen und identifiziert fehlerhafte Bausteine direkt während des Bauens der Struktur.

Nachbereitung

Bauklötze aufräumen.

Debriefing-Tipps

In der ersten Runde wurde klassisches Wasserfall-Testing durchgeführt. Je fundamentaler die Fehler in der Struktur sind, desto mehr verzögert sich die Fertigstellung.

In der zweiten Runde erfolgt schnelleres Feedback zur Qualität. Fehler werden schneller gefunden, die Fehlerbehebung ist einfacher, und insgesamt verringert sich das Projektrisiko gegenüber der ersten Variante.

In der dritten Runde wird auf sehr agile Art und Weise als Team zusammengearbeitet. Fehler werden sofort entdeckt oder im Idealfall gar nicht erst eingebaut. Agile Teams sollten immer versuchen, dieses Ideal zu erreichen.

Hinweise

Wenn ein Team Glück hat und in der ersten Runde die fehlerhaften Teile quasi alle obenauf liegen, kannst du gern schon während des Baus der testenden Person noch schnell andere Nummern zuschieben. Unwahrscheinlich, aber schon vorgekommen.

Zwecke im Detail

Crossfunktionale Teams: Dieses Spiel zeigt deutlich, wie gut selbst das kleinstmögliche crossfunktionale Team aus zwei Personen zusammenarbeiten kann. Die beiden unterschiedlichen Experten schaffen es in den drei gespielten Runden, immer besser zusammenzuarbeiten und ein qualitativ höherwertiges Ergebnis in kürzerer Zeit zu liefern.

Technische Exzellenz: Dieses Spiel macht sichtbar, wie technische Exzellenz durch gute Zusammenarbeit im Team entsteht.

Technical Debt: Die Nachteile technischer Schulden werden in diesem Spiel in der ersten Runde aufgezeigt. In der dritten Runde hingegen entstehen gar keine technischen Schulden mehr, da sie sofort behoben werden, bevor sie sich im System manifestieren können.

Quelle

Dieses Spiel wurde erstmalig von Nanda Lankalapalli 2011 auf seinem Blog unter dem Namen »Game – Test small, test often« beschrieben [LANKALAPALLI].

Dice of Debt

Typ:	Auswirkung und das Beheben technischer Schulden
Zwecke:	Technical Debt
Medium:	online und offline
Niveau:	gehoben
Gruppengröße:	2 bis 4 Spielende pro Gruppe; so viele Gruppen, wie du moderieren kannst
Dauer:	ca. 30 Minuten

Learning Objectives

Technische Schulden müssen abgebaut werden. Das Spiel vermittelt diese Erkenntnis sowohl den entwickelnden als auch entscheidenden Teammitgliedern.

Benötigtes Material

- ausgedruckte Materialien von *https://www.agilealliance.org/dice-of-debt-game/* [DICEOFDEBT]
- 12 Würfel
- Stifte oder Kugelschreiber
- Für die Onlinevariante benötigst du ein virtuelles Whiteboard mit den oben genannten Materialien.

Ablauf und Moderation

Die Teilnehmenden durchlaufen in diesem Spiel mehrere Runden. Sie würfeln neu produzierten Wert sowie technische Schulden und können in Maßnahmen zur Reduktion dieser Schulden investieren.

»In diesem Spiel seid ihr ein Softwareentwicklungsteam, das an einem Projekt arbeitet, das über zehn Sprints läuft. Eure Aufgabe ist es, bis zum Ende des Projekts möglichst viel neuen Softwarewert zu schaffen.

Technische Schulden können diesen Wert drastisch verringern. Glücklicherweise könnt ihr die technischen Schulden durch verschiedene Maßnahmen reduzieren. Je nachdem, welche Maßnahmen ihr umsetzt, könnt ihr euch dadurch besser auf die Schaffung neuer Werte konzentrieren. Diese Maßnahmen gibt es nicht umsonst, also müsst ihr entscheiden, welche davon die Investition wert sind.«

In jeder Runde hat dein Softwareentwicklungsteam eine begrenzte Kapazität, um neuen Softwarewert zu schaffen und mit technischen Schulden umzugehen. In diesem Spiel wird die Kapazität mit zwölf Würfeln dargestellt. Zu Beginn des Spiels hat das Team acht Würfel zur Verfügung, um neue Werte zu schaffen (NV – *New Value*), und vier Würfel für technische Schulden (TD – *Technical Debt*).

In jeder Runde (die einem Sprint entspricht) würfelt man mit den Würfeln für die Wertschöpfung und addiert sie zu der Summe aller geworfenen Würfel. Dann würfelt man mit den Würfeln für die technische Schuld und subtrahiert diese Zahlen. Der neue Nettowert, den das Team in jeder Runde schafft, ist die Summe der NV minus die Summe der TD.

Achtung, Mathematik: Nettowert der Runde = NV – TD

Das Team kann die Last der technischen Schulden während des Spiels verringern, aber das kostet kurzfristig NV-Würfel. Das Team hat vier verschiedene Möglichkeiten, technische Schulden zu reduzieren:

- **Reduktion der Komplexität** durch virtualisierte Produktionsumgebung für realistischere Tests
- **Code-Reviews**
- **Continuous Integration** (kontinuierliche Integration)
- **Erhöhte Test-Abdeckung** durch testgetriebene Entwicklung (*Test-Driven Development*, TDD)

Es kann immer nur in eine dieser vier Varianten investiert werden. Jede Investition in eine TD-reduzierende Maßnahme reduziert die NV-Würfel für ein paar Runden, und das Team erhält diese Würfel zurück, wenn es die Investition abgeschlossen hat. Zu diesem Zeitpunkt erhält es die Bonusfähigkeit für den Umgang mit technischen Schulden und kann in eine weitere TD-reduzierende Maßnahme investieren, wenn es das möchte.

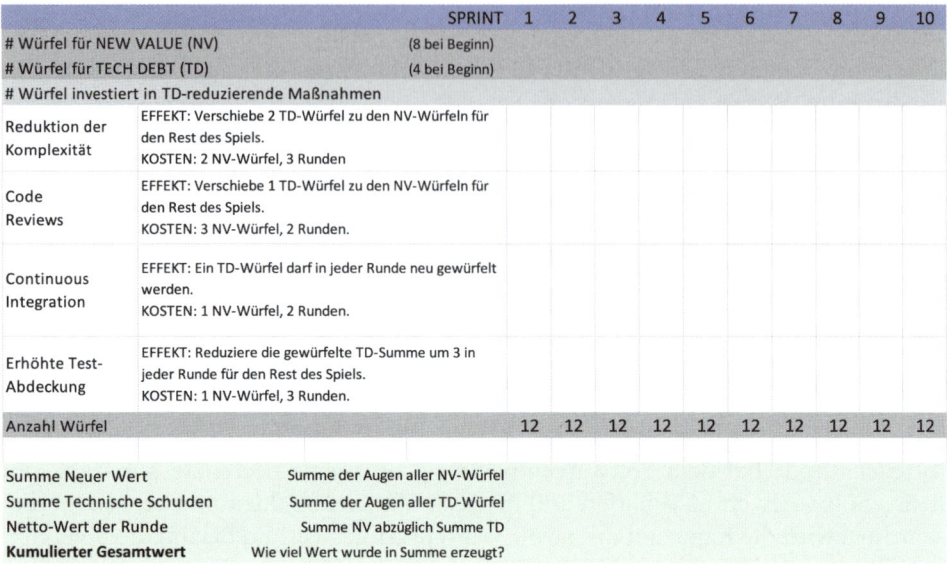

Abbildung 11-2: Dice of Debt – leere Vorlage

»Nehmt euch die leere Tabelle (siehe Abbildung 11-2) und geht nun Runde für Runde die folgenden Schritte durch:

1. Entscheidet euch, ob ihr in eine technische Entschuldungsmaßnahme investieren wollt.

   Wichtig: Ihr könnt erst dann in eine neue Maßnahme investieren, wenn ihr die Investition in eine vorherige Maßnahme abgeschlossen habt.

   Schreibt die Anzahl der NV-Würfel auf, die ihr für jeden Sprint (jede Runde) der Investition in diese Maßnahme investieren müsst (oben in der Zeile # *Würfel investiert in TD-reduzierende Maßnahmen*).

   Zieht diese Zahl von den NV-Würfeln ab und schreibt die angepasste Zahl der NV-Würfel in das Feld # *Würfel für NEW VALUE (NV)* für diese Runde.

   Ihr erhaltet diese Anzahl an Würfeln in der Runde zurück, nachdem ihr die Investition in diese Maßnahme beendet habt. Wenn ihr beispielsweise in den Sprints 1 und 2 jeweils einen Würfel in die kontinuierliche Integration investiert habt, addiert ihr diesen einen Würfel in Sprint 3 wieder zu euren Würfeln für NV. Die immer gleiche Summe der zwölf Würfel pro Sprint steht für die Arbeitskapazität eures Teams, einschließlich der Schaffung neuer Werte, des Umgangs mit technischen Schulden und der Investition in TD-reduzierende Maßnahmen. Einige TD-reduzierende Maßnahmen verschieben einen oder zwei Würfel aus dem TD-Pool in den NV-Pool. Wenn dies der Fall ist, zieht ihr im Sprint nach der Investition in diese Maßnahme diese Anzahl von Würfeln vom TD-Pool ab und fügt die gleiche Anzahl zum NV-Pool hinzu.

Wenn ihr zum Beispiel die Investition in die Reduktion der Komplexität beendet habt, sinkt die Anzahl der TD-Würfel von 4 auf 2, und die Anzahl der NV-Würfel steigt von 8 auf 10. (Weiter unten ab Abbildung 11-3 zeigen wir dies noch einmal an einem Beispiel.)

2. Ermittelt für diesen Sprint, wie viel neuen Wert (NV) ihr schafft.

   Würfelt mit den NV-Würfeln und addiert die Ergebnisse. Schreibt diese Zahl in die Zeile *Summe Neuer Wert*.

3. Ermittelt die technische Schuld (TD), die ihr in diesem Sprint verursacht.

   Erwürfelt die technische Schuld. Wenn ihr eure Investitionen in die Continuous Integration abgeschlossen habt, dürft ihr jeden der TD-Würfel einmal neu werfen.

   Zählt die Ergebnisse der TD-Würfe zusammen. Schreibt diese Zahl unten in die Zeile *Summe Technische Schulden*. Wenn ihr beispielsweise die Investitionen in die *Erhöhte Test-Abdeckung* abgeschlossen habt, zieht 3 Punkte von dieser Summe ab.

4. Ermittelt, wie viel Netto-Wert ihr in diesem Sprint geschaffen habt und wie viel ihr in allen bisherigen Sprints geschaffen habt.

   Zieht die TD-Summe von der NV-Summe ab und schreibt das Ergebnis in die vorletzte Zeile *Netto-Wert der Runde*. Dieser Endwert sollte zwar nicht kleiner als null sein, das kann in der Realität jedoch tatsächlich vorkommen. Das Beispiel in Abbildung 11-3 zeigt gleich in der ersten Runde einen Nettowert von –1. Das Team hat also mehr technische Schulden produziert, als neuer Wert erzeugt werden konnte.

		SPRINT	1	2	3	4	5	6	7	8	9	10
# Würfel für NEW VALUE (NV)		(8 bei Beginn)	6	6	6	7	7	8	8	12	12	12
# Würfel für TECH DEBT (TD)		(4 bei Beginn)	4	4	4	2	2	1	1	0	0	0
# Würfel investiert in TD-reduzierende Maßnahmen			2	2	2	3	3	3	3	0	0	0
Reduktion der Komplexität	EFFEKT: Verschiebe 2 TD-Würfel zu den NV-Würfeln für den Rest des Spiels. KOSTEN: 2 NV-Würfel, 3 Runden.		x	x	x							
Code Reviews	EFFEKT: Verschiebe 1 TD-Würfel zu den NV-Würfeln für den Rest des Spiels. KOSTEN: 3 NV-Würfel, 2 Runden.							x	x	x		
Continuous Integration	EFFEKT: Ein TD-Würfel darf in jeder Runde neu gewürfelt werden. KOSTEN: 1 NV-Würfel, 2 Runden.											
Erhöhte Test-Abdeckung	EFFEKT: Reduziere die gewürfelte TD-Summe um 3 in jeder Runde für den Rest des Spiels. KOSTEN: 1 NV-Würfel, 3 Runden.											
Anzahl Würfel			12	12	12	12	12	12	12	12	12	12
Summe Neuer Wert	Summe der Augen aller NV-Würfel		17	27	34	42	24	8	25	53	40	17
Summe Technische Schulden	Summe der Augen aller TD-Würfel		18	5	24	6	12	1	3	0	0	0
Netto-Wert der Runde	Summe NV abzüglich Summe TD		-1	22	10	36	12	7	22	53	40	17
Kumulierter Gesamtwert	Wie viel Wert wurde in Summe erzeugt?		-1	21	31	67	79	86	108	161	201	218

Abbildung 11-3: Dice of Debt – vollständig ausgefüllt. In diesem Beispiel wurde zuerst in die Reduktion der Komplexität investiert, danach zweimal hintereinander in Code Reviews.

Addiert die Zahl für den Netto-Wert in dieser Runde zur Zahl für den kumulierten Wert aus der vorherigen Runde hinzu und schreibt das Ergebnis in das Feld für den kumulierten Gesamtwert in dieser Runde.

5. Wiederholt dies, bis ihr zehn Sprints abgeschlossen habt.

   Euer Endergebnis ist die Zahl ganz rechts im untersten Feld für Sprint 10. Im Beispiel in Abbildung 11-3 ist das 218.

Ja, wir wissen es. Das Spiel ist nicht so leicht zu verstehen auf dieser theoretischen Ebene. Schauen wir uns noch mal ein paar konkrete Sprints unseres Beispiels an.

Abbildung 11-4 zeigt Sprint 1. Dort entscheidet sich das Team gleich im ersten Schritt (1), in die Reduktion der Komplexität zu investieren, und setzt das »x« in die entsprechende Zelle. Diese Maßnahme kostet 2 NV-Würfel, diese werden von den ursprünglich 8 NV-Würfeln abgezogen, sodass nur noch 6 NV-Würfel verfügbar sind. In Summe sind immer 12 Würfel im Spiel. In diesem Fall: 6 NV, 4 TD und 2 investierte Würfel.

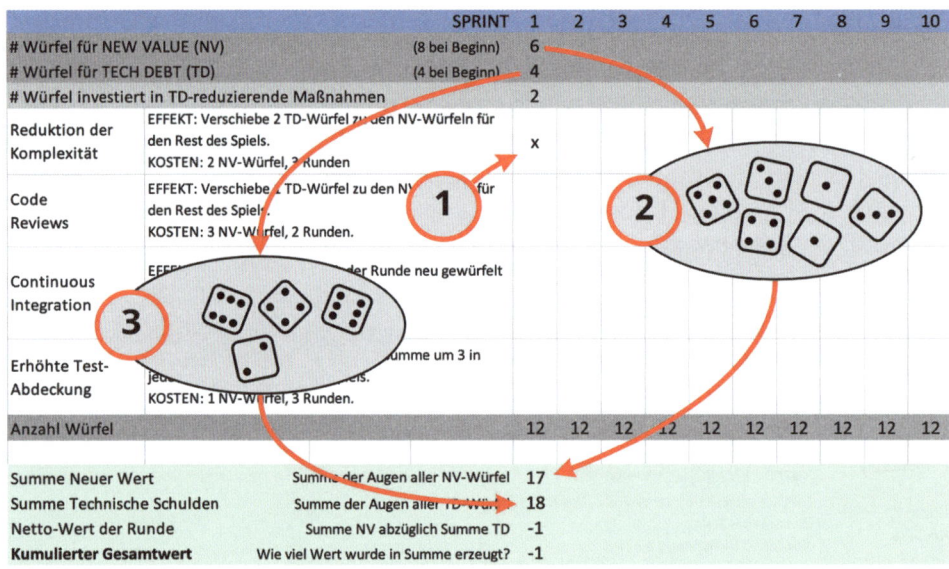

Abbildung 11-4: Dice of Debt – Sprint 1

Im nächsten Schritt (2) wird mit den 6 NV-Würfeln gewürfelt. Diese ergeben 17 Augen, die unten eingetragen werden. In Schritt (3) werden mit den 4 TD-Würfeln 18 Augen erwürfelt, die ebenso unten eingetragen werden. Der Netto-Wert der Runde beträgt also –1.

Der zweite Sprint (siehe Abbildung 11-5) bekommt nun im ersten Schritt (1) automatisch ein weiteres »x« in die Investition *Reduktion der Komplexität*. Diese wurde in Sprint 1 begonnen, dauert jedoch insgesamt 3 Sprints, bis sie zum gewünschten Effekt führt.

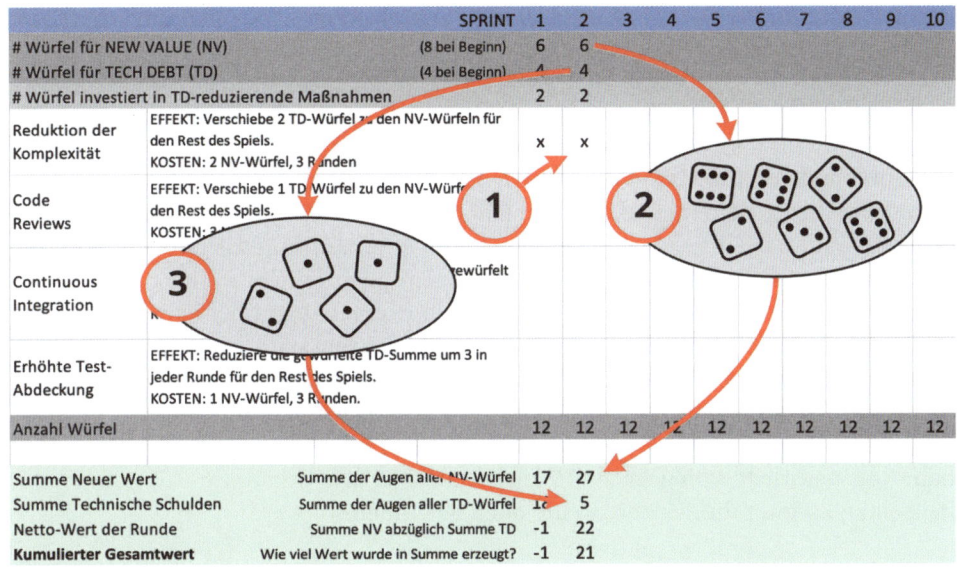

Abbildung 11-5: Dice of Debt – Sprint 2

Als Nächstes (2) ergeben die 6 NV-Würfel 27 Augen. In Schritt (3) ergeben die 4 TD-Würfel 5 Augen. Beide Ergebnisse fließen wieder unten in die Tabelle ein. Der Netto-Wert der Runde beträgt 22. Der kumulierte Gesamtwert beläuft sich auf 21, da der aktuelle Netto-Wert mit dem Gesamtwert aus Sprint 1 verrechnet wird (22 – 1).

Sprint 3 verläuft nach dem gleichen Muster. Wir schauen uns nun den Übergang von Sprint 3 zu Sprint 4 an, wie in Abbildung 11-6 zu sehen. Die Investition *Reduktion der Komplexität* ist nach Sprint 3 abgeschlossen, sodass ihr Effekt einsetzt: 2 TD-Würfel verschieben sich zu den NV-Würfeln für den Rest des Spiels, es gibt jetzt 10 NV-Würfel.

		SPRINT	1	2	3	4	5
# Würfel für NEW VALUE (NV)		(8 bei Beginn)	6	6	6	10	
# Würfel für TECH DEBT (TD)		(4 bei Beginn)	4	4	4	2	
# Würfel investiert in TD-reduzierende Maßnahmen			2	2	2	0	
Reduktion der Komplexität	EFFEKT: Verschiebe 2 TD-Würfel zu den NV-Würfeln für den Rest des Spiels. KOSTEN: 2 NV-Würfel, 3 Runden		x	x	x		

Abbildung 11-6: Dice of Debt – Übergang von Sprint 3 zu Sprint 4

So kommt es dazu, dass zu Beginn von Sprint 4 keine Würfel investiert sind. Die bislang investierten 2 Würfel wandern also wieder zu den NV-Würfeln, sodass die ursprünglich 8 NV-Würfel vollständig vorhanden sind. Gleichzeitig tritt der Effekt der abgeschlossenen Reduktion der Komplexität ein. 2 der TD-Würfel wandern ebenfalls zu den NV-Würfeln. Wir haben nun also insgesamt 10 NV-Würfel und nur noch 2 TD-Würfel ab Sprint 4 verfügbar. In Summe sind das immer noch 12 Würfel, jedoch mit deutlich mehr Gewicht auf neuem Wert (NV) als auf den technischen Schulden (TD). Die Investition in TD-reduzierende Maßnahmen führt also zu einer Erhöhung des New Value.

Stolperfallen

Es kann passieren, dass Stochastik-Steffi mit Wahrscheinlichkeits-Wolfram um die Ecke kommt und anfängt, dir vorzurechnen, dass manche Maßnahmen im Vergleich zu anderen gar keinen Sinn ergeben, und überhaupt sei das mit den gewürfelten Werten auch völlig unrealistisch. Deine Antwort: »Vielen Dank für euren berechtigten Einwand. Die Würfel haben einfach ein wenig von der Unvorhersehbarkeit des Entwicklungsprozesses abgebildet. Wir hätten auch pro Würfel mit dem Wert 4 rechnen können. Die unterschiedlichen Effekte der Maßnahmen bilden die Realität ab, in der wir auch oft verschiedene Vorschläge im Team bewerten und entscheiden müssen, welcher Vorschlag den größten Hebel für uns hat. Mathematisch habt ihr natürlich völlig recht. Welche umsetzbare Erkenntnis für euren Arbeitsalltag konntet ihr aus der Übung noch gewinnen?«

Debriefing-Tipps

Nimm dir mindestens 10 bis 15 Minuten Zeit, um die Ergebnisse des Spiels zu besprechen. Einige wichtige Fragen, die du stellen solltest, sind die folgenden:

- »Habt ihr eine gute Strategie verfolgt?«
- »Verfolgt ihr diese Strategie auch im wirklichen Leben?«
- »Wenn nicht, was hält euch davon ab, in der realen Welt mit technischen Schulden umzugehen?«
- »Wie könnt ihr andere davon überzeugen, dass eine kurzfristige Investition in den Abbau technischer Schulden langfristige Vorteile mit sich bringt?«
- »Was könnt ihr tun, um weitere Schulden zu vermeiden?«

Zwecke im Detail

Technical Debt: Dieses Spiel zeigt einige Praktiken, technische Schulden abzubauen. Ohne zeitlichen Invest des Teams ist es nicht möglich, diese für einen positiven Einfluss richtig einzuführen. Erst nach einigen Iterationen amortisiert sich dieses Investment und sorgt für eine höhere Performance des Teams.

Quelle

Inspiration von Falk Kühnel. Das ursprüngliche Spiel stammt von Tom Grant [GRANT], Link: *https://www.agilealliance.org/dice-of-debt-game/*.

Technical Debt Game (für Nicht-Techniker)

Typ: Auswirkungen und Vermeidung technischer Schulden

Zwecke: kontinuierliches Refactoring, Technical Debt

Medium: online und offline

Niveau: leicht

Gruppengröße: 3 bis 5 Personen

Dauer: ca. 45 Minuten

Learning Objectives

Erkläre und erlebe die Auswirkungen und Konsequenzen vom Hinzufügen einer Funktion nach der anderen und der Anhäufung technischer Schulden oder der Durchführung und Investition in kontinuierliches Refactoring. Das Spiel ist so konzeptioniert, dass Menschen ohne technischen Hintergrund das Entstehen technischer Schulden nachvollziehen können.

Benötigtes Material

- 100 Spielkarten, nummeriert von 1 bis 100
- 30 Spielkarten mit zufälligen Dubletten der 100 Karten
- 3 DIN-A4-Blätter
- Stoppuhr

Die Karten kannst du selbst ausdrucken mit den bereitgestellten PDFs der Spieleautoren [TDGFNTP]. Noch einfacher und etwas schöner wird es, wenn du dir zwei Exemplare des Spiels »The Mind« vom Nürnberger-Spielkarten-Verlag besorgst [NSV-MIND].

Vorbereitung

Du brauchst Karten mit Zahlen von 1 bis 100 plus 30 Dublettenkarten. Aus dem kompletten 100er-Satz kannst du einige Karten entfernen, um die Unvorhersehbarkeit des Sortiervorgangs für die Teilnehmenden zu erhöhen. Ergänze den Kartenstapel mit den 30 Dublettenkarten. Misch den Stapel, dies wird der Nachziehstapel für die Entwicklungsgruppe sein. Lege ihn neben die Spielfläche.

Die Spielfläche für die Entwicklungsphase ist 20 cm hoch und 90 cm lang. Du kannst sie mit Klebeband auf einem Tisch oder auf einem Flipchart markieren (siehe Abbildung 11-7). Die Größe entspricht drei DIN-A4-Seiten nebeneinander im Querformat.

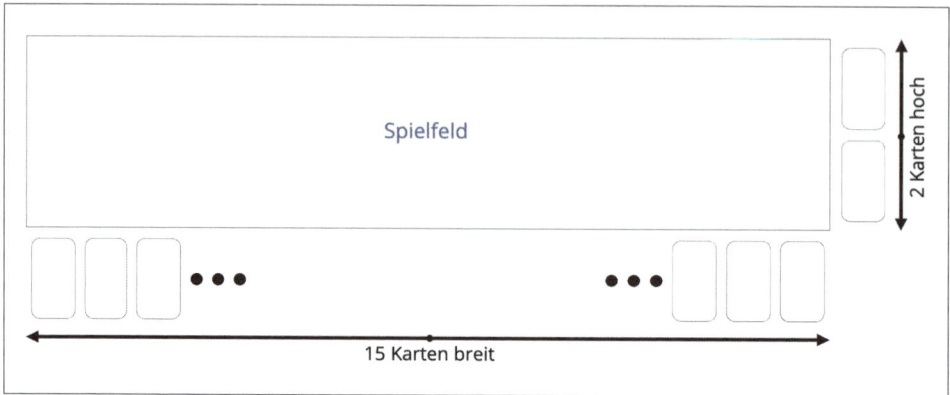

Abbildung 11-7: Spielfeld des Technical Debt Game, in dem sich die ausgelegten Karten befinden dürfen

Online baust du auf einem virtuellen Whiteboard die 100 Karten und die 30 Dubletten nach. Das benötigt einige Zeit, da du diese 130 Karten manuell mischen musst. Dies machst du in den meisten Whiteboard-Tools mit den Kommandos *in den Vordergrund bewegen* bzw. *in den Hintergrund bewegen*. Wie gesagt, dies ist sehr aufwendig, nach unserem Kenntnisstand aber die einzige Möglichkeit mit diesen Tools. Als Spielfläche stellst du einfach ein Rechteck in der entsprechenden Größe bereit, sodass 15 Karten in der Breite und 2 Karten in der Höhe Platz haben.

Ablauf und Moderation

Die Teilnehmenden ziehen von einem gemischten Kartenstapel nach und nach alle Karten in ein Spielfeld, um im Anschluss einen sortierten Kartenstapel daraus zu erstellen und diesen auszuliefern. In zwei Runden erleben sie den Unterschied zwischen gar keinem Refactoring und kontinuierlichem Refactoring.

Ein Entwicklerteam muss einem Produkt (einem Stapel numerisch sortierter Karten) Funktionen (weitere Karten mit Nummern) hinzufügen. Das Produkt muss beim Release korrekt funktionieren, d. h., alle Karten im Stapel müssen in aufsteigender numerischer Reihenfolge sortiert und es dürfen keine Dubletten enthalten sein. Für die Korrektheit des Produkts/Stapels sind die Qualitätssicherung (QA) und natürlich die Entwickler selbst verantwortlich.

»Legt die Rollen in der Gruppe fest. Ihr braucht zwei oder drei Entwicklerinnen oder Entwickler, eine Person für die Qualitätssicherung und mindestens eine Beobachterin bzw. einen Kunden.

Ziel des Spiels: Liefert so schnell wie möglich ein fehlerfreies Produkt an den Kunden.

Legt zuerst nach und nach alle Karten in den Spielbereich, dort findet die Entwicklung statt. Dann packt ihr sie alle auf einen Stapel (Debugging & Deployment). Nach einer abschließenden Qualitätsprüfung (QA & Debugging) liefert ihr sie an den Kunden aus (Release).

Regeln:

- Dubletten (zwei Karten mit der gleichen Nummer) sind im Stapel (also bei der Übergabe des Produkts an den Kunden) nicht erlaubt.
- Der Stapel muss in aufsteigender Reihenfolge sortiert werden (niedrigste Karte oben).
- Während der Entwicklung müssen alle Karten strikt innerhalb des Spielfelds platziert werden.

Spielablauf – Jede Runde besteht aus vier Phasen:

- **Entwicklung:** Die Teammitglieder der Entwicklung ziehen die Karten vom Nachziehstapel so schnell wie möglich in den Spielbereich. Dabei versuchen sie, eine gute Vorsortierung vorzunehmen und die Dubletten herauszuwerfen (aus dem Spielfeld zu werfen). Sie können den Spielbereich beliebig nutzen. Miss die Zeit für diese Phase und dokumentiere sie auf einem Flipchart. Wenn die Gruppe eine Strategie planen möchte, ist das in Ordnung, aber die Zeit läuft.
- **Debugging & Deployment:** Eine Entwicklerin sammelt die (vorsortierten) Karten so schnell wie möglich zum endgültigen sortierten Stapel zusammen. Miss die Zeit auch für diese Phase und dokumentiere sie auf einem Flipchart.
- **QA & Debugging:** QA prüft den Stapel, verwirft Dubletten und sortiert falsche Karten neu. Auch die Anzahl der Fehler wird dokumentiert.
- **Release:** Übergabe an den Kunden (eine der Beobachterinnen oder der Moderator). Er kann nun (erneut) die Korrektheit des Produkts überprüfen. Auch hier wird die Anzahl der Fehler dokumentiert.«

Versichere dich kurz, ob es Rückfragen gibt, und beantworte diese.

»Ihr spielt das gleiche Setting in zwei Runden durch:

1. Runde ohne Refactoring: Hier darf jede Karte, die während der Entwicklungsphase auf dem Spielfeld abgelegt wurde, bis zum Einsatz im Stapel nicht mehr berührt werden. Das hat zur Folge, dass eine Reihe von Karten über die bereits vorhandenen Karten auf dem Tisch gelegt werden müssen. Es wird schwer sein, den Überblick zu behalten, aber man muss schnell Features entwickeln und hat keine Zeit, den bestehenden Code (die bereits abgelegten Spielkarten) anzufassen und aufzuräumen! (Klingt das bekannt?!)

Okay, Runde 1 beginnt. Los geht's.«

Starte den Timer und genieße den Anblick, bis das Team fertig ist und ausliefern kann. Halte die Zeiten und die Anzahl der Fehler sichtbar fest.

Einen typischen Zwischenstand auf dem Spielfeld zeigt Abbildung 11-8. Es liegen erst 30 Karten aus, doch bereits jetzt ist zu sehen, dass sich Karten überlappen und an manchen Stellen schon keine eindeutige Reihenfolge der numerischen Werte mehr zu erkennen ist.

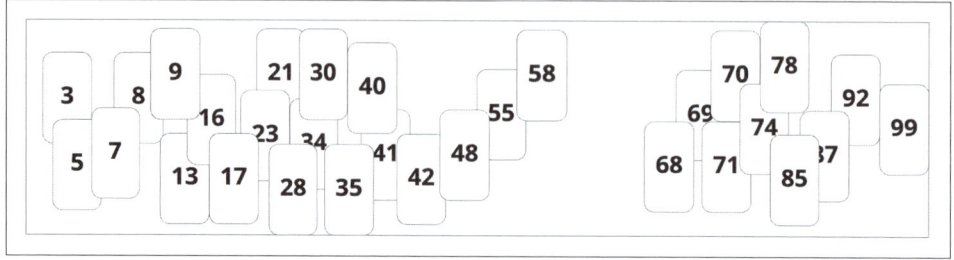

Abbildung 11-8: Technical Debt Game – Runde 1, Spielfeld mit 30 Karten

In Abbildung 11-9 siehst du das Spielfeld mit 60 Karten gefüllt – dies ist erst die Hälfte des gesamten Stapels. Die Überlappungen nehmen zu, und die Reihenfolge der Karten wird chaotischer.

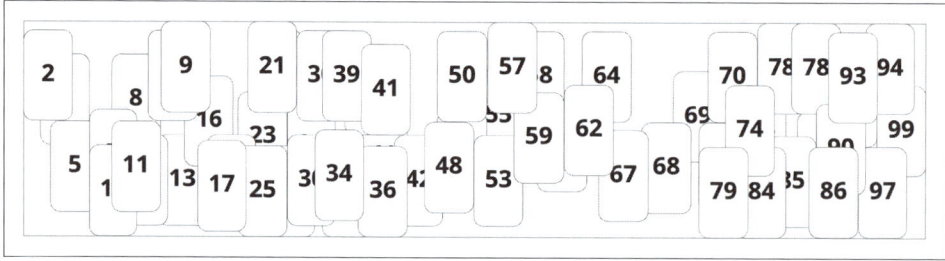

Abbildung 11-9: Technical Debt Game – Runde 1, Spielfeld mit 60 Karten

Du kannst dir sicher vorstellen, wie das Spielfeld mit 120 Karten aussehen wird. Sämtliche freie Flächen werden mit Karten bedeckt sein.

»Versuchen wir nun Runde 2.

2. Runde mit kontinuierlichem Refactoring: In dieser Runde sollte jede Karte, die auf den Tisch gelegt wird, zu einer Bereinigung der anderen Karten führen, sodass die Entwicklungsgruppe die Möglichkeit hat, alle Karten im Spielfeld nach Belieben neu anzuordnen. Der entscheidende Unterschied zu Runde 1 ist also, dass bereits ausliegende Karten neu sortiert werden dürfen. Die Parallele zu bestehendem Code, der durch Refactoring immer wieder angepasst werden kann, wird dadurch veranschaulicht. Denkt an die folgende Deployment-Phase. Wenn ihr hier clever seid, werdet ihr das Deployment bzw. die Stapelung sehr schnell hinbekommen!

Viel Erfolg, und los.«

Abbildung 11-10 zeigt das Spielfeld mit 30 Karten in Runde 2. Hier siehst du einen deutlichen Unterschied zur ersten Runde. Die Karten sind besser gruppiert, und ihre Reihenfolge ist viel leichter erkennbar.

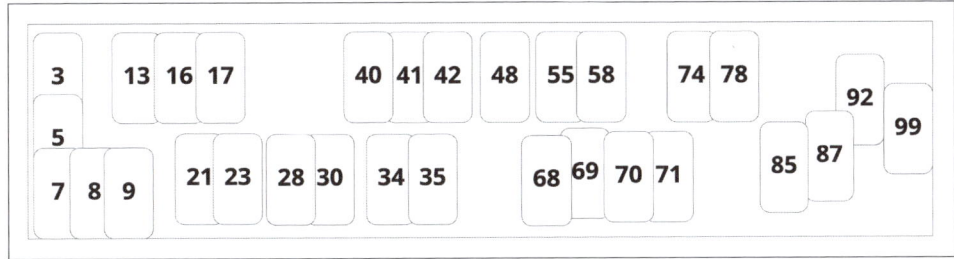

Abbildung 11-10: Technical Debt Game – Runde 2, Spielfeld mit 30 Karten

Auch wenn bereits die Hälfte der Karten auf dem Spielfeld liegt, lassen sich in der zweiten Runde viel leichter eine Struktur und eine Reihenfolge aufrechterhalten. Abbildung 11-11 zeigt ein Beispiel mit 60 Karten, die jederzeit durch Refactoring verschoben werden können.

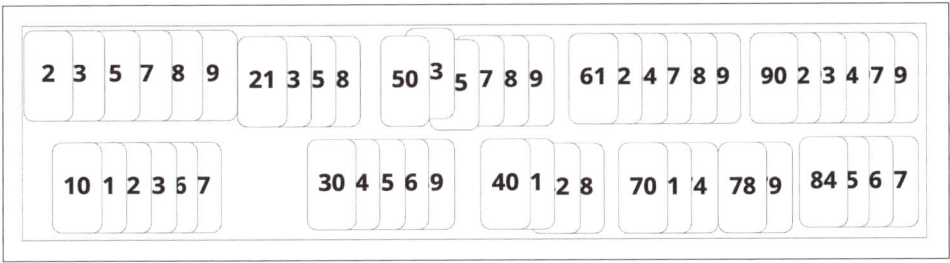

Abbildung 11-11: Technical Debt Game – Runde 2, Spielfeld mit 60 Karten

Debriefing-Tipps

Nach den beiden Runden vergleichst du mit dem Team die Zeiten und die Anzahl der Fehler.

Führe anschließend eine Nachbesprechung durch, um herauszufinden, inwieweit diese Situation mit der eigenen Teamsituation bei der Arbeit vergleichbar ist.

Gerade für die Teilnehmenden ohne technischen Hintergrund sind die folgenden Fragen und Aussagen erkenntnisreich:

- »Welche Vorteile seht ihr für den Arbeitsmodus der ersten Runde? Unter welchen Umständen wäre dieser zu bevorzugen?«
- »Welche Vorteile seht ihr für den Arbeitsmodus der zweiten Runde? Unter welchen Umständen wäre dieser zu bevorzugen?«
- »Wenn ihr den Arbeitsmodus der beiden Runden vergleicht, welchen sollte ein Entwicklungsteam eurer Meinung nach anwenden?«
- »Falls ihr Teamverantwortung habt, wie könnt ihr eure Teams dabei unterstützen, kontinuierliches Refactoring anzuwenden?«

Zwecke im Detail

Refactoring (kontinuierlich): In der zweiten Runde dieses Spiels geht es um nichts anderes als kontinuierliches Refactoring. Die Teilnehmenden erfahren die positiven Auswirkungen auf Qualität und Liefergeschwindigkeit.

Technical Debt: Dieses Spiel zeigt in der ersten Runde auf, welche negativen Auswirkungen die Anhäufung technischer Schulden hat.

Quelle

Vielen Dank an Martin Heider, Falk Kühnel, Michael Tarnowski und Olaf Bublitz, die das Spiel auf einer Play4Agile entwickelt haben [TDGFNTP].

Continuous Integration mit LEGO®

Typ: positive Auswirkung kontinuierlicher Integration

Zwecke: Continuous Integration

Medium: offline

Niveau: leicht

Gruppengröße: idealerweise gerade Anzahl kleiner Gruppen von 2 bis 4 Personen

Dauer: 60 Minuten

Learning Objectives

Im Bereich Softwareentwicklung ist CI/CD (*Continuous Integration/Continuous Delivery* – kontinuierliches Integrieren [von Änderungen]/kontinuierliches Liefern) in aller Munde. Leider oft in Kombination mit Branching – was direkt zu verzögertem Integrieren führt. Also das genaue Gegenteil von CI.

Je später das Feedback darüber, wie gut einzelne Softwarekomponenten zusammenpassen, desto schwieriger und zeitintensiver ist die Integration. Und wer kennt in diesem Zusammenhang nicht die viel zitierte Merge-Hölle: »Alle Komponenten sind fertig, jetzt müssen wir nur noch schnell alle Branches zusammenführen.«

Benötigtes Material

- Lade die Dokumente zum Spiel auf der Seite zum Buch herunter: *www.agile-coach.de/agile-spiele-buch*.
- Lade die Datei *LEGO-CI-Anleitung.pdf* herunter, drucke sie aus und sortiere die Anleitungen für die Teile A und B auf eigene Stapel.

- LEGO®-Steine nach Anleitung für Komponente A, wie in Abbildung 11-12 dargestellt:
  2 Platten 4 × 10,
  4 Steine 1 × 8,
  4 Steine 2 × 8 und
  12 Steine 2 × 2

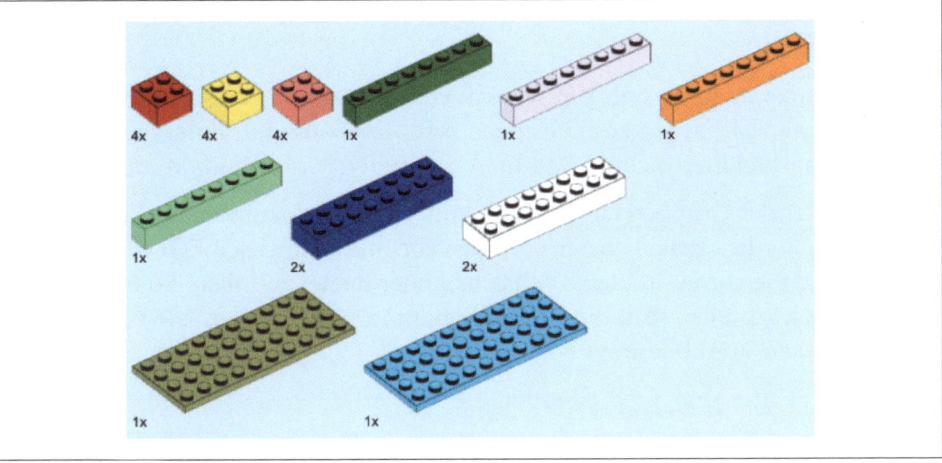

Abbildung 11-12:   Benötigte LEGO®-Steine für Komponente A

- LEGO®-Steine nach Anleitung für Komponente B, wie in Abbildung 11-13 zu sehen:
  2 Platten 4 × 10,
  4 Steine 1 × 8,
  4 Steine 2 × 8,
  4 Steine 2 × 2 und
  8 Steine 2 × 4

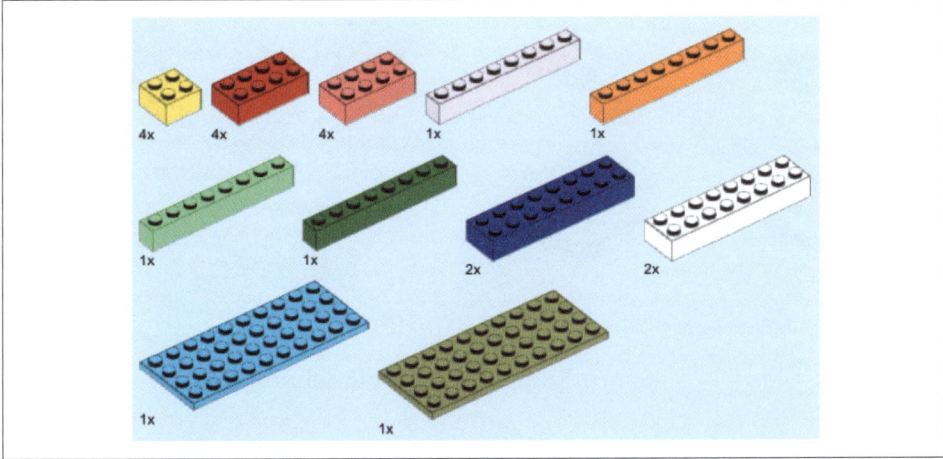

Abbildung 11-13:   Benötigte LEGO®-Steine für Komponente B

Wenn du nicht genau diese Steine hast, ist das kein Problem. Du kannst jeden benötigten Stein durch mehrere kleinere Steine ersetzen. Statt eines 1 × 8-Steins nimmst du beispielsweise 2 Stück 1 × 3 und 1 Stück 1 × 2. Es ist auch nicht schlimm, wenn die Bodenplatte an einer oder zwei Seiten herausschaut.

Die Farben selbst spielen keine Rolle und dienen nur der besseren Unterscheidbarkeit in der Anleitung.

Vorbereitung

Stell Produktteams aus jeweils vier bis acht Personen zusammen. Jedes einzelne dieser Teams teilt sich nun in zwei Gruppen bzw. Teilteams auf. Eine Teilgruppe des Produktteams kümmert sich um Modul A, die andere Gruppe um Modul B.

Gib jetzt jeder der Gruppen das jeweilige Anforderungsdokument für Komponente A oder B. Außerdem brauchen alle Gruppen entsprechend viele LEGO®-Steine. Wir empfehlen, diese vorher in kleine Schälchen oder Beutel zu füllen. So musst du sie jetzt nur noch austeilen. Auf die Farben kommt es hier nicht an. Die Bauanleitung sieht aus wie die in Abbildung 11-14.

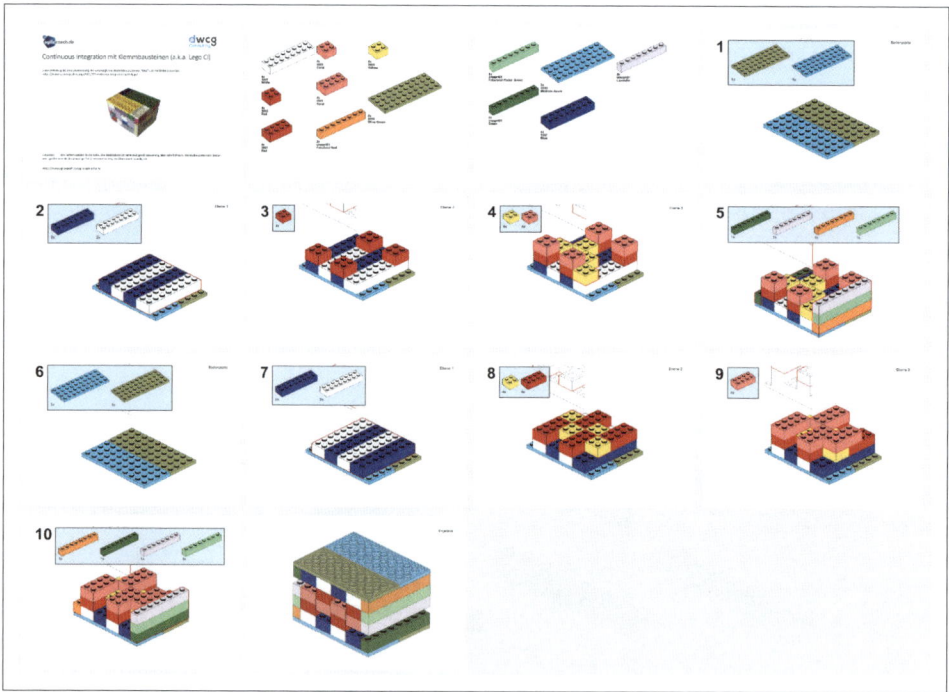

Abbildung 11-14: Die Anleitung zum Spiel »Continuous Integration mit LEGO®«

Die Schritte 1 bis 5 beschreiben Komponente A, die Schritte 6 bis 10 beschreiben Komponente B.

Ablauf und Moderation

Die Teilnehmenden bauen in zwei Gruppen mit LEGO® jeweils eine Komponente eines Gesamtsystems. Sie stellen fest, dass sich die Komponenten aufgrund eines Baufehlers nicht integrieren lassen, und durchlaufen eine weitere Runde mit kontinuierlicher Integration.

Beginne damit, den Teams das gewünschte Ergebnis zu zeigen, dargestellt in Abbildung 11-15.

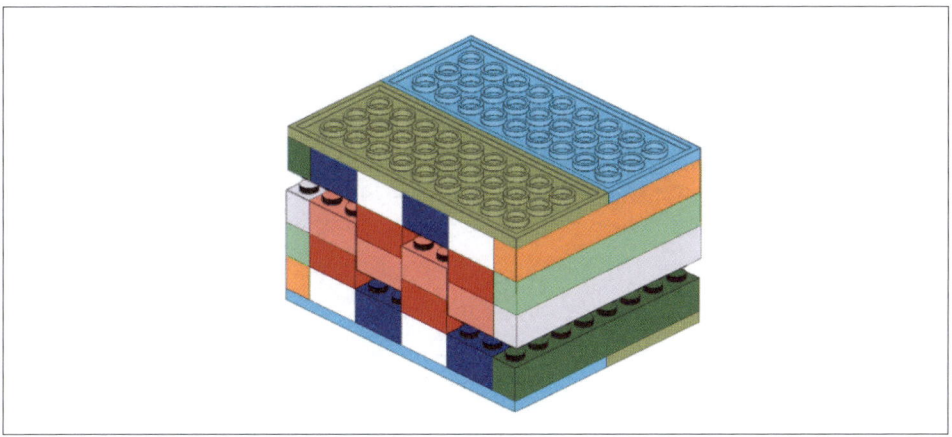

Abbildung 11-15: Das fertige, integrierte Ergebnis des LEGO®-CI-Spiels

Wir spielen zwei Durchläufe. Im ersten Durchlauf bauen alle Teams ihr jeweiliges Modul. Dafür gibst du ihnen zunächst drei Minuten Zeit, sich mit den Anforderungen vertraut zu machen (aka »Die Spec lesen«). Achte darauf, dass kein Team die Anforderungen des anderen Moduls zu sehen kriegt. Nun geht das Bauen los. Hier geben wir keine fixe Timebox vor, denn wenn die beiden Module nicht weit genug gebaut wurden, haben die Teams keinen Lerneffekt. Also fast wie im echten Leben: kein fertiges Produkt, kein Geld. Erfahrungsgemäß haben die Teams ihre Module in ca. 15 Minuten gebaut, je nach Erfahrung im Umgang mit LEGO® auch wesentlich schneller. Frage die Teams, wie lange sie für das Bauen gebraucht haben, und schreibe diese Zeiten auf ein Flipchart.

Danach setzen je ein A- und ein B-Team ihr Machwerk zu einem Würfel zusammen, indem sie die beiden Teile aufeinanderlegen. Sie werden feststellen, dass das nicht geht. Gib allen ein paar Minuten Zeit, den Fehler zu finden und zu beheben. Frage anschließend, wie lange die Fehlerbehebung gedauert hat, und schreibe diese Zeiten ebenfalls auf.

Nun bitte alle Teams, ihre Module wieder komplett zu zerlegen. Alle Teile sollen wieder getrennt in die vorbereiteten Schälchen gelegt werden. Die Gruppen tauschen zudem ihre Anforderungen. Aus einer A-Gruppe wird eine B-Gruppe und umgekehrt.

Jetzt zur zweiten Runde. Hier werden die Module A und B bereits nach jeder Schicht, also nach jedem Schritt der Anleitung, zusammengeführt. Dieses kontinuierliche Integrieren macht bei den ersten beiden Schichten noch nicht viel aus, zeigt dann aber schnell seine Stärke. Der kleine Fehler in der Anleitung wird sichtbar, sofort behoben, und weiter geht's. Nach der letzten Schicht bittest du wieder alle Gruppenpaare, ihre jeweiligen Module zusammenzusetzen.

Abbildung 11-16: Eine Gruppe bei der Entwicklung ihrer Komponente (die abgebildete Bauanleitung ist eine ältere Version)

Abbildung 11-17: Zusammensetzen der beiden Module im LEGO®-CI-Game

Alle Gruppenpaare werden einen kompletten Würfel haben (ja, ja, es ist tatsächlich ein Quader und kein Würfel), da sie diesen schon während des Bauens dauernd geprüft und integriert haben. Nun stellst du erneut die Frage nach der Dauer des Bauens und der Fehlerbehebung. Es wird den Gruppen eventuell schwerfallen, hierfür eine genaue Zeit anzugeben. Das ist völlig okay. Schreib gern so etwas wie »ca. x Sekunden« auf.

Typische Fragen an die Teams lauten nun:

- »Was war in der zweiten Runde anders?«
- »Wie ist der Unterschied in der Dauer des Behebens entstanden?«
- »Was könnt ihr daraus nun für eure tägliche Arbeit ableiten?«
- »Wieso war die Korrektur anders im ersten und zweiten Durchlauf?«

Nachbereitung

Bitte die Teilnehmenden nach der zweiten Runde, beim Aufräumen zu helfen. Die Steine wieder zu trennen und in die ursprünglichen Schälchen zurückzupacken, kann bei vielen Personen und entsprechend vielen LEGO®-Steinen schon ein großer Zeitaufwand für dich bedeuten.

Stolperfallen

Wenn sich Personen unter den Spielenden befinden, die wirklich noch nie in ihrem Leben mit LEGO® zu tun hatten, kann das Bauen etwas länger dauern. Unserer Erfahrung nach ist das zwar sehr selten, aber nicht ausgeschlossen. Biete diesen Personen einfach an, es eventuell zu versuchen oder schlicht in die Beobachter-Rolle zu schlüpfen.

Wenn du magst – und die Zeit dafür hast –, kannst du auch vorher nach den Erfahrungen mit LEGO® fragen und eventuell eine Übung vorab einbauen, die im LEGO® Serious Play (LSP)[1] gern genommen wird: Bitte alle Teilnehmenden, einen möglichst hohen Turm aus den jeweiligen Steinen zu bauen. Dies sollte eigentlich ausreichen, um sich mit dem Umgang mit den Bausteinen vertraut zu machen.

Je nachdem, welche Steine dir zur Verfügung stehen, sind die Farben manchmal eine kleine Herausforderung – entweder weil sie nicht exakt den Stand auf dem Anleitungsbild wiedergeben oder weil sie sich z. B. zu wenig unterscheiden, um die räumliche Struktur gut erkennen zu können. Biete in diesem Fall eine kurze Austauschbörse zwischen den Gruppen an. Ein Einschub von wenigen Minuten ohne Bauaktivität, in der jede Gruppe eine andere bitten kann, einen ihrer Steine gegen einen andersfarbigen Stein gleicher Form zu tauschen.

Falls ein Team nicht die genaue Liste an Steinen zur Verfügung hat, kann es in eine Situation geraten, in der es einen Schritt nicht bauen kann. Daher stellen wir gern

---

1 LEGO® Serious Play (LSP) ist eine moderierte Methode zur Modellierung von neuen Ideen und Problemlösungen. Sie wird in erster Linie in Unternehmen eingesetzt – dort, wo eben »serious« gearbeitet wird.

mehr Steine zur Verfügung, als tatsächlich benötigt. Und das dürfen natürlich auch ein paar schräge Steine sein. Ein sehr schöner Effekt entsteht, wenn ein Modulteam das andere fragt, ob man nicht eventuell Steine tauschen könne.

Debriefing-Tipps

Wenn du viele Gruppen hast, bitte sie am besten vorher, einen Timekeeper zu bestimmen. Erkläre dieser Person vorab, was genau zu messen sein wird.

Manchmal kommt es vor, dass jemand den zweiten Durchlauf als zu einfach bezeichnet, weil alle ja vorher bereits das Gleiche gebaut hatten. »Das musste ja schneller und besser laufen«, ist dann ein oft gehörter Satz. Lass dich davon nicht aus der Ruhe bringen. Erstens hast du durch Tausch des Moduls bereits die Anforderung geändert. Zweitens ist kaum jemand in der Lage, die Anforderungen aus der ersten Runde auswendig zu wiederholen. Und drittens unterscheiden sich die beiden Module. Es ist also mitnichten so, dass der zweite Durchgang sehr viel vom vorherigen profitiert. Der Unterschied in den Zeiten (und der Schwierigkeit) entstammt schlicht der geänderten Herangehensweise. Wir bieten an dieser Stelle immer an, das Gelernte nach dieser Simulation mal ganz praktisch am »lebenden Objekt des eigenen Codes« nachzuvollziehen. Spätestens dort liegt dann unausweichlich die Wahrheit.

Je bunter die verwendeten Steine, desto besser die Analogie zur heutigen Softwareentwicklung. »Stellt euch die Steine als Komponenten eines komplexen Softwaresystems vor.« Das birgt auch Chancen für weitere Diskussionen. Wir hatten beispielsweise schon Spaß damit, einem Team nach Fertigstellung des Ergebnisses den Auftrag zu geben: »Alle blauen Teile benutzen eine anfällige Version von Log4J. Bitte unbedingt gegen gelbe Steine austauschen!« Das führte natürlich zu erheblichem Aufwand durch Zerlegen und erneutes Zusammensetzen nicht genau passender Ersatzsteine. Als das Modul praktisch in den Händen zerbröselt war, konnte das Team nur noch ordentlich lachen. »Ganz wie im echten Leben«, war der lapidare Kommentar eines Spielers dazu. Herrlich ...

Zwecke im Detail

Continuous Integration: Dieses Spiel ist explizit dafür entstanden, Continuous Integration zu erleben. Die zweite Runde ist hierfür der Augenöffner für die Teilnehmenden.

Quelle

Von Steven »Doc« List 2011 auf Tastycupcakes veröffentlicht [LIST]. Dennis hat das nicht lange danach zum ersten Mal von Olaf Lewitz bei der Tools4AgileTeams kennengelernt.

TEIL IV
Spaß, Quatsch und Soße

Das Wichtigste an dieser Stelle zuerst. Oder auch ein herzliches »zunächst einmal«, ganz nach Politikersprech.

Soße sprechen wir aus wie »Sose«, also mit ohne scharfem Ess. So wie »Dose«. Wem das nicht gefällt, darf das Buch jetzt schließen und zur Seite legen.

Spiele in diesem Kapitel:
- Among Us
- Werwölfe
- PowerPoint Karaoke
- Keep Talking and Nobody Explodes
- Cards against Agility
- Spyfall

KAPITEL 12

Teambuilding – oder wie ich lernte, auch bei der Arbeit einfach mal Spaß zu haben

»Je besser man die Spielregeln kennt, umso mehr Spaß macht es, sie zu umgehen.«
– Werner Mitsch (1936–2009), deutscher Aphoristiker

Nach einem (oder mehreren) intensiven Trainingstagen sitzen wir abends oft noch mit den Teilnehmenden bei einem Getränk zusammen. Mit der richtigen Gruppe und genügend Energie können die Spiele in dieser Kategorie einen schönen Abschluss bilden. Sie haben inhaltlich und methodisch nichts beizutragen (es sei denn, du möchtest sie entsprechend debriefen), und machen den Kopf frei für einen guten Schlaf und einen frischen neuen Tag.

Auch für Teambuilding-Maßnahmen kannst du diese Spiele gern nutzen, da sie alle einen hohen kommunikativen Aspekt mit sich bringen.

Among Us

Typ: Social Deduction Game

Zwecke: Kommunikation, Spaß, Teambuilding, vertrauensbildend

Medium: offline und online

Niveau: leicht

Gruppengröße: 4 bis 10 Personen

Dauer: 10 Minuten pro Runde

Learning Objectives

»Among Us« gehört zu den sogenannten Social Deduction Games. Dabei handelt es sich um eine Kombination aus Rollenspiel und Deduktionsspiel, bei der die Mitspielenden im Laufe des Spiels schlussfolgern müssen, welche Personen bestimmte Rollen haben.

Wie bei allen Social-Deduction-Spielen kann man hier einiges über die Dynamik innerhalb einer Gruppe lernen – allerdings nur, wenn man alle Mitspielenden auch beobachten kann. Bei diesem Spiel dürfte die Situation meist jedoch so sein, dass alle Personen mitspielen. Daher empfiehlt es sich, nebenher eine Zoom-Konferenz laufen zu haben, wenn man etwas über die Dynamik des Teams herausfinden will. Aber wir sind ja hier auch in einem Abschnitt über Spiele, die einfach Spaß machen dürfen. Unsere Kinder jedenfalls spielten das Spiel Anfang 2021 exzessiv und schienen riesigen Spaß zu haben – ganz ohne Lernziel!

Benötigtes Material

- Das Spiel »Among Us«, erhältlich als App für iOS und Android sowie per Steam für Windows-PC (einfach mal danach suchen, du wirst bestimmt fündig).
- Für eine noch bessere Onlinekommunikation benötigst du eine Videokonferenz für alle Teilnehmenden.

Vorbereitung

Zunächst einmal musst du klären, dass auch alle, die mitspielen wollen, Zugang zum Spiel haben. Der Download der Apps geht meist recht schnell, aber etwas Rücksicht und Nachfrage ergibt hier total Sinn. Es sind nicht alle geborene Technikexperten. Danach gilt es, einen gemeinsamen Raum im Spiel aufzumachen. Und glaubt uns: Hier gab es schon so manche Verzweiflung.

Nachdem der Raum erstellt und sein Code an die Mitspielenden verteilt ist, können alle beitreten und sich einen Avatar zusammenstellen. Die niedlichen kleinen Spielfiguren waren zumindest Anfang 2021 allgegenwärtig. Ist das erledigt, solltest du die Regeln und den Ablauf erklären. Es ist meist hilfreich, wenn du vorher nachfragst, wer schon Erfahrung hat und bei der Erklärung etwas helfen kann.

Ablauf und Moderation

Die Teilnehmenden befinden sich als Crewmitglieder virtuell auf einem Raumschiff, und eine der mitspielenden Personen hat die Rolle eines Saboteurs. Die Crew muss Aufgaben lösen, um zu überleben, oder den Saboteur ausfindig machen, um zu gewinnen.

Wenn alle so weit vorbereitet sind, ist deine Moderationsaufgabe sehr leicht. Du schaust einfach zu (oder spielst mit) und beantwortest eventuell aufkommende Fragen. Wenn du die Antwort selbst nicht weißt, gib sie an die Gruppe weiter. Es findet sich bestimmt eine Person, die schon Ahnung hat. Hilft all das nicht, mach das, was wir beide (die heldenhaften Autoren) dann machen: Wir fragen unsere Kinder. Die kennen wirklich alle Facetten des Spiels. Das Spiel führt die Mitspielenden sehr gut durch alle Schritte. Um dich aber darauf vorzubereiten, was dich (und deine Mitwirkenden) erwartet, haben wir hier die wichtigsten Elemente aufgeführt:

- Alle Mitspielenden bekommen eine von zwei Rollen zugeordnet, entweder Besatzungsmitglied (*Crewmate*) oder Hochstapler (*Impostors*). Nur der Hochstapler weiß, dass er der Hochstapler ist. Die Avatare der Teilnehmenden bewegen sich auf einer Karte innerhalb eines Raumschiffs. Das Ziel der Besatzung ist es, alle Aufgaben zu erledigen oder alle Verräter auszulöschen. Die Aufgabe der Verräter ist es, die Besatzung zu töten.
- Die Besatzungsmitglieder erhalten am Anfang jeder Runde Aufgaben, die irgendwo auf der gesamten Karte zu lösen sind. Meist handelt es sich um Wartungsarbeiten wie kleinere Reparaturen.
- Die Verräter erhalten gefälschte Aufgaben, um sich unter die Besatzung mischen zu können. Verräter können die Systeme auf der Karte sabotieren, Lüftungsschächte durchqueren (*Venting*), andere Verräter erkennen und Besatzungsmitglieder töten.
- Stirbt ein Besatzungsmitglied, hinterlässt es eine Leiche und wird zu einem Geist, der von den anderen Spielenden nicht mehr zu sehen ist.
- Solange eine Sabotage aktiv ist, kann mit dem Notfallknopf kein Treffen einberufen werden.
- Wenn jemand eine Leiche findet, kann dies gemeldet werden. Dann kommt es zu einem Notfalltreffen mit Spielunterbrechung. Während dieses Treffens kommunizieren die Spielenden und stimmen darüber ab, ob und – falls ja – welche Person stirbt.

Abbildung 12-1: Screenshot aus »Among Us«

Stolperfallen

Wenn während des Spiels Situationen auftreten, die du vorher nicht erklärt hast, kann das leicht zu Irritationen führen. Als Dennis das Spiel zum ersten Mal gespielt hat, war er Impostor und hatte keine Ahnung, was es mit den Luftschächten auf sich hatte: »Ich ging zu dem mir unbekannten Symbol, sah das Wort *Venting* und konnte damit erst einmal nichts anfangen. Ich habe – Spielkind, das ich bin – draufgetippt und verschwand. Ein anderer, erfahrener Spieler sah das und hat mich natürlich sofort verpetzt. Zack, ging's zur Luftschleuse raus ...« Solche Erfahrungen vermeidest du, wenn du die kleinen Besonderheiten vorher erklärst. Es dauert zwar etwas länger, bis man loslegen kann, dafür sind solche »verschwendeten Runden« dann aber ausgeschlossen.

Debriefing-Tipps

Wie bei allen Social-Deduction-Spielen geht es hier in erster Linie um Spaß. Wir haben die Erfahrung gemacht, dass viele Gruppen gern Taktiken fürs nächste Mal diskutieren.

Zwecke im Detail

Kommunikation: Bei diesem Spiel muss kommuniziert werden, ansonsten funktioniert die gesamte Spielmechanik nicht. Nur wenn die Teilnehmenden miteinander sprechen, werden sie den Impostor identifizieren können.

Spaß: Der Spaß am Spiel steht hier im Vordergrund. Mehr ist nicht wichtig.

Teambuilding: Die Teilnehmenden machen gemeinsame Erfahrungen und erleben etwas miteinander. Das reicht schon für etwas Teambuilding.

Vertrauensbildend: Wer miteinander spielt, lernt sich besser kennen. Und damit steigt bereits das Vertrauen unter den Beteiligten etwas.

Quelle

Wir kennen beide das Spiel durch unsere Kinder. Zum ersten Mal in einem Konferenz-Setting gesehen hat Dennis es moderiert von unserem Freund Veith Richter. Veith ist einfach ein Genie in solchen Sachen.

Werwölfe

Typ: Social Deduction Game

Zwecke: Spaß, Teambuilding, vertrauensbildend

Medium: offline und online

Niveau: du solltest das Spiel einige Male als Mitspieler erlebt haben, um die typischerweise auftauchenden Dynamiken einschätzen zu können

Gruppengröße: mindestens 8 Personen plus eine moderierende Geschichtenerzählerin

Dauer: ca. 30 Minuten

Benötigtes Material

Ein Satz Werwolf-Karten [WERWOLF], käuflich zu erwerben im Spieleladen deines Vertrauens. Alternativ kannst du dir die Karten auch selbst herstellen. Ganz pragmatisch auf die Schnelle funktionieren sogar Karteikarten oder Haftnotizen, die vorsichtig so beschrieben werden, dass die Schrift von der Rückseite aus nicht lesbar ist.

Eine andere Variante ist, Kaffeetassen mit einem Whiteboard-Marker am Innenrand mit den Rollen zu beschriften.

Im Grundspiel sind folgende Karten enthalten:

- 13 Dorfbewohner: Dies sind die ganz normalen Menschen im Dorf, die einer anständigen Arbeit nachgehen und sich sonst nichts zuschulden kommen lassen.
- 4 Werwölfe: Diese tarnen sich als ganz normale Menschen, sind jedoch nachtaktiv und verfolgen böse Pläne, indem sie in jeder Nacht eine mitspielende Person töten.

Sonderrollen, die allesamt Dorfbewohnerinnen bzw. Dorfbewohner sind:

- 1 Seherin: Sie kann in jeder Nacht die wahre Identität einer Person herausfinden.
- 1 Dieb: Er darf am Anfang des Spiels zwei weitere Karten ansehen und entscheiden, ob er eine davon als neue Rolle annehmen möchte.
- 1 Amor: Er wird nur in der ersten Nacht wach und bestimmt zwei Personen, die fortan miteinander verkuppelt sind. Stirbt eine dieser Personen, geht die andere sofort mit ihr von dannen.
- 1 Jäger: Stirbt der Jäger, schießt er mit seinem Gewehr auf eine weitere Person, die ebenfalls das Zeitliche segnet.
- 1 Hexe: Sie wacht nachts nach den Werwölfen auf und kann mit ihrem Heiltrank das Opfer der Werwölfe retten sowie mit ihrem Gifttrank eine Person um die Ecke bringen.
- 1 Mädchen: Sie darf nachts heimlich blinzeln, um etwas über die Werwölfe herauszufinden.

Zusätzliche Pflichtrolle:

- 1 Hauptmann: Er ist eine Zusatzrolle, die eine der Personen einnimmt. Seine Stimme zählt bei Gleichstand doppelt, um ein Unentschieden bei den Abstimmungen zu vermeiden.

Vorbereitung

Die Teilnehmenden sollen so in einem Stuhlkreis sitzen, dass für dich als Spielleiterin noch genügend Platz vorhanden ist, um den Kreis vollständig zu umrunden. Obacht! Keine quietschenden Schuhe anziehen.

Je nach Anzahl der Mitspielenden stellst du ein Kartenset zusammen, das aus Dorfbewohnerinnen und -bewohnern sowie der entsprechenden Anzahl an Werwölfen besteht. Einzelne Dorfbewohnerkarten können durch Sonderrollen ersetzt werden, um dem Spiel eine andere Dynamik zu geben. Mindestens eine Sonderrolle sollte immer vorhanden sein, je nach Erfahrung der Mitspielenden gern auch mehr.

Wenn du mit unbefleckten Werwolf-Neulingen spielst, ist es für die erste Runde vorteilhaft, auf die Sonderrollen zu verzichten. Die Spielenden sind bereits mit Werwölfen, Dorfbewohnern und der Spieldynamik genug gefordert.

Tabelle 12-1 enthält die Verteilung der Rollen in Abhängigkeit zur Gruppengröße.

Tabelle 12-1: Die Verteilung der einzelnen Rollen

Gruppengröße	Werwölfe	Dorfbewohner	Sonderrollen
8	2	5	1
9	2	6	1
10	2	7	1
11	2	8	1
12	3	8	1
13	3	9	1
14	3	10	1
15	3	11	1
16	3	12	1
17	3	13	1
18	4	13	1

Verteile die Karten nun verdeckt an die Mitspielenden. Eine beliebte Methode dafür ist es, die Karten einfach in die Mitte zu legen, und jede Person nimmt sich eine.

Alle machen sich mit ihrer Rolle kurz vertraut und legen ihre Karte verdeckt unter ihrem Stuhl ab. Die einzelnen Personen wissen nun, ob sie Dorfbewohner oder Werwolf sind oder eine Sonderrolle haben.

Als Moderatorin weißt du zu diesem Zeitpunkt selbst noch nicht, wer welche Rolle hat. Das wirst du jedoch in der gleich folgenden ersten Nacht herausfinden. Merke dir gut, welche Personen die Rolle der Werwölfe haben! Das meiste andere ergibt sich dann von selbst.

Ablauf und Moderation

In diesem Spiel sitzen die Teilnehmenden im Stuhlkreis und spielen entweder einen Dorfbewohner oder einen Werwolf. Ziel dieser beiden Fraktionen ist es, die jeweils andere Fraktion auszulöschen. Durch Hinterfragen und Verdächtigen kommen sie der Lösung hoffentlich vor dem eigenen Ende näher.

Wahl des Hauptmanns

Die Rolle des Hauptmanns ist eine Zusatzrolle, die eine der Personen parallel zu ihrer anderen, geheimen Rolle öffentlich einnimmt. Bei Beginn des Spiels fragst du in die Runde: »Wer möchte sich für die Rolle des Hauptmanns bewerben?« Die Interessierten dürfen dann kurz zum Besten geben, aus welchen guten Gründen und Vorzügen sie gewählt werden sollten. Alle Mitspielenden zeigen nach den Bewerbungen mit dem Zeigefinger auf ihre Wahl. Die Person mit den meisten Stimmen bekommt die Rolle zugewiesen und legt die Karte des Hauptmanns sichtbar für alle vor sich auf den Boden.

Sollte der Hauptmann während des Spiels in die ewigen Jagdgründe versetzt werden, darf er frei entscheiden, wem er diese Rolle nach seinem Ableben übergibt.

Nachtphase

Laufe langsam und gemütlich um den Kreis der Teilnehmenden herum.

»Wir haben in unserem Dorf wieder einen anstrengenden Tag hinter uns gebracht und sind jetzt müde. Die Sonne geht unter, und alle Bewohnerinnen und Bewohner schließen ihre Augen, es wird nicht gesprochen.«

Gehe ein paar Schritte, bevor die Werwölfe erwachen sollen: »Es ist Mitternacht, die Werwölfe wachen auf.« Die Werwölfe dürfen die Augen öffnen. Lass ihnen in der ersten Nacht kurz Zeit, sich mit Blicken zu finden. »Die Werwölfe suchen sich nun aus, wen sie gern verspeisen möchten.« Mit Blicken und Zeichensprache werden sich die Werwölfe jetzt verständigen und sich auf eine Person einigen. Wenn du sicher bist, dass auch du die richtige Person erfasst hast, deutest du das den Werwölfen mit einem Nicken an. »Die Werwölfe schlafen wieder ein und schließen die Augen.«

Je nach der Auswahl an Sonderrollen rufst du diese nun nacheinander für ihre Aktionen auf. In der einfachen Variante wird gern nur mit der Seherin und/oder der Hexe gespielt.

»Die Seherin wird wach.« Mach eine kurze Pause. »Die Seherin deutet auf eine Person, von der sie erfahren möchte, ob sie Dorfbewohner oder Werwolf ist.« Die Seherin muss sich nun jemanden aussuchen und dir diese möglichst so still und leise anzeigen, dass sie sich nicht als Seherin verrät. Wenn du verstanden hast, welche Person sich die Seherin ausgesucht hat, deutest du pantomimisch an, ob die Person eine Dorfbewohnerin (schlafend mit der Wange auf den Händen) oder ein Werwolf (fiese Grimasse und Krallen zeigen) ist. »Die Seherin schläft weiter.« Die Seherin hat jetzt einen Wissensvorsprung vor den anderen Mitspielenden und kann später beim Identifizieren von Werwölfen das Zünglein an der Waage sein. Sie sollte natürlich mit Bedacht vorgehen und sich den Werwölfen nicht zu früh als Seherin zu erkennen geben.

Tagphase

»Es wird langsam hell. Der Hahn kräht, und das Dorf wird wach. Alle erwachen und freuen sich auf einen herrlichen neuen Tag. Bis auf <Name>, der/die leider von den Werwölfen umgebracht wurde.«

Die verstorbene Person dreht daraufhin ihre Karte um, sodass alle ihre Rolle sehen können, und scheidet aus der Runde aus. Tote Personen dürfen sich nicht mehr an Diskussionen und Abstimmungen beteiligen. Es hat sich etabliert, dass sie ihren Stuhl umdrehen und sich mit der Lehne zwischen den Beinen hinsetzen.

Abbildung 12-2: Eine Runde Werwölfe mit bereits »Verstorbenen«, die ihre Stuhllehne umgedreht haben

Eine sehr spannende Variante dazu ist es, die Identität der Gestorbenen nicht preiszugeben. Als Spielleiterin musst du dann nachts auch alle bereits verstorbenen Sonderrollen aufrufen und so tun, als wären diese noch aktiv.

Gib der Runde nun kurz Zeit (zwei oder drei Minuten maximal), darüber zu beraten, was in der Nacht passiert ist und wer ein Werwolf sein könnte und deshalb getötet werden muss. Danach stellst du genau diese Frage: »Es ist so weit, ihr müsst euch entscheiden. Alle zeigen mit dem Zeigefinger in die Mitte. Auf 3 zeigt jeder auf die Person, die getötet werden soll. 1, 2, 3.«

Jede Person zählt nun die Finger, die auf sie zeigen. Diejenige mit den meisten Stimmen wird getötet, dreht ihre Karte um und scheidet aus der Runde aus. Bei Gleichstand kommt der Hauptmann zum Einsatz, dessen Stimme doppelt zählt.

»Und so geht langsam wieder ein Tag zu Ende.« Die nächste Nachtphase beginnt, alle schließen die Augen.

Ende des Spiels

Das Spiel ist beendet, sobald entweder alle Dorfbewohner oder alle Werwölfe tot sind.

Nach kurzem Abfragen, wer noch eine Runde mitspielen möchte, sowie dem Besorgen von frischen Getränken kann das nächste Spiel starten. Auf den Agile Coach Camps in Rückersbach endet diese leicht nerdige Freizeitbeschäftigung normalerweise zwischen 2 und 3 Uhr morgens.

Onlinevariante

Die Onlinevariante dieses Spiels wird seit März 2020 von Markus Wissekal moderiert. (Vermutlich gibt es auch noch viele weitere Moderierende seit dem frühen Pandemiebeginn. Markus hat uns jedoch aufgrund unserer persönlichen Nähe gleich mit reingezogen. Also in diesem Sinne: Vielen Dank an alle Moderatorinnen und Moderatoren, die mit Herzblut Menschen dabei helfen, sich in ihren Dörfern gegenseitig abzumurksen.) Seit damals hat sich einiges entwickelt und verändert. Die folgende Beschreibung entspricht dem Stand vom Mai 2022.

Grundsätzlich benötigst du eine Videokonferenz für das Spiel, und alle Teilnehmenden brauchen ein funktionierendes Audio- und Video-Set-up.

Ein Conceptboard zur Erklärung mit allen Rollen und weiteren Infos findest du bei [WERWOLF-ONLINE].

Rollenverteilung

Für die Rollenverteilung bekommt jede Person eine eindeutige fortlaufende Nummer zugewiesen. Beispiel: Es spielen mit Arya, Brandon, Catelyn, Daenerys, Eddard, Margaery, Sansa und Tyrion. Sie erhalten folgende Nummern von dir über eine private Chatnachricht:

- 4 Arya
- 5 Brandon
- 1 Catelyn
- 6 Daenerys
- 3 Eddard
- 8 Margaery
- 2 Sansa
- 7 Tyrion

Diese Nummern bleiben geheim und werden gleich für die Auslosung der Rollen benötigt.

Die Rollen kannst du über ein Tool wie »Wheel of Names« (*https://wheelofnames.com/*) leicht verteilen. Bei 8 Teilnehmenden gibt es 2 Werwölfe, und wir suchen uns z. B. 2 Sonderrollen aus. Abbildung 12-3 zeigt die Startformation eines »Wheel of Names« für acht Personen.

Abbildung 12-3:   Wheel of Names für Werwölfe Online

Du zeigst das Glücksrad über Screensharing, drehst es mit den Worten: »Die Person mit der Nummer 1 ist ein ...« und verkündest die Rolle. Die Rolle verschwindet dann automatisch vom Rad, und du drehst für alle weiteren Nummern die Rollen.

Neue Rolle: Companion

Die neue Rolle des Companion wurde eingeführt. Dieser kann sich entscheiden, in der kommenden Nacht nicht bei sich selbst zu übernachten, sondern im Haus einer anderen Person. Wenn diese andere Person ein Mensch ist, wissen beide, dass sie Menschen sind. Falls die andere Person ein Wolf ist, dann hat sie ein gutes Frühstück. Vertrauen entsteht also sofort zwischen zwei Menschen. Im Haus des Companion kann niemand von den Wölfen getötet werden. Im Haus der anderen Person sterben jedoch beide auf einmal.

Stille Nacht

Die Nächte verlaufen online ganz anders: Alle Mikrofone und Kameras gehen aus. Die Leute kommunizieren nachts auf andere Art über private Chats, Slack, Google Docs, WhatsApp oder was auch immer verfügbar ist und sich anbietet. Das gilt gerade auch für dich. Du fragst beispielsweise die Seherin per Chat, wessen Rolle sie erfahren möchte, und schickst ihr die Antwort. Die Werwölfe chatten in ihrem eigenen Kanal, suchen sich die nächste zu verspeisende Person aus und teilen dir diese mit.

Wenn die Nacht vorüber ist, kommt die konsequente »harte« Timebox: Falls bis dahin keine Meldung von den Wölfen gekommen ist, stirbt auch niemand. Dafür ist es natürlich auch äußerst hilfreich, wenn du den gerade laufenden Timer über Screensharing allen sichtbar machst. Eine harte Timebox ist notwendig, da die Werwölfe zu einer Entscheidung kommen müssen. Ansonsten wirst du sehr schnell feststellen, dass endlos viel Zeit für ergebnislose Diskussionen benötigt wird. Das Spiel soll ja schließlich vorangehen.

Wahlen und Bürgermeister

Die Wahl der zu tötenden Person läuft über einen vor dir heruntergezählten Countdown »3, 2, 1« und das Abschicken des gewählten Namens bei »0«.

Wie du vielleicht weißt, wird dem gewählten Hauptmann (oder Bürgermeister) sehr gern direkt in der ersten Nacht das Leben genommen. Um dieses Muster zu durchbrechen, erzählst du zu Beginn folgende Geschichte: »Die erste Nacht nähert sich, ein großes Fest geht zu Ende, doch die Bewohner des Dorfs sind so müde, dass sie nicht mehr aufräumen können. Deswegen bleibt der pflichtbewusste Bürgermeister beim Festplatz, verbringt die Nacht mit Aufräumen und kann von den Werwölfen nicht gefressen werden.«

Chat in Heaven

Alle Verstorbenen treffen sich in einem gemeinsamen Google-Dokument und können dort zusammen rätseln, wer die Werwölfe sind. Da entstehen oft sehr amüsante Gespräche, wie der folgende Ausschnitt zeigt:

```
Kirsten: Ja, der Veit ist immer ein ganz schlimmer.
Kirsten: Jetzt versucht er, mit viel sachlichem Inhalt abzulenken ;-)
Uli: Er hatte sich am Anfang sehr zurückgehalten.
Kirsten: Michael isses nicht.
Kirsten: Oder?
Kirsten: Hoffentlich isser nicht nur knusprig, sondern auch schmackhaft.
Michael C: Aber so was von!
Kirsten: har har
Uli: Willkommen im Himmel, Michael.
Kirsten: Wenn Dorfbewohner Dorfbewohner umbringen, ist schon schlimm.
Ich glaube nicht, dass das Dorfbewohner waren … ;-)
Kirsten: Nicht nur, das stimmt.
Kirsten: Ich bleibe bei Silvia und ich glaube auch immer noch Veit.
Michael: Michaela, ich hätte gedacht, du wärst ein Werwolf.
Kirsten: Wenn getrauert wird, hört sich für mich immer ein wenig verdächtig an, ohoh.
Uli: Jetzt ist Dennis wohl fällig :)
```

Nachbereitung

Lass den Raum von allen Teilnehmenden wieder in einen benutzbaren Zustand zurückversetzen.

Hinweise

Für eine gelungene Moderation musst du dir die offizielle Anleitung genau durchlesen. Mach dich vor allem mit den ganzen Sonderrollen vertraut, damit du genau weißt, welche Rolle wann aufgerufen wird und welche Fähigkeiten sie besitzt.

Debriefing-Tipps

Nach manchen Runden haben einige Mitspielende den Drang, über das Erlebte zu sprechen. Hier können durchaus kontroverse Diskussionen entstehen. Lass es einfach laufen, wir sind schließlich im Spaßteil dieses Buchs angekommen.

Zwecke im Detail

Spaß: Dieses Spiel ist ein Riesenspaß und macht immer wieder Laune.

Teambuilding: Durch das gemeinsame Erleben des Spiels wachsen die Teilnehmenden enger zusammen.

Vertrauensbildend: Paradoxerweise steigt durch dieses Spiel das Vertrauen bei den Beteiligten, obwohl sie sich während des Spiels überwiegend misstrauen.

Quelle

Das Spiel gehört seit vielen Jahren zum Standardrepertoire der internationalen agilen Community. Alles Weitere findest du in der kleinen Schachtel von [WERWOLF].

Besonderen Dank möchten wir den drei Werwolf-Spielleiterinnen und -Spielleitern Katrin Bretscher, Jasmine Zahno und Markus Wissekal aussprechen, die sich immer wieder mit größter Freude und Leidenschaft in diese Rolle hineinversetzen.

PowerPoint Karaoke

Typ: Präsentieren üben vor einer Gruppe

Zwecke: Präsentieren, Spaß

Medium: offline und online

Niveau: leicht

Gruppengröße: mindestens 4, nach oben nicht limitiert

Dauer: unbegrenzt spielbar

Learning Objectives

Bei »PowerPoint Karaoke« üben die Teilnehmenden, ganz spontan Präsentationen zu vorher nicht bekannten Themen zu halten. Es schult die Kreativität und die Spontanität. Und wenn sich nicht alle totgelacht haben, spielen sie die nächste Runde.

Benötigtes Material

- Projektor
- Laptop mit jeder Menge Präsentationen
- Stifte/Marker
- DIN-A6-Zettel (A4 zweimal halbieren)
- Schachtel für die gesammelten Zettel
- Stoppuhr/Timer

Für die Onlinevariante benötigst du neben den Präsentationen und einem Timer noch ein Video-Conferencing-Tool.

Vorbereitung

Schließe den Laptop an den Projektor an und lege Präsentationen bereit, sodass sie schnell aufrufbar sind.

Suche dafür z. B. auf slideshare.net oder anderen Seiten nach geeigneten Präsentationen. Diese sollten mindestens sechs Slides enthalten. Grundsätzlich funktionieren Bilder besser als Text. Wenn Textfolien, dann ist viel Text oftmals besser als wenig Text. Überraschungen in einer Präsentation sind ebenfalls immer gut, z. B. Bilder, die gar nicht mehr zum roten Faden der Präsentation passen.

Markus Wissekal stellt auf der Seite *pptkaraoke.club* seine über Jahre gewachsene Sammlung geeigneter Präsentationen bereit [WISSEKAL].

Es kann auch sehr witzig werden, wenn du an Präsentationen herankommst, die von Teilnehmenden selbst erstellt wurden. Diese sollten davon nichts wissen, damit die Überraschung (und meist auch das Gelächter) noch größer ist.

Lege für die Teilnehmenden Zettel und Stifte bereit.

Ablauf und Moderation

Fordere die Mitwirkenden auf, sich Zettel und Stift zu schnappen und pro Zettel ein beliebiges, witziges, absurdes oder wie auch immer geartetes Vortragsthema aufzuschreiben. Die Zettel sollen dann ein- oder zweimal gefaltet und in die bereitgestellte Schachtel geworfen werden. Einmal gut rühren, fertig.

Jetzt geht es mit der ersten freiwilligen Person los. Diese nimmt sich einen Zettel aus der Schachtel und hat nun zwei Minuten Zeit, einen Vortrag zu dem auf dem Zettel befindlichen Thema zu halten. Während der zwei Minuten läuft eine zufällige Präsentation über den Beamer. Alle 20 Sekunden wechselt die Folie, sodass insgesamt sechs Folien pro Vortrag zu sehen sind.

Die Präsentierenden sind völlig frei in der Ausgestaltung. Ob sie das Thema direkt am Anfang nennen, es während des Vortrags bekannt geben oder erst ganz zum Schluss, ist ihnen überlassen.

Der Witz an der ganzen Sache besteht darin, das Thema des Zettels mit dem Thema der Slides zu kombinieren und in irgendeiner Form eine »stimmige« Präsentation daraus zu erzeugen. Durch diese Kombination entstehen sehr oft lustige und absurde Momente. Und es passiert regelmäßig, dass die Leute vor Lachen am Boden liegen und sich hinterher minutenlang beruhigen müssen, bevor es weitergehen kann.

Als Variante können gern auch zwei Personen gemeinsam einen Vortrag halten.

Der Kreativität und vor allem dem Humor sind in diesem Spiel keinerlei Grenzen gesetzt.

Auf dem Agile Coach Camp 2022 konnten wir aufgrund technischer Probleme mal wieder eine Variante durchführen, die ursprünglich als Onlinevariante entstanden war: Wie in Abbildung 12-4 zu sehen, stellen sich sechs Freiwillige in einer Reihe auf, bewaffnet mit je einem großen Blatt Papier. Jede dieser Personen schreibt ein Wort deutlich sichtbar und groß auf ihr Blatt, behält es aber noch für sich. Auf ein Zeichen des Moderators zeigt jeweils eine Person ihr Wort dem Vortragenden (und dem Publikum). Ansonsten gelten die schon bekannten Regeln. Das war wie immer extrem witzig, und Wörter wie »Chuck Norris« oder »Washing Balls« sorgen im entsprechenden Kontext für erhebliche Lacher beim Vortragenden und dem gesamten Publikum.

Abbildung 12-4: PowerPoint Karaoke ohne Technik, nur mit Zettel und Stift

Onlinevarianten

Es gibt verschiedene Möglichkeiten, diese Aktivität online durchzuführen.

- Die oben beschriebene klassische Variante lässt sich sehr einfach in einer Videokonferenz umsetzen. Ein kleines Manko besteht je nach eingesetztem Tool darin, dass die präsentierende Person nicht gleichzeitig mit der Präsentation zu sehen ist. Oder eine davon groß, die andere nur klein. Probiere hier einfach aus, welche Möglichkeiten das Videokonferenztool bietet.
- Eine ganz coole Möglichkeit der Umsetzung online stellt Markus Wissekal auf *https://pptkaraoke.club/* in Form von selbstablaufenden Videohintergründen für Zoom zur Verfügung. Dafür müssen die Teilnehmenden jedoch fit sein in der Zoom-Bedienung, da die Videohintergründe von den Leuten heruntergeladen, in Zoom als Hintergrundvideo eingefügt und dann noch zum richtigen Zeitpunkt gestartet werden müssen. Für PowerPoint-Karaoke-Anfänger ist das vielleicht eine Spur zu kompliziert.
- Für die Themenauswahl können die Teilnehmenden eigene Zettel bei sich vor Ort beschreiben und sammeln. Du als Moderatorin wählst nun zufällig eine Person aus, die einen ihrer Zettel sichtbar in die Kamera hält. Die präsentierende Person darf sich dann auch direkt bei dieser für das hervorragende und wichtige Thema bedanken.
- Alternativ dazu können dir die Teilnehmenden ihre Themen auch als private Nachricht schicken. Du sammelst diese und wählst für die nächste präsentierende Person zufällig ein Thema aus.
- Grundsätzlich ist es wichtig, dass die Leute in den Kameraeinstellungen den virtuellen Hintergrund deaktivieren. Sonst kommt es beim Hochhalten von Zetteln immer wieder zu Fragmenten, die das Ganze schwer lesbar machen.
- Du kannst auch ganz ohne Präsentationen arbeiten und die Mitstreitenden einfach Geschichten spinnen lassen. Damit geht es grundsätzlich eher in Richtung von »Story Telling in Circles« (siehe Seite 280) oder »Rhetoric – The Public Speaking Game« (siehe Seite 282). Eine Person startet beispielsweise mit einem vorgegebenen Thema, und die Leute erzählen der Reihe nach die Geschichte mit den Themen auf ihren Zetteln weiter.
- Oder du arbeitest mit einer erzählenden Person, die von den anderen Wörter auf Zetteln gezeigt bekommt, die diese nacheinander in die Kamera halten.

Du siehst, es gibt hier viel zu experimentieren und einfach mal zu machen. Finde heraus, welche Art und Weise für dich und die Anwesenden gerade am witzigsten ist. Und das Schöne dabei: Wenn etwas nicht funktioniert, dann machst du eben etwas anderes.

Hinweise

Diese Beschreibung entspricht der Variante von PowerPoint Karaoke, die seit vielen Jahren jedes Jahr auf dem Agile Coach Camp Germany gespielt wird.

Markus Wissekal, der dort immer wieder gern die Technik bereitstellt, gibt noch den Hinweis: »Ich nutze eine kleine Extension namens Karabiner, um die Keys meines Logitec-Klickers (der Präsentationsfernbedienung) auf die von Slideshare und die von Chrome für Vollbild zu matchen/umzuwandeln.«

Achte darauf, den Timer für die präsentierende Person sichtbar zu platzieren. Dies hilft erfahrenen Sprecherinnen bei ihrem Timing – und allen anderen Teilnehmenden auch.

Stolperfallen

Je nach Kultur und Teilnehmergruppe kann es unangenehm oder peinlich werden, wenn auf den Zetteln politische, anzügliche oder anderweitig nicht angebrachte Themen notiert werden. Besprich das gegebenenfalls im Vorfeld mit den Anwesenden und weise ausdrücklich darauf hin, dass die vortragende Person bei einem Thema jederzeit passen kann.

Wir Autoren sind in jedem Fall der Meinung, dass gerade die unbequemen Themen den meisten Spaß in dieses Spiel bringen. Es wurden schon minutenlang Tränen gelacht bei Themen, die im öffentlichen Raum vielleicht tabu gewesen wären. »Penis! Hihihihihi.«

Debriefing-Tipps

Falls du der ganzen Übung einen ernsthafteren Anstrich geben möchtest, bekommen die Teilnehmenden nach ihren Vorträgen Feedback und konstruktive Kritik aus dem Publikum. Dabei dürfen die Aspekte Aussprache, Haltung, Körpersprache usw. genannt werden. Ziel dabei ist es, dass sich die Präsentationstechniken der Teilnehmenden durch die Übung konkret verbessern können.

Zwecke im Detail

Präsentieren: Das Ziel dieses Spiels ist das spontane Präsentieren eines unbekannten Themas mit unbekannten Folien.

Spaß: Dieses Spiel sorgt für hemmungsloses Gelächter unter allen Beteiligten. Besser geht es kaum.

Quelle

Präsentationen aller Art findest du auf *https://www.slideshare.net/* und ähnlichen Seiten. Besonders geeignete und erprobte Präsentationen gibt es auf *https://pptkaraoke.club/* [WISSEKAL].

Keep Talking and Nobody Explodes

Typ: gemeinsam unter Stress ein Problem lösen

Zwecke: Kommunikation, Spaß, Teamwork

Medium: online und offline

Niveau: mittel, die Gruppe spielt zwar für sich, aber die möglichen Stolperfallen müssen beachtet werden (siehe unten)

Gruppengröße: beliebig

Dauer: ca. 10 Minuten pro Runde, wir empfehlen mindestens drei Runden, gern mehr

Learning Objectives

Ähnlich wie bei *Spaceteam* (siehe »Spaceteam (App)« auf Seite 286) lernen die Spielenden, sich auf unbekanntem Terrain auszutauschen und zu kommunizieren. Zusätzlich gilt es hier auch, ein geeignetes Vokabular als Gruppe zu entwickeln.

Benötigtes Material

Die App *Keep Talking and Nobody Explodes*, zu finden in jedem App Store und für andere Plattformen herunterladbar auf *https://keeptalkinggame.com/*.

Wenn du das Ganze online durchführen möchtest, benötigst du mindestens eine Audiokonferenz für alle Teilnehmenden.

Nach vielen, vielen Runden sind wir der Meinung, dass neben diesen Dingen auch das mächtigste dem Menschen bekannte Werkzeug nötig ist: Papier und Stift helfen ungemein.

Vorbereitung

Eine der spielenden Personen benötigt die App auf einem Mobilgerät oder Laptop. Sehr cool und nerdig ist heutzutage auch eine VR-Brille, um in der App zu navigieren und die Bombe zu steuern. Abbildung 12-5 zeigt die VR-Brille von unserem Freund Veit Richter im Einsatz.

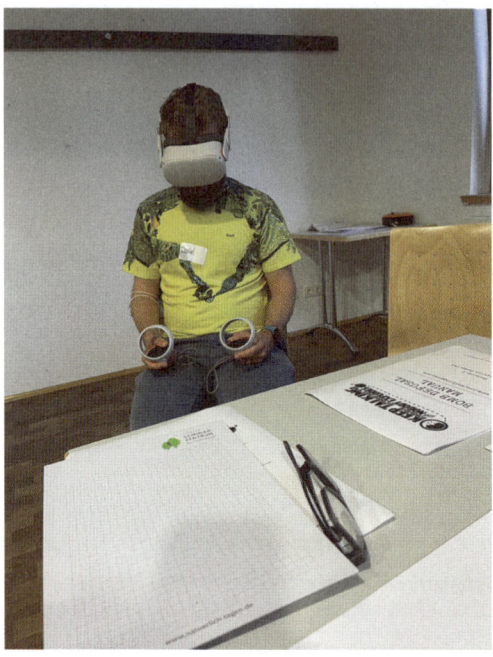

Abbildung 12-5: Einsatz einer VR-Brille für das Spiel »Keep Talking and Nobody Explodes«

Alle anderen Mitspielenden benötigen Zugriff auf das Handbuch, entweder ausgedruckt oder digital unter *http://www.bombmanual.com/*. Keine Sorge, das Dokument hat nur 23 Seiten und ist damit kein dicker Schinken. Das (inoffizielle) deutsche Handbuch findest du unter *https://bombmanual.github.io/german/*. Abbildung 12-6 zeigt die ausgedruckten und verteilten Handbücher für ein paar Mitspielende.

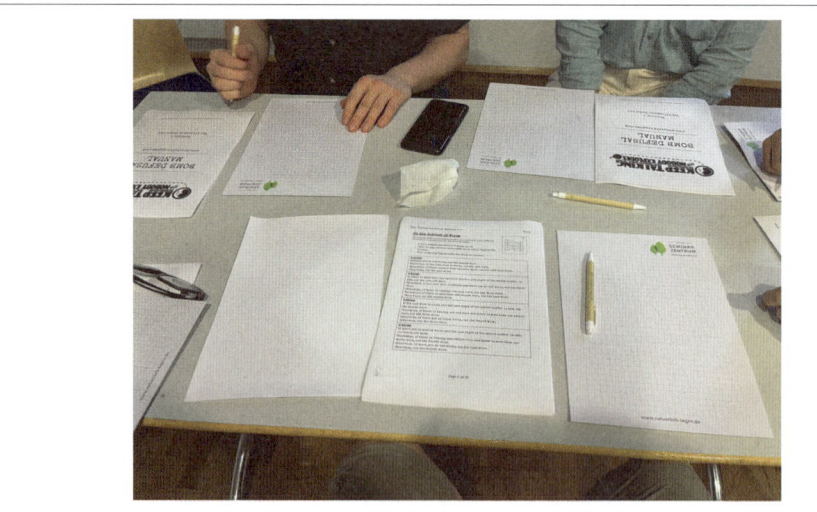

Abbildung 12-6: Handbücher und Notizzettel für das Spiel »Keep Talking and Nobody Explodes«

Ablauf und Moderation

Es ist keine Moderation nötig, da die App das übernimmt.

Ziel des Spiels ist es, eine Bombe kooperativ zu entschärfen. Nur eine Person sieht die Bombe und kann sie steuern. Sie sitzt vor der App, in der die Bombe dargestellt wird. Alle anderen Personen sind sogenannte Experten, die das Handbuch der Bombe besitzen. Sie können jedoch die Bombe leider nicht sehen. Deshalb ist schnelle (und im Regelfall laute) Kommunikation untereinander ausschlaggebend für den Sieg.

Die Person vor der Bombe muss den Fachleuten sagen, was sie auf der Bombe gerade sieht. Abbildung 12-7 zeigt ein paar Beispiele für typische Bomben. Jede Bombe beinhaltet andere Module mit mehr oder weniger kryptischen Aufgaben, die gelöst werden müssen.

Abbildung 12-7: Verschiedene Bomben aus »Keep Talking and Nobody Explodes«

Die Experten müssen dann so schnell wie möglich mithilfe des Handbuchs herausfinden, was mit der Bombe gerade zu tun ist. Dazu sind diverse Puzzles, Rätsel und Aufgaben zu lösen, Informationen zu finden und Daten zu dechiffrieren.

Bevor die Zeit abläuft, sollte die Bombe entschärft sein!

Hinweise

Das Ergebnis des Spiels wird erheblich davon beeinflusst, ob die Spielenden *Inspect and Adapt* anwenden. Ohne Retrospektiven zwischen den Runden besteht die Gefahr, dass das Team schlicht schon an den ersten Aufgaben dauerhaft scheitert. Die Teilnehmenden müssen – insbesondere wenn ihnen das Spiel völlig neu ist – zuerst eine eigene Sprache entwickeln, um z. B. die Symbole in einigen Aufgaben überhaupt rein verbal benennen und darüber sprechen zu können. Den Symbolen und anderen Teilen der Aufgaben müssen also Namen gegeben werden, damit eine Kommunikation stattfinden kann. Hierbei entsteht einiges intuitiv Verständliche. Aber es öffnet natürlich auch Tür und Tor für Missverständnisse. Das Spiel selbst ist absichtlich unter *Spaß* eingruppiert, kann aber für eine kundige Beobachterin als interessantes Beispiel für das Einüben eher fortgeschrittener Aspekte des Teambuildings angesehen werden.

Eine Alternative zu diesem Spiel hat unser Freund Michael Cramer entwickelt. Das Spiel »Escape the Boom« findet sich ebenfalls in den einschlägigen App Stores. Die Anleitung ist im Spiel selbst abrufbar. Wer nach etlichen Runden »Keep Talking« mal Lust auf neue Puzzles hat, wird hier schnell fündig. Auch finden wir die Einstiegshürde hierbei fast noch niedriger. Toll gemacht, Michael!

Stolperfallen

Aus der Erfahrung von Dennis sei gesagt: Bitte achte auf homogene Teams, was die Erfahrung mit diesem Spiel angeht. In einer Zusammensetzung mit Teilnehmenden, für die das Spiel komplett neu ist, und solchen, die die Puzzles quasi im Schlaf lösen könnten, entstehen Probleme. Die Neulinge werden permanent abgehängt und erhalten kaum Gelegenheit, auf das Niveau der erfahrenen Spieler zu kommen. Das demotiviert sehr schnell. Hast du erfahrene Leute und welche, die ganz am Anfang stehen, frage doch zum Beispiel einfach, ob die erfahrenen Personen zufrieden damit sind, eher in einer beobachtenden Rolle zu bleiben.

Wegen der Geschwindigkeit und des Zeitdrucks löst dieses Spiel bei einigen Teilnehmenden zunehmenden Stress aus. Als Moderatorin solltest du hier sehr aufmerksam sein und gegebenenfalls lieber eine Pause einlegen, wenn du merkst, dass der Stress bei Einzelnen spürbar wird.

Debriefing-Tipps

Falls du das Spiel nicht als reine Spaßveranstaltung durchführst, sind folgende Fragen an die Mitspielenden geeignet, um Erkenntnisse zu gewinnen:

- »Wie habt ihr euch während des Spiels gefühlt?«
- »Welche Herausforderungen waren zu meistern?«
- »Wie habt ihr es geschafft, diese Herausforderungen zu bewältigen?«
- »Was bedeutet das für euer Arbeitsumfeld?«
- »Welche Erkenntnisse wollt ihr in der echten Welt anwenden?«

Zwecke im Detail

Kommunikation: Die Teilnehmenden müssen unter widrigen Umständen miteinander kommunizieren, um die Aufgaben des Spiels lösen zu können.

Spaß: Der Spaßfaktor dieses Spiels ist aufgrund der abwechslungsreichen Varianten immer wieder gegeben.

Teamwork: Die Teilnehmenden stellen fest, dass sie gemeinsam ein Problem lösen können.

Quelle

Das Spiel ist auf so gut wie allen Plattformen verfügbar. Weitere Informationen zum Spiel gibt es auf den Webseiten von [KEEPTALKING].

Cards against Agility

Typ und Zweck:	Spaß
Medium:	offline und online
Niveau:	leicht
Gruppengröße:	4 bis 8 Personen
Dauer:	30 Minuten

Learning Objectives

»Cards Against Agility« dient dazu, entweder das Bewusstsein für agile Praktiken zu schärfen oder sich über agile Praktiken lustig zu machen, da die Fragen und Antworten ziemlich respektlos sein können.

Benötigtes Material

Frage- und Antwortkarten zum Ausdrucken und Ausschneiden.

Du findest den Download auf der Webseite zum Buch:
www.agilecoach.de/agile-spiele-buch.

Online schneidest du natürlich nichts aus, sondern hast das Dokument kopierbar bereitliegen.

Vorbereitung

Drucke die 82 Frage- und die 324 Antwortkarten aus und schneide sie zurecht. Das Ganze kommt auf 17 DIN-A4-Seiten aus dem Drucker, es gibt also ganz schön was zu basteln. Wirf sie in zwei getrennte Schüsseln, Schachteln oder Hüte. Ja, du kannst sie auch einfach in zwei Stapeln auf den Tisch legen.

Teile nun jeder mitspielenden Person zehn Antwortkarten aus. Online kopierst du aus dem Dokument zehn zufällige Antwortkarten und schickst sie der Person jeweils mit einer privaten Nachricht.

Ablauf und Moderation

In jeder Runde zieht eine Spielerin (die Fragestellerin) eine Karte vom Fragestapel und legt sie offen auf den Tisch. Online ist es das Einfachste, wenn du eine Frage aus dem Dokument auf das virtuelle Whiteboard kopierst.

Die anderen Mitspielenden antworten jeweils mit der witzigsten, absurdesten oder unverschämtesten Antwortkarte, die sie auf der Hand haben. Es gibt auch Fragen, die mit zwei oder drei Antwortkarten beantwortet werden müssen. Die Spielenden müssen dann entsprechend viele Antworten auslegen. Online kopieren alle ihre Antworten in Sticky Notes und platzieren sie um die Frage.

Die Fragestellerin entscheidet nun, welche Person mit den besten Antwortkarten gewinnt. Ganz subjektiv, nach Lust und Laune.

Die Person dieser Antwortkarten erhält die Fragekarte und behält sie als Gewinn. Alle restlichen ausgespielten Antwortkarten werden zur Seite gelegt. Die anderen Personen ziehen jeweils eine neue Antwortkarte vom Stapel. (Bei Fragekarten mit zwei oder drei Antwortkarten werden entsprechend von jeder Person zwei oder drei Antwortkarten nachgezogen.) Online verteilst du neue Antworten wieder aus dem Dokument per Chat an die Mitwirkenden.

Die nächste Runde beginnt, und es werden so viele Runden gespielt, bis eine Person keine Antwortkarten mehr auf der Hand hat oder die gesetzte Timebox abgelaufen ist. Die Person mit den meisten Fragekarten gewinnt das Spiel.

Nachbereitung

Zu Ende lachen und bei Bedarf die witzigsten oder erkenntnisreichsten Antworten austauschen. Oder twittern. Oder beides.

Zwecke im Detail

Spaß: Bei diesem Spiel geht es ausschließlich um Spaß. Herrlicher Blödsinn wird hier von den Teilnehmenden produziert.

Quelle

Das Spiel basiert auf »Cards against Humanity« [TEMKIN] und wurde in dieser Form von Silvana Wasitova, Daniel Hommel, Bruce Scharlau, Nils Bernert und Edward Dahllöf auf der Play4Agile 2017 entwickelt.

Die Originalbeschreibung in Englisch sowie die Downloads für die englischen Karten findest du unter *https://www.tastycupcakes.org/2017/02/cards-against-agility/* [WASITOVA-CAA].

Das Spiel wirkt auch wie eine Abwandlung von »Like to Like«, einer Gather-Data-Aktivität aus dem ersten Retrospektiven-Buch von Esther Derby und Diana Larsen [DERBY-LARSEN].

Spyfall

Typ: Social Deduction Game

Zwecke: Kommunikation, Spaß, Teambuilding, vertrauensbildend

Medium: offline und online

Niveau: Du solltest das Spiel einige Male als Mitspieler erlebt haben, um die typischerweise auftauchenden Dynamiken einschätzen zu können

Gruppengröße: mindestens 8 Personen plus eine moderierende Geschichtenerzählerin

Dauer: ca. 30 Minuten

Vorbemerkung

Ein weiteres Spiel aus der Klasse der Social Deduction Games. Hierbei ist die Spielmechanik wiederum deutlich anders als beim Klassiker »Werwölfe«. Es gilt, einen Spion zu enttarnen. Dies geschieht durch geschicktes Stellen von Fragen und ebenso geschicktes Antworten. Die Herausforderung besteht darin, Informationen zu gewinnen, während man selbst nicht zu viel preisgibt.

Learning Objectives

Wie alle Social Deduction Games können auch hier aus der Dynamik zwischen einzelnen Personen Rückschlüsse gezogen werden. Aber vorrangig geht es um Spaß.

Vielleicht lernt man auch, geschlossene Fragen zu vermeiden – eine wertvolle Fähigkeit, insbesondere in der Zusammenarbeit mit kulturübergreifenden Teams in Near- und Offshore-Konstellationen. Eine geschlossene Frage kann immer mit »Ja« oder »Nein« beantwortet werden. Im Gegensatz dazu werden bei offenen Fragen mehr Informationen erwartet.

Benötigtes Material

Benötigt wird das Spiel Spyfall, das auf dem deutschen Markt mit *Agent Undercover* übersetzt wurde. Das Spiel ist auch als Online-App erhältlich, kann also mittels einer Videokonferenz leicht online gespielt werden.

Da der Ablauf zeitlich beschränkt ist, benötigst du außerdem eine Stoppuhr oder Ähnliches.

Vorbereitung

In der Spielepackung findest du viele kleine Plastiktütchen mit Karten. Jede Tüte entspricht einem eigenen Szenario, in dem das folgende Spiel stattfindet. *Szenario* und *Umgebung* verwenden wir in dieser Beschreibung synonym. In jeder Tüte sind acht Karten – sieben Rollenkarten und eine Spion-Karte. Abbildung 12-8 zeigt das Szenario »Service Station« mit den sieben Rollen sowie der Spion-Karte, die keinerlei Hinweis auf das Szenario preisgibt.

Abbildung 12-8: Das »Service Station«-Szenario aus Spyfall

Alle Karten haben die gleiche Rückseite. Wähle per Zufall ein Tütchen aus und nimm die Karten heraus, ohne sie anzusehen. Nimm so viele Karten, wie Mitspielende am Tisch sitzen. Achte darauf, dass sich die Spion-Karte unter den gewählten Karten befindet. Lege die nicht ausgewählten Karten verdeckt weg, sodass auch du selbst die Unterseite nicht siehst.

Mische die ausgewählten Karten nun sorgfältig. Diese unter dem Tisch zu mischen, ist ein guter Trick. Sollte dir beim Mischen aber eine Karte herunterfallen, musst du leider neu beginnen und ein anderes Tütchen für ein anderes Szenario auswählen. Eine unbeteiligte Person kann hier sehr hilfreich sein und das Ziehen und Mischen vereinfachen.

Teile nun allen Spielenden verdeckt eine Karte aus. Die Spielenden sehen sich ihre Karte an, verraten aber nicht, in welcher Umgebung ihre Rolle spielt und welche Rolle sie in dieser Umgebung einnehmen.

Vor der ersten Runde ist es sinnvoll, wenn sich alle Spielenden reihum die Übersicht aller Szenarien im Handbuch noch einmal genau ansehen. Wir lassen das Handbuch dazu während des Spiels auch offen auf der Übersichtsseite liegen, damit dort jederzeit nachgesehen werden kann.

Die Anleitung sagt, in der ersten Runde sollte die am verdächtigsten aussehende Person als Geber fungieren. Keine schlechte Idee. Und direkt der erste Streit.

Ablauf und Moderation

Die Teilnehmenden erhalten verschiedene Rollen in einem Szenario und müssen durch geschickte Fragen an die Mitspielenden herausfinden, wer die Rolle des Spions hat. Alternativ findet die spionierende Person heraus, in welchem Szenario sie sich gerade befindet.

Als Geber (oder Moderatorin) startest du den Timer für acht Minuten. Wer eine passende Sanduhr hat, kann natürlich auch diese benutzen. Der Geber fängt an und stellt einer beliebigen Person in der Runde eine Frage. Der Zweck dieser Frage hängt immer davon ab, in welcher Rolle der Fragende gerade ist. Eine Person mit einer Rolle im Szenario möchte mit der Frage herausfinden, ob die befragte Person genug über das Szenario weiß. Tut sie das, hat sie vermutlich auch eine Rolle im Szenario. Weiß sie nichts, könnte das ein Hinweis auf die Spionin sein. Die spionierende Person bezweckt mit ihrer Frage, Hinweise zu dem ihr unbekannten Szenario zu erhalten. Nach der Beantwortung der Frage durch eine Person ist diese an der Reihe, jemandem eine Frage zu stellen. Misstrauen sich zwei Spielende, kann es zu einem Hin und Her kommen. Allerdings sollten alle bedenken, dass acht Minuten wirklich nicht lang sind. Je mehr Informationen gewonnen werden, desto besser.

Der Spion hat keine Ahnung, in welchem Szenario sich die Spielenden in ihren jeweiligen Rollen befinden. Durch die Fragen und Antworten kann dies jedoch offensichtlich werden.

Alle Spielenden können einmal während der acht Minuten die Uhr anhalten und eine andere Person verdächtigen, der Spion oder die Spionin zu sein. Die Spielenden stimmen nach der Verdächtigung darüber ab. Die beschuldigte Person hat hierbei keine Stimme. Kommt ein einstimmiges Ergebnis zustande, endet die Runde entweder mit dem Sieg aller Spielenden, falls der Spion korrekt identifiziert wurde, oder mit dem Sieg des Spions, der alle von der Schuld einer unschuldigen Person überzeugen konnte. Bei auch nur einer Gegenstimme wird die Uhr wieder gestartet, und es geht normal weiter.

Auch der Spion kann innerhalb der acht Minuten jederzeit versuchen, aufzulösen. Errät er die richtige Umgebung bzw. das richtige Szenario, hat der Spion gewonnen. Tut er dies nicht, ist er nun enttarnt und hat verloren.

Wenn die Uhr abgelaufen ist, hat der Spion keine Möglichkeit mehr, die Umgebung zu erraten. Nun beginnt eine letzte Runde von Beschuldigungen. Reihum nennt jede Person einen Verdächtigen, und die Spielenden stimmen ab. Es gilt wieder dasselbe wie zuvor: Ein überführter Spion lässt die Spieler gewinnen, ein fälschlich Überführter macht den Spion zum Sieger dieser Runde. Haben alle Spieler jeweils eine Verdächtigung in der Abschlussrunde ausgesprochen, aber niemand wurde einstimmig überführt, hat der Spion gewonnen.

Eine Person kann, wie auch schon bei Verdächtigungen während des Acht-Minuten-Timers, mehrfach beschuldigt werden.

In der nächsten Runde ist jeweils die Person Geber, die zuvor Spion war.

Hinweise

In der Anleitung gibt es eine Punkteregelung (zwei Punkte für den Spion, wenn am Ende niemand überführt wurde, vier Punkte für den Spion, wenn ein Unschuldiger verknackt wurde, und vier Punkte, wenn der Spion die Umgebung richtig erraten hat. Ein Punkt für jeden Nicht-Spion bei dessen Überführung und zwei Punkte für den Ankläger, falls vorhanden). Wir spielen diese Punkteregel nicht, da uns das Endergebnis ziemlich egal ist. Uns geht es hierbei nur um den Spaß.

Stolperfallen

Geschlossene Fragen wie »Gefällt es dir an diesem Ort?« sind nutzlos. Niemand lernt wirklich etwas daraus. Denk dabei auch immer daran, dass es an den verschiedenen Orten ganz unterschiedliche Rollen gibt. In der Umgebung »Kreuzzüge« mag diese Frage von einem Kreuzritter mit »Ja«, von einem gefangenen Sarazenen aber eher mit »Nein« beantwortet werden. Gehe also nicht nur von deiner eigenen Rolle aus.

Auch absolut nichtssagende Fragen und Antworten sind nicht hilfreich. Als Moderatorin hast du die Freiheit, dies anzusprechen. »Es kommt darauf an«, mag ja die richtige Antwort für Softwarearchitekten auf quasi alle Fragen sein, in diesem Spiel ist sie jedoch maximal nutzlos.

Die Teilnehmenden schließen gern auch mal von ihrer eigenen Rolle auf das Wissen, das den anderen Rollen zu eigen sein müsste. In dem abgebildeten »Service Station«-Szenario gibt es jede Menge Rollen, die mit Maschinen und anderen Geräten an Fahrzeugen arbeiten. Auch das Bild des Szenarios stellt eine Werkstatt in den Fokus. Eine Person mit so einer technischen Rolle könnte nun die Frage stellen: »Benutzt du Werkzeuge und Maschinen bei deiner Tätigkeit?« Die Rolle »Service Receptionist« beantwortet diese Frage wohl eher verneinend – und schon macht sie sich in den Augen der technischen Person verdächtig. Diese Dynamik gehört zum Spiel und zum Spaß dazu, und die Teilnehmenden lernen mit der Zeit, geeignetere Fragen zu stellen.

Zwecke im Detail

Kommunikation: Ganz ähnlich wie bei »Among Us« muss hier kommuniziert werden, um den Spion ausfindig zu machen. Verdächtigungen und Verteidigungen wechseln einander ab.

Spaß: Das Spiel sorgt durch die Vielzahl an unterschiedlichen Szenarien und Rollen immer wieder für jede Menge Spaß.

Teambuilding: Auch in diesem Spiel sorgt das gemeinsame Erlebnis für ein gewisses Maß an Teambuilding.

Vertrauensbildend: Durch das Teambuilding entsteht automatisch etwas mehr Vertrauen zwischen den Beteiligten.

Quelle

Wie auch viele andere Spiele hat uns dieses Juwel Jordann Gross nahegebracht. Er hat es auf die Play4Agile-Unkonferenz 2020 mitgebracht und damit unsere abendlichen Bar-Sessions extrem unterhaltsam bereichert.

Das Spiel selbst wurde von Alexandr Ushan erfunden und erschien 2014 im Verlag Hobby World auf Russisch und Englisch.

ANHANG
Quellen und Literatur

»Im Spiel verraten wir, wes Geistes Kind wir sind.«

– *Ovid (43 v. Chr. bis 17 n. Chr.)*

[ACCDE] Agile Coach Camp Germany. Findet seit 2010 jährlich im Seminarzentrum Rückersbach statt.
http://agilecoachcamp.de/

[AGILE42-BV] Andrea Tomasini, »Business Value Game«.
https://www.agile42.com/en/business-value-game/. 2007.

[AGILE42-KP] Ralf Kruse, »Kanban Pizza Game«.
https://www.agile42.com/en/training/kanban-pizza-game/. 2012.

[ALDUINO] Peter Alduino, »Snowball Toss«.
http://www.leadershipchallenge.com/resource/snowball-toss.aspx. 2004.

[BACHE] Emily Bache, »The Coding Dojo Handbook«.
https://leanpub.com/codingdojohandbook. LeanPub. 2013.

[BARNHOLD] David Barnhold, »An exercise based on my PSL experience: The power of open-ended requirements«.
https://blog.crisp.se/2009/02/18/davidbarnholdt/1234986060000. 2009.

[BERGIN-CONSTRUCTION] Joe Bergin, »eXtreme Construction«.
http://csis.pace.edu/~bergin/extremeconstruction/index.html. 2003.

[BERGIN-PLANNING] Joe Bergin, »Planning Game« bzw. »Extreme Hour«.
http://csis.pace.edu/~bergin/xp/planninggame.html. 2001.

[BIGBANG] TV-Serie »The Big Bang Theory«, Folge S02 E08 (»The Lizard Spock Expansion«, Staffel 2, Folge 8).

[BOWMAN] Sharon Bowman, »Training from the Back of the Room!: 65 Ways to Step Aside and Let Them Learn«. Pfeiffer. 2008.

[BÖSCH-SKOPNIK] Holger Bösch, Bernhard Skopnik, »Black Stories«. http://black-stories.de/.

[BULLY] Michael »Bully« Herbig, »Der Schuh des Manitu«. 2001. https://de.wikipedia.org/wiki/Der_Schuh_des_Manitu.

[CIRILLO] Francesco Cirillo, »The Pomodoro® Technique«. https://francescocirillo.com/pages/pomodoro-technique.

[COCKBURN] Alistair Cockburn, »Crystal Clear: A Human-Powered Methodology for Small Teams«. Addison-Wesley. 2004.

[DANZIGER] Shai Danziger, Jonathan Levav, »Extraneous factors in judicial decisions«. https://www.pnas.org/doi/10.1073/pnas.1018033108. 2011.

[DERBY-LARSEN] Esther Derby, Diana Larsen, »Agile Retrospectives – Making Good Teams Great«. Pragmatic Bookshelf. 2006.

[DHONDT] André Dhondt, »Lean Startup Snowflakes«. https://tastycupcakes.org/2012/05/lean-startup-snowflakes/. 2012.

[DICEOFDEBT] Dice of Debt. https://www.tastycupcakes.org/2018/03/dice-of-debt/. 2018. Material auch unter: https://www.agilealliance.org/dice-of-debt-game/.

[DOBBLEMATH] DorFuchs YouTube-Kanal, »Hinter dem Spiel Dobble steckt erstaunlich viel Mathematik«. https://www.youtube.com/watch?v=vyYSEDGUdlg. 2020.

[ECKSTEIN-GP] Jutta Eckstein, »Agile Softwareentwicklung in großen Projekten: Teams, Prozesse und Technologien – Strategien für den Wandel im Unternehmen«. dpunkt.verlag GmbH. 2011.

[ECKSTEIN-UA] Jutta Eckstein, »Unternehmensweite Agilität: Wie Sie Ihr Unternehmen mit den Werten und Prinzipien von Agilität, Beyond Budgeting, Open Space und Soziokratie fit für die Zukunft machen«. Vahlen. 2019.

[ECKSTEIN-VT] Jutta Eckstein, »Agile Softwareentwicklung mit verteilten Teams«. dpunkt.verlag GmbH. 2009.

[FRANCIS-YOUNG] Francis, D., Young, D. »Improving Work Groups: A Practical Manual for Team Building for Team Building«. San Diego, CA: University Associates, 1979, S. 147–151.

[GATHER] Gather – A better way to meet online. https://gather.town/.

[GLOGER] Boris Gloger, »Ball Point Game: A game to feel what Scrum is«. http://web.archive.org/web/20160410144948/https://kanemar.files.wordpress.com/2008/03/theballpointgame.pdf. 2008.

[GOLDRATT] Eliyahu M. Goldratt, Jeff Cox, »Das Ziel: Ein Roman über Prozessoptimierung«. Campus Verlag. 2001.

[GRANT] Tom Grant, »Dice-of-Debt Game«. https://www.agilealliance.org/dice-of-debt-game/. 2016.

[GRAY] Dave Gray, Sunni Brown, James Macanufo, »Gamestorming: A Playbook for Innovators, Rulebreakers, and Changemakers«. O'Reilly and Associates. 2010.

[GREENLEAF] Robert K. Greenleaf, »Servant Leadership: A Journey into the Nature of Legitimate Power and Greatness«. Paulist Press. 1977.

[HÄUSEL] Hans-Georg Häusel, »Think Limbic!: Die Macht des Unbewussten nutzen für Management und Verkauf«. Haufe-Lexware. 2000.

[HAPPYSALMON] NorthStarGames, »Happy Salmon«. *http://www.happysalmongame.com/*.

[HARTMANN-PREUSS] Deborah Hartmann-Preuss, Ilja Preuss, »Fearless Journey«. *https://fearlessjourney.info/*. 2011.

[HIGHSMITH] James A. Highsmith, »Adaptive Software Development: A Collaborative Approach to Managing Complex Systems«. Dorset House. 2000.

[HOHMANN] Luke Hohmann, »Innovation Games: Creating Breakthrough Products Through Collaborative Play: Creating Breakthrough Products and Services«. Addison-Wesley. 2006.

[IPEVO] »V4K PRO Ultra HD USB Dokumentenkamera – Produktfotografie«, *https://global.ipevo.com/de/media-room#multimedia*.

[JONGLIEREN] »Jonglieren lernen«, *https://spielelux.de/jonglieren-lernen/*.

[JUNGWIRTH, MIARKA] Veronika Jungwirth, Ralph Miarka, »Agile Teams lösungsfokussiert coachen«. 4. Edition. dpunkt.verlag GmbH. 2022.

[KASPEROWSKI] Richard Kasperowski, »Online Point Game« oder »Agile Point Game«. Eine Miro-Vorlage gibt es unter *https://miro.com/miroverse/agile-point-game/*.

[KASS] Sam Kass, *http://www.samkass.com/theories/RPSSL.html*.

[KEEPTALKING] Steel Crate Games, »Keep Talking and Nobody Explodes«, *https://keeptalkinggame.com/*, sowie das »Bomb Defusal Manual«, *http://www.bombmanual.com/*. 2014.

[KENOBI] Obi-Wan Kenobi zu Luke Skywalker im Millenium Falken, »Star Wars: Episode IV – A New Hope«. 1977. Aber in echt natürlich vor langer Zeit in einer weit, weit entfernten Galaxis.

[KLEE] Oliver Klee, *http://www.spielereader.org/*.

[KLINE] Nancy Kline, »Time to think: Zehn einfache Regeln für eigenständiges Denken und gelungene Kommunikation«. Rowohlt Taschenbuch. 2016.

[KNIBERG-MULTITASKING] Henrik Kniberg, »Multitasking Name Game or How Long Does it Take to Write a Name?«. *http://www.crisp.se/henrik.kniberg/multitasking-name-game*.

[KNIBERG-UTILIZATION] Henrik Kniberg, »The resource utilization trap«. *https://www.youtube.com/watch?v=CostXs2p6r0*. 2014.

[KOKOSNUSS] Monty Python, »Die Ritter der Kokosnuß«. 1975. Film. Grandios. Anschauen. Mehrfach!

[KRUGER] Justin Kruger, David Dunning, »Unskilled and unaware of it. How difficulties in recognizing one's own incompetence lead to inflated self-assessments«. Journal of Personality and Social Psychology. Band 77, Nr. 6, 1999, S. 1121–1134

[KRUSE] Ralf Kruse, »What makes a good Agile game?«. *https://www.agile42.com/en/blog/2015/03/03/what-makes-good-agile-game/*. 2015.

[KRUSE-NIKOLAUS] Ralf Kruse, »Das Haus vom Nikolaus«. *https://enablechange.de/remote-scrum-simulation-haus-vom-nikolaus-spiel/*. 2020.

[LAMMERT] Sabina Lammert, Fearless Journey Miro Board.

[LANKALAPALLI] Nanda Lankalapalli, »Game – Test small, test often« aka »Testing Jenga«. *https://nandalankalapalli.wordpress.com/2011/09/15/game-test-small-test-often/*. 2011.

[LIST] Steven List, »CI with LEGO«, *https://www.tastycupcakes.org/2011/10/continuous-integration-with-lego/*. 2011.

[MAGICMAZE] Kasper Lapp, »Magic Maze «, *https://pegasusshop.de/Sortiment/Spiele/Familienspiele/25/Magic-Maze-deutsche-Ausgabe-Nominiert-Spiel-des-Jahres-2017*.

[MALMSHEIMER] Jochen Malmsheimer und Frank Goosen, »Kloidt Ze Di Penussen!«. *https://roofmusic.de/produktkatalog/produkt/460-kloidt-ze-di-penussen*. 2005.

[MANIFESTO-P] Principles behind the Agile Manifesto, *https://agilemanifesto.org/principles.html*. 2001.

[MANNS, RISING] Mary Lynn Manns, Linda Rising, »Fearless Change: Patterns for Introducing New Ideas«. Addison-Wesley. 2005.

[MAR] Kane Mar, »Scrum Trainers Gathering (2/4): The Ball Point Game«. *http://web.archive.org/web/20080627142005/http://kanemar.com/2008/04/07/scrum-trainers-gathering-24-the-ball-point-game/*. 2008.

[MCCORD] Patty McCord, »Powerful. Building a Culture of Freedom and Responsibility«. Ingram. 2018.

[MCKERGOW] Mark McKergow, »Brillante Momente«. In: Solution Tools – Die 60 besten, sofort einsetzbaren Workshop-Interventionen mit dem Solution Focus. Herausgegeben von P. Röhrig. 3. Auflage. S. 43–49. managerSeminare Verlags GmbH, Bonn. 2011.

[MCKERGOW-BAILEY] Mark McKergow, Helen Bailey, »Host: Six New Roles of Engagement«, Solution Books. 2014.

[MIARKA] Ralph Miarka, »Shower of Appreciation – or, talking behind ones back«. 2010. https://web.archive.org/web/20120812044653/http://www.miarka.com/de/2010/11/shower-of-appreciation-or-talking-behind-ones-back/.

[MUECK-ZIMMER] Florian Mueck, John Zimmer, »Rhetoric – The Public Speaking Game«. http://rhetoricgame.com/. 2011.

[MURPHY] Eddy Murphy als Axel Foley im Film »Beverly Hills Cop«, 1984.

[NORMAN] Tommy Norman, »Comfortably Scrum: Scrum Penny Game«. 2008. http://tommynorman.blogspot.com/2008/11/comfortably-scrum-scrum-penny-game.html.

[NSV-MIND] Nürnberger-Spielkarten-Verlag, »The Mind«. https://nsv-spiele.de/natureline-the-mind-das-original/.

[ONKIN] Yulit Onkin, »This Is How Chinese Whispers Work«. https://www.youtube.com/watch?v=ilZuT7Gy0Qw.

[PARACELSUS] Paracelsus, »Die dritte Defension wegen des Schreibens der neuen Rezepte«. In: Septem Defensiones. 1538. Werke Bd. 2, Darmstadt 1965, S. 510.

[PEDPAT] Pedagogical Patterns Editorial Board, »Pedagogical Patterns: Advice for Educators«. Joseph Bergin Software Tools. 2012.

[PIRATES] Spielfilm »Pirates of Silicon Valley« über die Anfänge von Apple und Microsoft. https://www.imdb.com/title/tt0168122/.

[POMODORO-IMG] Bild von Marco Verch unter Creative Commons 2.0, https://www.flickr.com/photos/149561324@N03/37941061684.

[REINERTSEN] Don Reinertsen, »The Principles of Product Development Flow: Second Generation Lean Product Development«. Celeritas Pub. 2009.

[RICHARDS] Mark Richards, »SAFe City Module 1 – The EPIC Portfolio«. http://coactivation.com/safecity/.

[ROSENBERG] Marshall B. Rosenberg, »Gewaltfreie Kommunikation – Eine Sprache des Lebens«, 9. Auflage. Junfermann Verlag, Paderborn. 2010.

[SCRUMGUIDE] Jeff Sutherland, Ken Schwaber, »The Official Scrum Guide«, https://scrumguides.org.

[SCRUMTALE] Przemyslaw Witka, Lech Wypychowski, »ScrumTale Simulation Game«. https://scrumtale.com/.

[SCRUMTALE-JUK] Björn Jensen, Jensen und Komplizen, »ScrumTale Facilitation Workshop«. https://jensen-und-komplizen.de/trainings/scrumtale-facilitation-workshop/.

[SIMONS] Kai Simons, Jasmine Zahno-Simons, »Scrum-Training: Der Praxisleitfaden für Agile Coaches«. dpunkt.verlag, Heidelberg. 2021.

[SLIGER] Michele Sliger, »Sixty Steps in the Right Direction«. 2007. https://www.agileconnection.com/article/sixty-steps-right-direction.

[SPACETEAM] Henry Smith, »Spaceteam«. https://spaceteam.ca/.

[STAPLETON] Jennifer Stapleton, »DSDM – Dynamic Systems Development Method: The Method in Practice«. Addison-Wesley. 1997.

[SUTHERLAND] Lisette Sutherland, »Collaboration Superpowers«-Webseite. https://www.collaborationsuperpowers.com/tools/.

[TAKEUCHI-NONAKA] Hirotaka Takeuchi, Ikujiro Nonaka, »The New New Product Development Game«. Harward Business Review, Ausgabe Januar 1986. https://hbr.org/1986/01/the-new-new-product-development-game.

[TECHT] Uwe Techt, »Goldratt und die Theory of Constraints: Der Quantensprung im Management«. TOC Institute, Editions La Colombe, Moers. 2006.

[TEMKIN] Max Temkin, »Cards Against Humanity«. https://cardsagainsthumanity.com/.

[TDGFNTP] Martin Heider, Falk Kühnel, Michael Tarnowski und Olaf Bublitz, »Technical-Debt Game for Non-Technical People«. https://www.tastycupcakes.org/2019/04/technical-debt-game-for-non-technical-people/. 2019.

[THING] thing – »Effortless Virtual Workshops«. https://thing.online/.

[TOILETTROLLS] https://www.theseriousgamers.com/toilettroll für die originale Beschreibung des Spiels auf Englisch, https://www.theseriousgamers.com/corona.php für die Baupläne.

[WASITOVA-CAA] Silvana Wasitova, Daniel Hommel, Bruce Scharlau, Nils Bernert, Edward Dahllöf, »Cards Against Agility«. https://www.tastycupcakes.org/2017/02/cards-against-agility/.

[WASITOVA-EWAN] Silvana Wasitova, Thorsten Kalnin, Deborah Hartmann-Preuß, »E.W.A.N. McGregor«. https://tastycupcakes.org/2013/04/e-w-a-n-mcgregor/. 2013.

[WEINER] Jeff Weiner, Blogpost »Just because you said it doesn't make it so« auf LinkedIn, https://www.linkedin.com/pulse/20140428141014-22330283-just-because-you-said-it-doesn-t-make-it-so/.

[WERWOLF] »Die Werwölfe von Düsterwald«. Verlag Lui-même. 2002.

[WERWOLF-ONLINE] Conceptboard zur Erklärung mit allen Rollen und weiteren Informationen von Markus Wissekal. https://app.conceptboard.com/board/xry2-b8ro-7r6g-64kp-4rıh#.

[WILDE] Oscar Wilde, 1854–1900, irischer Lyriker, Dramatiker und Bühnenautor.

[WISSEKAL] Markus Wissekal, »PowerPoint Karaoke Club«, *https://pptkaraoke.club/*.

[WUJEC-DT] Tom Wujec, »Draw how to make toast«. *https://www.drawtoast.com/*.

[WUJEC-MC] Tom Wujec, »Build a tower, build a team«. *https://www.ted.com/talks/tom_wujec_build_a_tower*. 2010.

[ZIEGLER] Erich Ziegler, »Das australische Schwebholz und 199 andere Spiele für Trainer und Seminarleiter«. GABAL Verlag. 2006.

[ZUILL] Woody Zuill, »Mob Programming«. *https://mobprogramming.org/*. 2012.

Index der Spiele

A
Among Us 351
Anagramm 120
Australisches Schwebholz 265

B
Ball Point Game 223
Black Stories 104
Blind Zählen 267
Boss-Worker-Game 158
Brief an mich selbst 143
Brillante Momente 96
Business Value Poker 180

C
Cards against Agility 371
Chinese Whispers – Stille Post 284
City Builders – Epic-Priorisierung 249
Coding Dojo 319
Coin Flip Game 153
Continuous Integration mit LEGO® 342
Coop-Maze 304
Counting Numbers and Letters 165

D
Dice of Debt 330
Die Planke 129
Dobble 116

E
Ensemble Programming 324
Erfahrungsecken 84
Exercise Without A Name – E.W.A.N. McGregor 272

F
Fang-Schuh 315
Fearless Journey 276
Frühstückstoast 241

G
Gleiche Objekte 80

H
Happy Salmon 123
Hausaufgaben 146
Hometowns 118

I
Inverse Reise nach Jerusalem 125

J
Ja, genau! 263
Jonglieren lernen 139
Journaling 148

K
Kanban Pizza Game 209
Keep Talking and Nobody Explodes 367
Kennenlern-Bingo 87

M
Magic Maze 309
Magisches Dreieck 186
Marshmallow Challenge 175
Menschlicher Knoten 269
Mob Programming 324
Multitasking Name Game 169

O
Online Point Game 256

P
Papierfliegerfabrik 235
Pomodoro Break 134
PowerPoint Karaoke 362
Push versus Pull in einer Minute 164

R
Regenmacher 131
Resource Utilization Trap 189
Rhetoric – The Public Speaking Game 282

S
Schneeballschlacht 133
Schnick-Schnack-Schnuck 127
Schnitzeljagd 137
Scrum LEGO® City Game 195
ScrumTale 260
Shower of Appreciation 289
Side-Switcher 302
SIN Obelisk 292
Snowflakes 244
Sortieren und Durchzählen 79
Soziales Netzwerk 100

Spaceteam (App) 286
Spyfall 373
Steckbrief fürs Team 108
Story Telling in Circles 280
Study Buddy 145
Summer Meadows 230

T
Team 3 und ToiletTrolls 297
Technical Debt Game 337
Testing Jenga 328

V
Virtueller Kreis 85

W
Wahres und Positives 92
Walk & Talk 138
Werwölfe 354
Wie sehr bin ich gerade hier? 114

Z
Zwei Wahrheiten, eine Lüge 106

Über die Autoren

Marc Bleß

Marc ist der Gründer von *agilecoach.de*. Er hat über 20 Jahre Erfahrung als Agile Coach, Scrum Master, Softwareentwickler, Führungskraft, Querdenker und Hinterfrager. Seine Leidenschaft ist die schnelle und nachhaltige Verbesserung von Teams und Organisationen. Er glaubt an Qualität als Erfolgsfaktor und ist fest davon überzeugt, dass Qualität nicht verhandelbar ist. Als Coach, Berater und Trainer für agile Softwareentwicklung hilft er Unternehmen bei der Einführung agiler Entwicklungsmethoden und bei der Umsetzung agiler Werte, Prinzipien und Praktiken.

Neben der Anwendung agiler Methoden im regulierten Umfeld (Medizintechnik) konnte er viel Erfahrung in anderen Branchen aufbauen. Er begleitet Unternehmen auf allen Ebenen – vom Top-Level-Management bis zu einzelnen Teams findet er die richtigen Worte, um agile Veränderungsprozesse verständlich zu vermitteln.

Marc ist ausgebildeter Solution-Focused Coach sowie Certified Enterprise Coach (CEC) und Certified Team Coach (CTC) der Scrum Alliance.

Als aktives Mitglied der agilen Community spricht er regelmäßig auf internationalen Konferenzen zu agilen Themen. Er hat Allgemeine Informatik studiert und ist Certified Scrum Professional (CSP), Certified Scrum Master (CSP-SM), Certified Scrum Product Owner (CSP-PO) und zertifizierter Project Manager (IPMA).

Marc ist unter *marc.bless@agilecoach.de* erreichbar.

Dennis Wagner

Dennis hat sich, seit er mit 17 sein erstes eigenes Softwareprodukt verkauft hat, der Entwicklung verschrieben. In so unterschiedlichen Rollen wie Architekt, Team Lead, Entwickler oder Product Manager beleuchtet er seit vielen Jahren erfolgreich Wege, wie man Software besser entwickeln kann und soll.

Vielleicht das wichtigste Element in der umfangreichen Erfahrung ist dabei, dass Dennis tatsächlich echte Vorteile durch Agilität erleben konnte. Die Vervielfachung des Ergebnisses eines Teams ist eine wirklich großartige Errungenschaft. Daran zu arbeiten, dies für alle Teams, Abteilungen und Firmen zu ermöglichen, mit denen er arbeitet, ist der Antrieb hinter allem.

Offen, extrovertiert und Agilist im Herzen, seit er Mitte der 2000er zum ersten Mal mit XP und Scrum in Berührung kam, lautet sein Motto: »Bunt ist das Dasein und granatenstark!«

Neben der Tätigkeit bei Firmen engagiert er sich auch bei nationalen und internationalen Konferenzen durch deren Organisation, Mitarbeit in Programmkomitees, das Halten von Vorträgen und durch Reviews. Darüber hinaus engagiert er sich aktiv in der agilen Community im Allgemeinen, in der Scrum Alliance sowie in deren deutschsprachigem Chapter, der Kanban Community, rund um die Kanban University sowie im Scaled Agile Framework. Er hält mehrere Zertifikate von all diesen Organisationen (unter anderem CSP-SM, CSP-PO, CSD, KMP und SPC), kann aber daneben auch sehr viele echte Erfahrungen in diesen Bereichen vorweisen.

Heute hilft er Teams, Führungskräften, dem strategischen Management und Organisationen als Ende-zu-Ende-Coach dabei, ihr volles Potenzial zu entdecken und zu entwickeln. Dabei spielen aktuelle Themen wie #NoEstimates, Beyond Budgeting, Enterprise Services Planning und Ensemble-Programming genauso eine Rolle wie die Klassiker Scrum, Kanban und Clean Code.

Dennis ist unter *dennis.wagner@dwcg-consulting.de* erreichbar.

Kolophon

Das Tier auf dem Cover von *Agile Spiele und Simulationen* ist ein Salomonen-Zipfelfrosch (*Cornufer guentheri*). Diese Amphibienart lebt auf der südpazifischen Inselgruppe der Salomonen und ist durch ihr Äußeres perfekt an ihre Umgebung angepasst. Im ersten Moment wird man das Tier für ein vertrocknetes Blatt halten, das am Waldboden liegt. Still hockt es da und wartet auf seine Beute – kleine Insekten und andere Amphibien. Die Haut ist bräunlich gefärbt, und vom gesamten Körper stehen Zacken und Hautleisten in alle Richtungen ab. Der Kopf läuft dreiecksartig nach vorne hin aus. Die Unterseite hat eine rötliche Färbung.

Salomonen-Zipfelfrösche werden sieben bis zehn Zentimeter lang (das Weibchen etwas größer als das Männchen). Die Eier werden in kleinen Mulden am Fuße von Bäumen gelegt. Das Besondere an dieser Art ist, dass das Kaulquappenstadium im Ei vollzogen wird. Aus den Eiern schlüpfen voll entwickelte kleine Fröschchen, die schnell von nur drei Millimetern Größe zu adulten Tieren heranwachsen.

Auf zwölf der Salomonen-Inseln kommt diese Art noch recht häufig vor. Doch auch sie ist durch die intensive Nutzung des Regenwaldes gefährdet. Jeder Eingriff in das Ökosystem und die Bodenstruktur stellt eine Gefahr für die Bestände dieser besonderen Amphibie dar. Viele der Tiere auf den O'Reilly-Covern sind vom Aussterben bedroht, doch jedes einzelne von ihnen ist für den Erhalt unserer Erde wichtig.

Die Illustration auf dem Umschlag dieses Buchs stammt von Karen Montgomery, die hierfür einen Stich aus *Brehms Thierleben* verwendet hat. Der Umschlag der deutschen Ausgabe wurde von Karen Montgomery und Michael Oréal entworfen. Auf dem Cover verwenden wir die Schriften Gilroy Semibold und Guardian Sans, als Textschrift die Linotype Birka, die Überschriftenschrift ist die Adobe Myriad Condensed, und die Nichtproportionalschrift für Codes ist LucasFont's TheSansMono Condensed. Das Kolophon hat Geesche Kieckbusch geschrieben.